职业教育新形态立体化教材

高职高专计算机类专业系列教材

Linux 操作系统基础实训

（微课版）

主编　黄瑾瑜

参编　梁月仙　高维春

西安电子科技大学出版社

内 容 简 介

本书以目前比较流行的 Red Hat Enterprise Linux 9 为例，浅显易懂地介绍了 Linux 操作系统基础操作的相关内容，并选取了具有代表性的操作系统应用，将繁杂的操作流程拆分成了多个简单的子任务，让读者在实验中学会观察，在观察中掌握 Linux 的基础概念、命令与操作技巧，非常适合"项目导向、任务驱动、知识点与技能点相结合"的教学模式。

全书共 16 个项目，项目 1、项目 2 介绍了 Linux 的桌面环境、命令行的执行以及工具软件 VMware Workstation 的使用；项目 3、项目 4 介绍了文件与目录的相关概念与命令；项目 5 至项目 11 介绍了基本的系统设置，包括网络属性配置、软件包安装、用户管理等；项目 12、项目 13 介绍了远程终端服务 SSH 和网站的配置过程，并拓展介绍了服务端口、进程等概念及其相关操作；项目 14 至项目 16 介绍了基本的系统管理的概念及操作，包括防火墙设置、进程管理、作业调度、shell 编程、硬盘管理等。为了便于读者理解与掌握项目中的知识点，每个项目都配备了练习题。

本书既可以作为高职院校计算机相关专业的理论与实践一体化教材，也可以作为 Linux 系统和网络管理人员的自学指导书。

图书在版编目(CIP)数据

Linux 操作系统基础实训：微课版 / 黄瑾瑜主编. --西安：西安电子科技大学出版社，2024.4
ISBN 978-7-5606-7221-2

Ⅰ.①L… Ⅱ.①黄… Ⅲ.①Linux 操作系统—教材 Ⅳ.①TP316.85

中国国家版本馆 CIP 数据核字(2024)第 057782 号

策 划	明政珠	
责任编辑	雷鸿俊	
出版发行	西安电子科技大学出版社(西安市太白南路 2 号)	
电 话	(029)88202421 88201467	邮 编 710071
网 址	www.xduph.com	电子邮箱 xdupfxb001@163.com
经 销	新华书店	
印刷单位	广东虎彩云印刷有限公司	
版 次	2024 年 4 月第 1 版 2024 年 4 月第 1 次印刷	
开 本	787 毫米×1092 毫米 1/16 印张 24.5	
字 数	583 千字	
定 价	68.00 元	

ISBN 978-7-5606-7221-2 / TP

XDUP 7523001-1

如有印装问题可调换

前　言

Linux 是一款常用的操作系统，因其稳定、开放、灵活的特性，得到了广泛的部署和应用，不仅广泛应用于服务器端系统、云计算、虚拟化等领域，还充当了移动设备和嵌入式系统的核心。对于计算机相关专业的学生来说，学习 Linux 是非常有意义的。

本书是一本 Linux 入门教程，主要面向高等职业院校或应用型本科院校计算机专业的学生，书中以目前比较流行的 Red Hat Enterprise Linux 9 为学习环境，介绍了 Linux 操作系统基础操作的相关内容。

以往我们按照传统的"讲解—演示—练习"方式进行 Linux 操作系统基础操作的教学时，遇到了以下困难：

(1) 在"讲解"阶段，由于操作系统的相关概念过于抽象，与实际应用相去甚远，学生们很容易因为缺乏参与感而失去兴趣。

(2) 在"演示"阶段，虽然 Linux 的操作不难，但步骤零碎繁杂，学生很容易陷入"看懂了但记不住"这个陷阱。

(3) 在"练习"阶段，学生会因为遇到不同的故障而被卡住，教师又无法在课堂上帮助所有的学生一一排查故障，以至于达不到练习的目的。

(4) 由于学生学习能力和接受能力不同，若按照一个进度进行教学，学习能力强的学生会因为无所事事而失去耐心，学习能力弱的学生则会因为跟不上进度而失去信心。

基于以上原因，自 2018 年开始，我们将教学方式改为"练习—小结"，将上课时给学生演示的实例、学生的错误操作及可能引起的故障收集起来，按照由简单到复杂的顺序，汇编了一系列的实验指导，要求学生都能按照实验指导进行观察和操作，并根据自己的操作结果进行思考和归纳，最终掌握最基本的 Linux 操作技巧。这样，教师的主要工作就变成了帮助学生规划自己的学习进度和解决学生遇到的问题。

本书就是我们将实验指导整理成册编写而成的，其编写特色如下：

(1) 坚持"最少够用"的原则，只选取最基本的知识点及命令进行讲解，尽可能地减轻学生的学习负担。

(2) 通过实例对知识点及命令进行讲解，使学生通过反复练习来熟悉操作步骤及应用场景。

(3) 通过实例对故障处理进行讲解，使学生可以掌握故障排除的技巧，从而减轻教师的负担。

(4) 以练习题的形式要求学生对重点内容进行整理，并利用学到的命令及技巧进行实践操作。

为了便于教学，本书配有电子课件、电子教案、微课视频等教学资源，读者可以登录西安电子科技大学出版社网站(https://www.xduph.com)下载。

黄瑾瑜担任本书主编，负责统稿工作，并编写了项目 9 至项目 16；高维春编写了项目 1 至项目 4；梁月仙编写了项目 5 至项目 8。

尽管我们已尽最大努力编写本书，但是由于水平有限，书中难免有不足之处，欢迎广大读者提出宝贵意见和建议，我们不胜感激！

编　者
2024 年 1 月

目　录

项目 1 认识 Linux

本书的实验环境由虚拟机软件 VMware Workstation 提供。本项目的主要任务是练习使用虚拟机软件，下载可用的 Linux 安装镜像，同时安装一个可用的 RHEL9(即 Red Hat Enterprise Linux 9)操作系统，并在此过程中了解 Linux 操作系统的基本功能和操作界面。

知识目标

- 了解操作系统的基本功能。
- 了解与操作系统相关的结构。
- 了解 Linux 的不同版本。

技能目标

- 掌握软件 VMware Workstation 的基本使用技巧。
- 掌握安装 Linux 操作系统的方法。
- 掌握启动、登录与关闭 Linux 的方法。
- 了解 Linux 的桌面环境。

任务 1-1 认识虚拟机软件与创建虚拟机

任务描述

在虚拟机软件 VMware Workstation 中创建一个虚拟机。

任务实施

通常情况下，个人计算机安装的是 Windows 系统或 Mac OS 系统。利用现有的计算机学习 Linux，最便捷的方法是通过虚拟机软件，在真正的计算机上模拟出一台虚拟的计算机，再在这台虚拟的计算机上安装和运行 Linux 操作系统。在本书后面的描述中，我们称这些被虚拟出来的计算机为"虚拟机"，称保存了虚拟机的真正的计算机为"宿主机"。

本书使用的虚拟软件是 VMware Workstation，读者可登录 VMware 的官网下载合适的版本并安装。安装好的 VMware Workstation 运行界面如图 1-1-1 所示。

图 1-1-1　VMware Workstation 运行界面

1. 创建虚拟机

VMware Workstation 将以文件的形式保存虚拟机。在创建虚拟机之前,先打开 Windows 操作系统中的"文件资源管理器",如图 1-1-2 所示。然后在合适的位置(如"D:盘")创建"虚拟机"文件夹,并在"虚拟机"文件夹中创建子文件夹"rhel9",用来放置即将创建的虚拟机文件。

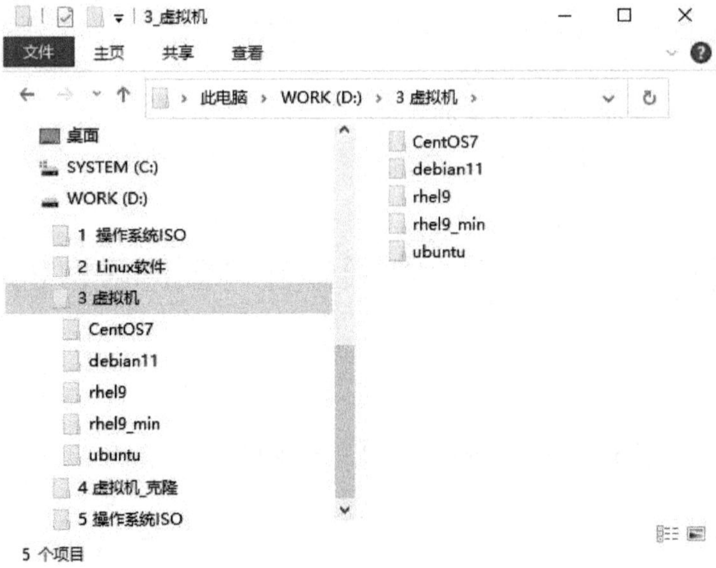

图 1-1-2　文件资源管理器

在 VMware Workstation 菜单栏中单击"文件"菜单命令,选择"新建虚拟机"菜单项目,或直接单击运行界面上的"创建新的虚拟机",打开"新建虚拟机向导",如图 1-1-3 所示。在"新建虚拟机向导"的初始页选择"自定义",进入"选择虚拟机硬件兼容性"页面,如图 1-1-4 所示。

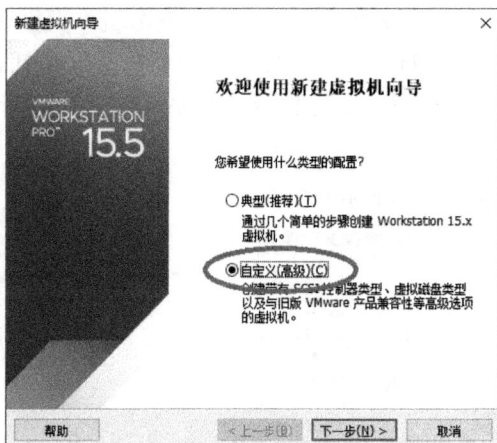

图 1-1-3　新建虚拟机向导　　　　　　　　　　图 1-1-4　硬件兼容性设置

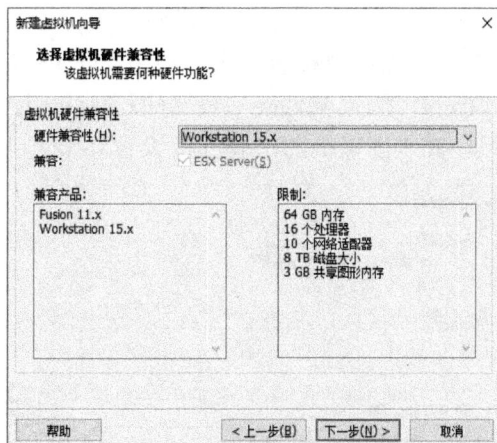

　　单击"选择虚拟机硬件兼容性"页面中的"下一步"按钮,进入"安装客户机操作系统"页面(图 1-1-5),选择"稍后安装操作系统",并单击"下一步"按钮,进入"选择客户机操作系统"页面(图 1-1-6),选择"Linux"和"Red Hat Enterprise Linux 9 64 位"。如果 VMware Workstation 不支持 RHEL9,就选择最接近的版本。

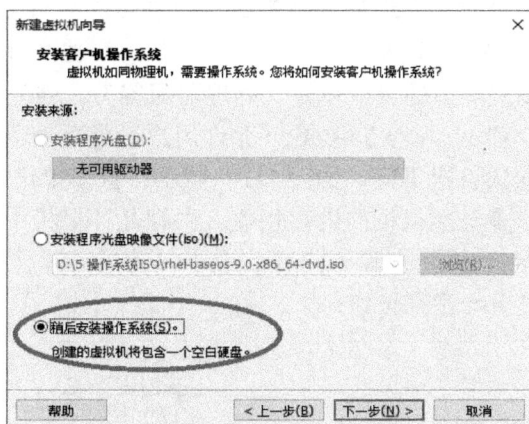

图 1-1-5　安装客户操作系统设置

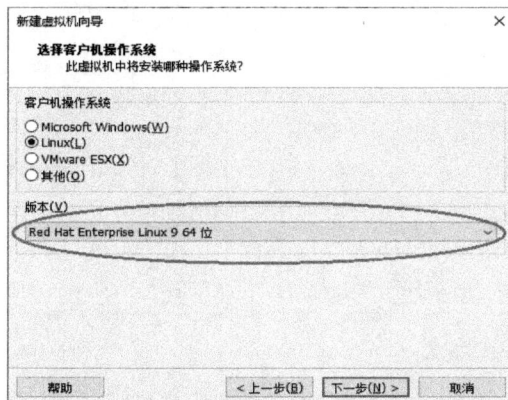

图 1-1-6　操作系统版本设置

单击"选择客户机操作系统"页面中的"下一步"按钮，进入"命名虚拟机"页面(图1-1-7)，先为虚拟机设置一个容易分辨的名字，如"RHEL9"，然后单击"浏览"按钮，在弹出的"浏览文件夹"页面(图 1-1-8)为虚拟机文件指定保存位置。最后单击"下一步"按钮，进入虚拟机的"硬件"设置环节。

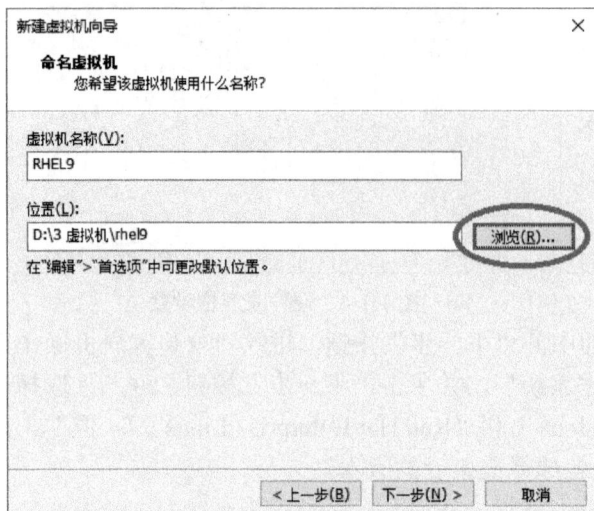

图 1-1-7　命名虚拟机

图 1-1-8　指定保存位置

虚拟机的"硬件"设置环节的第一步是"处理器配置"。处理器也被称为CPU，是计算机中负责计算的部件。VMware Workstation 允许用户设置处理器的数量和处理器中内核的数量，此处可以保持默认设置不变，如图 1-1-9 所示，直接单击"下一步"按钮。

"硬件"配置的第二步与虚拟机的内存相关。内存是计算机中负责临时存储数据的部件。VMware Workstation 允许用户设置内存的大小，此处可以保持默认设置不变，如图1-1-10 所示，直接单击"下一步"按钮。

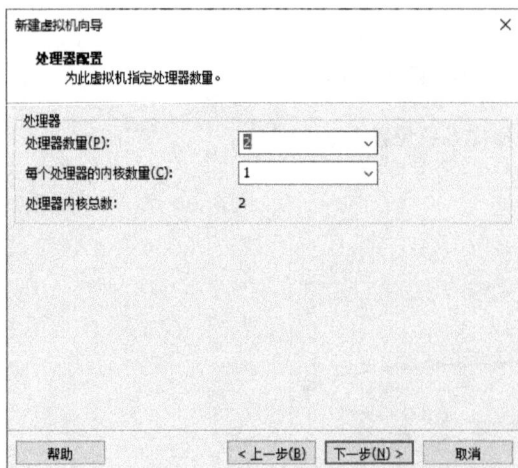

图 1-1-9　处理器配置

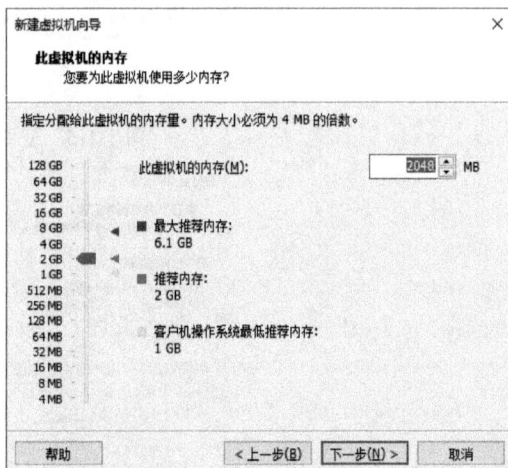

图 1-1-10　内存配置

"硬件"配置的第三步(图 1-1-11)、第四步(图 1-1-12)分别与虚拟机的网络类型和 I/O控制器类型相关，均保持默认设置，直接单击"下一步"按钮即可。

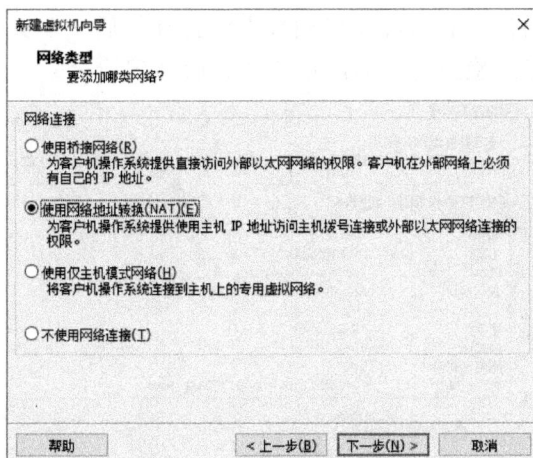

图 1-1-11　网络类型配置

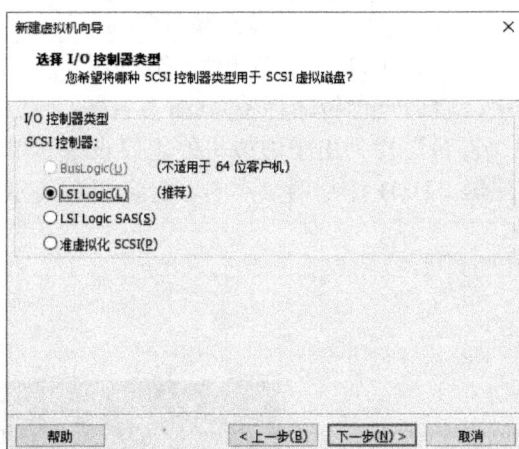

图 1-1-12　I/O 控制器类型配置

　　"硬件"配置的第五步与虚拟机的磁盘相关。磁盘是计算机中负责存储数据的部件。VMware Workstation 允许用户设置磁盘的类型、容量、保存位置等属性,保持默认设置。VMware Workstation 默认创建的磁盘接口类型为"NVMe"(图 1-1-13),容量为 20 GB(图 1-1-14)。

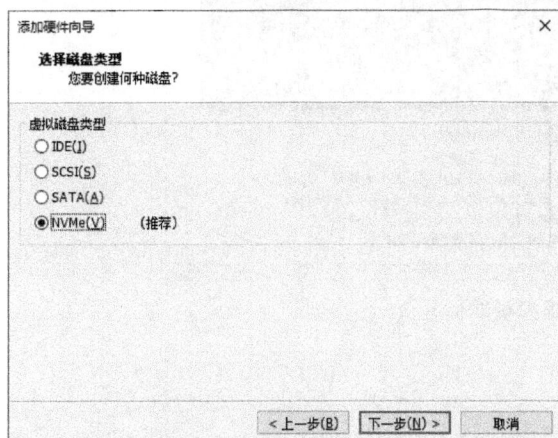

图 1-1-13　硬盘接口类型

图 1-1-14　磁盘容量

磁盘属性设置完成后，"新建虚拟机向导"将打开最后一个页面(图 1-1-15)。页面中列出了虚拟机的设备清单，检查无误后，单击"完成"按钮。

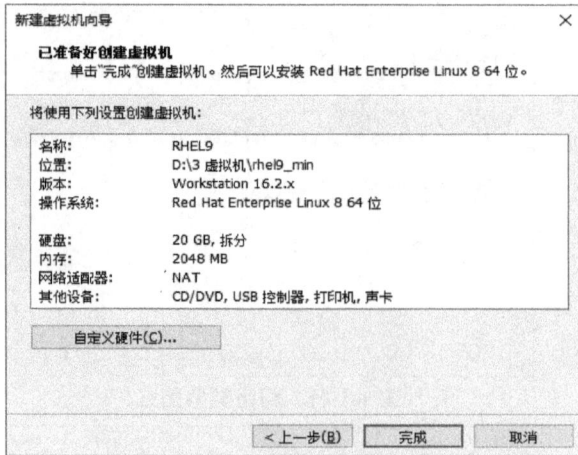

图 1-1-15　虚拟机硬件设备清单

VMware Workstation 中会增加一个新的标签页(图 1-1-16)，该标签页的标题为新建虚拟机的名称，标签页左侧的"设备"栏列出了虚拟机的重要设备清单，包括内存、处理器、硬盘、CD/DVD、网络适配器、USB 控制器、声卡、打印机和显示器等。

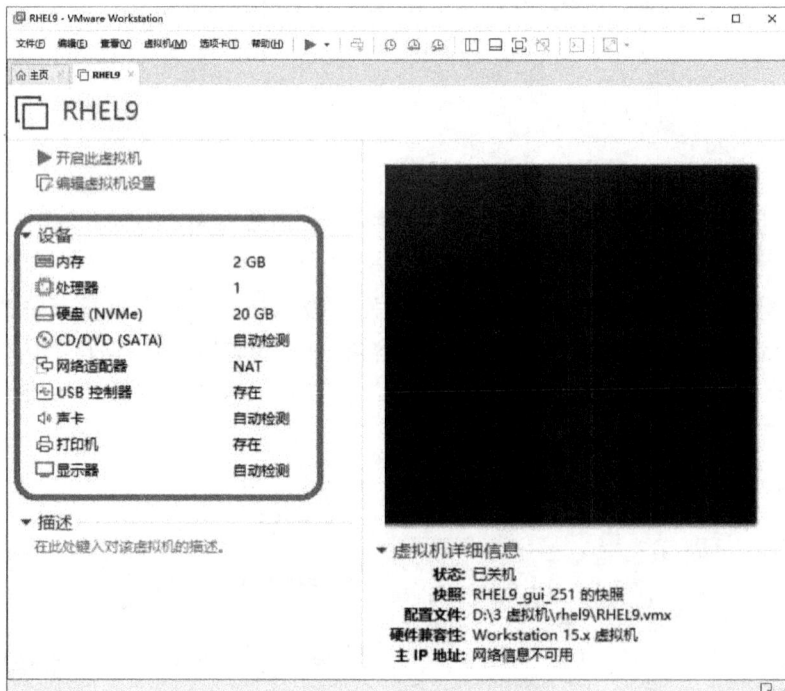

图 1-1-16　新建虚拟机的标签页

2. 虚拟机相关操作

1) 启动虚拟机

打开一个虚拟机后，虚拟机的标签页中有两个启动按钮，分别位于菜单栏右侧的工具栏和虚拟机标签页的左侧，如图 1-1-17 所示，单击任何一个启动按钮均可启动虚拟机。启动虚拟机后，标签页中显示的虚拟机的屏幕如图 1-1-18 所示。虚拟机屏幕最后一行行尾的斜杠不停地旋转，表示系统正在运行中。

图 1-1-17　虚拟机的启动按钮

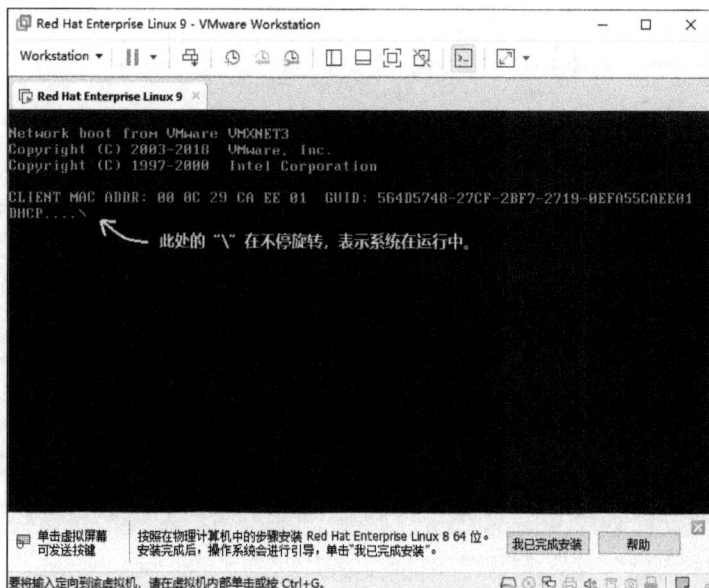

图 1-1-18　虚拟机启动后的屏幕

等待一段时间后，斜杠停止旋转，屏幕的最后一行若显示"Operating System not found"，则表示没有找到操作系统。

若 VMware Workstation 下方的状态栏提示"要将输入定向到该虚拟机，请在虚拟机内部单击或按 Ctrl＋G。"，则将鼠标移动到虚拟屏幕中并进行单击，"进入"虚拟机。这时，鼠标的图像消失，无论是按下鼠标或键盘的任何按键，还是移动鼠标，虚拟机都不会有任何反应。

若 VMware Workstation 下方的状态栏提示"要返回您的计算机，请按 Ctrl + Alt。"，则同时按下【Ctrl】键和【Alt】键，"返回"宿主机，鼠标再次出现。

宿主机安装了操作系统，而虚拟机没有安装操作系统，通过对比宿主机与虚拟机的不同，可知操作系统的作用主要有以下几点：

(1) 操作系统可管理计算机系统的硬件，使鼠标、键盘、硬盘、CPU 等硬件能协同工作。

(2) 操作系统可管理计算机系统的软件，使用户可以安装或卸载、打开或关闭软件。

(3) 操作系统可管理计算机系统中保存的数据，使用户可以创建文件或修改文件。

(4) 操作系统可提供一个人机交互界面，使用户可通过鼠标、键盘、摄像头、游戏手柄等输入设备给计算机系统下达命令，然后通过屏幕、音箱、打印机等输出设备获得执行命令的结果。

2) 关闭虚拟机

VMware Workstation 工具栏中有一个暂停图标，单击暂停图标右侧的小三角，可以展开虚拟机电源控制菜单，如图 1-1-19 所示。菜单项被分隔符分成两组，单击分隔符上面一组的菜单项，VMware Workstation 会通过内置的工具对虚拟机进行相关操作，此方法比较安全。单击分隔符下面一组的菜单项相当于直接按下机箱上的实体键，此方法可能会造成数据丢失。若单击"关闭客户机"菜单项，则关闭虚拟机。

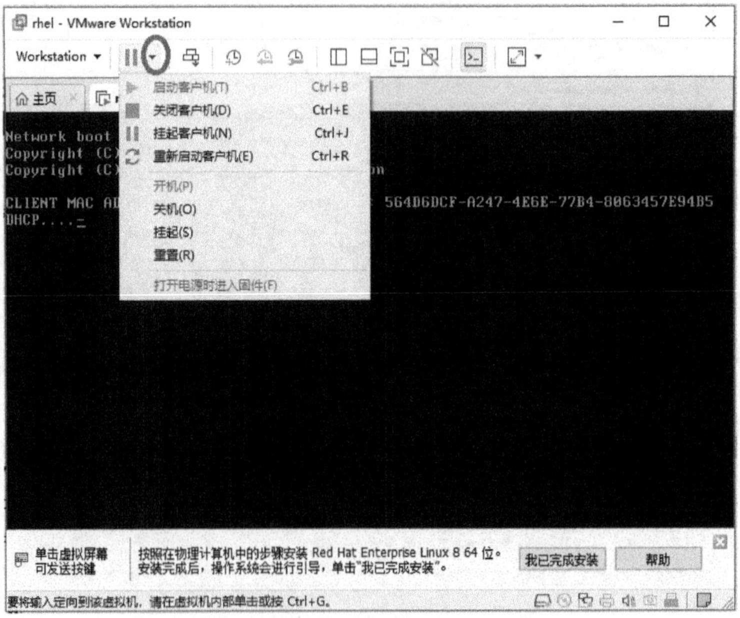

图 1-1-19　虚拟机的电源控制菜单

3) 调整硬件参数

关闭虚拟机后，可以根据需要对虚拟机"硬件"进行调整。单击菜单栏中的"虚拟机"→"设置"，如图 1-1-20 所示。

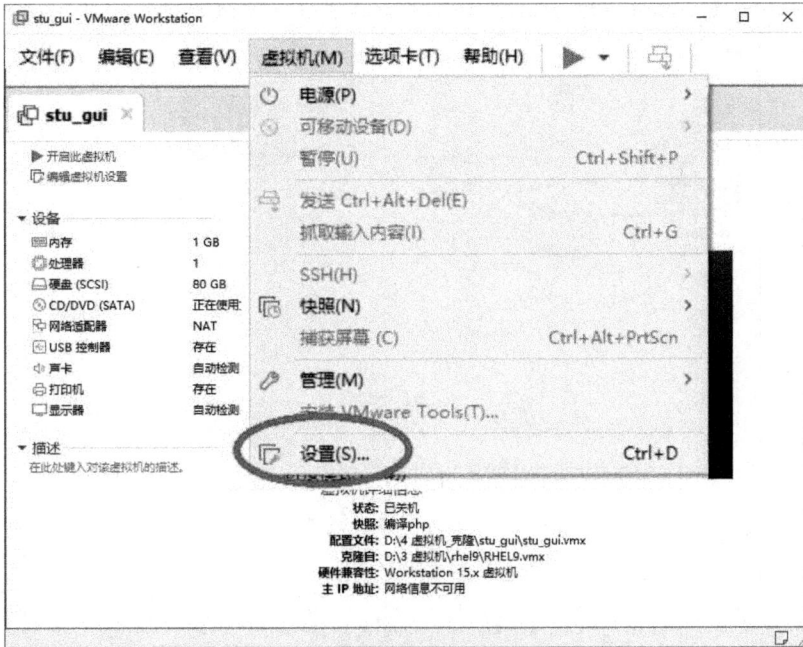

图 1-1-20　虚拟机的设置

　　进入"虚拟机设置"页面，如图 1-1-21 所示，在"硬件"标签页中选中需要调整参数的硬件，如"USB 控制器"，就可以在标签页右侧调整该硬件的参数了。例如，将"USB 兼容性"调整为"USB 3.0"，如图 1-1-22 所示。

图 1-1-21　处理器配置

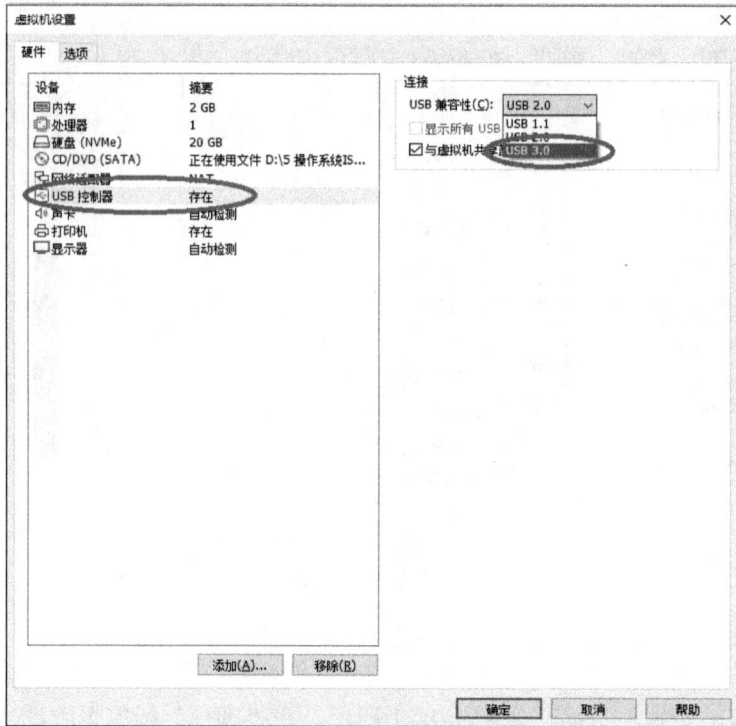

图 1-1-22　内存配置

注：只有当虚拟机处于关闭状态时，才可以进行调整内存、处理器、显示器等硬件的参数。

设备列表底下有"添加"和"删除"两个按钮，单击"添加"按钮，打开"添加硬件向导"界面，可选择需要添加的硬件，如图 1-1-23 所示。例如，选中"网络适配器"，然后单击"完成"按钮，返回到"虚拟机设置"页面，此时查看到设备列表中增加了"网络适配器 2"，如图 1-1-24 所示。

图 1-1-23　添加硬件

图 1-1-24　查看添加的硬件

任务 1-2　获取 Linux 操作系统的安装镜像

任务描述

了解 Linux 的常见版本，并下载合适的安装镜像。

任务实施

1. Linux 常见版本

Linux 的发行版本可以大概分为两类，一类是由商业公司维护的发行版本，以 Redhat 公司开发的多个系列产品 RHEL、CentOS、Rocky、Fedora 为代表；一类是由社区组织维护的发行版本，以 Debian、Ubuntu、Gentoo 为代表。不同的 Linux 发行版本考虑的问题不同，例如，RHEL 和 Debian 更关注企业用户和服务器应用，因此它们更强调稳定性；而 Ubuntu 和 Gentoo 更关注个人用户，更强调高可定制性。

Linux 各发行版本的使用大同小异，作为初学者应尽量选择更容易上手、学习资料更多的发行版本，选择 RedHat 系列发行版本是非常合适的。RedHat 系列发行版本分为三类：RHEL、CentOS/Rocky 和 Fedora。RHEL 是商业版 Linux 系统，多用于企业生产环境，提供完善的商业支持，在性能、稳定性方面有很大的保障。CentOS/Rocky 可以理解为 RHEL 的社区编译重发布版，完全开源免费，相较于其他的免费发行版本更加稳定。Fedora 更加侧重于新技术的引入与试验，其稳定性方面较前二者稍次。从初学者的角度看来，这三个版本的使用几乎没有区别。

2. 下载 OS 镜像

下载 OS 镜像的步骤如下：

(1) 打开浏览器，访问阿里巴巴开源镜像站(https://developer.aliyun.com/mirror/)，站点页面如图 1-2-1 所示。

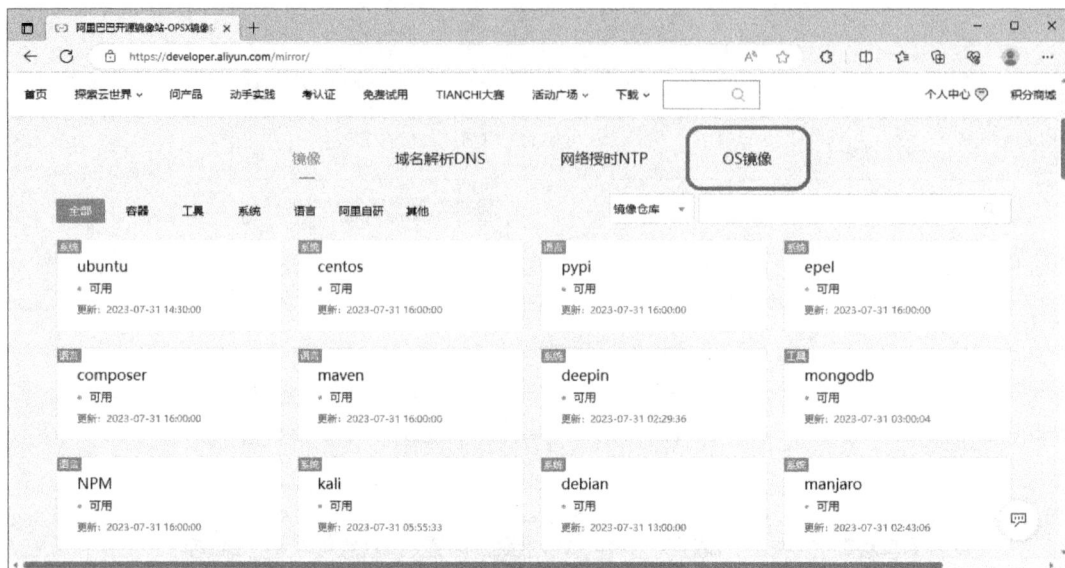

图 1-2-1　阿里巴巴开源镜像站

(2) 单击"OS 镜像"按钮，弹出"下载 OS 镜像"页面，再单击"发行版"选择框的下拉按钮(图 1-2-2)。阿里巴巴开源镜像站提供了大量的 Linux 发行版，如 almalinux、anolis、archlinux、centos 和 deepin 等。

(3) 由于版权问题，第三方镜像站一般不提供 RHEL 的下载，RHEL 最新的版本是9.2，与之对应的社区版是 Rocky9.2(CentOS 对应的是 RHEL8 及更早版本)。在"下载 OS 镜像"页面选择发行版为"rockylinux"，然后单击"版本"选择框的下拉按钮，如图 1-2-3 所示。

图 1-2-2　选择 OS 镜像

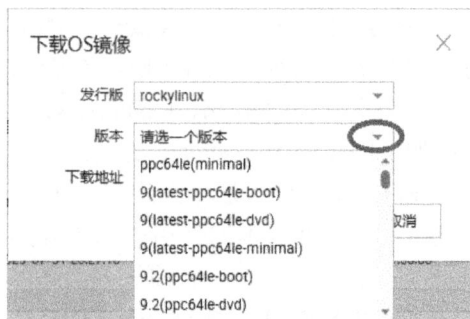

图 1-2-3　选择 OS 镜像版本

可供下载的版本有很多，仔细观察版本名，从中可以抽取出几组反复出现的短语，对这些短语介绍如下：

第一组短语有 x86_64、aarch64、ppc64le 和 s390x。这一组短语指明操作系统适用于哪种架构的 CPU。x86_64 架构又被称为 amd64 架构，该架构的 CPU 主要应用于个人计算机，包括台式机与笔记本。例如，Intel 公司的酷睿系列、AMD 公司的锐龙系列等。aarch64 架构也被称为 arm64 架构，多应用于移动设备、嵌入式设备和超级计算机领域。例如，华为公司的麒麟系列、高通公司的骁龙系列等。采用 ppc64/ppc64le 架构的 CPU 和采用 s390x 架构的 CPU 主要应用于通信、银行、工业控制、科学研究、航天国防等要求高性能和高可靠性的领域，一般用户很少接触到。VMware Workstation 虚拟的 CPU 采用的是 x86_64/amd64 架构。

第二组短语有 minimal、dvd 和 boot。这一组短语指明安装光盘的特性。minimal 指明该光盘只包含安装操作系统所需的最少的软件包。dvd 指明该光盘是一个普通的安装光盘，除了安装操作系统所需的最少软件包，还包括了其他丰富的应用软件。boot 指明该光盘可以在不将操作系统安装到硬盘的情况下直接引导操作系统。为了方便学习，应该下载 boot 型的安装光盘。

除以上两组描述短语以外，剩下的数字是操作系统的版本，如"9.2(ppc64le-boot)"中的"9.2"和"8.8(x86_64-boot)"中的"8.8"。

了解了以上关于版本名中的版本号、CPU 的架构、光盘特性后，可以判断出，在 VMware Workstation 环境中学习 Linux，应该选择版本较新的适用于 x86_64 架构 CPU 的普通安装光盘，如"9.2(x86_64-dvd)"。

(4) 选中"9.2(x86_64-dvd)"，然后单击"下载"按钮，等待文件下载完毕，下载的文件为"Rocky-9.2-x86_64-dvd.iso"。

3. 下载安装镜像

由于版权问题，阿里云软件镜像站不提供 RHEL 的下载。若要获得 RHEL 的安装镜像，则需要访问红帽公司的官方网站(https://www.redhat.com/zh/global/china)，如图 1-2-4 所示。

图 1-2-4　红帽公司官方网站

首先单击网页顶端的"产品"，进入"产品"页面，如图 1-2-5 所示。

图 1-2-5 "产品"页面

然后单击平台产品列表中的"红帽企业 Linux"，进入下载页面，如图 1-2-6 所示。

图 1-2-6 下载页面

最后单击"试用"按钮，进入登录页面(用户可以免费注册)，如图 1-2-7 所示。

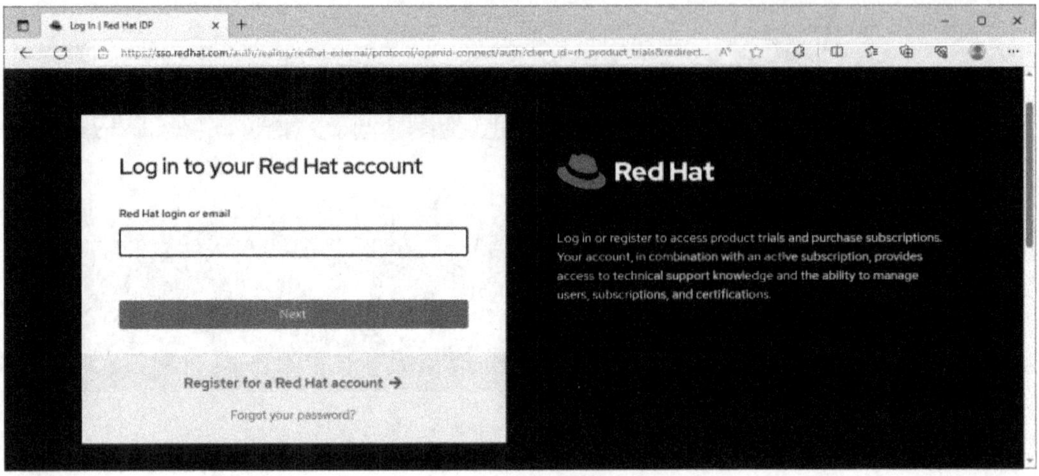

图 1-2-7 登录页面

完成注册和登录后，就可以下载 RHEL9 的安装镜像了。

任务 1-3 安装 RHEL9

任务描述

为虚拟机安装一个 Linux 操作系统。

任务实施

安装 RHEL9

为虚拟机安装 RHEL9 操作系统的步骤可分为:

(1) 为虚拟机装入安装光盘。

(2) 安装光盘的起始页面选择。

(3) 了解安装信息摘要页面。

(4) RHEL9 的启动与关闭。

(5) 虚拟机的 BIOS 设置。

下面详细介绍各步骤的操作方法。

1. 为虚拟机装入安装光盘

若打开 VMware Workstation 看不到虚拟机的标签页,则可以选择菜单栏中的"文件"→"打开",如图 1-3-1 所示。在弹出的选择框中找到虚拟机所在的文件夹,并选中*.vmx 文件,打开虚拟机。打开虚拟机后,选择菜单栏中的"虚拟机"→"设置",如图 1-3-2 所示,打开虚拟机的设置页面。

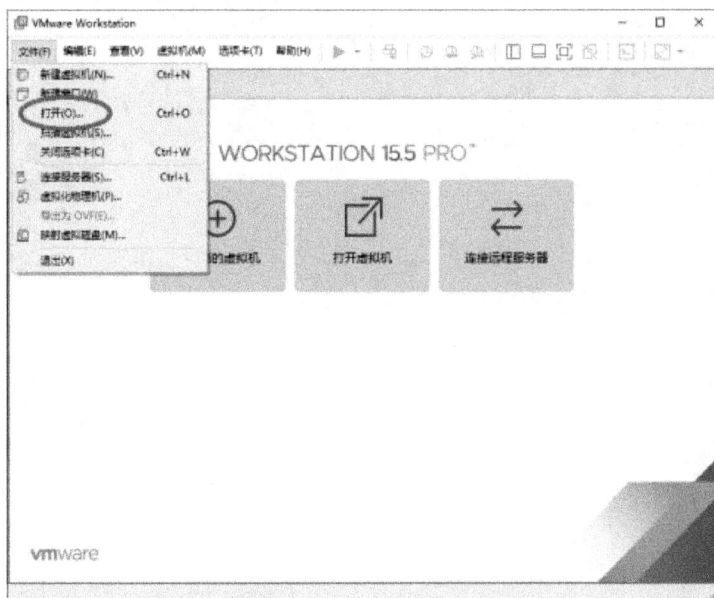

图 1-3-1 打开虚拟机

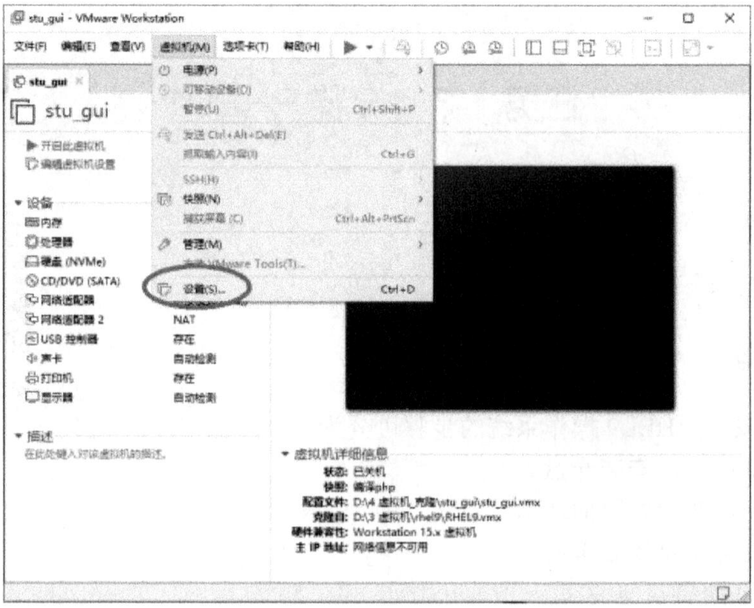

图 1-3-2　打开虚拟机的设置页面

在打开的"虚拟机设置"页面，如图 1-3-3 所示，单击光驱设备"CD/DVD(IDE)"，然后在标签页右侧修改连接属性，选中复选框"启动时连接"和单选框"使用 ISO 映像文件"，再单击"浏览"按钮打开文件选取框，选中任务 1-2 中下载的 Linux 安装镜像，如"rhel-baseos-9.0-x86_64-dvd.iso"或"Rocky-9.2-x86_64-dvd.iso"，如图 1-3-4 所示。

图 1-3-3　"虚拟机设置"页面

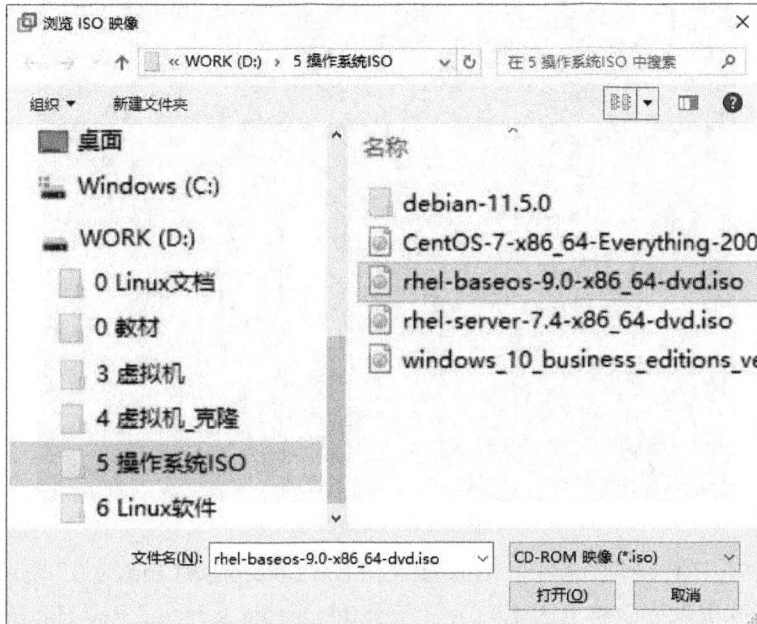

图 1-3-4 选取 iso 文件

2. 安装光盘的起始页面选择

单击虚拟机启动按钮，如图 1-3-5 所示，启动虚拟机，然后进入安装界面，如图 1-3-6 所示。若系统显示"Operating System not found"，则说明光驱的设置或下载的 ISO 镜像不正确。此时，请先关闭虚拟机，检查光驱的设置，再重新启动虚拟机。

图 1-3-5 虚拟机启动按钮

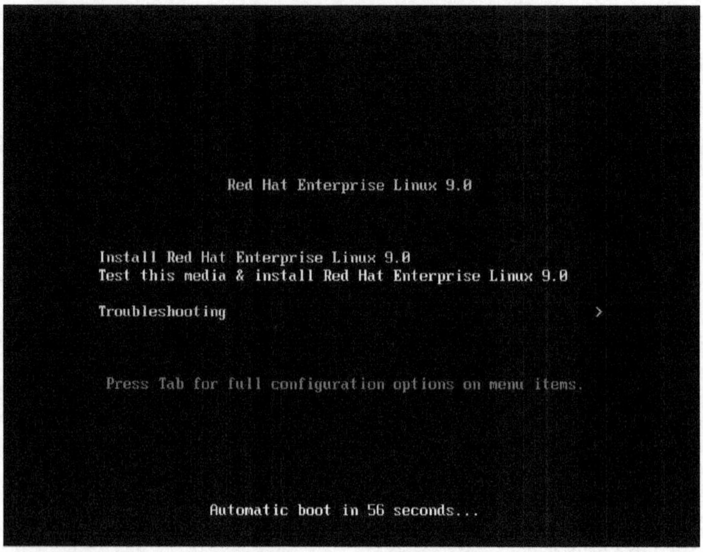

图 1-3-6　安装界面

安装界面中有三行选项。其中，"Install Red Hat Enterprise Linux 9.0"表示安装 Red Hat Enterprise Linux 9.0(以下简称 RHEL9.0)；"Test this media & install Red Hat Enterprise Linux 9.0"表示测试光盘并安装 RHEL9.0；"Troubleshooting"表示故障修复。

三行选项中，中间的选项高亮显示，表示它处于选中状态。在虚拟机的屏幕上单击鼠标左键，可从真实的操作系统切换到虚拟机中。此时鼠标图标会消失，通过键盘上的向上键或向下键来进行选择。

为了节约时间，选中安装界面中的第一个选项安装 RHEL9.0，并按下回车键。

3．了解安装信息摘要页面

等待一段时间后，系统启动安装引导程序，安装引导程序的第一个页面是选择安装时的语言，如图 1-3-7 所示。选择"简体中文"，然后单击右下角的"继续"按钮，进入"安装信息摘要"页面，如图 1-3-8 所示。"安装信息摘要"页面最下方有一行警告信息："⚠ 请先完成带有此图标标记的内容再进行下一步。"

图 1-3-7　安装引导程序

图 1-3-8　安装信息摘要

"安装信息摘要"页面有四类设置，分别为"本地化""软件""系统"和"用户设置"。

(1) "本地化"类的设置包括"键盘""语言支持"和"时间和日期"。默认情况下，"键盘"类型设置为"汉语"，"语言支持"设置为"简体中文"，"时间和日期"设置为"亚洲/上海时区"。均可以保持默认设置，不需要改变。

(2) "软件"类的设置包括"连接到红帽""安装源"和"软件选择"。默认情况下，"连接到红帽"设置为"未连接"，"安装源"设置为"本地介质"，"软件选择"设置为"带 GUI 的服务器"。

单击"软件选择"，进入设置界面，如图 1-3-9 所示。"软件选择"设置页面的左侧是一个基本环境的选择列表，右侧是已选环境的附加软件。例如，选择"工作站"为基本环境，可以在"工作站"的基本环境上，附加安装"互联网应用程序""办公套件和生产率"等软件，如图 1-3-10 所示。

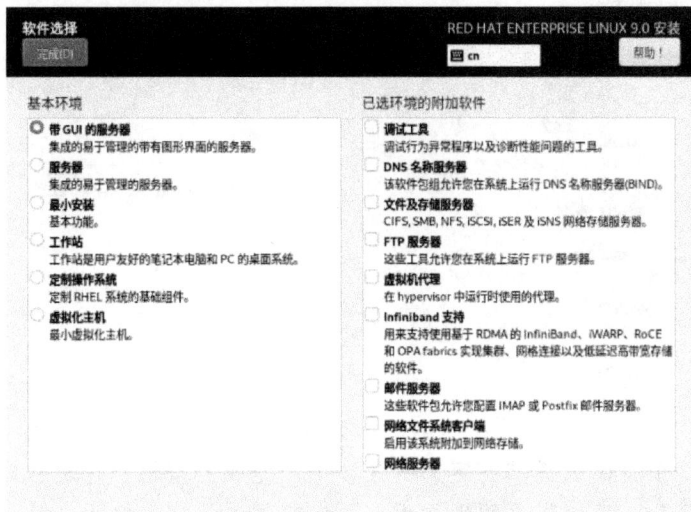

图 1-3-9　"软件选择"页面

图 1-3-10 基本环境和附加软件

建议初学者选择默认的带 GUI(Graphical User Interface，图形用户接口)的服务器为基本环境。有一个良好的图形界面将大大减少在学习的开始阶段所遇到的困难，其他的附件软件可以不用安装，选择好基本环境，按下"完成"按钮，即可返回"安装信息摘要"页面。

(3) "系统"类的设置包括"安装目的地""KDUMP""网络和主机名""Security Profile"。默认情况下，"安装目的地"设置为"已选择自动分区"，"KDUMP"设置为"已启用 KDUMP"，"网络和主机名"设置为"有线(ens160)已连接"，"Security Profile"设置为"没有选择 Profile"。均可以保持默认设置，不需要改变。

单击"安装目的地"，打开"安装目标位置"页面，如图 1-3-11 所示。在"安装目标位置"页面中，"存储配置"默认是"自动"。请保持默认设置，然后单击左上角的"完成"按钮，返回"安装信息摘要"页面。

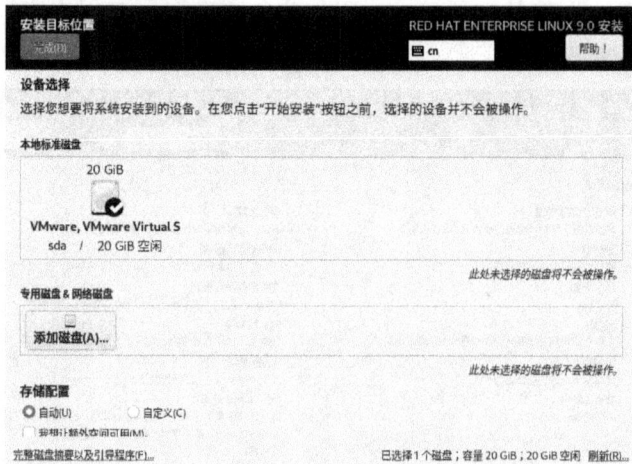

图 1-3-11 安装目的地设置

注：如果在这个页面选择"自定义"并按下"完成"按钮，将进入磁盘空间分配的设置页面，这需要具备一定的磁盘管理知识，可以在学习了相关知识之后，再进行一次"自定义"磁盘空间分配的安装。

（4）"用户设置"类的设置只有一项"root 密码"，单击"root 密码"按钮，进入"ROOT 密码"界面，如图 1-3-12 所示。root 是 Linux 的管理员用户账号，以 root 身份登录，可以对 Linux 做任何操作，有时候也称它为"超级用户"。因为它的权限极大，所以在安装的时候需要为它设置一个足够安全的密码。在学习环境下若想要设置简单密码，如 123456，则页面下方会给出提示："密码未通过字典检查-太简单或太有规律，必须按两次完成按钮进行确认"。此时，按下两次"完成"按钮后，可返回"安装信息摘要"页面。

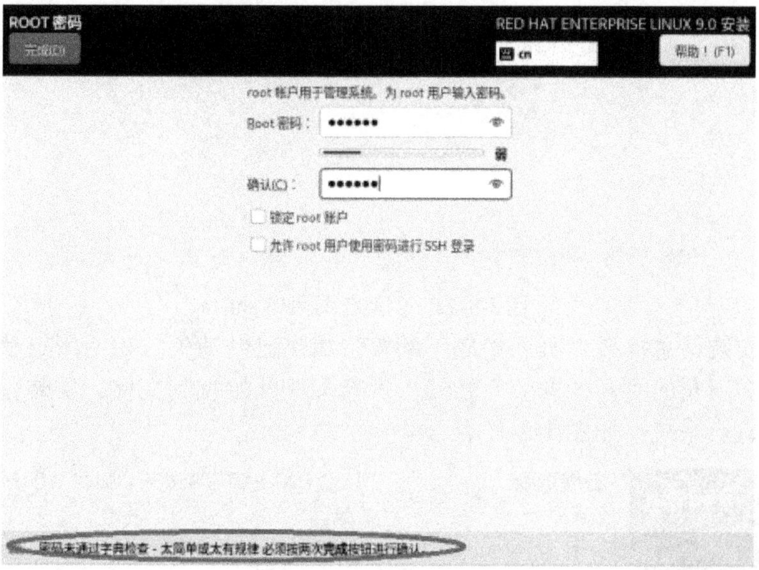

图 1-3-12　设置 root 用户的密码

设置好 root 用户密码后，在"安装信息摘要"页面中，"root 密码"按钮下会多出一个"创建用户"按钮，如图 1-3-13 所示。单击"创建用户"按钮，进入"创建用户"页面，如图 1-3-14 所示。创建一个普通用户"stu"，密码同样可以设置成"123456"，按下"完成"按钮，返回"安装信息摘要"页面。

图 1-3-13　"安装信息摘要"页面

21

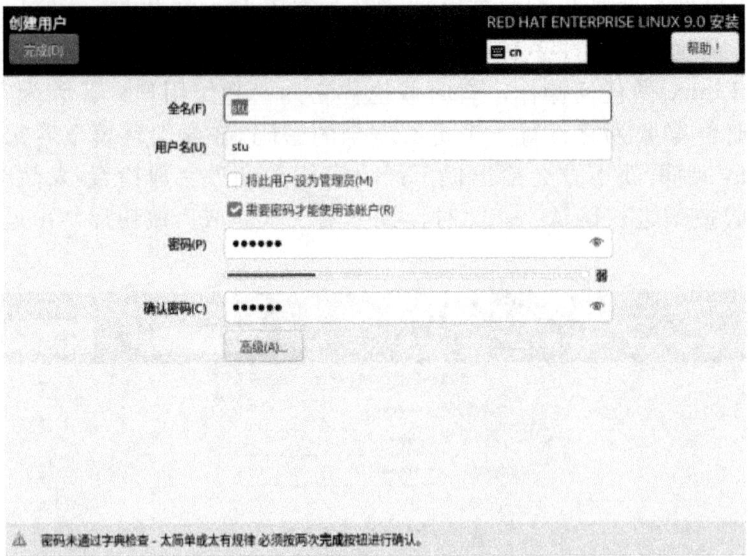

图 1-3-14   创建普通用户 stu

此时，"安装信息摘要"页面最底下的警告信息已经消失，说明所有参数已经设置完毕，然后单击右下角的"开始安装"按钮，安装程序开始复制文件。安装程序完成文件复制后，会要求重启系统，如图 1-3-15 所示。

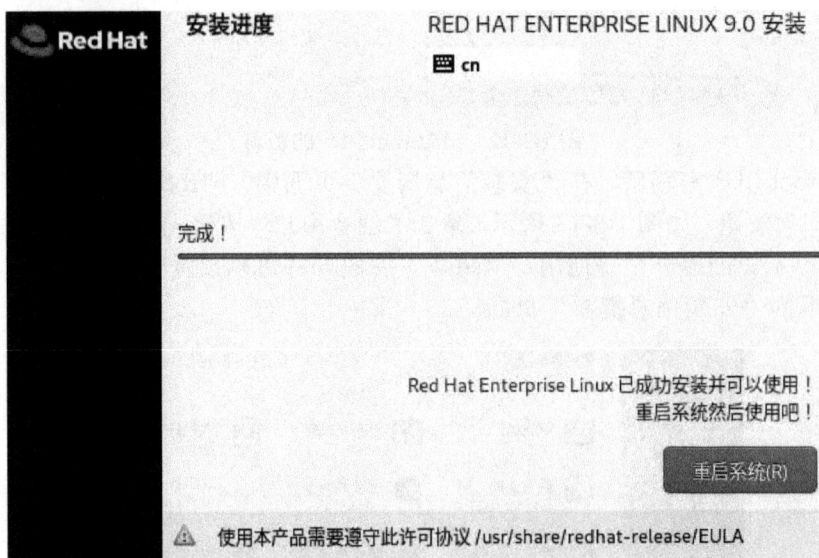

图 1-3-15   安装程序要求重启系统

4. RHEL9 的启动与关闭

如果在安装系统时创建了普通用户，那么在系统重启之后，会进入用户登录界面，如图 1-3-16 所示。如果在安装系统时未创建普通用户，那么系统重启之后，会自动以 root 用户身份登录，最终显示 root 用户的用户界面，如图 1-3-17 所示。

两个界面的右上角都有一个电源按钮图标 ⏻ ，单击该图标，可关闭系统。

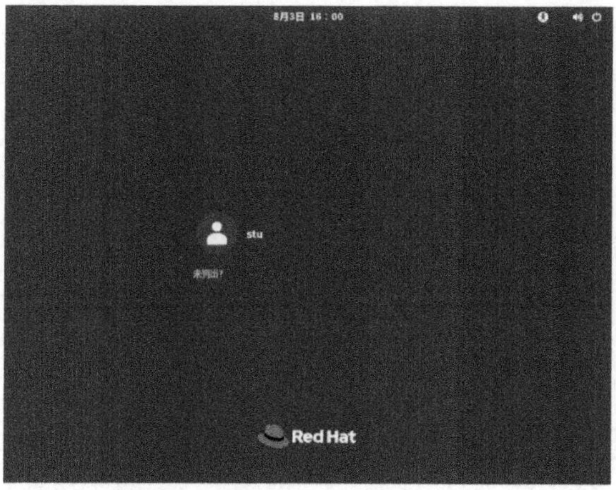

图 1-3-16　用户登录界面

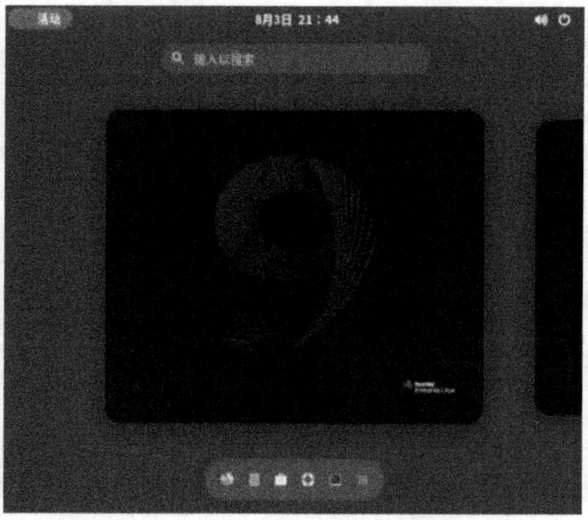

图 1-3-17　默认用户界面

5. 虚拟机的 BIOS 设置

如果系统重启之后，回到了安装的初始界面，如图 1-3-6 所示，则意味着虚拟机的 BIOS 被设置成了从光盘启动，需要进行修改。在 VMware Workstation 的电源控制菜单中单击"打开电源时进入固件"，如图 1-3-18 所示。

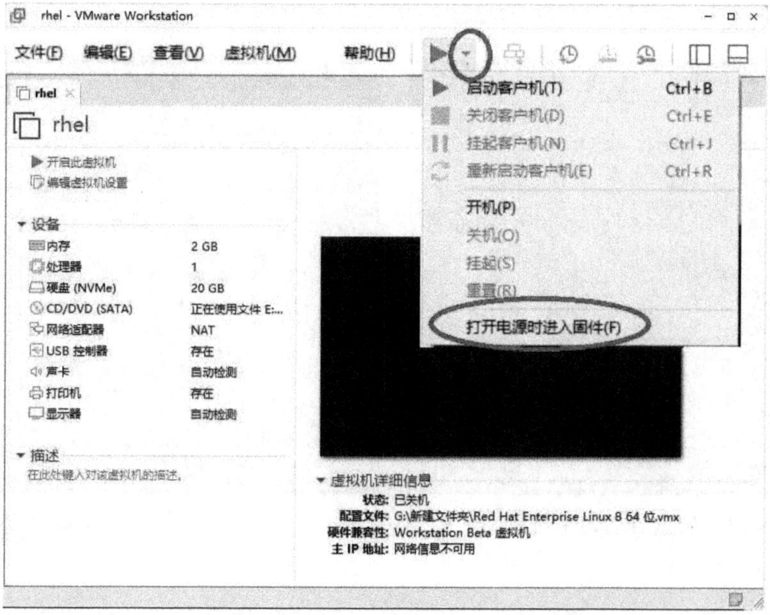

图 1-3-18　打开电源时进入固件

单击"打开电源时进入固件"按钮后，虚拟机会重启，之后进入 BIOS 设置界面，如图 1-3-19 所示。BIOS 设置界面顶端为主菜单栏，包括"Main""Advanced""Security""Boot"和"Exit"五个菜单项，界面底部为使用说明。

通过按【→】或【←】键，选中"Boot"，进入"Boot"页面，如图 1-3-20 所示。引导顺序设置页面左侧是一个存储设备列表，页面右侧是设置说明。BIOS 会按左侧列表顺序去启动设备的操作系统。

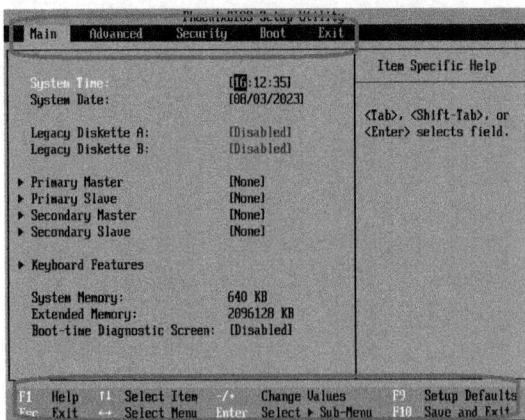

图 1-3-19　BIOS 设置界面

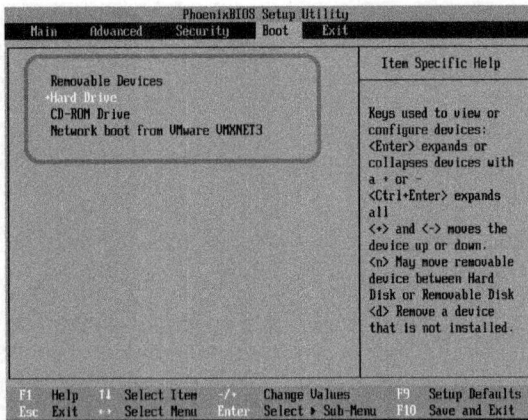

图 1-3-20　BIOS 的引导设置页面

一般情况下，引导顺序为 Removable Devices(U 盘)、Hard Drive(硬盘)、CD-ROM Driver(光盘驱动器)、Network boot from VMware VMXNET3(从网络启动)。

通过按【↓】或【↑】键选中"Hard Drive"，再按【Enter】键将它展开，如图 1-3-21 所示。若虚拟机有多个硬盘，则一定要将操作系统所在的硬盘调整至首位，如图 1-3-22 所示。调整完毕后，根据图的说明，按下键盘顶部的功能键【F10】，BIOS 设置程序会保存当前的设置，并重启系统。

图 1-3-21　硬盘启动顺序列表

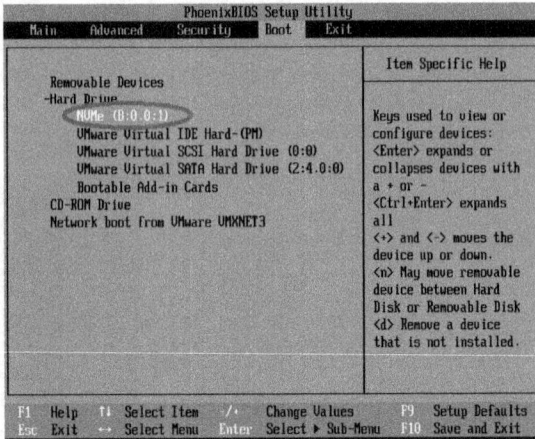

图 1-3-22　硬盘启动顺序调整

任务 1-4　启动、登录、注销与关闭 RHEL9

任务描述

练习 Linux 系统的启动与关闭、登录与注销等操作。

RHEL9 的登录、注销与关闭

任务实施

单击 VMware Workstation 菜单栏中的"文件"，选择"打开"，如图 1-4-1 所示。在弹出的文件选择框中找到虚拟机所在文件夹，并选中 *.vmx 文件，单击"打开"按钮，如图 1-4-2 所示。

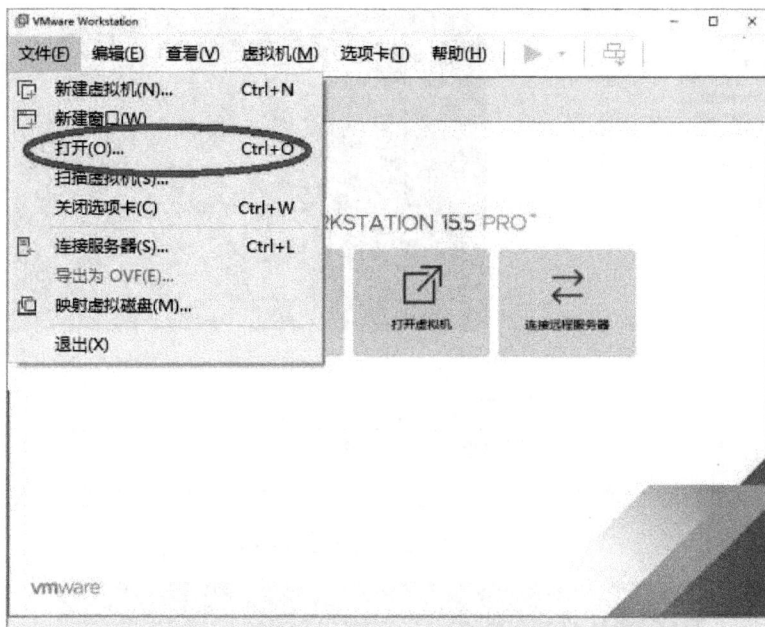

图 1-4-1　打开虚拟机

图 1-4-2　选择虚拟机文件

打开虚拟机后，如图 1-4-3 所示。单击启动键，进入用户登录界面，如图 1-4-4 所示。

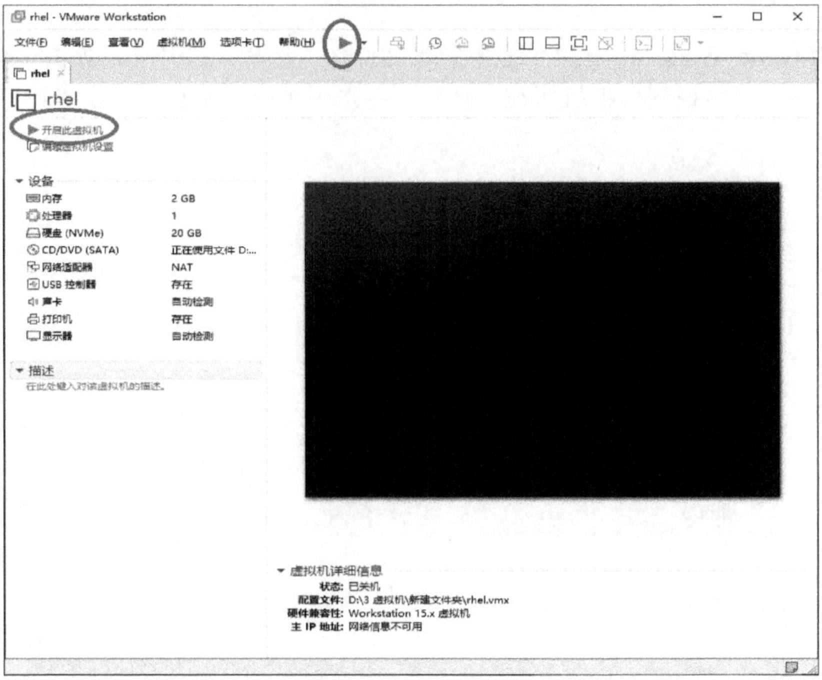

图 1-4-3　虚拟机启动按钮

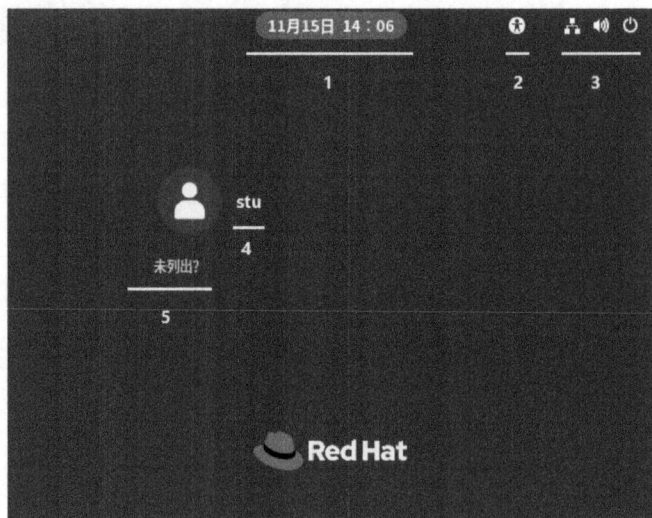

图 1-4-4　用户登录界面

用户登录界面中各项的含义如下：

(1) 用户登录界面中"1"标注的是时间按钮，单击此按钮会显示一个日历窗口。

(2) 用户登录界面中"2"标注的是辅助登录按钮，单击此按钮，会显示一个辅助窗口，如图 1-4-5 所示，单击该窗口中的按钮可启停对应的辅助功能。例如，单击"屏幕键盘"按钮，可启动"屏幕键盘"功能。此时，单击"stu"头像，系统会显示一个屏幕键盘，如图 1-4-6 所示。当实体键盘无法使用时，用户可以通过鼠标或触摸屏来输入字符。单击输入框前的"<"，可返回登录界面。

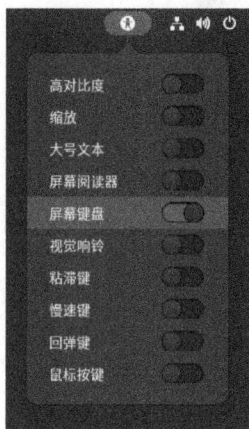

图 1-4-5　辅助窗口

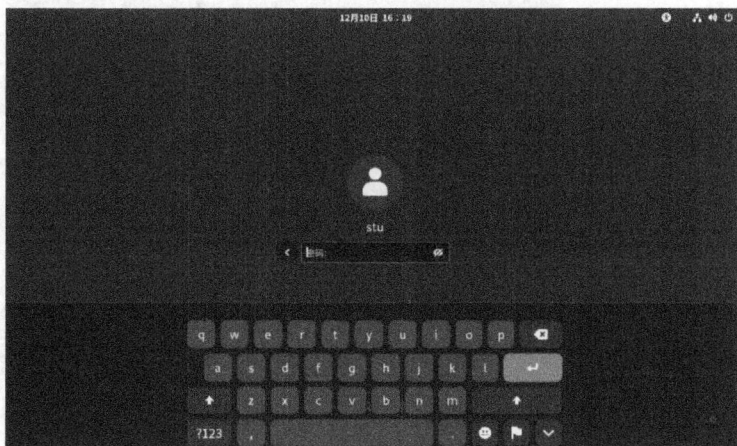

图 1-4-6　屏幕键盘

（3）用户登录界面中"3"标注的是基本设置按钮，它与计算机的网络参数、声音参数、关机功能相关。单击此按钮，会显示一个基本设置窗口，如图 1-4-7 所示，其中，"有线已连接"和"Balanced"的颜色要黯淡一些，表示它们现在是不可设置的；"关机/注销"选项右边的小三角展开可显露出二级菜单，如图 1-4-8 所示，可以进行"挂起""重启""关机"等操作。

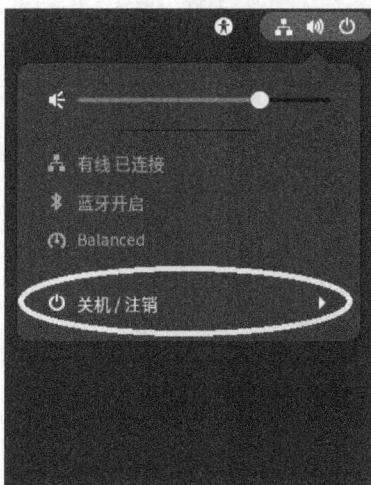

图 1-4-7　基本设置窗口

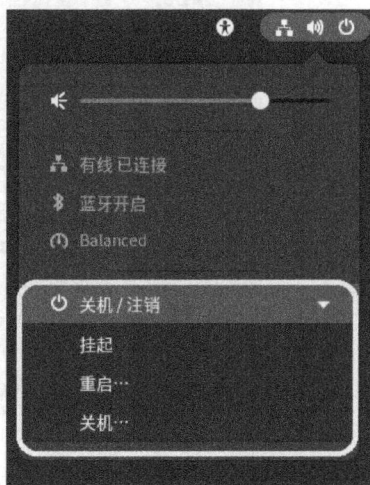

图 1-4-8　二级菜单

（4）登录界面中"4"标注的是普通用户列表。当前系统中只包含一个普通用户"stu"，因此，列表只显示"stu"。

（5）登录界面中"5"标注的是 root 用户登录，若想要以系统管理员身份登录，则需要单击普通用户列表下方的"未列出"，进入用户账号输入界面，如图 1-4-9 所示。

注：在 Linux 环境中，root 用户拥有极大的权限，操作不当会对系统造成巨大的破坏。因此，一般情况下，建议以普通用户身份登录进行操作，在需要管理员权限时再进行用户切换。但在初学阶段，普通用户的权限问题会给我们带来不小的麻烦，因此，在学习用户管理之前，暂时选择用管理员账号 root 登录系统。

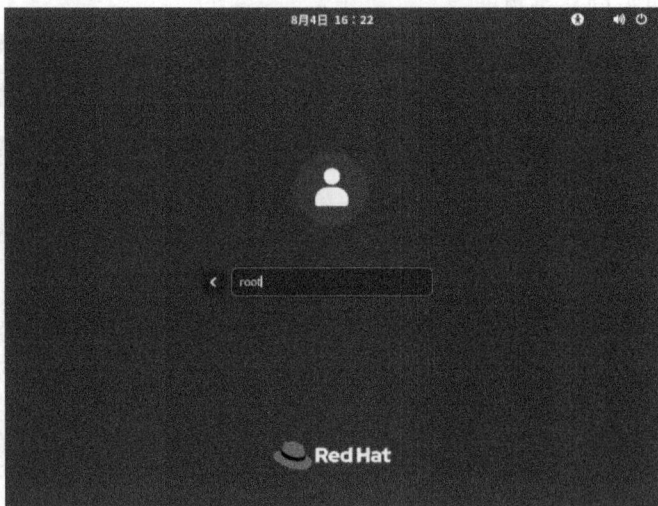

图 1-4-9　用户账号输入界面

在用户名输入框中输入"root"，按下回车键表示确认，然后进入密码输入界面，如图 1-4-10 所示。

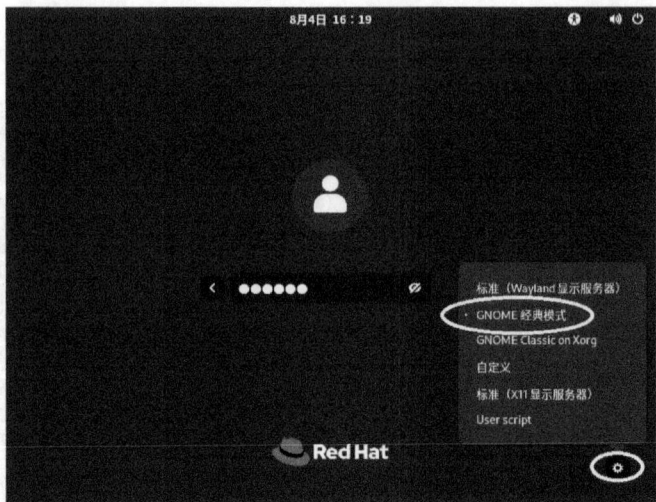

图 1-4-10　用户密码输入界面

密码输入界面的右下角有一个齿轮状的设置图标，单击设置图标，可选择登录后的桌面模式。桌面模式共有六种，建议选择"GNOME 经典模式"。使用"GNOME 经典模式"比默认的"标准(Wayland 显示服务器)"更为方便。在密码输入框中输入密码"123456"，按下回车键表示确认。登录成功后，系统显示的用户界面为 GNOME 经典模式，如图 1-4-11 所示。

单击屏幕右上角的声音/电源按钮，在弹出的下拉菜单中可以控制声音、网络、蓝牙，也可以进行系统设置和开机等操作，如图 1-4-12 所示。单击菜单最下方的"注销"按钮，可注销当前登录，返回登录界面。

如果在登录界面选择普通用户"stu"，并选择桌面模式为"标准(Wayland 显示服务器)"，然后在密码输入框中输入密码"123456"，按下回车键表示确认，那么登录成功后，系统显示的用户界面为标准模式。单击屏幕右上角的声音/电源按钮，弹出的下拉菜单与 GNOME 经典模式中的下拉菜单是相同的，如图 1-4-13 所示，单击"关机"按钮，可关闭计算机。

图 1-4-11　GNOME 经典模式界面

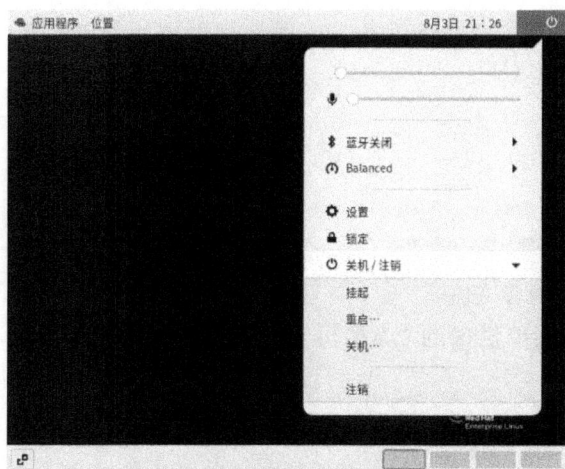

图 1-4-12　经典模式下的基本设置界面

图 1-4-13　标准模式下的基本设置界面

任务 1-5　克隆与复制虚拟机

任务描述

了解虚拟机克隆的用途及掌握创建和管理克隆虚拟机的方法。

任务实施

在后面的学习里，会需要多台 Linux 计算机，而安装多台 Linux 操作系统和应用程序需要耗费大量的时间与精力。因此，可选择通过以下两种方法迅速地生成多台虚拟机副本：

(1) 利用 VMware Workstation 提供的克隆功能。

(2) 利用宿主机的资源管理器直接复制虚拟机文件。

1. VMware Workstation 克隆

为了方便虚拟机文件的管理，在宿主机的硬盘中创建文件夹(如"虚拟机_克隆")保存虚拟机的克隆文件，并在其中创建子文件夹"rhel9_链接克隆"和"rhel9_完整克隆"，如图 1-5-1 所示。

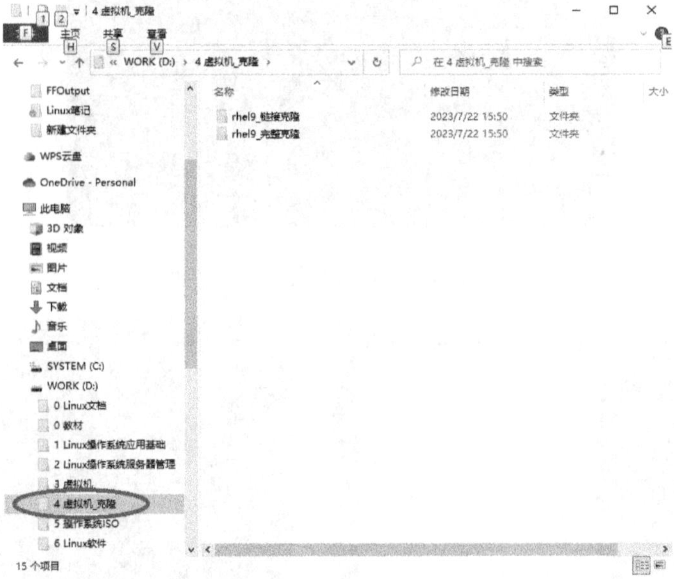

图 1-5-1　创建克隆文件夹

将安装了 Linux 的虚拟机正常关机，选择菜单栏中的"虚拟机"→"管理"→"克隆"，如图 1-5-2 所示，打开"克隆虚拟机向导"。

图 1-5-2　创建虚拟机克隆

　　"克隆虚拟机向导"的第一步为"克隆源"设置,选择"虚拟机中的当前状态",如图 1-5-3 所示。"克隆虚拟机向导"的第二步为"克隆类型"设置,如图 1-5-4 所示。首先选择"创建链接克隆",创建一个链接克隆保存在"rhel9_链接克隆"中,然后选择"创建完整克隆",创建一个完整克隆保存在"rhel9_完整克隆"中。

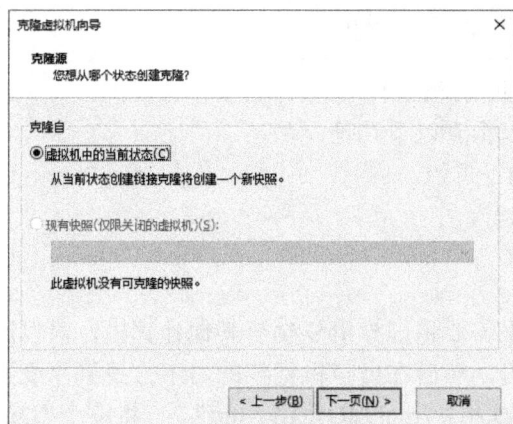

图 1-5-3　克隆源　　　　　　　　　　　　　　图 1-5-4　克隆类型

　　打开"资源管理器",单击鼠标左键选中文件夹"rhel9_链接克隆",然后单击鼠标右键弹出菜单,在弹出菜单中选中"属性",如图 1-5-5 所示。在弹出的属性页中,可以看到文件夹的大小为 2.57 MB,如图 1-5-6 所示。在类似的操作后,可以查到"rhel9_完整克隆"占用的空间为 4.77 GB,其空间大小远大于"rhel9_链接克隆"。

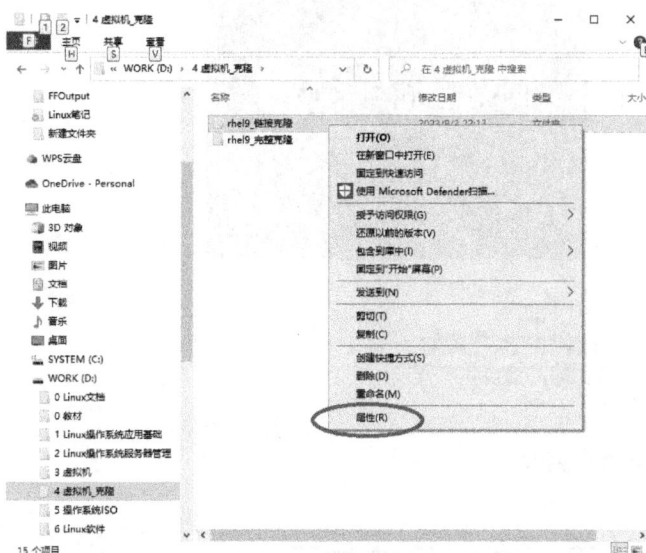

图 1-5-5　查看文件夹属性　　　　　　　　　　图 1-5-6　文件夹大小

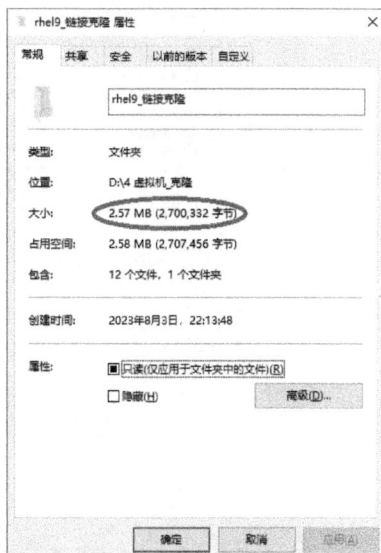

　　在"资源管理器"中找到克隆机的母机所在的文件夹,修改文件夹的名字,例如,将原名"rhel9"改成"rhel91"。然后启动两台克隆机,完整克隆机能正常启动,而链接克隆机无法启动,报错窗口如图 1-5-7 所示。如果恢复母机文件夹的名字为原名"rhel9",链接克隆机就可以正常启动了。

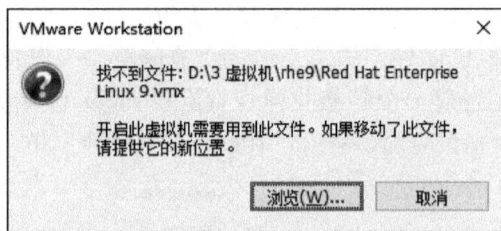

图 1-5-7　链接克隆机的报错窗口

根据以上对两个克隆机的观察和实验，可以得到以下结论：

(1) 链接克隆机需要存储数据更少，但依赖于母机。

(2) 完整克隆机不依赖于母机，可以独立运行。

2. 复制文件克隆

克隆操作只能在本机生成新的虚拟机，如果需要将虚拟机复制至其他计算机，可以通过复制整个虚拟机文件夹来实现。先关闭虚拟机，然后在虚拟机标签的右下方找到"配置文件"属性。如图 1-5-8 所示，配置文件为"D:\3 虚拟机 rhel9\RHEL9.vmx"，若将整个"D:\3 虚拟机 rhel9"文件夹复制至其他计算机，则实现了虚拟机的"转移"。

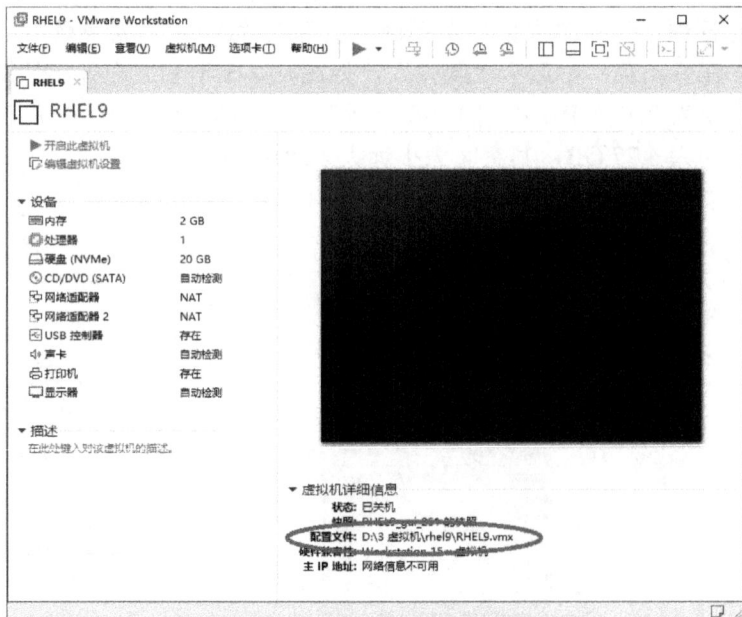

图 1-5-8　虚拟机文件的路径

任务 1-6　管理虚拟机的快照

任务描述

了解虚拟机快照的用途，掌握快照拍摄与管理的方法。

任务实施

如果执行错误的操作给系统造成了巨大的破坏，那么可以利用 VMware Workstation 提供的快照功能，使得我们可以为处于正常工作状态的虚拟机拍取快照，当破坏发生后，将虚拟机恢复到拍取快照之时的状态，进而减少重装系统及重新配置的时间。

在 VMware Workstation 菜单栏中，单击"虚拟机"菜单，选择"快照"→"拍摄快照"，如图 1-6-1 所示。然后在弹出窗口中为快照编辑"名称"和"描述"，尽可能简单地体现系统的当前状态即可，如图 1-6-2 所示。

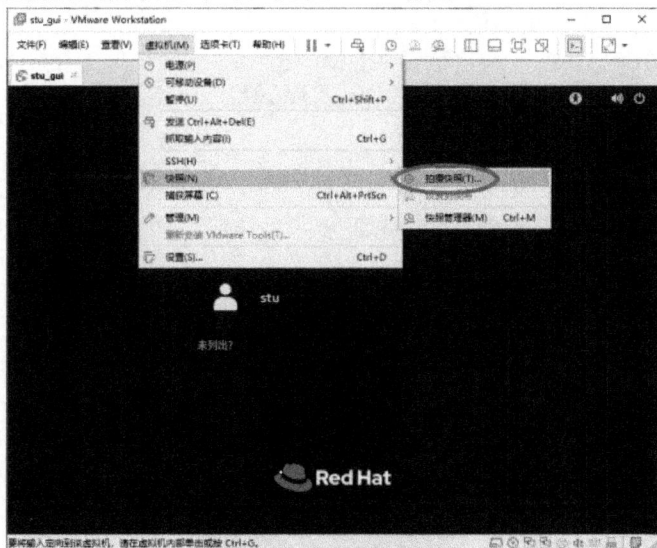

图 1-6-1　虚拟机快照

图 1-6-2　"快照"描述

下面通过一个简单的实验来验证快照是否生效，具体步骤如下：

(1) 修改系统设置，单击用户界面右上角的电源按钮，在下拉菜单中选择"设置"，如图 1-6-3 所示。然后在设置页面的左侧选中"显示器"，将右侧的"方向"改为"纵向，朝右"，如图 1-6-4 所示。

图 1-6-3　"设置"按钮

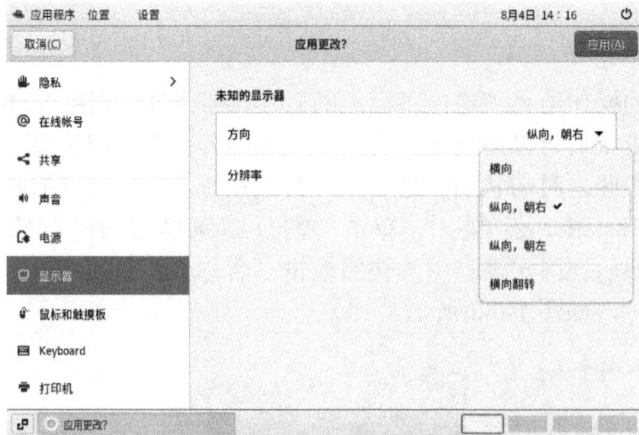

图 1-6-4　显示器的设置界面

（2）显示器的显示方向由原来的"横向"改成了"纵向，朝右"，屏幕中显示询问窗口，如图 1-6-5 所示。此时按下【Enter】键表示确认"保留更改"，显示器的显示方向更改完成，如图 1-6-6 所示。

图 1-6-5　修改显示器设置

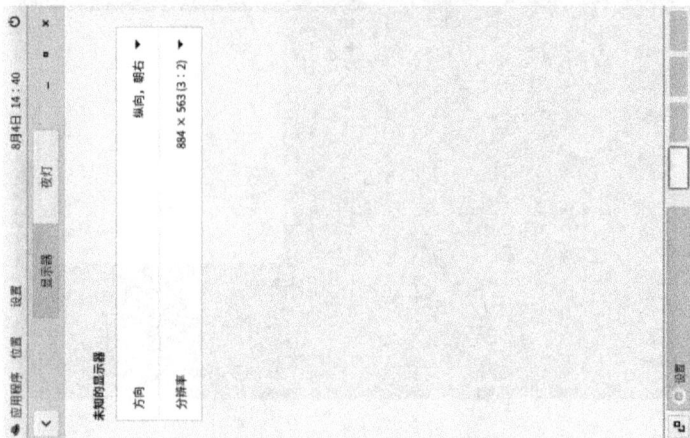

图 1-6-6　显示方向变为纵向

（3）在 VMware Workstation 菜单栏中，单击"虚拟机"菜单，选择"快照"，在"快照"的子菜单项中有"恢复到快照：初始状态"和"快照管理器"，如图 1-6-7 所示。可以直接单击"恢复到快照：初始状态"，也可以单击"快照管理器"，从而打开"快照管理器"页面(图 1-6-8)，进行系统恢复。

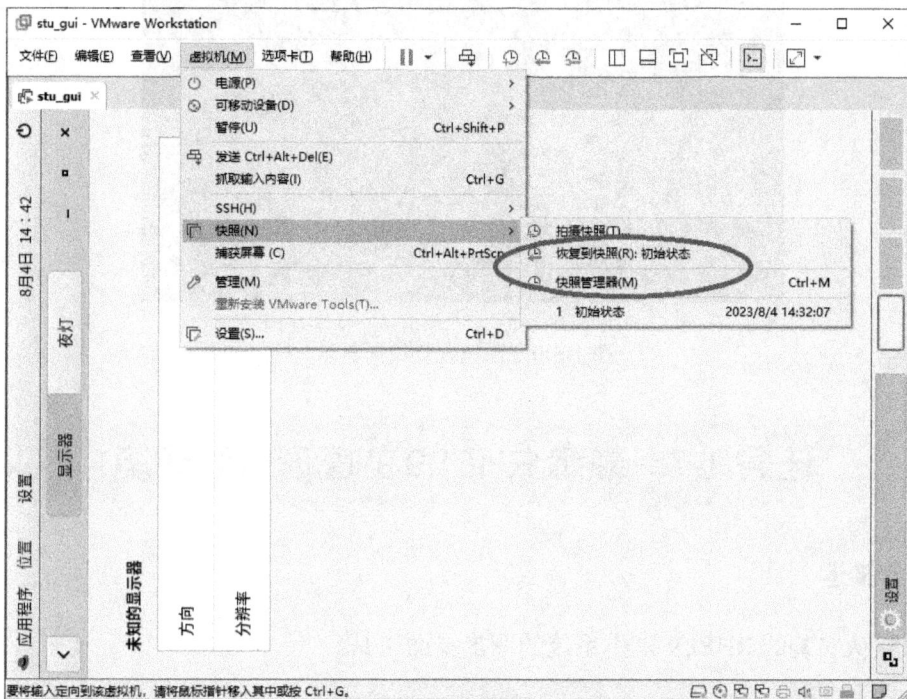

图 1-6-7 "快照"菜单

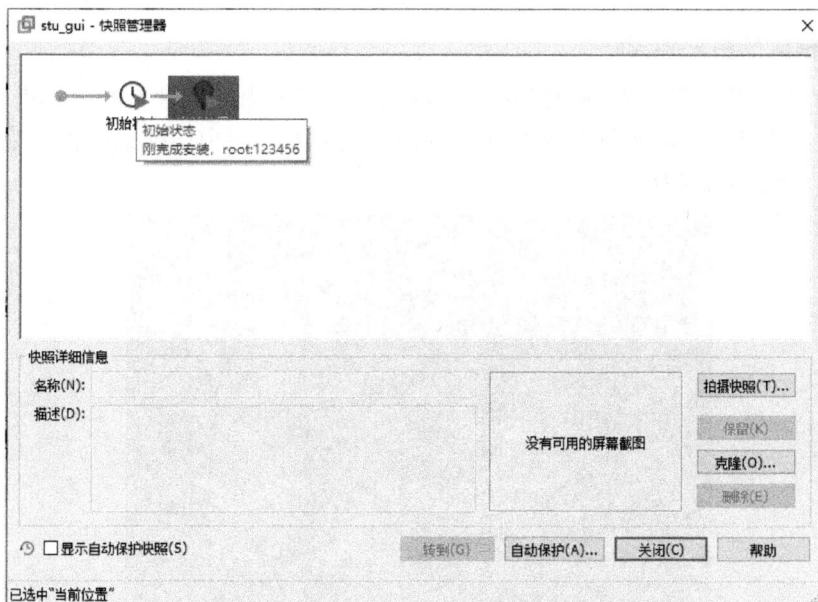

图 1-6-8 "快照管理器"页面

（4）待系统恢复后，显示器的显示方向恢复为了原来的"横向"，如图 1-6-9 所示。

图 1-6-9　系统恢复横向显示

任务 1-7　熟悉 RHEL9 的图形桌面环境

任务描述

熟悉默认安装的 RHEL9 操作系统的图形桌面工具。

任务实施

1. 经典模式的用户界面

首先启动虚拟机，然后在 RHEL9 系统启动后，进入用户登录界面，单击"未列出"按钮，如图 1-7-1 所示。以 root 身份登录，并在密码输入界面中选择桌面模式为"GNOME经典模式"，如图 1-7-2 所示。

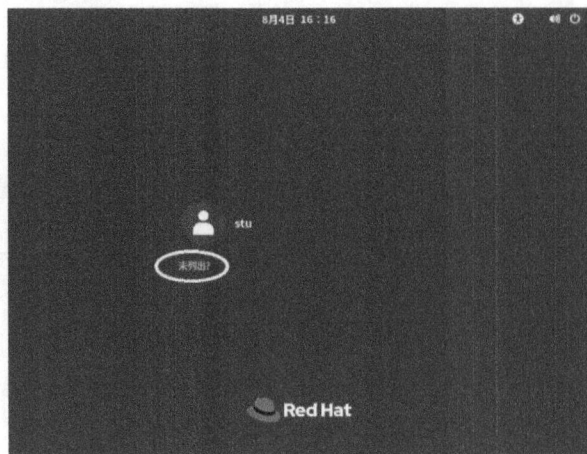

图 1-7-1　用户登录界面

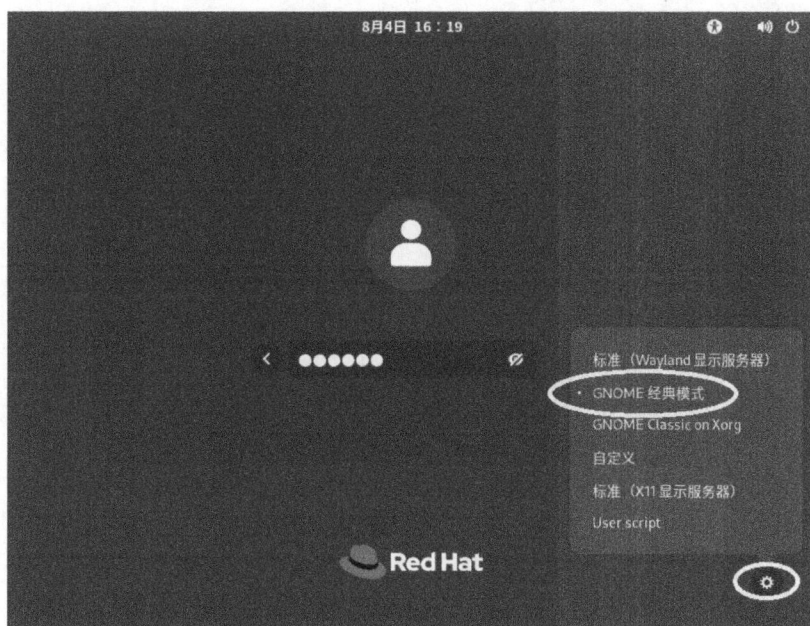

图 1-7-2　选择桌面模式

以 root 用户登录成功后，系统显示的是 GNOME 经典模式用户界面，如图 1-7-3 所示。单击屏幕左上角的"应用程序"按钮，打开一个下拉菜单。下拉菜单中显示了七类应用程序，分别为"收藏""附件""工具""互联网""系统工具""影音"和"其它"，如图 1-7-4 所示。

图 1-7-3　GNOME 模式的用户界面

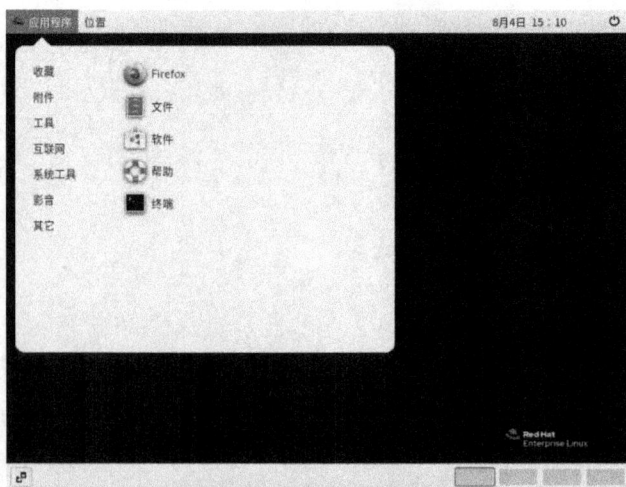

图 1-7-4 "应用程序"菜单

在"应用程序"菜单中，单击"收藏"→"Firefox"，可打开网页浏览器 Firefox，如图 1-7-5 所示。单击"收藏"→"终端"，可打开命令行工具"终端"，如图 1-7-6 所示。

图 1-7-5 浏览器 Firefox

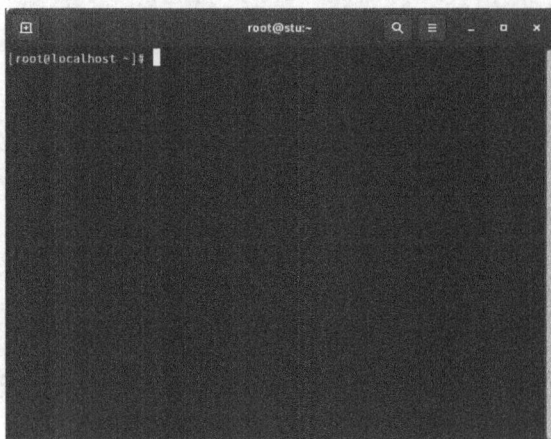

图 1-7-6 命令行工具"终端"

在应用程序菜单中，单击"工具"→"系统监视器"，可打开"系统监视器"页面，如图 1-7-7 所示。系统监视器有三个标签页，分别为"进程""资源"和"文件系统"，用于显示三种类型的监视结果。例如，单击"资源"标签，软件将显示当前的 CPU 利用率、内存和交换空间的大小以及网络的状态，如图 1-7-8 所示。

图 1-7-7 "系统监视器"页面

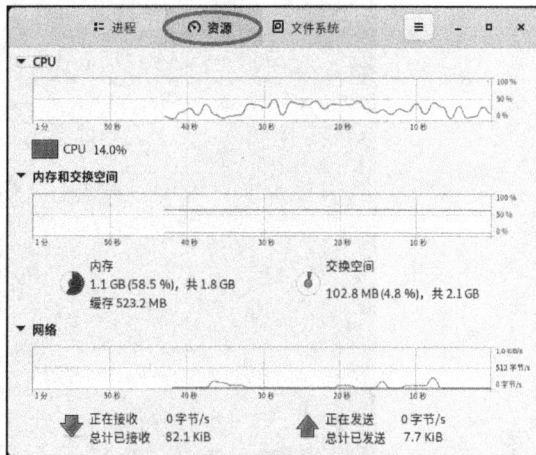

图 1-7-8 "资源"标签页

单击用户界面右上角的电源按钮，找到"注销"项，可注销当前登录，返回登录界面。

2．标准模式的用户界面

在登录界面选择普通用户"stu"，然后在密码输入界面中选择桌面模式为"标准 (Wayland 显示服务器)"，输入密码并登录。

标准模式的用户界面如图 1-7-9 所示。屏幕的正中间(圆角框标注出来的地方)是"工作区 1"，它的右边(未完全显示的部分)是"工作区 2"，屏幕的左上角有一个"活动"按钮，右上角有一个网络/电源按钮，屏幕的下方是收藏栏。收藏栏有六个图标，分别代表：火狐浏览器、文件管理器、软件管理器、系统帮助、仿真终端和显示应用程序。

图 1-7-9 标准模式的用户界面

　　单击收藏栏中的仿真终端图标，可以打开终端，终端占据了整个屏幕，右上角只有关闭图标。在终端顶部单击鼠标右键，然后在弹出菜单中选择"取消最大化"，可调整其大小和位置，如图1-7-10所示。

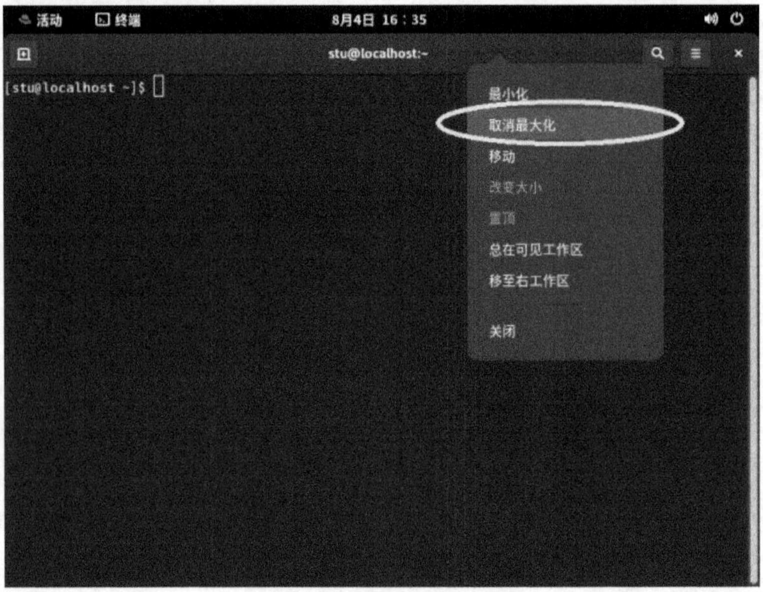

图 1-7-10　调整终端大小

　　单击屏幕左上角的"活动"按钮，可返回初始界面，如图1-7-11所示，"工作区 1"会显示终端的缩略界面。

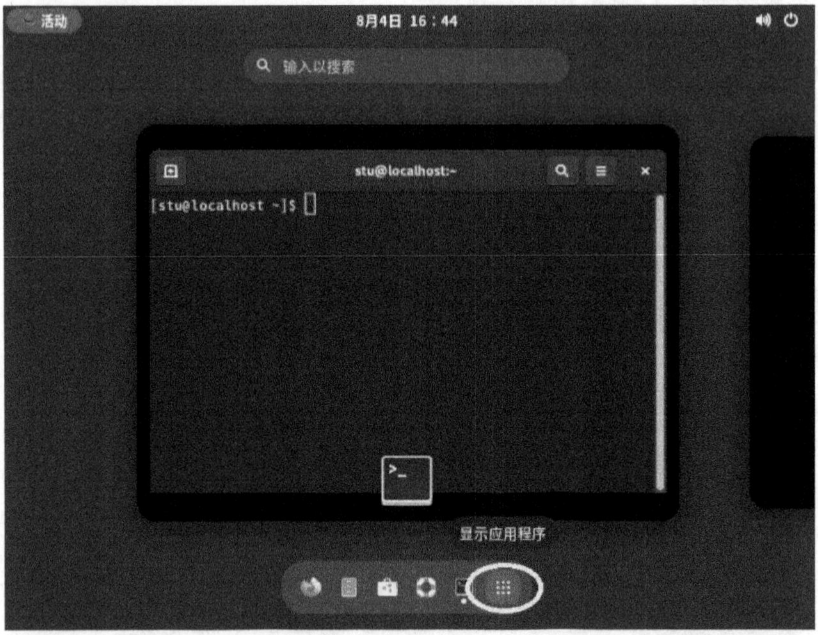

图 1-7-11　初始界面

　　单击收藏栏中最右侧的显示应用程序图标，可以显示更多的应用程序，如"导览""视频""红帽订阅"和"设置"等，如图1-7-12所示。

图 1-7-12 显示应用程序界面

单击显示应用程序界面中央的"设置"按钮，打开"设置"界面，再单击"隐私"按钮，如图 1-7-13 所示。在隐私设置界面中单击"锁屏"按钮，将"息屏延时"设置为"1分钟"，并将"自动锁屏延迟"设置为"30 秒"，如图 1-7-14 所示。

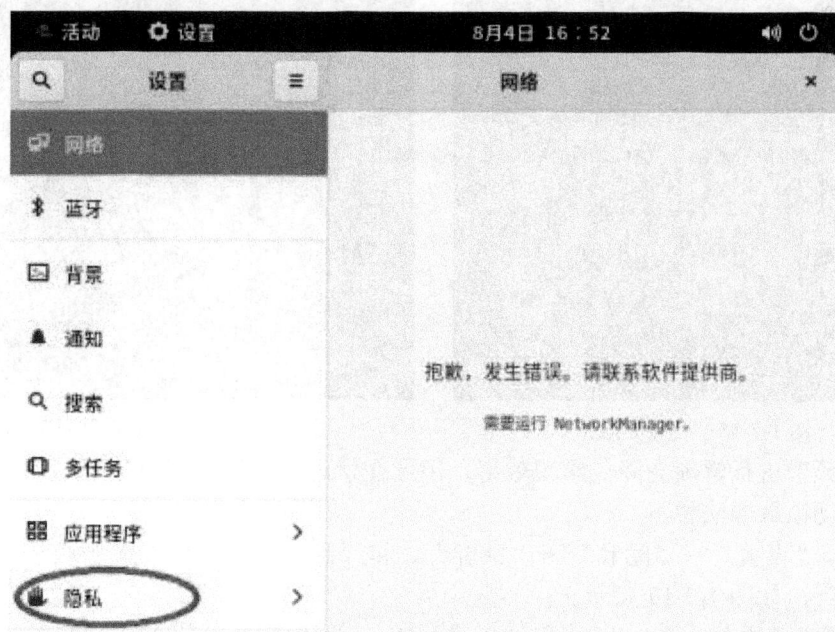

图 1-7-13 "设置"界面

图 1-7-14　"隐私"界面

等待 1 分 30 秒，系统会进入锁屏状态，如图 1-7-15 所示。单击屏幕或按住鼠标左键并向上移动(类似于在手机上"用手指按住屏幕，向上滑动"这个动作)，可进行解锁，系统会要求用户输入密码，如图 1-7-16 所示。

图 1-7-15　锁屏界面

图 1-7-16　密码输入界面

但是，频繁进行解锁会降低学习效率，因此在学习时可以关闭自动锁屏功能。

关闭自动锁屏方法如下：

(1) 选择"设置"→"隐私"→"锁屏"，将"息屏延时"设置成"从不"，并关闭"自动锁屏"，如图 1-7-17 所示。

(2) 选择"设置"→"电源"，将"Screen Blank"(关闭屏幕)设置成"Never"(从不)，将"自动挂起"设置成"关"，如图 1-7-18 所示。

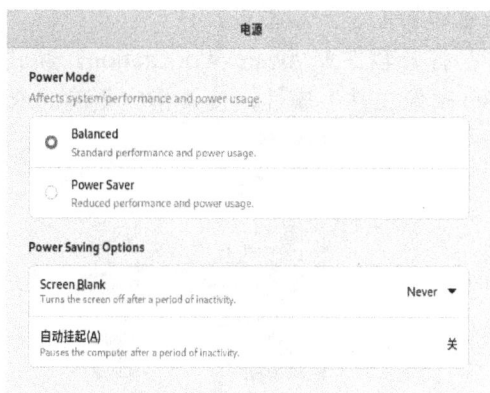

图 1-7-17 锁屏设置 图 1-7-18 电源设置

注：工作环境下，为了安全，最好不要关闭自动锁屏功能。

单击用户界面右上角的电源按钮，然后在下拉菜单中单击"关机"按钮，如图 1-7-19 所示，可关闭虚拟机。

图 1-7-19 "关机"按钮

任务 1-8 最小化安装 RHEL9

任务描述

在一个新虚拟机中安装 RHEL9，并在安装 RHEL9 时选择最小化安装，同时练习用户的登录及系统的关闭等操作。

任务实施

RHEL9 的最小化安装及登录

1. 最小化安装 RHEL9

找到任务 1-1 中创建的"虚拟机"文件夹，并在其中创建子文件夹"rhel9min"，用来放置即将创建的虚拟机文件。

打开软件 VMware Workstation，新建一个虚拟机，然后修改虚拟机光驱设备的"使用 ISO 映像文件"属性，使其指向正确的 RHEL9 安装镜像，如图 1-8-1 所示。

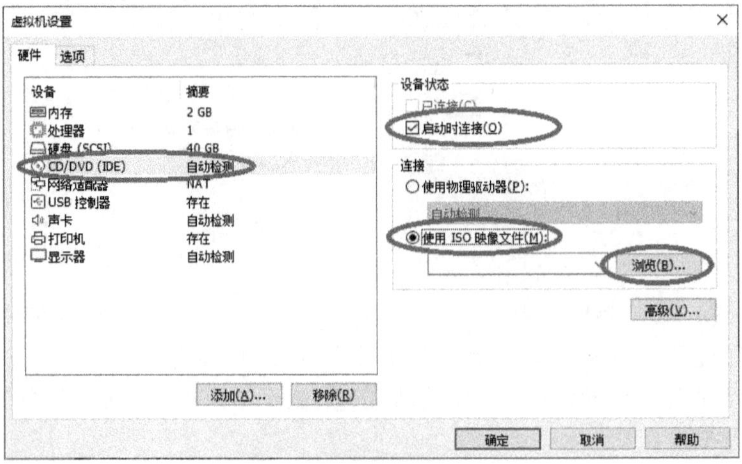

图 1-8-1　虚拟机的光驱设备设置

启动虚拟机进入安装程序，在"安装信息摘要"页面，单击"软件选择"选项，将"基本环境"设置为"最小安装"，如图 1-8-2 所示。

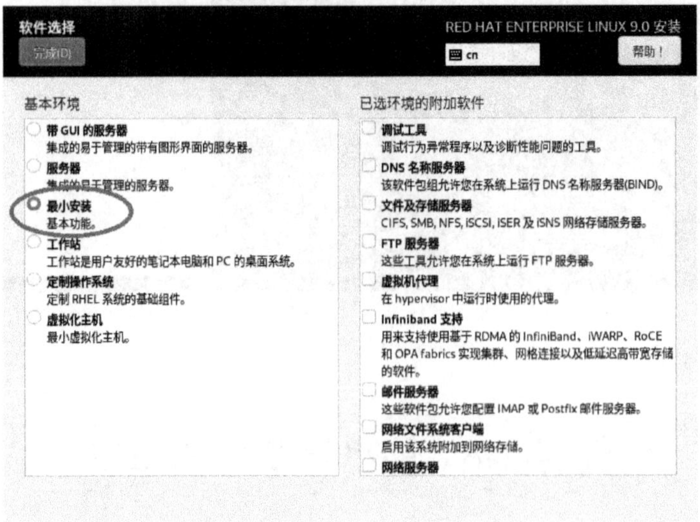

图 1-8-2　安装程序的软件选择

其他参数的设置与任务 1-3 相同。为了便于学习，将 root 用户的密码设置为 123456，并增加一个普通用户 stu，密码也设置为 123456。

2. 用户登录与关闭系统

安装程序在完成 RHEL9 的安装后，会启动系统，进入用户登录界面，如图 1-8-3 所示。

登录界面中第一行"Red Hat Enterprise Linux 9.0 (Plow)"是操作系统的发行版及版本号，第二行"Kernel 5.14.0-70.13.1.el9_0.x86_64 on an x86_64"是操作系统的内核版本，第三行暂时不用理会，第四行"localhost login:"提示用户登录系统。输入用户名"root"和密码"123456"，即可进入系统，如图 1-8-4 所示。

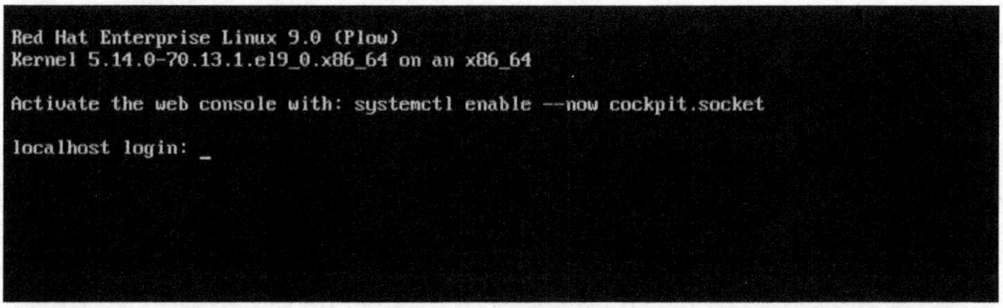

图 1-8-3　登录界面

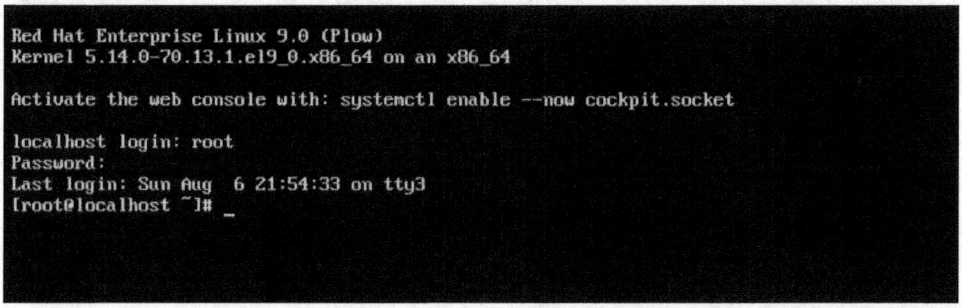

图 1-8-4　用户 root 登录后的界面

注：

① 在输入密码时，系统不会有任何回显，输入密码后按回车键即可。如果用户名/密码输入正确，则系统将显示上次登录时间(如"Last login: Sun Aug 6 21:54:33 on tty3")和命令提示符"[root@localhost ~]#"。

② 为了行文方便，用"【 】"键表示键盘上的键，如【Enter】键表示回车键，【Tab】键表示制表符键，【↑】键表示方向键的向上键。

输入"exit"，屏幕显示如下：

[root@localhost ~]# exit

然后按下【Enter】键，系统退出用户 root 的登录，返回登录界面。

以用户 stu 身份登录，进入系统。

输入"date"，并按下【Enter】键，屏幕显示如图 1-8-5 所示。

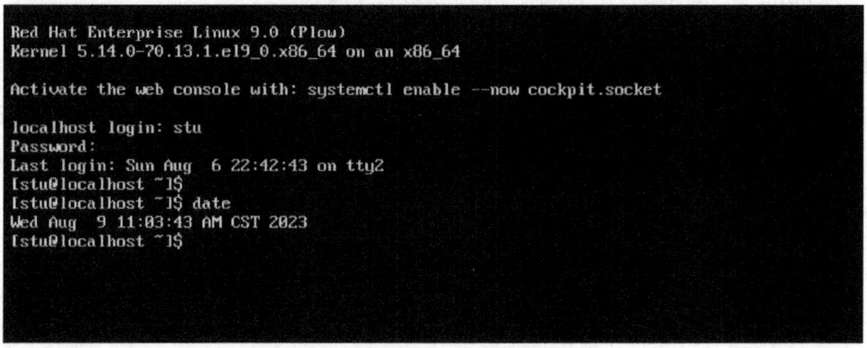

图 1-8-5　用户 stu 输入命令的界面

通常情况下，Linux 会提供 6 个虚拟控制台(tty1~tty6)，用户可以通过组合键【Ctrl + Alt + F*n*】(其中 F*n* 表示键盘中的功能键，包含 F1～F6)进入这 6 个虚拟控制台。进入新的虚拟控制台时，Linux 会显示登录提示符，要求用户输入用户名和密码，如图 1-8-3 所示。该功能支持以相同用户同时登录不同控制台，或以不同用户同时登录不同控制台。在安装了图形界面的 RHEL9 中，组合键【Ctrl + Alt + F1】和【Ctrl + Alt + F2】分别对应一个图形登录界面，组合键【Ctrl + Alt + F3】～【Ctrl + Alt + F6】用于登录文本界面。最小化安装的 RHEL9 未安装图形界面，组合键【Ctrl + Alt + F1】～【Ctrl + Alt + F6】都用于登录文本界面。

按下组合键【Ctrl + Alt + F6】(左手按住【Ctrl】键和【Alt】键，右手按功能键【F6】)，屏幕上会出现新的登录界面，如图 1-8-3 所示，以 root 用户身份登录。按下组合键【Ctrl + Alt + F1】，屏幕返回 stu 用户界面，如图 1-8-5 所示。再按下组合键【Ctrl + Alt + F7】，屏幕不变，由此可见组合键【Ctrl + Alt + F7】不能切换虚拟控制台。

切换到 stu 登录界面，输入"poweroff"，并按下【Enter】键，命令执行如下：

```
[stu@localhost ~]$ poweroff
User root is logged in on tty6.
Please retry operation after closing inhibitors and logging out other users.
Alternatively, ignore inhibitors and users with 'systemctl poweroff -i'.
[stu@localhost ~]$
```

系统回显当前 root 用户在 tty6 上登录，无法直接关机。

若切换到 root 登录界面，输入"poweroff"，并按下【Enter】键，则系统执行关机操作。

练 习 题

一、简答题

1. 操作系统是什么？它有哪些功能？

2. 主流 Linux 发行版有哪些？它们的特点是什么？

3. 软件版本名字中常见的"desktop""server""x86_64""i386""amd64""arm64""noarch""stable""alpha""beta"分别是什么意思？

二、操作题

中文互联网中有很多开源软件镜像站点，如中科大软件镜像站(https://mirrors.ustc.edu.cn/)、腾讯软件镜像站(https://mirrors.cloud.tencent.com/)等。请下载一个最新的 Ubuntu 的安装镜像，并新建虚拟机进行安装。

项目 2 终端与命令

Linux 提供的命令行工具是终端。用户在终端中输入命令后，Linux 执行用户的命令，并返回执行结果。本项目的主要任务是练习打开终端，掌握命令的执行方法，熟悉命令的通用格式，了解一些常用的辅助操作，并在此基础上学习基本的电源管理命令、用户界面设置命令和用户管理命令。

知识目标

- 了解命令的作用。
- 了解命令的基本形式。

技能目标

- 掌握终端的打开方式。
- 掌握命令的执行方法。
- 掌握几个基本的系统管理命令。

任务 2-1 打开与调整图形界面下的终端

任务描述

学习在图形界面下打开仿真终端和调整它的外观的方法，并练习命令的输入与执行。

任务实施

1. 打开仿真终端和调整其外观

启动安装了 RHEL9 的虚拟机，并以 root 身份登录，登录时选择桌面模式为"GNOME 经典模式"，如图 2-1-1 所示。然后单击屏幕左上角的"应用程序"→"收藏"→"终端"，可打开终端，如图 2-1-2 所示。

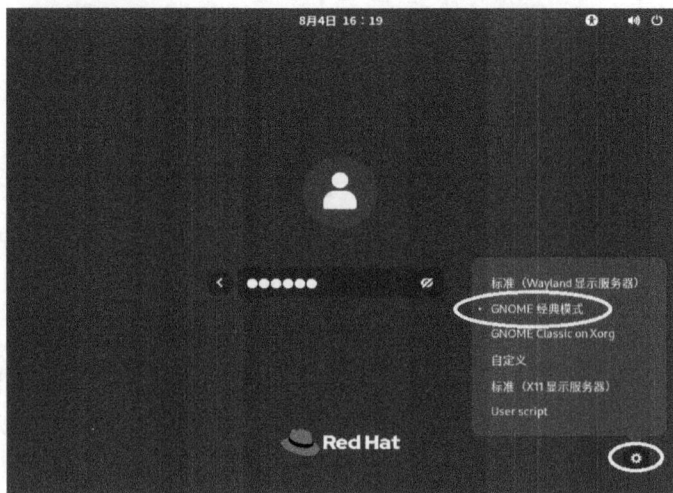

图 2-1-1　选择"GNOME 经典模式"

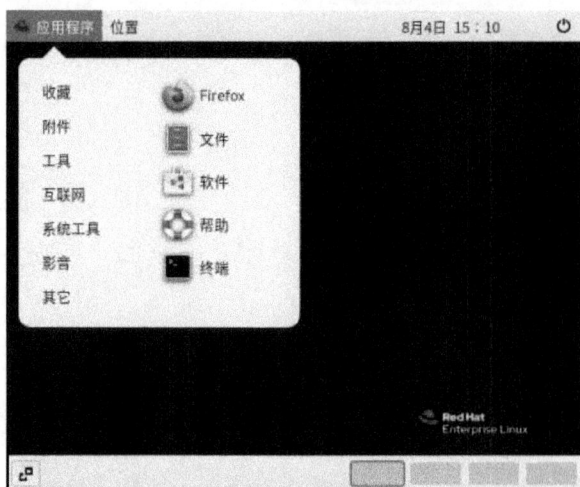

图 2-1-2　打开终端

单击终端右上角的 ▤ 图标，可以对它的显示比例、外观等进行设置，如图 2-1-3 所示。单击下拉菜单中"配置文件首选项"，可打开首选项设置页面，然后在"常规"标签中将"主题类型"由原来的"暗色"改为"亮色"，如图 2-1-4 所示。

图 2-1-3　设置图标

图 2-1-4　切换主题类型

设置完成后，如果关闭首选项设置页面，终端的主题就变成了亮色。

2. 终端的主题区域

终端中闪烁的小方块被称为光标。光标前面的提示字符串被称为第一命令提示符，也被简称为命令提示符，如图 2-1-5 所示。命令提示符的格式如下：

[用户名@主机名　工作目录]　提示符号

图 2-1-5　光标与命令提示符

例如，"[root@localhost ~] #"或"[stu@localhost ~] $"。

"[root@localhost ~] #"中的"root"指明当前登录的用户为 root，"localhost"指明当前登录的计算机为 localhost，"~"指明当前的工作目录为用户的家目录，"#"为超级用户提示符，提示当前用户是一个超级用户，即管理员用户。

若注销 root 用户后，以 stu 用户登录，终端中的这串文字则会被替换成"[stu@localhost ~] $"，其中"$"是普通用户提示符，提示当前用户是一个普通用户。

任务 2-2　执行与中止命令

任务描述

练习在终端中给系统"下命令"。

任务实施

命令的执行
与中止

1. 命令的相关概念

以 root 用户身份登录 Linux，并打开终端。

用户在终端中输入"date"，并按下回车键，相当于向系统咨询当前时间（"What date？"），系统将"回复"用户相关的信息，执行命令与结果如下：

[root@localhost ~]# date
2023 年 08 月 20 日 星期日 09:56:44 CST　　　　　　　　　　　　<== 当前的日期及时间
[root@localhost ~]#

把"date"称为命令。命令用于表达用户要求系统执行的动作。

命令是系统规定好的，不能写成"Date"，也不能写成"whatdate"。若输入的命令有误，则执行命令与结果如下：

```
[root@localhost ~]# Date
bash: Date: command not found...                                    <== 命令找不到
Similar command is: 'date'
[root@localhost ~]#
[root@localhost ~]# whatdate
bash: whatdate: command not found...
Failed to search for file: /mnt/cdrom/AppStream was not found
[root@localhost ~]#
```

系统找不到"Date"对应的代码，无法执行，回显为"command not found"。

可以在使用 date 命令时，以字符串形式"要求"系统以某种格式输出时间信息。例如，用"%y""%m""%d"分别代表年、月、日，用"%H""%M""%S"分别代表时、分、秒，执行命令与结果如下：

```
[root@localhost ~]# date  +%y%m%d                    <== 输出当前的日期
230820
[root@localhost ~]#
[root@localhost ~]# date  +%y-%m-%d                   <== 用"-"隔开年、月、日
23-08-20
[root@localhost ~]#
[root@localhost ~]# date  +%H%M%S                     <== 输出当前的时间
104248
[root@localhost ~]# date  +%H:%M:%S                   <== 用":"隔开时、分、秒
10:43:02
[root@localhost ~]#
[root@localhost ~]# date  +%Y%m%d-%H%M%S
20230820-104403
[root@localhost ~]#
```

可以将以上命令统一写成"date +格式"，以便记忆和表达。

把形如"+格式"这样的字符串称为参数。参数通常用来表达动作的对象。

还可以在使用 date 命令时，以"-s 新时间"的形式要求系统修改时间。例如，用"date -s 12:12:12"将当前时间设置为 12 时 12 分 12 秒，执行命令与结果如下：

```
[root@localhost ~]# date  +%H:%M:%S                   <== 输出当前时间
11:01:18
[root@localhost ~]#
[root@localhost ~]# date  -s  12:12:12                <== 修改当前时间
2023 年 08 月 20 日 星期日 12:12:12 CST               <== 修改结果
[root@localhost ~]#
[root@localhost ~]# date  +%H:%M:%S                   <== 输出当前时间
12:12:12
[root@localhost ~]#
```

把形如"-s"或"-s　新时间"这样的字符串称为选项。选项通常用来表达对动作的具体要求。

2. 几个常用的命令

1) hostnamectl

在终端中输入"hostnamectl",并按下回车键,系统将"回复"用户许多与计算机主机名相关的信息,执行命令与结果如下:

```
[root@localhost ~]# hostnamectl
       Static hostname: localhost                              <== 计算机的主机名
           Icon name: computer-vm
             Chassis: vm
          Machine ID: 8439c304f5a84e459beaa57163e5f36d
            Boot ID: 5fd17bc608024593b3ee97ce854ddef3
       Virtualization: vmware
     Operating System: Red Hat Enterprise Linux 9.0 (Plow)     <== 计算机的操作系统
        CPE OS Name: cpe:/o:redhat:enterprise_linux:9::baseos
             Kernel: Linux 5.14.0-70.13.1.el9_0.x86_64
         Architecture: x86-64
      Hardware Vendor: VMware, Inc.
       Hardware Model: VMware Virtual Platform
[root@localhost ~]#
```

hostnamectl 中的 host 表示主机,name 表示名字,ctl 是 control(控制)的缩写,从这三个单词可以推测它与计算机主机的设置相关。系统回复的第一行为"Static hostname: localhost",表示计算机的名字为 localhost。

hostnamectl 命令还可以用来设置主机名,格式为"hostnamectl　set-hostname　新主机名"。将主机名修改为 stu 的命令为"hostnamectl　set-hostname　stu"。"hostnamectl""set-hostname""stu"之间用空格隔开,可以是一个空格,也可以是多个空格。执行命令与结果如下:

```
[root@localhost ~]# hostnamectl    set-hostname    stu
[root@localhost ~]#
```

系统没有显示,表示命令已经被正常执行了。

用 hostnamectl 命令查看主机名,发现主机名已经被设置成了"stu",但命令提示符中显示的主机名仍为"localhost"。这是因为当前的虚拟终端没有实时去获取主机名。

```
[root@localhost ~]# hostnamectl
     Static hostname: stu                        <== 用命令查到的主机名已被改成了"stu"
⋮
[root@localhost ~]#                               <== 命令提示符中的主机名仍为"localhost"
```

此时,若打开一个新的虚拟终端,则可以观察到命令提示符为"[root@stu ~]#",对应的主机名已被改为了"stu"。

如果在输入命令时发生了拼写错误，则系统将无法执行该错误命令，而是给出相应的错误信息。例如，将"hostnamectl"写成了"hostnameclt"，执行命令与结果如下：

[root@stu ~]# hostnameclt

bash: hostnameclt: command not found...   <==   bash: hostnameclt:命令找不到

Similar command is: 'hostnamectl'   <== 相似的命令为 hostnamectl

[root@stu ~]#

若系统回显"bash:命令: command not found..."，则应先检查输入该命令时是否发生了拼写错误。

2）clear

终端在输入多条命令后，会显得很凌乱，如图 2-2-1 所示。输入命令"clear"，并按下【Enter】键，终端中所有的命令和回复都会被清除，如图 2-2-2 所示。

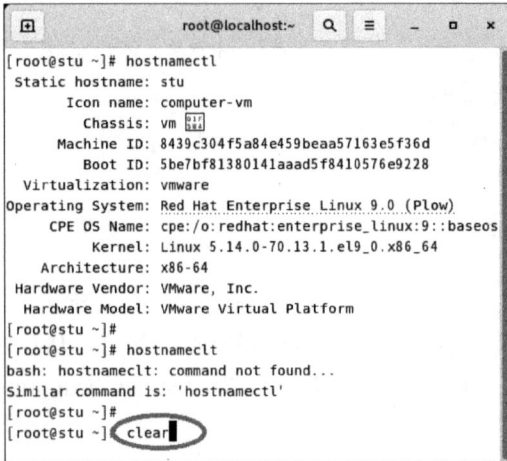

图 2-2-1　使用 clear 之前　　　　　　　　图 2-2-2　使用 clear 之后

3）ping

执行命令"ping　127.0.0.1"，系统将不停地显示"64 比特，来自 127.0.0.1……"。执行命令与结果如下：

[root@localhost ~]# ping　127.0.0.1

PING 127.0.0.1 (127.0.0.1) 56(84) 比特的数据。

64 比特，来自 127.0.0.1: icmp_seq=1 ttl=64 时间=0.470 毫秒

64 比特，来自 127.0.0.1: icmp_seq=2 ttl=64 时间=0.042 毫秒

64 比特，来自 127.0.0.1: icmp_seq=3 ttl=64 时间=0.036 毫秒

⋮

此时，使用组合键【Ctrl + c】(同时按下【Ctrl】键和【c】键)，可以中止命令的执行。执行命令与结果如下：

[root@localhost ~]# ping　127.0.0.1

⋮

64 比特，来自 127.0.0.1: icmp_seq=3 ttl=64 时间=0.036 毫秒
^C　　　　　　　　　　　　　　　　　　　　　<== "^C" 表示用户按下组合键【Ctrl + c】
--- 127.0.0.1 ping 统计 ---
已发送 3 个包，　已接收 3 个包, 0% packet loss, time 2042 ms
rtt min/avg/max/mdev = 0.028/0.039/0.048/0.008 ms
[root@localhost ~]#

4) cat
执行命令"cat"，系统会在下一行的开始处闪烁光标，提示用户继续输入，执行命令如下：

[root@localhost ~]# cat
█

可以使用组合键【Ctrl + c】中止命令的执行：

[root@stu ~]# cat
^C
[root@stu ~]#

任务 2-3　了解命令的通用格式

任务描述

了解命令通用格式中各种元素的含义。

任务实施

Linux 操作系统有一套通用的命令格式：

命令名　[选项]...　[参数]...

其中，"命令名"代表某个操作，"参数"代表操作的对象，"选项"是对该操作的一个修饰。

以命令 uname、mkdir、ls、cp 为例，它们的常用格式分别为：

uname	[选项]…	
mkdir	[选项]…	目录…
ls	[选项]…	[文件或目录]…
cp	[选项]…	源文件　目录

注：格式中的"uname""mkdir""ls""cp"是命令名。格式中除了命令名和选项，剩余元素都可以被统称为参数。uname 命令不需要参数，mkdir 命令以"目录"为参数，ls 命令以"文件或目录"为参数，而 cp 命令包含两个参数"源文件"和"目录"。格式中的方括号"[ ]"表示它括起来的元素是可选的，即该元素可有可无；省略号"…"表示它前面的元素是多选的，即可以包含多个。

命令的
通用格式

选项的写法通常为"[选项]…"，命令中可以不包含选项，也可以包含一个或多个选项。

参数的写法有三种形式：

① "参数"。例如，cp 命令格式中的"源文件"和"目录"，表示命令中必须包含一个源文件和一个目录。

② "参数…"。例如，mkdir 命令格式中的"目录…"，表示命令中包含一或多个目录。

③ "[参数]…"。例如，ls 命令格式中的"[文件或目录]…"，表示命令中可以不包含文件或目录，也可以包含一或多个文件或目录。

下面从以下 4 个方面通过几个示例来熟悉命令的常用格式。

1．选项的两种表现形式

命令 uname 用于输出当前系统的相关信息，其常用选项与说明如表 2-3-1 所示。

表 2-3-1　uname 命令常用选项与说明

选　项	说　明
-a，--all	输出所有信息，"-a"中包含一个减号，"--all"中包含两个相连减号
-r，--kernel-release	输出操作系统的内核版本
-s，--kernel-name	输出操作系统的内核名称
-m, --machine	输出计算机的硬件架构类型
-n, --nodename	输出计算机的主机名
--help	输出命令的使用帮助
--version	输出命令 uname 的版本

由表 2-3-1 可知，有些选项有两种表现形式，例如，表示"输出所有信息"的选项，其短格式为"-a"，长格式为"--all"。执行命令与结果如下：

```
[root@localhost ~]# uname  -a                        <== 选项的短格式
Linux localhost 5.14.0-70.13.1.el9_0.x86_64 #1 SMP PREEMPT Thu Apr 14 12:42:38 EDT 2022 x86_64
x86_64 x86_64 GNU/Linux
[root@localhost ~]# uname  --all                     <== 选项的长格式
Linux localhost 5.14.0-70.13.1.el9_0.x86_64 #1 SMP PREEMPT Thu Apr 14 12:42:38 EDT 2022 x86_64
x86_64 x86_64 GNU/Linux
[root@stu ~]#
```

输入命令的时候，要注意空格的使用。命令名与选项之间以空格隔开，空格的个数不限。选项的短格式包含一个减号，长格式包含两个相连减号，所有的减号后面都没有空格。执行格式错误的命令与结果如下：

```
[root@localhost ~]# uname-a                          <== 缺少空格
bash: uname-a: command not found...
[root@localhost ~]#
[root@localhost ~]# uname  -  a                       <== 减号后有多余空格
```

```
uname: 额外的操作数  "-"
请尝试执行 "uname --help" 来获取更多信息。
[root@localhost ~]#
[root@localhost ~]# uname  -  -all                          <== 第一个减号后有多余空格
uname: 不适用的选项 -- l
请尝试执行 "uname --help" 来获取更多信息。
[root@localhost ~]#
[root@localhost ~]# uname  --  all                           <== 第二个减号后有多余空格
uname: 额外的操作数  "all"
请尝试执行 "uname --help" 来获取更多信息。
[root@localhost ~]#
```

2. "[选项]…"的含义

方括号"[ ]"表示它括起来的元素可有可无,"[选项]"表示命令中可以不包含选项,也可以包含选项。省略号"…"表示它之前的元素不限数量,即"[选项]…"表示命令中可以不包含选项,也可以包含一个或多个选项。因此,"uname　[选项]…"相当于"uname"(不带任何选项)、"uname　选项1"(带一个选项)、"uname　选项1　选项2"(带两个选项)、"uname　选项1　选项2　…"(带多个选项)等多个形式。

uname 命令可以不带选项,单独使用,执行命令与结果如下:

```
[root@localhost ~]# uname
Linux                                                       <== 操作系统内核的名称
[root@localhost ~]#
```

uname 命令可以带一个选项,执行命令与结果如下:

```
[root@localhost ~]# uname  -n
localhost                                                   <== 主机名
[root@localhost ~]#
[root@localhost ~]# uname  -r
5.14.0-70.13.1.el9_0.x86_64                                 <== 操作系统内核的版本
[root@localhost ~]#
[root@localhost ~]# uname  -m
x86_64                                                      <== 计算机的硬件架构类型
[root@localhost ~]#
```

uname 命令可以带多个选项,执行命令与结果如下:

```
[root@localhost ~]# uname  -n  -r                           <== 两个选项
localhost    5.14.0-70.13.1.el9_0.x86_64                    <== 主机名和操作系统内核版本
[root@localhost ~]#
[root@localhost ~]# uname  -r  -n                           <== 选项可以颠倒次序
localhost    5.14.0-70.13.1.el9_0.x86_64
[root@localhost ~]#
```

```
[root@localhost ~]# uname   -n   -r   -m                          <== 三个选项
localhost      5.14.0-70.13.1.el9_0.x86_64      x86_64            <== 三个选项对应的信息
[root@localhost ~]#
```

选项的短格式可以合并书写，如"-nr"或"-nrm"，执行命令与结果如下：

```
[root@localhost ~]# uname   -nr                                  <== 两个短选项的合并书写
localhost      5.14.0-70.13.1.el9_0.x86_64
[root@localhost ~]#
[root@localhost ~]# uname   -nrm                                 <== 三个短选项的合并书写
localhost      5.14.0-70.13.1.el9_0.x86_64      x86_64
[root@localhost ~]#
```

3. 参数的个数

命令 uname、mkdir、ls、cp 的常用格式去掉选项后，其格式如下：

```
uname
mkdir    目录…
ls       [文件或目录]…
cp       源文件    目录
```

(1) mkdir 命令格式中的"目录…"，是指命令中必须包含一个或多个表示"目录"的参数。下述命令都是正确的，执行命令与结果如下：

```
[root@localhost ~]# mkdir   /test1                              <== 命令中包含一个"目录"参数
[root@localhost ~]#
[root@localhost ~]# mkdir   /test2    /test3                    <== 命令中包含两个"目录"参数
[root@localhost ~]#
[root@localhost ~]# mkdir   /test4    /test5    /test6    /test7    <== 命令中包含多个"目录"参数
[root@localhost ~]#
```

若命令中不包含表示"目录"的参数，则系统将报错，执行命令与结果如下：

```
[root@localhost ~]# mkdir
mkdir: 缺少操作数
请尝试执行 "mkdir --help" 来获取更多信息。
[root@localhost ~]#
```

输入命令的时候，要注意空格的使用。命令名与参数之间，参数与参数之间必须以空格隔开，空格的个数不限。以下是错误示例：

```
[root@localhost ~]# mkdir/test8                                 <== 命令名与参数之间缺少空格
bash: mkdir/test8: 没有那个文件或目录
[root@localhost ~]# mkdir /test8/test9                          <== 参数"/dir8"与参数"/dir9"之间缺少空格
mkdir: 无法创建目录 "/test8/test9"：没有那个文件或目录
[root@localhost ~]#
```

(2) ls 命令(命令中的"l"为小写字母"l")格式中的"[文件或目录]…"，表示命令中可以不包含参数，也可以包含一个或多个表示"文件或目录"的参数。下述命令都是正确的，执行命令与结果如下：

```
[root@localhost ~]# ls                                        <== 命令中不包含参数
公共  模板  视频  图片  文档  下载  音乐  桌面  anaconda-ks.cfg
[root@localhost ~]#
[root@localhost ~]# ls   /test1                               <== 命令中包含一个"目录"参数
[root@localhost ~]#
[root@localhost ~]# ls   /test2   /test3                      <== 命令中包含两个"目录"参数
/test2:

/test3:

[root@localhost ~]#
[root@localhost ~]# ls   /test4   /test5   /test6   /test7     <== 命令中包含多个"目录"参数
/test4:

/test5:

/test6:

/test7:

[root@localhost ~]#
```

(3) "cp 源文件 目录"命令中第一个参数必须是一个源文件，第二个参数必须是一个目录。在 Linux 系统中，"/etc/selinux/config"是一个源文件，"/root"是一个目录。因此，命令"cp /etc/selinux/conf /root"是正确的，而命令"cp /root /etc/selinux/conf"是错误的，执行这两条命令与结果如下：

```
[root@localhost ~]# cp   /etc/selinux/config   /root
[root@localhost ~]#
[root@localhost ~]# cp   /root   /etc/selinux/config
cp: 未指定 -r；略过目录'/root'
[root@localhost ~]#
```

4．选项与参数

命令 ls 的常用格式如下：

```
ls   [选项]…   [目录]…
```

命令 1s 主要有以下几种形式：

```
ls                                        <== 不带任何选项与参数
ls    选项…                                <== 带一个或多个选项，不带参数
ls    目录…                                <== 带一个或多个参数，不带选项
ls    选项…   目录…                        <== 带一个或多个选项，也带一个或多个参数
```

分别按以上 4 种形式执行命令 1s，其结果如下：

```
[root@localhost ~]# ls                                        <== 命令中不包含选项或参数
公共  模板  视频  图片  文档  下载  音乐  桌面  anaconda-ks.cfg
[root@localhost ~]#
```

```
[root@localhost ~]# ls   -ld                        <== 命令中包含多个选项
dr-xr-x---. 14 root root 4096 11 月   5 20:20 .
[root@localhost ~]#
[root@localhost ~]# ls   /usr                       <== 命令中包含一个参数
bin  games  include  lib  lib64  libexec  local  sbin  share  src  tmp
[root@localhost ~]#
[root@localhost ~]# ls   -ld   /usr                 <== 命令中包含选项和参数
drwxr-xr-x. 12 root root 144 12 月  16   2022 /usr
[root@localhost ~]#
```

任务 2-4　了解常用的辅助操作

任务描述

熟悉输入命令时的辅助操作。

任务实施

常用辅助操作

Linux 提供了大量的辅助操作来帮助用户提高命令输入的效率和正确率。常用的辅助操作与说明如表 2-4-1 所示。

表 2-4-1　常见的辅助操作与说明

辅助操作	说　　明
【Tab】	自动补全命令或路径
【\】	强制换行
【↑】(向上的方向键)	显示上一条历史命令
【↓】(向下的方向键)	显示下一条历史命令
【Ctrl + a】	移动到当前行的开头
【Ctrl + e】	移动到当前行的末尾
【Ctrl + 1】	清屏，相当于命令 "clear"

下面详细介绍辅助操作中的【Tab】键、【\】键和【↑】键。

1. 【Tab】键

当用户输入的内容足够确定命令时，按下【Tab】键，终端会自动补全命令。例如，Linux 中以 "da" 开头的命令只有 "date"，用户在终端中输入 "da" 后按下【Tab】键，终端会自动补全 "date" 命令，执行命令如下：

```
[root@localhost ~]# da【tab】                        <==   终端补全命令为 "date"
```

此时，若按下【Enter】键，系统则执行此命令。

若用户输入的内容不能确定命令，按下【Tab】键，则终端会自动补全"可以补全的内容"。例如，Linux 中以"ho"开头的命令有"host""hostid""hostname""hostnamectl"。用户在终端中输入"ho"后按下【Tab】键，终端会自动补全"host"，执行命令如下：

```
[root@localhost ~]# ho【tab】                          <== 终端补全命令为"host"
```

此时若按下两次【Tab】键，终端则会列出所有以"host"开头的命令，执行命令如下：

```
[root@stu ~]# host【tab】【tab】

host        hostid      hostname    hostnamectl    <== 终端列出所有以"host"开头的命令
[root@stu ~]# host
```

若继续输入"n"，然后按下【tab】键，终端则会补全"hostname"，执行命令如下：

```
[root@localhost ~]# hostn【tab】                      <== 终端补全命令为"hostname"
```

若继续输入"c"，然后按下【tab】键，终端则会补全"hostnamectl"，执行命令如下：

```
[root@localhost ~]# hostnamec【tab】                  <== 终端补全命令为"hostnamectl"
```

补全命令后，若按下【Enter】键，系统则执行此命令。

注：如果在输入命令或路径的前几个字符后，按 1 次【Tab】键，系统不自动补齐，按 2 次【Tab】键，系统不列出可能的命令或路径，则输入的前几个字符一定是出错了。

2.【\】键

用户在输入长命令时很容易出现拼写错误，如"nmcli connection add con-name eth1 ifname ens160 type ethernet"。可以在输入部分命令后，用【\】键强制换行，这样每行输入的字段变少了，检查起来就相对容易一些。

输入" nmcli connection add "后，按下【\】键和【Enter】键，命令如下：

```
[root@stu ~]# nmcli connection add     \
>
```

终端的第二行显示">"，它用于提示用户继续输入。以同样的方式输入直至命令结束，执行命令与结果如下：

```
[root@stu ~]# nmcli connection add \
> con-name eth1 \
> ifname ens160 \
> type ethernet                           <== 命令输入结束，按下【Enter】键执行
连接 "eth1" (cca2a847-2732-4029-994a-73671985c46f) 已成功添加。
[root@stu ~]#
```

3.【↑】键

在终端中按下【↑】键，系统显示上一条历史命令，执行结果如下：

```
[root@stu ~]# nmcli connection add \
> con-name eth1 \
> ifname ens160 \
> type ethernet
连接 "eth1" (cca2a847-2732-4029-994a-73671985c46f) 已成功添加。
```

[root@stu ~]# nmcli connection add con-name eth1 ifname ens160 type ethernet
<== 显示上一条命令

再次按下【↑】键，系统显示上上条历史命令，执行结果如下：

[root@stu ~]# nmcli connection add \
> con-name eth1 \
> ifname ens160 \
> type ethernet
连接 "eth1" (cca2a847-2732-4029-994a-73671985c46f) 已成功添加。
[root@stu ~]# hostnamectl   <== 显示上上条命令

再次按下【↑】键，系统显示更上一条历史命令，执行结果如下：

[root@stu ~]# nmcli connection add \
> con-name eth1 \
> ifname ens160 \
> type ethernet
连接 "eth1" (cca2a847-2732-4029-994a-73671985c46f) 已成功添加。
[root@stu ~]# date   <== 显示更上条命令

此时若按下【Enter】键，系统则执行此命令。

任务 2-5　管理电源和用户界面

⊹ 任务描述

通过系统管理器 systemd 进行电源管理和用户界面管理。

⊹ 任务实施

电源管理和用户界面管理

操作系统在启动的时候要按照一定的顺序启动一些软件，在关闭的时候也需要按照一定的顺序关闭一些软件。这些过程非常繁杂，RHEL9 使用系统管理器 systemd 对电源和用户界面进行管理，systemd 对应的命令是 systemctl。

1. 电源管理

与电源管理相关的 systemctl 命令如下：

systemctl poweroff   <== 关闭 Linux 系统后关闭电源
systemctl reboot   <== 关闭 Linux 系统后重新启动

注：systemctl 是 "system(系统) control(控制)" 的缩写。

命令 "systemctl poweroff" 用来关闭 Linux 系统并关闭电源，一般简写成 "poweroff"，执行命令如下：

[root@stu ~]# poweroff

执行命令后，Linux 系统进入关闭流程，最后关闭虚拟机。

命令"systemctl reboot"用来重启 Linux 系统，一般简写成"reboot"，执行命令如下：

[root@stu ~]# reboot

2. 用户界面管理

与用户界面管理相关的 systemctl 命令如下：

systemctl　isolate　用户界面类型　　　　　　　　　　　<== 改变当前用户界面类型

systemctl　get-default　　　　　　　　　　　　　　　<== 查看默认用户界面类型

systemctl　set-default　用户界面类型　　　　　　　　　<== 设置默认用户界面类型

注：用户界面类型的常用取值为"multi-user"（文本界面)或"graphical"（图形界面)。

命令"systemctl isolate multi-user"用于将当前用户界面切换为文本界面，执行命令如下：

[root@stu ~]# systemctl　isolate　multi-user

执行命令后，系统启动文本界面，如图 2-5-1 所示。

```
Red Hat Enterprise Linux 9.0 (Plow)
Kernel 5.14.0-70.13.1.el9_0.x86_64 on an x86_64

Activate the web console with: systemctl enable --now cockpit.socket

stu login: _
```

图 2-5-1　文本界面

输入用户名"root"，输入密码"123456"，以 root 用户身份登录。

命令"systemctl isolate graphical"用于将当前用户界面切换为图形界面。在终端输入"systemctl isolate gra"后，按下【Tab】键，终端会将"gra"补全为"graphical.target"。"graphical.target"相当于"graphical"，不需要删除".target"，直接按下【Enter】键，执行命令如下：

[root@stu ~]# systemctl　isolate　gra【Tab】　　　　　<== 终端会补全"graphical.target"

执行命令后，系统启动图形界面。

以 root 用户身份登录，打开终端。命令"systemctl get-default"用于输出默认启动界面，执行命令与结果如下：

[root@stu ~]# systemctl　get-default

graphical.target　　　　　　　　　　　　　　　　　<== 默认启动界面为图形界面

[root@stu ~]#

命令"systemctl set-default 启动界面"用于设置默认启动界面，执行命令与结果如下：

[root@stu ~]# systemctl　set-default　multi-user.target　　<== 设置默认启动界面为文本界面

Removed /etc/systemd/system/default.target.

Created symlink /etc/systemd/system/default.target → /usr/lib/systemd/system/multi-user.target.

[root@stu ~]#

```
[root@stu ~]# systemctl   get-default                          <== 查看默认启动界面
multi-user.target                                              <== 已被设置为文本界面
[root@stu ~]# reboot                                          <== 重启系统
```

系统重启后显示的是文本界面。

以 root 用户身份登录，打开终端，重新设置系统的默认启动方式为"graphical"，执行命令与结果如下：

```
[root@stu ~]# systemctl   set-default   graphical.target
Removed /etc/systemd/system/default.target.
Created symlink /etc/systemd/system/default.target → /usr/lib/systemd/system/graphical.target.
[root@stu ~]#
[root@stu ~]# systemctl   get-default                          <== 查看默认启动界面
graphical.target                                              <== 已被设置为图形界面
[root@stu ~]#
```

任务 2-6   熟悉基本的用户管理操作

任务描述

掌握基本的用户管理包括添加用户、为用户设置密码和删除用户等相关操作。

任务实施

1. 添加用户

命令 useradd 用来创建用户，其基本格式如下：

useradd   [用户名]

注：只有用户 root 可以创建用户，其他用户没有此权限。

命令"useradd   tom"用于添加普通用户 tom，执行命令与结果如下：

```
[root@localhost /]# useradd   tom
[root@localhost /]#                                          <== 没有回显，说明用户添加成功
```

若添加一个已经存在的用户(如 tom)，系统则会给出错误提示"user 用户名 exits"(用户已存在)，执行命令与结果如下：

```
[root@localhost /]# useradd   tom
useradd: user tom exits                                      <== 系统报错：用户 tom 已存在
[root@localhost /]#
```

基本的
用户管理

2. 管理密码

首先，按下组合键【Ctrl + Alt + F6】打开虚拟控制台 tty6，如图 2-6-1 所示。

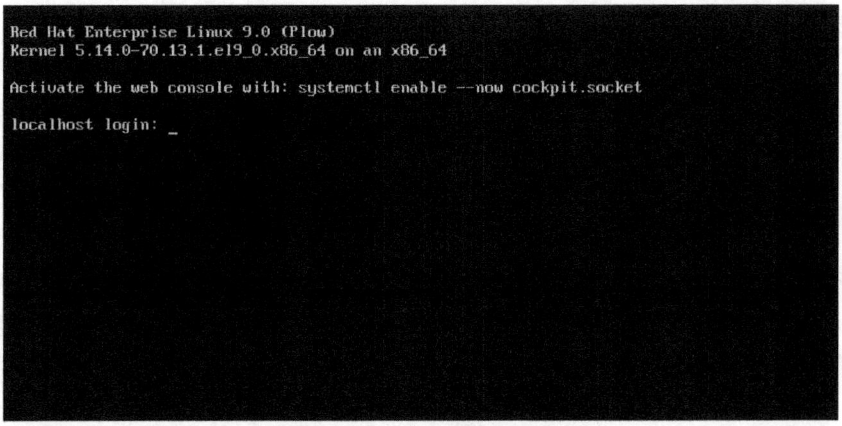

图 2-6-1 tty6 登录界面

注：组合键【Ctrl + Alt + F6】的输入方法为：左手按住【Ctrl】键和【Alt】键不松手，右手再按下功能键【F6】。在某些笔记本型计算机中，功能键与其他键是复用的，可能需要先按下【Fn】键进行锁定。

然后，以 tom 用户身份登录，此时 root 未为 tom 设置密码，若用空密码登录(即在"Password:"后按【Enter】键)，则系统会报错："Login incorrect"，如图 2-6-2 所示。因此，不给用户设置密码，用户将无法登录。

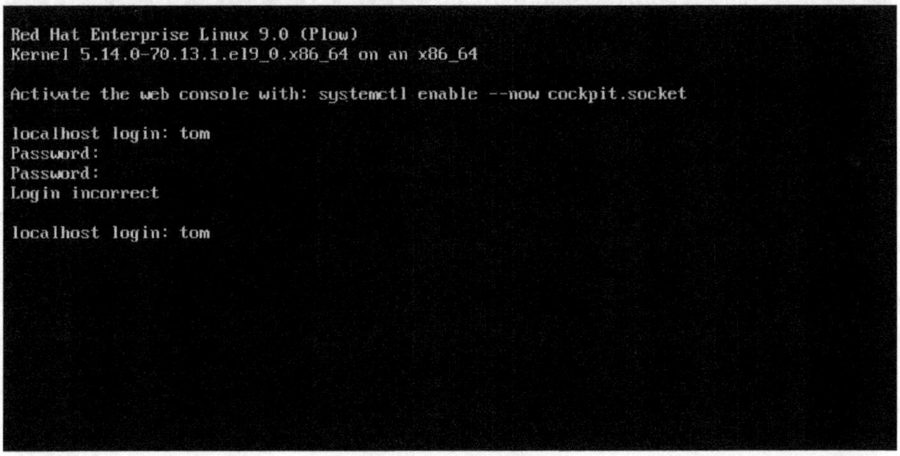

图 2-6-2 登录失败

1) 为用户设置密码

首先，按下组合键【Ctrl + Alt + F2】返回虚拟控制台 tty2(初始的 root 用户界面)，为 tom 用户设置密码。

命令 passwd 用来为用户设置密码，其基本格式如下：

passwd [用户名]

注：超级用户 root 可以为其他用户设置密码，而普通用户只能修改自己的密码。为了保证系统安全，密码应包含字母、数字和特殊符号，且长度应大于或等于 8 个字符。

命令"passwd tom"用于为用户 tom 设置密码，执行命令与结果如下：

```
[root@localhost /]# passwd    tom
更改用户 tom 的密码。
新的密码：                                          <== 系统不会回显，输入密码后按【Enter】键
无效的密码：  密码少于 8 个字符                      <== 若密码过于简单，则系统会给出警告
重新输入新的密码：                                   <== 再次输入密码，确保两次密码输入一致
passwd：所有的身份验证令牌已经成功更新。   <== 密码设置成功
[root@localhost /]#
```

然后，按下组合键【Ctrl + Alt + F6】打开虚拟控制台 tty6，再次以 tom 身份登录。登录后能看到命令提示符"[tom@localhost ~] $"，如图 2-6-3 所示，说明用户 tom 登录成功。

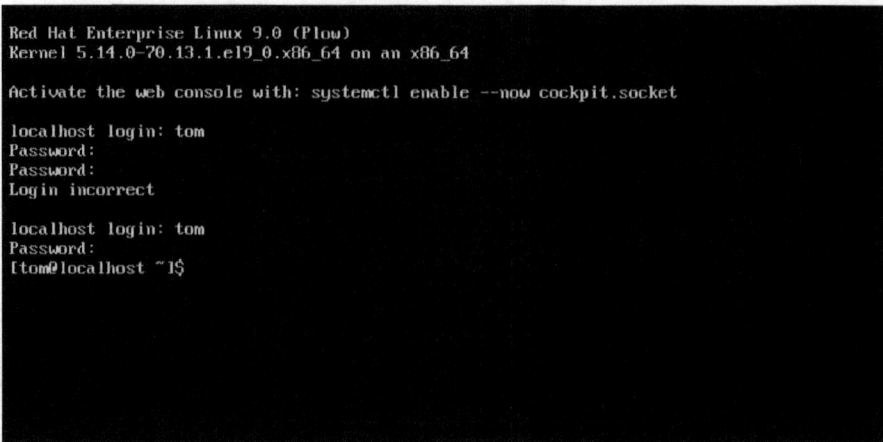

图 2-6-3　登录成功

2) 修改密码

(1) 使用 passwd 命令修改密码。

普通用户 tom 可以用命令"passwd"修改自己的密码，执行命令与结果如下：

```
[tom@localhost ~]$ passwd                              <== 命令中无用户名，可以继续
更改用户 tom 的密码。
当前的密码：                                            <== 输入原密码
新的密码：                                              <== 输入新密码
无效的密码：  密码少于 8 个字符                          <== 密码必须满足复杂性要求
passwd: 鉴定令牌操作错误                                <== 修改失败
[tom@localhost ~]$
```

新密码的复杂性要求如下：

① 最小长度为 8 个字符。

② 至少包含小写字母、大写字母、数字和特殊字符中的任意 3 种。

③ 其中特殊符号包含"@""#""！""$"和"%"等字符。

普通用户无法使用"passwd　用户名"的方式修改自己的密码，执行命令与结果如下：

```
[tom@localhost ~]$ passwd    tom
```

passwd：只有 root 用户才能指定用户名。   <== 系统报错

[tom@localhost ~]$

普通用户无法修改其他用户的密码，执行命令与结果如下：

[tom@localhost ~]$ passwd   stu

passwd: Only root can specify a user name.

[tom@localhost ~]$

(2) 使用 chpasswd 命令修改密码。

首先，按下组合键【Ctrl + Alt + F2】返回虚拟控制台 tty2(初始的 root 用户界面)。

命令 chpasswd 用来为多个用户设置密码，其基本格式如下：

chpasswd

chpasswd 用户名密码文件

注：若中途输入有误，则用组合键【Ctrl + Backspace】删除；若修改结束，则用组合键【Ctrl + d】结束命令。

命令 "chpasswd" 可以批量修改用户密码，执行命令与结果如下：

[root@localhost ~]# useradd   sal01   <== 创建新用户 sal01

[root@localhost ~]# useradd   sal02   <== 创建新用户 sal02

[root@localhost ~]#

[root@localhost ~]# chpasswd   <== 批量修改用户密码

sal01:123456   <== 以 "用户名:密码" 格式输入，按【Enter】键

sal02:123456   <== 按组合键【Ctrl + d】结束命令

按组合键【Ctrl + d】可结束命令，退回终端并显示命令提示符。

再按下组合键【Ctrl + Alt + F6】打开虚拟控制台 tty6(tom 用户界面)，然后执行命令 "logout"，退出 tom 的登录。屏幕返回如图 2-6-1 的登录界面。

3. 删除用户

命令 userdel 用来删除用户，其基本格式如下：

Userdel 用户名

注：若中途输入有误，则用组合键【Ctrl + Backspace】删除；若修改结束，则用组合键【Ctrl + d】结束命令。

练 习 题

一、填空题

1. 终端显示的命令提示符为 "[admin@httpd ~] $"，则主机名为_____，当前用户名为_____。

2. 自动补全命令或路径的按键为_____，中止命令的组合键为_____。

3. 根据表 2-1 所示的命令说明，填写命令。

表 2-1　计算机相关操作命令

命 令 说 明	命 令 格 式
关闭计算机	
重启计算机	
改变当前用户界面为文本界面	
改变当前用户界面为图形界面	
查看默认用户界面类型	
设置默认用户界面为文本界面	
设置默认用户界面为图形界面	

4. 根据表 2-2 所示的命令说明，填写命令的格式。

表 2-2　用户管理命令

命 令 说 明	命 令 格 式
创建用户	
删除用户	
修改用户密码	
批量修改用户密码	

二、操作题

1. 设置当前时间为 2024 年 1 月 1 日 0 时 0 分。
2. 设置主机名为 database。
3. 设置系统的本地化字符集为"en_US.UTF-8"。
4. 创建用户 ada、ben，设置它们的密码分别为"ada123""ben123"，并登录验证。

项目 3　文件与目录

Linux 系统把一切资源都当成文件来处理，因此对文件的操作是对 Linux 进行管理的基础。本项目的主要任务是学习文件与目录的基本命令，理解文件路径的表达方法及熟悉 Linux 的目录结构。

知识目标

- 了解 Linux 的目录结构。
- 理解目录与文件的路径。

技能目标

- 掌握文件目录的基本管理命令，如 ls、touch、mkdir、cp、mv、find。
- 掌握序列的生成方法及应用。

任务 3-1　了解 Linux 的目录结构

任务描述

了解文件与目录的概念和 Linux 系统中的目录结构，掌握 ls 命令的使用方法。

任务实施

Linux 中的
目录结构

1. 文件与目录的概念

人们利用各种技术手段将信息(如文字、图片、声音等)转化成数字信号，并保存成**文件**。为了有条理地管理这些文件，操作系统把文件按照需要存放在各级**目录**中，目录也被形象地称为文件夹。

以图 3-1-1 中显示的文件与目录为例，"员工档案"是一个目录，它包含三个目录："20180318""20190152"和"20230124"。其中目录"20190152"包含了一个"证书扫描件"目录和"01_员工证件照.jpg""02_入职简历.docx""2019 年考核.docx"等六个文件。

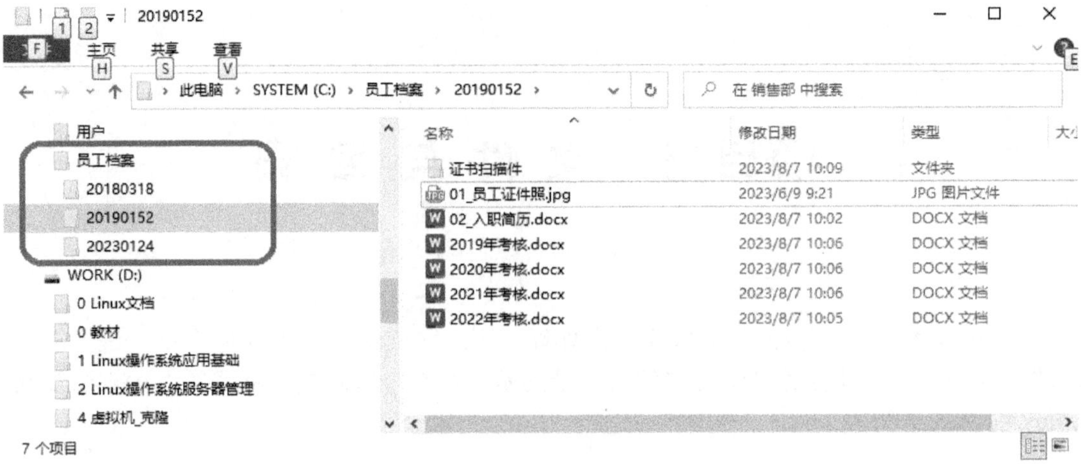

图 3-1-1　文件与目录关系示例图

可以简单地将目录理解为容器，它可以包含文件，也可以包含下一级目录。根据目录之间的包含关系，有以下约定俗成的表达方法：

(1) "上"和"下"。"员工档案"是"20190152"的上级目录，"20190152"是"员工档案"的下级目录。

(2) "父"和"子"。"员工档案"是"20190152"的父目录，"20190152"是"员工档案"的子目录。

2. 目录结构

Linux 中的文件系统采用树状结构，只有一个根目录(通常写为"/")。根目录下包含 afs、boot、etc、home、usr 和 var 等子目录。这些子目录又包含其下级子目录和文件，一级一级地延伸下去，类似一棵倒立的树，如图 3-1-2 所示。根目录的写法是"/"，它是整个系统中"最大的"目录，其他所有的目录都是它的子目录。

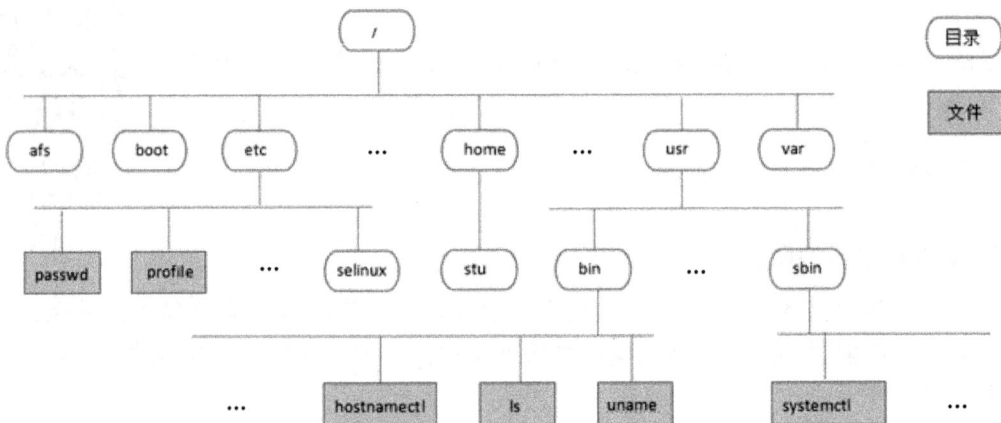

图 3-1-2　Linux 树状目录结构

下面用 ls 命令来验证图 3-1-2 所示的树状目录结构。

3. ls 命令

命令 ls 用于列出某个目录中的内容或某个文件的属性，其使用格式如下：

ls　[选项]…　[文件或目录]…

注：命令 ls 来自英文单词"list"。"list"有列表、列出的意思。

ls 命令的常用选项与说明如表 3-1-1 所示。

表 3-1-1　ls 命令的常用选项与说明

选　项	说　明
-a, --all	不隐藏任何以 . 开始的项目
-d, --directory	当遇到目录时列出文件夹本身而非文件夹内的项目
-l（"lmn"中的"1"）	以长格式列出信息

下面通过几个示例来详细介绍命令 ls。

【例 1】 在终端中输入命令"ls　/"，可以显示根目录内容，执行命令与结果如下：

```
[root@localhost /]# ls  /
afs  boot  etc   lib    media  opt   root  sbin  sys  usr
bin  dev   home  lib64  mnt    proc  run   srv   tmp  var
[root@localhost /]#
```

根目录（/）包含 afs、boot、etc、lib、media、opt、root、sbin、sys、usr、bin、dev、home、lib64、mnt、proc、run、srv、tmp、var。其中，在终端屏幕中显示为深蓝色的是目录，如 afs、boot 等；显示为浅蓝色的是链接文件，如 bin、lib 等。链接文件是一类特殊的文件，它是指向某个文件或目录的快捷方式。

【例 2】 输入命令"ls　-l　/"，可以以长格式列出根目录的内容，执行命令与结果如下：

```
[root@localhost ~]# ls  -l  /
总用量 28
dr-xr-xr-x.   3        root     root    19    4 月 2   10:51    afs
lrwxrwxrwx.   1        root     root    7     8 月 10  2021     bin -> usr/bin
dr-xr-xr-x.   5        root     root    4096  12 月 16  2022     boot
⋮
[root@localhost ~]#
```

"-l"选项用于输出文件和子目录的属性，属性分为以下 7 列：

类型与权限　　链接数　　拥有者　拥有组　大小　最后修改时间　　名字

属性中的第一列表示的是文件或目录的类型，其中，"d"表示目录；"l"表示链接文件；"-"表示普通文件。例如，在上条命令执行结果中，afs 的类型为"d"，表示它是一个目录；bin 的类型是"l"，表示它是一个链接文件。

Linux 通过绝对路径来表示一个目录与文件。绝对路径是从根目录出发到目标文件或目录所经历的路径。在图 3-1-3 中，从根目录（/）出发，向下走一层就能到 afs，因此，afs 的绝对路径被记为 /afs。从根目录（/）出发，向下到 etc，再向下到 selinux，因此，selinux 的绝对路径被记为 /etc/selinux。类似的，ls 的绝对路径是/usr/bin/ls。

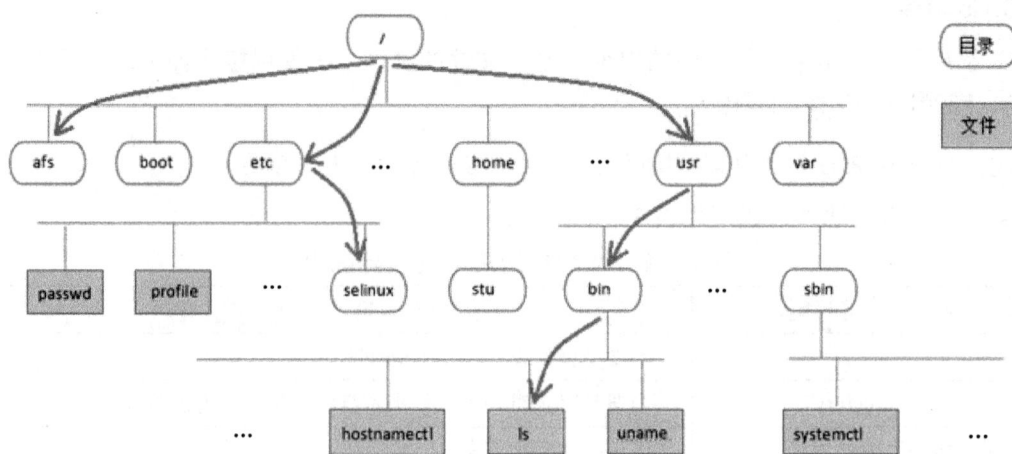

图 3-1-3　文件与目录的绝对路径

【例 3】 输入命令"ls -ld /afs"，可以显示 /afs 的属性，执行命令与结果如下：

```
[root@localhost ~]# ls  -ld  /afs
dr-xr-xr-x. 2 root root 6  8 月 10  2021  /afs/
[root@localhost ~]#
```

回显的第一个字符为"d"，可以确定 /afs 是一个目录。

因为 /afs 是一个目录，所以输入命令"ls /afs"或"ls -l /afs"将显示 /afs 包含的内容，执行命令与结果如下：

```
[root@localhost ~]# ls    /afs/
[root@localhost ~]#
[root@localhost ~]# ls  -l  /afs/
总用量 0
[root@localhost ~]#
```

命令执行后，系统没有回显，表示该目录中不包含任何文件或子目录。

【例 4】 输入命令"ls -ld /etc/selinux"，可以显示 /etc/selinux 的属性，执行命令与结果如下：

```
[root@localhost ~]# ls  -ld  /etc/selinux
drwxr-xr-x. 3 root root 57 12 月 16   2022  /etc/selinux/
[root@localhost ~]#
```

回显的第一个字符为"d"，可以确定 /etc/selinux 是一个目录。

因为 /etc/selinux 是一个目录，所以输入命令"ls /etc/selinux"或"ls -l /etc/selinux"将显示 /etc/selinux 包含的内容，执行命令与结果如下：

```
[root@localhost ~]# ls    /etc/selinux
config    semanage.conf    targeted
[root@localhost ~]#
[root@localhost ~]# ls  -l  /etc/selinux
总用量 8
```

-rw-r--r--. 1 root root 1187 12 月　16　2022 config

-rw-r--r--. 1 root root 2668　2 月　16　2022 semanage.conf

drwxr-xr-x. 5 root root　133 12 月　16　2022 **targeted**

[root@localhost ~]#

【例 5】　输入命令"ls　-ld　/usr/bin/uname",可以显示 /usr/bin/uname 的属性,执行命令与结果如下:

[root@localhost ~]# ls　-ld　/usr/bin/uname

-rwxr-xr-x. 1 root root 32896　8 月　10　2021 /usr/bin/uname

[root@localhost ~]#

回显的第一个字符为"-",可以确定 /usr/bin/uname 是一个文件。

因为 /usr/bin/uname 是一个文件,不包含其他文件或目录,所以输入命令"ls　/usr/bin/uname"或"ls　-l　/usr/bin/uname"将显示 /usr/bin/uname 的属性,执行命令与结果如下:

[root@localhost ~]# ls　　/usr/bin/uname

/usr/bin/uname　　　　　　　　　　　　　　　　<== 显示文件的名字

[root@localhost ~]#

[root@localhost ~]# ls　-l　/usr/bin/uname

-rwxr-xr-x. 1 root root 32896　8 月　10　2021 /usr/bin/uname　　<== 显示文件的属性

[root@localhost ~]#

【例 6】　用 ls 查看 /test 的属性时,若系统中不存在 /test,则会出现如下结果:

[root@localhost ~]# ls　-ld　/test

ls: 无法访问 '/test': 没有那个文件或目录　　　　　　<== 报错信息指出/test 不存在

[root@localhost ~]#

任务 3-2　创建文件或目录

任 务 描 述

熟悉 Linux 系统中的目录结构,掌握创建目录和文件的命令的使用方法。

任 务 实 施

创建文件
或目录

1. mkdir 命令

命令 mkdir 用来创建目录,它的基本格式如下:

mkdir　[选项]　目录路径

注:mkdir 是"make(创建) directory(目录)"的缩写。

mkdir 命令的常用选项与说明如表 3-2-1 所示。

表 3-2-1   mkdir 命令常用选项与说明

选　项	说　　　明
-m	创建目录的同时指定目录的权限
-p	创建多级目录

下面通过几个示例来介绍命令 mkdir。

【例 1】   输入命令"mkdir /test"，可创建目录 /test，执行命令与结果如下：

```
[root@localhost ~]# mkdir    /test
[root@localhost ~]#                          <== 没有回显，表示该命令被正常执行了
[root@localhost ~]# ls  -ld  /test
drwxr-xr-x. 2 root root 6   8 月   7 21:14 /test     <== 类型位为"d"，表示/test 是目录
[root@localhost ~]#
[root@localhost ~]# ls    /test              <== 新目录，内容为空
[root@localhost ~]#
```

/test 是根目录(/)的子目录，通过查看根目录(/)的内容，就能看到"test"，执行命令与结果如下：

```
[root@localhost ~]# ls   /
afs  boot  etc   lib   media  opt   root  sbin  sys   tmp  var
bin  dev  home  lib64  mnt    proc  run   srv   test  usr      <== 倒数第二个
[root@localhost ~]#
```

【例 2】   输入命令"mkdir /test/a"，可创建目录 /test/a，该目录的名字是"a"，是 /test 的子目录，执行命令与结果如下：

```
[root@localhost ~]# mkdir    /test/a
[root@localhost ~]#
[root@localhost ~]# ls    /test
a                                          <== /test 目录中新增子目录"a"
[root@localhost ~]#
```

执行命令"mkdir   /test/a/new"和"mkdir   /test/b/new"，创建 /tdst/a/new 和 /test/b/new，过程与结果如下：

```
[root@localhost ~]# mkdir    /test/a/new
[root@localhost ~]#                                  <== 执行了，没有回显
[root@localhost ~]# mkdir    /test/b/new
mkdir: 无法创建目录 "/test/b/new"：没有那个文件或目录     <== 不能执行，系统报错
[root@localhost ~]#
[root@localhost ~]# ls   -ld   /test/a/new
drwxr-xr-x. 2 root root 6   8 月   7 21:40 /test/a/new     <== /test/a/new 是目录
[root@localhost ~]#
[root@localhost ~]# ls   -ld   /test/b/new
ls: 无法访问 '/test/b/new': 没有那个文件或目录           <== /test/b/new 没有被创建
[root@localhost ~]#
```

"mkdir /test/b/new"不能创建 /test/b/new 的原因是当前系统中不存在 /test/b。解决方法有以下两种：

```
# 方法一："-p"选项，创建多级目录。
[root@localhost ~]# mkdir  -p  /test/b/new
[root@localhost ~]#
```

```
# 方法二：先创建/test/b，再创建/test/b/new。
[root@localhost ~]# mkdir   /test/b
[root@localhost ~]# mkdir   /test/b/new
[root@localhost ~]#
```

创建完成后，再输入命令"tree /test"，可显示 /test 的结构，执行命令与结果如下：

```
[root@localhost ~]# tree   /test
/test
├──── a
│    └──── new
└──── b
     └──── new

4 directories, 0 files
[root@localhost ~]#
```

学习一个新命令，除了掌握它的基本用法，还应该了解与它相关的错误操作。下面以mkdir 为例介绍几种典型的错误操作。

(1) 创建一个已经存在的目录。例如，创建 /test，造成此错误的命令为"mkdir /test"，执行命令与结果如下：

```
[root@localhost ~]# mkdir   /test
mkdir: 无法创建目录 "/test"：文件已存在                      <== 系统报错
[root@localhost ~]#
```

(2) 漏掉了路径中的第一个"/"。例如，将"mkdir /test/c"写成了"mkdir test/c"或将"mkdir /backup"写成了"mkdir backup"。先后执行这两条命令，结果如下：

```
[root@localhost ~]# mkdir   test/c
mkdir: 无法创建目录 "test/c"：没有那个文件或目录    <== 系统无法执行命令，报错
[root@localhost ~]#
[root@localhost ~]# mkdir    backup            <== 系统执行了命令，但并没有创建正确的目录
[root@localhost ~]# ls  /backup
ls: 无法访问 '/backup'：没有那个文件或目录          <== 目录/backup 没有创建成功
[root@localhost ~]#
```

(3) 路径中多出不该有的空格。例如，在 /test 目录中创建子目录 d，命令本应是"mkdir /test/d"，却写成了"mkdir /test   d"，执行命令与结果如下：

```
[root@localhost ~]# mkdir    /test   d
mkdir: 无法创建目录 "/test"：文件已存在              <== 系统报错
[root@localhost ~]#
```

2. touch 命令

命令 touch 用来创建文件，它的基本格式如下：

touch   [选项]   文件路径

注：touch 命令极少使用选项。命令中指定的文件若不存在，touch 则创建该文件；若存在，touch 则会改变文件的时间戳。

下面通过几个示例来介绍命令 touch。

【例 3】 输入命令"touch /a.txt"，可创建文件 /a.txt，并用 ls 命令查询根目录(/)中新增的此文件，执行命令与结果如下：

```
[root@localhost ~]# touch    /a.txt
[root@localhost ~]#
[root@localhost ~]# ls   -ld    /a.txt
-rw-r--r--. 1 root root 0   8月   7 22:36 /a.txt          <== 类型位为"-"，表示它是普通文件
[root@localhost ~]#
[root@localhost ~]# ls   /                                <== 查询根目录(/)中新增文件 a.txt
afs    bin   dev  home  lib64  mnt  proc  run   srv  test  usr
a.txt  boot  etc  lib   media  opt  root  sbin  sys  tmp   var
[root@localhost ~]#
```

【例 4】 输入命令"touch /test/c"，可创建文件 /test/c，并用 ls 命令查询 /test 中新增的此文件，执行命令与结果如下：

```
[root@localhost ~]# touch    /test/c
[root@localhost ~]#
[root@localhost ~]# ls   -ld    /test/c                   <== 类型位为"-"，表示它是普通文件
-rw-r--r--. 1 root root 0   8月   7 22:38 /test/c
[root@localhost ~]#
[root@localhost ~]# ls   /test                            <== 查询/test 中新增文件 c
a  b  c
[root@localhost ~]#
```

任务 3-3   删除文件或目录

任务描述

掌握删除目录和文件的命令的使用方法。

删除文件或目录

任务实施

命令 rmdir 用来删除空目录，它的基本格式如下：

rmdir [选项] 目录

注：rmdir 是"remove(删除) directory(目录)"的缩写。rmdir 命令极少使用选项。

命令 rm 用来删除文件或目录，它的基本格式如下：

rm [选项] 文件或目录

rm 命令的常用选项与说明如表 3-3-1 所示。

表 3-3-1 rm 命令的常用选项与说明

选 项	说 明
-f	强制删除
-r	递归删除(如果删除对象为目录，则删除该目录及目录中包含的所有内容)

下面通过几个示例来介绍删除目录和文件的方法。

【例 1】 创建目录 /test/d，并删除目录 /test/d，执行命令与结果如下：

```
[root@localhost ~]# mkdir   /test/d                <== 创建目录/test/d
[root@localhost ~]#
[root@localhost ~]# ls   /test
a  b  c  d                                         <== /test 中新增目录 d
[root@localhost ~]#
[root@localhost ~]# rmdir   /test/d                <== 删除目录/test/d
[root@localhost ~]#
[root@localhost ~]# ls   /test
a  b  c                                            <== 目录 d 被删除了
[root@localhost ~]#
```

【例 2】 创建文件 /test/e，并删除文件 /test/e，执行命令与结果如下：

```
[root@localhost ~]# touch   /test/e                <== 创建文件/test/e
[root@localhost ~]#
[root@localhost ~]# ls   /test
a  b  c  e                                         <== /test 中新增文件 e
[root@localhost ~]#
[root@localhost ~]# rm   /test/e                   <== 删除文件/test/e
rm: 是否删除普通空文件 '/test/e'? y                 <== 删除文件之前，要求用户再次确认
[root@localhost ~]#
[root@localhost ~]# ls   /test
a  b  c                                            <== 文件 e 被删除了
[root@localhost ~]#
```

【例 3】 创建目录 /test/f，并删除目录 /test，执行命令与结果如下：

```
[root@localhost ~]# mkdir    /test/f                          <== 创建目录/test/f
[root@localhost ~]#
[root@localhost ~]# rmdir    /test                            <== 删除目录/test/
rmdir: 删除 '/test' 失败: 目录非空
[root@localhost ~]#
```

"rmdir /test" 不能删除非空目录，解决方法有以下两种：

方法一：使用 rm 命令，配合 "-rf" 选项。

```
[root@localhost ~]# rm    -rf    /test
[root@localhost ~]#


# 方法二：先删除/test 中的所有文件和目录，再删除/test。
[root@localhost ~]# ls    /test
a   b   c                                                     <== 包含子目录a、b和文件c
[root@localhost ~]#
[root@localhost ~]# rmdir    /test/a
[root@localhost ~]# rmdir    /test/b
[root@localhost ~]# rm    /test/c                             <== 删除文件/test/c
rm：是否删除普通空文件 '/test/c'? y                            <== 删除文件之前，要求用户再次确认
[root@localhost ~]# rm    /test/
[root@localhost ~]#
```

对比以上两种方法，可以看出方法一比方法二简单得多。

任务 3-4　批量操作文件与目录

任务描述

利用 "{}" 展开符号和通配符进行批量文件与目录的操作。

任务实施

批量操作

1. 利用 "{}" 对文件和目录批量操作

在 Linux 中可以用 "{}" 生成序列，常见格式有以下几种：

- {数字 1..数字 2}，如{3..16}。
- {字符 1..字符 2}，如{i..o}。
- {数字 1..数字 2..间隔}，如{3..99..10}。
- {字符 1..字符 2..间隔}，如{i..o..2}。
- {数字 1,数字 2,数字 3[…]}，数字个数没有限制，排列也没有规律，如{3,7,45}，{3,7,45,32,17,456}等。

- {字符 1,字符 2,字符 3[…]}，字符个数没有限制，排列也没有规律，如{a,k}，{y,r,g,a,m}等。

下面通过几个示例来介绍利用"{}"对文件和目录批量操作的方法。

【例1】 用 echo 命令输出上面的序列，执行命令与结果如下：

```
[root@localhost ~]# echo  {3..16}                    <== 输出从 3 到 16 的所有数
3 4 5 6 7 8 9 10 11 12 13 14 15 16
[root@localhost ~]#
[root@localhost ~]# echo  {3..99..10}                <== 间隔为 10，输出从 3 到 99 的数
3 13 23 33 43 53 63 73 83 93
[root@localhost ~]#
[root@localhost ~]# echo  {i..o}                      <== 输出从 i 到 o 的所有字符
i j k l m n o
[root@localhost ~]#
[root@localhost ~]# echo  {i..o..2}                   <== 间隔为 2，输出从 i 到 o 的字符
i k m o
[root@localhost ~]#
[root@localhost ~]# echo  {3,7,45}                    <== 输出没有规律的数字
3 7 45
[root@localhost ~]# echo  {y,r,g,a,m}                 <== 输出没有规律的字符
y r g a m
[root@localhost ~]#
```

【例2】 可以在 mkdir 命令中嵌入由"{}"创建的序列来批量地创建目录，如"mkdir /test/a{01..12}"，执行命令与结果如下：

```
[root@localhost ~]# mkdir   /test
[root@localhost ~]# mkdir   /test/a{01..12}
[root@localhost ~]# ls  /test
a01  a02  a03  a04  a05  a06  a07  a08  a09  a10  a11  a12    <== 新增了 12 个目录
[root@localhost ~]#
```

在 /test 目录下批量地创建了 a01、a02……a12 共 12 个子目录。

【例3】 可以在 touch 命令中嵌入由"{}"创建的序列来批量地创建文件，如"touch /test/b{003..017}.txt"，执行命令与结果如下：

```
[root@localhost ~]# touch   /test/b{003..017}.txt
[root@localhost ~]#
[root@localhost ~]# ls /test
a01  a04  a07  a10  b003.txt  b006.txt  b009.txt  b012.txt  b015.txt
a02  a05  a08  a11  b004.txt  b007.txt  b010.txt  b013.txt  b016.txt
a03  a06  a09  a12  b005.txt  b008.txt  b011.txt  b014.txt  b017.txt    <== 新增了 15 个文件
[root@localhost ~]#
```

在 /test 目录下批量地创建了 b003.txt、b004.txt……b017.txt 共 15 个文件。

【例4】 可以用 rm 批量删除文件，执行命令与结果如下：

```
[root@localhost ~]# rm   -rf   /test/a{03..10}        <== 删除/test 中的目录 a03、a04……a10
[root@localhost ~]# rm   -rf   /test/b{011..017}.txt   <== 删除/test 中的文件 b011.txt、b012.txt……b017.txt
[root@localhost ~]#
[root@localhost ~]# ls   /test
a01  a02  a11  a12  b003.txt  b004.txt  b005.txt  b006.txt  b007.txt  b008.txt  b009.txt  b010.txt
[root@localhost ~]#
```

【例5】 序列和序列还可以组合使用，如"touch   /test/c{1..4}.{txt,xml}"，执行命令与结果如下：

```
[root@localhost ~]# touch   /test/c{1..4}.{txt,xml}
[root@localhost ~]#
[root@localhost ~]# ls   /test
a01   a12        b005.txt  b008.txt   c1.txt   c2.xml   c4.txt
a02   b003.txt   b006.txt  b009.txt   c1.xml   c3.txt   c4.xml
a11   b004.txt   b007.txt  b010.txt   c2.txt   c3.xml
[root@localhost ~]#
```

在/test 中创建了 c1.txt、c1.xml、c2.txt、c2.xml……c4.txt、c4.xml 共 8 个文件。

2. 利用通配符对文件和目录批量操作

除了使用"{}"构造序列，Linux 命令中还可以使用通配符进行批量操作。最常用的通配符为"?"和"*"。

"?"表示一个任意字符。例如，"a?1"表示以 a 开头，并以 1 结尾，中间为任意一个字符的字符串，a01、a11、a91、aa1、aB1、az1 都满足这个模式。"bu??2"表示以 bu 开头，并以 2 结尾，中间为任意两个字符的字符串，bu0R2、bua72 都满足这个模式。

"*"表示 0 个或多个任意字符。例如，"c0*t"表示以 c0 开头，并以 t 结尾，中间为 0 个或多个任意字符的字符串，c0t、c01t、c0At、c003.txt、c0G9.ppt 都满足这个模式。

下面通过几个示例来介绍利用通配符对文件和目录进行批量操作的方法。

【例6】 输入命令"rm   -rf   /test/a?1"，可以删除 /test 中所有名字能匹配"a?1"模式的文件或目录，目录 a01 和 a11 将被删除，其他文件和目录不受影响，查询 /test 中剩余文件和目录的结果如下：

```
[root@localhost ~]# ls   /test
a02   b003.txt  b005.txt  b007.txt  b009.txt  c1.txt   c2.txt   c3.txt   c4.txt
a12   b004.txt  b006.txt  b008.txt  b010.txt  c1.xml   c2.xml   c3.xml   c4.xml
[root@localhost ~]#
```

【例7】 输入命令"rm   -rf   /test/*.txt"，可以删除 /test 中所有名字能匹配"*.txt"模式的文件或目录，即以".txt"结尾的文件，查询 /test 中剩余文件和目录的结果如下：

```
[root@localhost ~]# ls   /test
a02   a12   c1.xml   c2.xml   c3.xml   c4.xml
[root@localhost ~]#
```

【例 8】 输入命令 "ls -ld /test/*2*"，可以以长格式列出 /test 中所有能匹配 "*2*" 模式的文件或目录，即名字中至少包含一个 2 的文件或目录，执行命令与结果如下：

```
[root@localhost ~]# ls  -ld  /test/*2*
drwxr-xr-x. 2 root root 6   8 月   8 10:39   /test/a02
drwxr-xr-x. 2 root root 6   8 月   8 10:39   /test/a12
-rw-r--r--. 1 root root 0   8 月   8 10:48   /test/c2.xml
[root@localhost ~]#
```

【例 9】 输入命令 "rm -rf /test/*"，可以删除 /test 中所有的文件或目录，执行命令与结果如下：

```
[root@localhost ~]# rm  -rf  /test/*
[root@localhost ~]# ls  /test/                    <== /test 中所有文件和目录都被删除了
[root@localhost ~]#
```

注意，执行 "rm -rf /test" 删除整个 /test 目录，而执行 "rm -rf /test/*" 只删除 /test/ 中的内容而保留了 /test。

任务 3-5 练习文件的复制、移动与改名

任务描述

练习对文件进行复制、移动与改名等操作。

任务实施

1. cp 命令

命令 cp 用来复制文件，它的基本格式如下：

cp [选项] 源文件 目标

注：cp 是 "copy(复制)" 的缩写。当 "目标" 存在且是一个目录时，cp 命令将文件复制到该目录中，备份文件名字与源文件相同。否则，cp 命令试着将文件复制成目标文件。

cp 命令的常用选项与说明如表 3-5-1 所示。

表 3-5-1 cp 命令的常用选项与说明

选 项	说 明
-a	复制时保持源文件的属性并使 cp 命令可用于目录
-b	覆盖目标文件之前将其备份
-f	强制复制文件或目录，覆盖已存在的目标文件或目录而不给出提示
-r	递归复制目录(如果复制对象为目录，则复制该目录及目录中包含的所有内容)
-s	对源文件建立符号连接，而非复制文件

下面通过几个示例来介绍命令 cp。

【例 1】 当"目标"存在且是一个目录时，cp 命令会将文件复制到该目录中(文件名不发生改变)。命令"cp /etc/dnf/dnf.conf /test/a"中，若 /test/a 是一个存在的目录，则 cp 命令会将文件 /etc/dnf/dnf.conf 复制到/test/a 中，且文件名不变。执行命令与结果如下：

```
[root@localhost ~]# rm  -rf  /test                    <== 为了避免干扰，先删除旧目录
[root@localhost ~]# mkdir  -p  /test/a                 <== 创建新目录/test/a
[root@localhost ~]#
[root@localhost ~]# cp  /etc/dnf/dnf.conf  /test/a     <== 复制文件至/test/a
[root@localhost ~]#
[root@localhost ~]# ls  /test/a/
dnf.conf                                                <== 新增文件保留了文件名 dnf.conf
[root@localhost ~]#
```

【例 2】 当"目标"存在且是一个文件时，cp 命令会将源文件复制成目标文件。命令"cp /etc/passwd /test/a/dnf.conf"会将 /etc/passwd 复制到 /test/a/dnf.conf 中，执行命令与结果如下：

```
[root@localhost ~]#
[root@localhost ~]# cp  /etc/passwd  /test/a/dnf.conf
cp：是否覆盖'/test/a/dnf.conf'？
```

因为 /test/a/dnf.conf 是一个存在的文件，所以如果继续执行复制，那么文件 /test/a/dnf.conf 中的内容将被文件 /etc/passwd 中的内容覆盖，cp 命令会要求用户再次进行确认，输入"y"表示确认覆盖，输入"n"表示放弃复制。

【例 3】 当"目标"不存在时，cp 命令会试着将源文件复制为该目标文件(文件名将发生改变)。在命令"cp /etc/passwd /test/new/bkc"中，若目标 /test/new/bkc 不存在，则 cp 命令会试着将源文件复制为 /test/new/bkc。若目标的父目录 /test/new 存在，则复制可以进行；若 /test/new 不存在，则复制不可以进行；若 /test/new 实际上是个文件，则复制不可以进行。执行命令与结果如下：

```
# 若/test/new 是一个存在的目录，则复制可以进行。
[root@localhost ~]# mkdir  /test/new
[root@localhost ~]# cp  /etc/passwd  /test/new/bkc
[root@localhost ~]# ls  -l  /test/new
总用量 4
-rw-r--r--. 1 root root 2086   8 月   8 14:37 bkc       <== 新增文件的文件名变为了 bkc
[root@localhost ~]#

# 若/test/new 不存在，则复制不可以进行。
[root@localhost ~]# rm  -rf  /test/new
[root@localhost ~]# cp  /etc/passwd  /test/new/bkc
cp: 无法创建普通文件'/test/new/bkc'：没有那个文件或目录   <== 系统报错：/test/new 不存在
[root@localhost ~]#
```

\# 若/test/new 是一个存在的文件，则复制不可以进行。

[root@localhost ~]# touch　/test/new

[root@localhost ~]# cp　/etc/passwd　/test/new/bkc

cp: 访问 '/test/new/bkc' 失败: 不是目录　　　　　　　　　　　<== 系统报错：/test/new 不是目录

[root@localhost ~]#

【例 4】 cp 命令的"-a"选项是一个非常重要的选项，它能使复制命令应用于目录，执行命令与结果如下：

[root@localhost ~]# rm　-rf　/test　　　　　　　　　　　　<== 为了避免干扰，先删除旧目录

[root@localhost ~]# mkdir　-p　/test/old

[root@localhost ~]# touch　/test/old/a{01..04}.txt

[root@localhost ~]#

[root@localhost ~]# cp　/test/old　/test/new　　　　　　<== 没有"-a"选项时，不能复制目录

cp: 未指定 -r；略过目录'/test/old'

[root@localhost ~]#

[root@localhost ~]# ls　/test

old

[root@localhost ~]#

[root@localhost ~]# cp　-a　/test/old　/test/new　　　　<== 有"-a"选项时，可以复制目录

[root@localhost ~]#

[root@localhost ~]# tree　/test

```
/test
├── new
│   ├── a01.txt
│   ├── a02.txt
│   ├── a03.txt
│   └── a04.txt
└── old
    ├── a01.txt
    ├── a02.txt
    ├── a03.txt
    └── a04.txt

2 directories, 8 files
```

[root@localhost ~]#

利用 tree 命令显示目录的结构，从它的输出中可以看到/test/new 的结构与/test/old 是相同的。

2. mv 命令

命令 mv 用来移动文件或目录，它的基本格式如下：

mv　[选项]　　源文件　　目标

注：mv 是 "move(移动)" 的缩写，mv 命令的使用方法与 cp 命令相似。

mv 命令的常用选项与说明如表 3-5-2 所示。

表 3-5-2　cp 命令的常用选项与说明

选　项	说　　明
-b	覆盖目标文件之前将其备份
-f	强制移动文件或目录，覆盖已存在的目标文件或目录而不给出提示

下面通过几个示例来介绍命令 mv。

【例 5】　mv 命令的使用方法与 cp 命令相似，区别在于源文件是否 "消失"。创建目录 /test/a 和 /test/b，在 /test/a 中创建 x.txt、y.txt 两个文件，并将它们分别复制和移动到 /test/b 中，然后对比复制与移动的不同，执行命令与结果如下：

```
#1 创建目录/test/a 和/test/b，在/test/a 中创建文件 x.txt 和 y.txt。
[root@localhost ~]# rm  -rf  /test/*                <== 为了避免干扰，先删除旧文件
[root@localhost ~]# mkdir   /test/{a,b}
[root@localhost ~]# touch   /test/a/{x,y}.txt
[root@localhost ~]#


#2 将/test/a/x.txt 复制到/test/b，将/test/a/y.txt 移动到/test/b。
[root@localhost ~]# cp    /test/a/x.txt   /test/b     <== 复制/test/a/x.txt
[root@localhost ~]# mv   /test/a/y.txt   /test/b     <== 移动/test/a/y.txt
[root@localhost ~]#


#3 复制不改变源文件，而移动会改变源文件。
[root@localhost ~]# ls   /test/a
x.txt                         <== 执行复制的源文件 x.txt 还在，执行移动的源文件 y.txt 消失了
[root@localhost ~]# ls   /test/b
x.txt   y.txt                 <== 目标目录增加了两个文件
[root@localhost ~]#
```

【例 6】　与复制类似的，移动文件或目录的同时，还可以给它们改名字。在 /test/a 中创建 ax、ay 两个目录，并将它们分别复制和移动到 /test/b 中，同时新目录的名字对应为 bx、by，执行命令与结果如下：

```
#1 清空不需要的内容，创建需要的目录和文件。
[root@localhost ~]# rm   -rf   /test/{a,b}/*        <== 删除/test/a 和/test/b 中的所有内容
[root@localhost ~]# mkdir   /test/a/a{x,y}         <== 在/test/a 中创建目录 ax 和 ay
[root@localhost ~]#


#2 将/test/a 中的 ax 和 ay 分别复制和移动到/test/b。
```

```
[root@localhost ~]# cp   -a   /test/a/ax    /test/b/bx          <== 复制目录需要"-a"选项
[root@localhost ~]# mv       /test/a/ay    /test/b/by          <== 移动目录不需要其他选项
[root@localhost ~]#
```

#3 复制不改变源文件，而移动会改变源文件。
```
[root@localhost ~]# ls   /test/a
ax                              <== 执行复制的源目录 ax 还在，执行移动的源目录 ay 消失了
[root@localhost ~]# ls   /test/b
bx   by                         <== 目标目录增加了两个新目录，目录名字发生了改变
[root@localhost ~]#
```

【例 7】　使用 mv 命令时，可以只改变文件名或目录名而不改变路径。将 /test/a 中的目录 ax 改名为 nd，执行命令与结果如下：
```
[root@localhost ~]# ls   /test/a
ax
[root@localhost ~]# mv   /test/a/ax    /test/a/nd          <== 只改变名字，不改变路径
[root@localhost ~]#
[root@localhost ~]# ls   /test/a
nd                              <== 目录名字由 ax 变成了 nd
[root@localhost ~]#
```

任务 3-6　认识查找命令

任务描述

练习文件查找命令 find 的使用。

任务实施

find 命令用于在指定目录下查找文件和目录，它的基本格式如下：

find　[查找目录]…　[表达式]

find 命令的常用选项与说明如表 3-6-1 所示。

表 3-6-1　find 命令的常用选项与说明

选　　项	说　　明
-name　文件名	根据文件名进行查找
-type　类型	根据文件类型进行查找，类型可以是 f(普通文件)、d(目录)等

下面通过几个示例来介绍命令 find。

在练习 find 命令之前，先用命令创建以下用于测验的目录和文件(只有 clsa 和 clsb 为目录，其余均为文件)，执行命令与结果如下：

```
[root@localhost test]# tree   /test
/test
├── 2.bmp
├── a.txt
├── clsa
│       ├── hcl.bmp
│       └── a.txt
└── clsb
        ├── hcl.bmp
        └── b.txt


2 directories, 6 files
[root@localhost test]#
```

【例 1】　在目录 /test 下查找所有名为 a.txt 的文件或目录，执行命令与结果如下：

```
[root@localhost test]# find   /test   -name   a.txt
/test/a.txt
/test/clsa/a.txt
[root@localhost test]#
```

【例 2】　在目录 /test 下查找名字中包含"cl"的文件或目录，执行命令与结果如下：

```
[root@localhost test]# find   /test   -name   "*cl*" <== 使用通配符时，可以用双引号将字符串引起来
/test/clsa
/test/clsa/hcl.bmp
/test/clsb
/test/clsb/hcl.bmp
[root@localhost test]#
[root@localhost test]# find   /test   -name   '*cl*'   <== 使用通配符时，可以用单引号将字符串引起来
/test/clsa
/test/clsa/hcl.bmp
/test/clsb
/test/clsb/hcl.bmp
[root@localhost test]#
```

【例 3】　在目录 /test/clsa 和目录 /test/clsb 下查找所有名为 a.txt 的文件或目录，执行命令与结果如下：

```
[root@localhost test]# find   /test/clsa   /test/clsb   -name   a.txt
/test/clsa/a.txt
[root@localhost test]#
```

【例 4】　分别列出目录 /test 下的所有普通文件和目录，执行命令与结果如下：

```
[root@localhost ~]# find   /test   -type   f               <== 列出目录 /test 下的所有普通文件
/test/a.txt
```

```
/test/clsa/a.txt
/test/clsa/hcl.bmp
/test/clsb/b.txt
/test/clsb/hcl.bmp
/test/2.bmp
[root@localhost ~]# find   /test   -type   d              <== 列出目录/test 下的所有目录
/test
/test/clsa
/test/clsb
[root@localhost ~]#
```

任务 3-7　了解当前目录与相对路径

任务描述

　　理解当前路径、绝对路径与相对路径之间的关系与区别,掌握 pwd、cd 等相关命令的使用方法。

当前目录与
相对路径

任务实施

　　通常情况下,描述一个目录的位置采用的都是绝对路径,即从根目录开始,一层一层往下写出所有的子目录。如果一个目录的绝对路径很长,那么对这个目录中的项目进行操作时,命令就会变得很冗长。例如,创建目录 /test/usr/share/doc,在该目录中创建子目录test,在子目录中创建 b.txt,再将 b.txt 复制到 /test/usr/share/doc 中,并将其名称改为 a.txt.bak,其命令如下:

```
[root@localhost ~]# mkdir   -p   /test/usr/share/doc
[root@localhost ~]# mkdir   /test/usr/share/doc/test
[root@localhost ~]# touch   /test/usr/share/doc/test/b.txt
[root@localhost ~]# cp       /test/usr/share/doc/test/b.txt    /test/usr/share/doc/a.txt.bak
[root@localhost ~]#
```

　　当集中对某个目录中的项目进行操作时,使用相对于该目录的相对路径可能更简洁。下面学习使用相对路径的方法。

　　与目录路径相关的常用命令如下:

pwd   <== 显示当前工作目录的绝对路径

cd 　**目标目录**   <== 当前工作目录的跳转

注:

① "pwd"是"print(显示)　working(工作中的)　directory(目录)"的缩写。

② "cd"是"change(改变) directory(目录)"的缩写。

执行"pwd"命令与结果如下：

```
[root@localhost ~]# pwd
/root                                      <== 当前工作目录的绝对路径是/root
[root@localhost ~]#
```

跳转到目录 /etc/selinux，执行命令与结果如下：

```
[root@localhost ~]# cd   /etc/selinux
[root@localhost selinux]#
[root@localhost selinux]# pwd
/etc/selinux                               <== 当前工作目录的绝对路径是/etc/selinux
[root@localhost selinux]#
```

执行 cd 命令后，命令提示符中的"~"变成了"selinux"，"selinux"是当前目录的名字。

在表达当前目录中的文件或子目录时，可以省去当前目录的路径，只保留文件名或子目录名。在图 3-7-1 中，当前的工作目录为 /test/usr/share/doc，文件 a.txt.bak 的绝对路径为 /test/usr/share/doc/a.txt.bak，相对于当前目录的路径为 a.txt.bak。目录 test 的绝对路径为 /test/usr/share/doc/test，相对于当前目录的路径为 test。文件 b.txt 的绝对路径为 /test/usr/share/doc/test/b.txt，相对路径为 test/b.txt。可以将命令"cp   /test/usr/share/doc/test/b.txt   /test/usr/share/doc/a.txt.bak"简化为"cp   test/b.txt   a.txt.bak"。

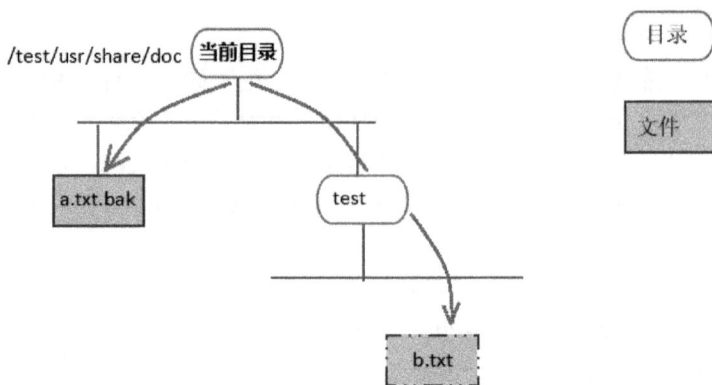

图 3-7-1   绝对路径与相对路径示意图

因此，创建目录 /test/usr/share/doc，在该目录中创建子目录 test，并在子目录中创建 b.txt，再将 b.txt 复制到 /test/usr/share/doc 中，同时将其名称改为 a.txt.bak，可以用以下命令来实现：

```
[root@localhost selinux]# rm    -rf   /test
[root@localhost selinux]# mkdir  -p   /test/usr/share/doc
[root@localhost selinux]# cd    /test/usr/share/doc
[root@localhost doc]# pwd
/test/usr/share/doc                        <== 确定当前目录路径
[root@localhost doc]#
```

```
[root@localhost doc]# mkdir   test                    <== 对比 "mkdir /test/usr/share/doc/test"
[root@localhost doc]# touch   test/b.txt              <== 对比 "touch /test/usr/share/doc/test/b.txt"
[root@localhost doc]# cp   test/b.txt   a.txt.bak      <== 对比 "cp   /test/usr/share/doc/test/b.txt
                                                           /test/usr/share/doc/a.txt.bak"

[root@localhost doc]#
```

最后三条命令中使用相对路径，比原先使用的绝对路径要简洁很多。

绝对路径是从根目录出发去往目标的路径，以 "/" 开头。相对路径是从当前工作目录出发去往目标的路径，不能以 "/" 开头。

在 Linux 中，"." 表示当前目录，".." 表示父目录(两个 "." 之间无空格)。

将文件 /etc/passwd 复制到当前目录，命令为 "cp   /etc/passwd   ."，执行命令与结果如下：

```
[root@localhost doc]# cp   /etc/passwd      .          <== "." 代表当前目录
[root@localhost doc]# ls
a.txt.bak    test    passwd                            <== 当前目录多出文件 passwd
[root@localhost doc]#
```

在父目录中创建目录 new，并将 a.txt.bak 复制至 new，执行命令与结果如下：

```
[root@localhost doc]# mkdir   ../new                   <== ".." 代表父目录
[root@localhost doc]# cp   a.txt.bak   ../new
[root@localhost doc]#
```

显示父目录(/test/usr/share)的结构，执行命令与结果如下：

```
[root@localhost doc]# pwd
/test/usr/share/doc                                    <== 当前工作目录的绝对路径
[root@localhost doc]# tree   ..
..
├── doc                                                <== 当前工作目录，可用 "." 表示
│   ├── a.txt.bak                                      <== 相对路径为 a.txt.bak
│   ├── passwd                                         <== 相对路径为 passwd
│   └── test                                           <== 相对路径为 test
│       └── b.txt                                      <== 相对路径为 test/b.txt
└── new                                                <== 相对路径为 ../new
    └── a.txt.bak                                      <== 相对路径为 "../new/a.txt.bak"


3 directories, 4 files
[root@localhost doc]#
```

进行目录跳转后，例如，执行 "cd   test" 后，以上目录的相对路径都会发生改变，如下：

```
[root@localhost doc]# cd   test
[root@localhost test]# pwd
/test/usr/share/doc/test                               <== 当前工作目录的绝对路径
```

```
[root@localhost test]# tree   ../..
../..
├── doc                                    <== 相对路径为../
│   ├── a.txt.bak                          <== 相对路径为../a.txt.bak
│   ├── passwd                             <== 相对路径为../passwd
│   └── test                               <== 当前工作目录，可用"."表示
│       └── b.txt                          <== 相对路径为b.txt
└── new                                    <== 相对路径为../../new
    └── a.txt.bak                          <== 相对路径为../../new/a.txt.bak

3 directories, 4 files
[root@localhost test]#
```

练 习 题

一、填空题

1. 根据图 3-1-2 的 Linux 树状目录结构示意图，写出文件或目录的路径。

写出以下文件的绝对路径。

passwd：_____   profile：_____

hostnamectl：_____   ls：_____

uname：_____   systemctl：_____

当前目录为/usr/sbin，写出以下文件的相对路径。

passwd：_____   profile：_____

hostnamectl：_____   ls：_____

uname：_____   systemctl：_____

2. 根据表 3-1 所示的命令说明，填写命令的格式。

表 3-1　文件和目录的相关操作及其命令

命 令 说 明	命 令 格 式
创建文件	
创建目录	
删除文件	
删除目录	
复制文件	
复制目录	
移动文件或目录	
查找文件或目录	

二、操作题

1. 以 root 身份登录，打开终端，输入命令显示当前目录并记录。

2. 在当前目录中创建目录 test，再在 test 中创建子目录 adir 和 bdir，并写出两个目录的绝对路径。

3. 在 /test 目录中创建目录 cdir 和 ddir，并写出两个目录的绝对路径。

4. 在 adir 中创建文件 a.txt。

5. 将文件 a.txt 复制至 bdir 中。

6. 将文件 a.txt 复制至 cdir 中，并修改文件名为 c.txt。

7. 将文件 a.txt 移动至 ddir 中。

8. 删除 adir。

9. 检查命令执行结果，结果应该如下：

```
[root@localhost ~]# tree    /root/test
/root/test
└──── bdir
          └──── a.txt


2 directories, 1 files
[root@localhost ~]#
[root@localhost ~]# tree    /test
/test
├──── cdir
|        └──── c.txt
└──── ddir
          └──── a.txt


4 directories, 0 files
[root@localhost ~]#
```

项目 4   文 本 处 理

在 Linux 系统中，一切都是文件。系统管理员可以通过文本提取获得系统信息，也可以通过文本修改设置系统属性。本项目的主要任务是学习文本操作及其应用。

知 识 目 标

- 了解文件的作用。
- 了解输入输出重定向的应用。
- 了解管道的应用。
- 了解引号和转义符的应用。

技 能 目 标

- 掌握文件编辑器 vi 的使用方法及相关子命令。
- 掌握查看文件内容的方法。
- 掌握进行文本过滤的方法及应用。
- 掌握命令结果的重定向及应用。
- 掌握管道的应用。
- 掌握通过文件来设置系统参数的方法。

任务 4-1   认识文本编辑器 vi

任 务 描 述

学习 vi 编辑器的基本使用方法。

任 务 实 施

文本编辑器 vi

vi 是 Linux 系统中最常用的文本编辑器，与常用的 WPS、word 等文本编辑器不同，它没有菜单，也不支持鼠标操作，是基于命令工作的。下面将学习如何利用 vi 编辑器完成以下操作：

(1) 创建并编辑一个新文件。

(2) 打开并编辑一个旧文件。

(3) 熟悉编辑器的"另存为"与"退出"。

(4) 处理常见故障。

1. 创建并编辑一个新文件

在终端输入命令"vi　文件路径"可以创建一个新文件或打开一个已存在的文件。先创建一个新目录 /test，并在这个目录中创建一个新文件 ab.txt，执行命令与结果如下：

```
[root@localhost ~]# rm   -rf  /test              <== 为了避免干扰，先删除旧目录
[root@localhost ~]# mkdir  /test                 <== 创建新的/test
[root@localhost ~]#
[root@localhost ~]# vi   /test/ab.txt            <== 创建/test/ab.txt
```

输入"vi　/test/ab.txt"，并按下【Enter】键后，整个终端变成 vi 的工作界面，如图 4-1-1 所示。

图 4-1-1　vi 的工作界面

工作界面的前几行为"~"，"~"表示该行为空行，底行显示的""/test/ab.txt"[新]……"，用于提示用户打开了一个新文件 /test/ab.txt。当前，vi 处于指令模式，只接收正确的 vi 指令，对其他输入不会响应。例如，按下数字键【1】，文本编辑区域不会出现"1"，vi 也没有其他响应。

此时，按下【Insert】键或【i】键，vi 切换到插入模式，系统显示如图 4-1-2 所示。

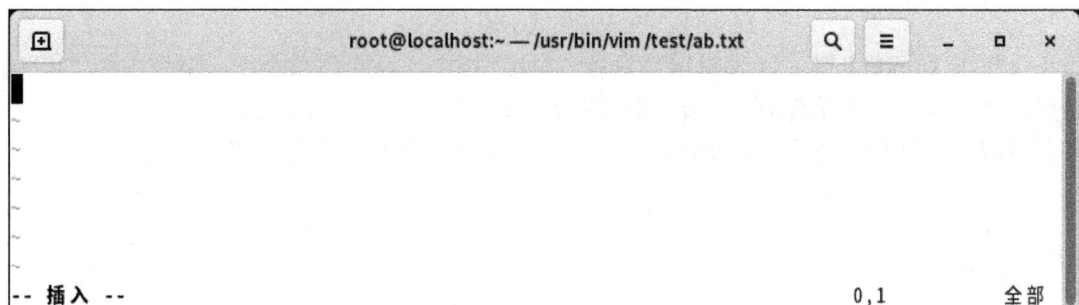

图 4-1-2　vi 的插入模式

底行显示"-- 插入--"，表示现在可以修改文件了。此时，如果按下【1】键，文本编辑区域就会出现"1"。用户可以在 vi 的插入模式下进行文字的录入、删除等操作。在文本的编辑结束后，按下【Esc】键，可退出插入模式，返回指令模式，系统显示如图 4-1-3 所示。

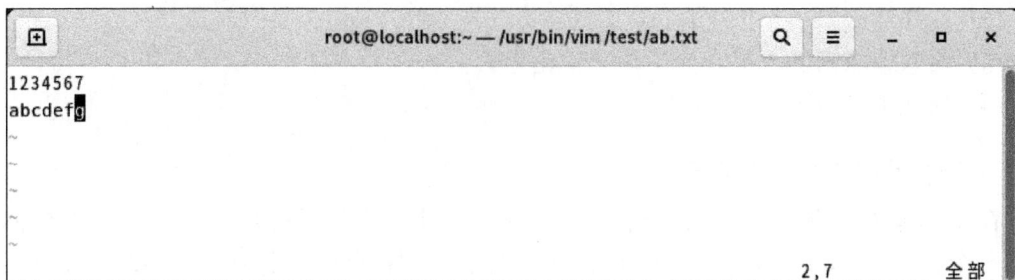

图 4-1-3　vi 返回指令模式

底行的"-- 插入--"消失，表示 vi 已返回指令模式。在指令模式下，按下【:】键(即同时按下【Shift】键和【:/;】键)，进入末行模式，系统显示如图 4-1-4 所示。

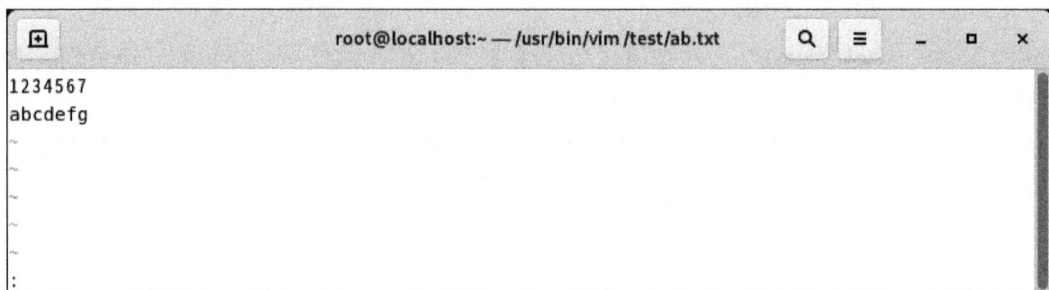

图 4-1-4　vi 进入末行模式

此时，在底行显示的":"后输入指令"wq"，系统显示如图 4-1-5 所示。

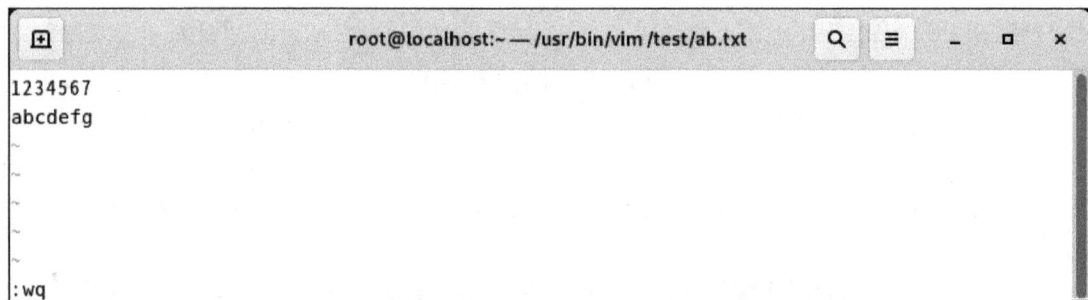

图 4-1-5　在末行模式下输入"wq"指令

再按下【Enter】键，vi 编辑器会执行":wq"指令，返回到命令行。指令中的"w"来自单词"write"，表示保存；"q"来自单词"quit"，表示退出。

返回命令行后，可用 cat 命令查看创建的新文件，执行命令与结果如下：

```
[root@localhost ~]# cat   /test/ab.txt
1234567                                              <== /test/ab.txt 的内容
abcdefg
[root@localhost ~]#
```

2. 打开并编辑一个旧文件

在终端输入命令"vi　文件路径"可以打开一个已存在的文件。例如，在终端输入命令"vi　/test/ab.txt"，可以打开刚才创建的文件，如图 4-1-6 所示。

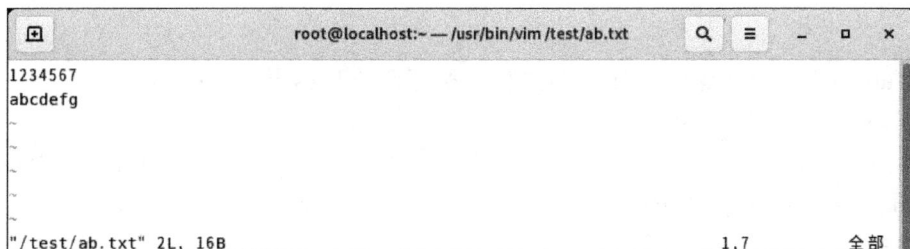

图 4-1-6　用 vi 打开一个文件

再按下【Insert】键或【i】键，切换到插入模式，并添加一行"7654321"，然后再按下【Esc】键返回指令模式，同时输入指令":wq"保存文件。

然后用 cat 命令查看此文件，执行命令与结果如下：

[root@localhost ~]# cat　/test/ab.txt

1234567

abcdefg

7654321　　　　　　　　　　　　　　　　　　　　<== 增加了一行新内容

[root@localhost ~]#

3. 熟悉编辑器的"另存为"与"退出"

用 vi 编辑器打开文件 /test/ab.txt，增加一行"!@#$%^&"。然后按下【Esc】键返回指令模式，并输入指令":w　/test/cd.txt"，将文件缓冲区的内容另存到文件 /test/cd.txt 中，系统显示如图 4-1-7 所示。

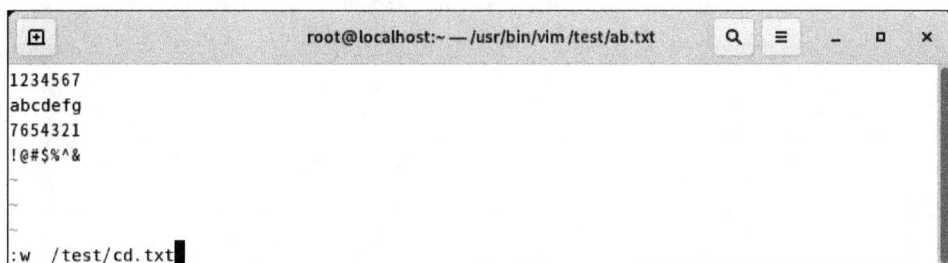

图 4-1-7　在末行模式输入"另存为"指令

此时，按下【Enter】键，vi 执行"另存为"指令，系统显示如图 4-1-8 所示。

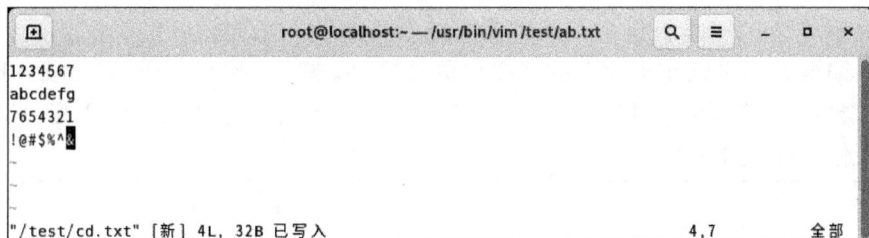

图 4-1-8　在末行模式执行"另存为"指令

底行显示的""/test/cd.txt"[新]……"，用于提示用户 vi 已经将文件缓冲区的四行文字保存到 /test/cd.txt 文件中。注意，此时打开的文件仍然 是/test/ab.txt，且 /test/ab.txt 的内容仍然只有前三行。输入":q!"，可退出 vi 编辑器。

注：指令中的"!"表示强制执行，":q!"表示不保存修改且强制退出。

检查 ab.txt 和 cd.txt 这两个文件的内容，执行命令与结果如下：

```
[root@localhost ~]# ls    /test
ab.txt    cd.txt                                                    <== /test 中增加了新文件 cd.txt
[root@localhost ~]# cat    /test/ab.txt
1234567
abcdefg
7654321                                                            <== /test/ab.txt 只有三行内容
[root@localhost ~]# cat    /test/cd.txt
1234567
abcdefg
7654321
!@#$%^&                                                            <== /test/cd.txt 有四行内容
[root@localhost ~]#
```

4. 处理常见故障

下面介绍几种常见的故障及处理方法。

(1) vi 编辑器只能打开文件，如果用来打开目录，就会出现问题。例如，创建目录 /test/a，再用 vi 打开该目录，系统显示如图 4-1-9 所示。

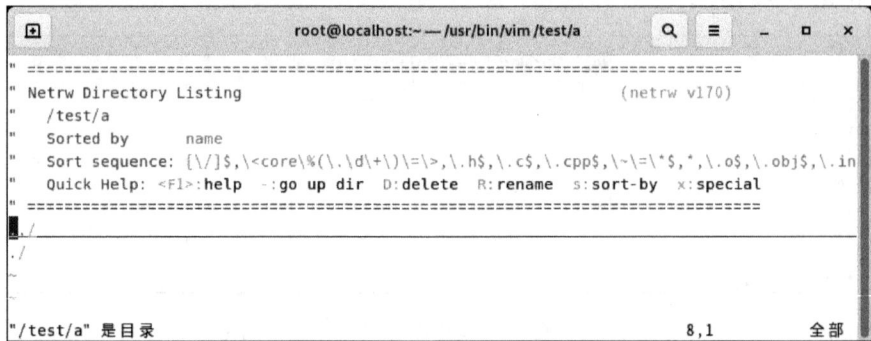

图 4-1-9　用 vi 打开目录

底行显示 ""/test/a"是目录"，此时输入指令 ":q"，可退出 vi 编辑器。

(2) vi 编辑器不可以在不存在的目录中创建文件。例如，执行命令"vi　/text/b/a.txt"，打开 vi 编辑器，切换到插入模式，并编辑内容，然后返回指令模式，输入指令 ":wq"，系统将会报错，如图 4-1-10 所示。

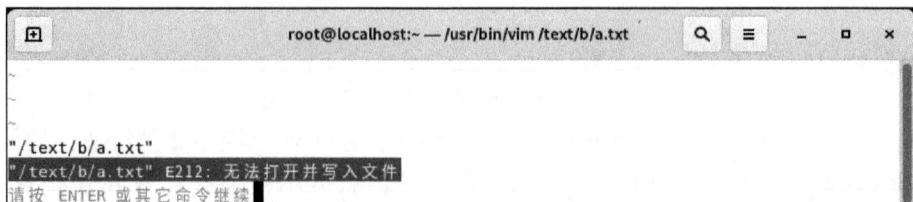

图 4-1-10　vi 的错误提示

可以用":q!"直接退出 vi 编辑器，或者用":w　文件路径"指令将文件缓冲区的内容另存为合适的文件，再用":q!"指令退出。

(3) 正常情况下，编辑文件的命令为"vi　文件名"，如果遗漏了文件名，即在终端中输入如下命令：

[root@localhost ~]# vi

那么系统将打开 vi 编辑器的默认启动页面，如图 4-1-11 所示。

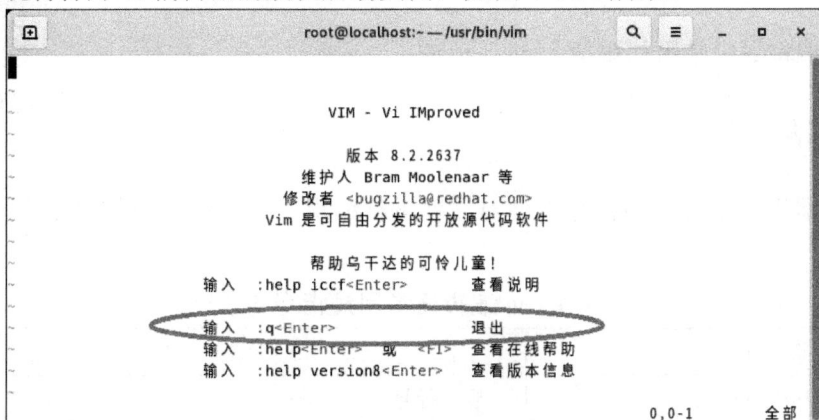

图 4-1-11　vi 的默认启动页面

根据提示，在指令模式下，执行":q"指令，可退出 vi 编辑器。

(4) 若同时打开两个终端，并在两个终端中输入命令"vi　/test/ab.txt"，在第一个终端中的 vi 可以正常打开文件，但是在第二个终端中的 vi 则会给出警告信息。系统显示如图 4-1-12 所示。

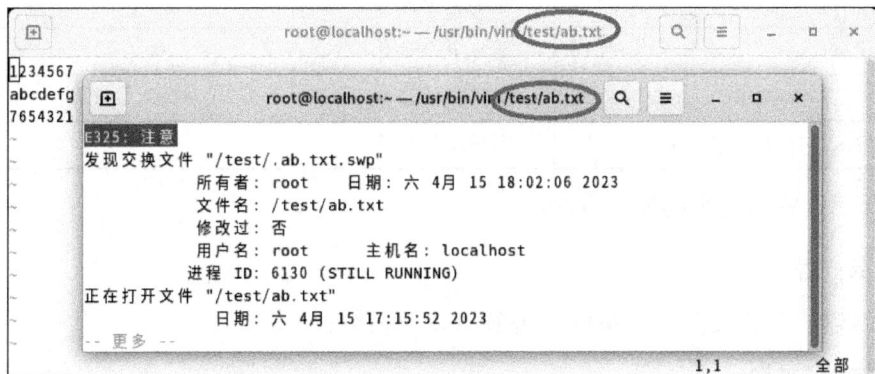

图 4-1-12　vi 的警告信息

可以用【Enter】键或空格键，向下查看警告信息。信息的最后一行显示"以只读方式打开([O])，直接编辑((E))，恢复((R)), 退出((Q)), 中止((A)):"，表示用户可以选择以下操作中的一种：

① 按下【O】键，以只读方式打开文件/test/ab.txt。

② 按下【E】键，正常编辑文件 /test/ab.txt。

③ 按下【R】键，恢复文件 /test/ab.txt。

④ 按下【Q】键，退出 vi 编辑器。

可以根据最后一行的提示完成操作。例如，按下【E】键，可继续编辑文件。

任务 4-2　掌握 vi 编辑器的常用短指令

任务描述

熟悉 vi 编辑器中常用的短指令。

任务实施

vi 编辑器提供了许多短指令以便对文件进行编辑，其中最常用的短指令与说明如表4-2-1 所示。

表 4-2-1　vi 编辑器常用短指令与说明

短 指 令	说 明
:set　number	显示行号
:行号	行的跳转
yy 或 Nyy	行的复制
p	行的粘贴
dd 或 Ndd	行的删除
u	撤销上个动作
.	重复上个动作
/字符串	字符串的查找
:%s/字串 1/字串 2/g	字符串的替换

下面介绍这些短指令的使用方法。

1. 显示行号

用 vi 创建一个新文件/test/de.txt，并输入以下内容：

Like　knows　like.

So　said,　so　done.

So　the　world　wags.

As　you　sow,　so　shall　you　reap.

A　little　pot　is　soon　hot.

So　long.

将 vi 切换到指令模式，输入 ":set　number"，输入的短指令将出现在底行，如图 4-2-1 所示，按下【Enter】键，文字编辑区每行的行首将显示行号，如图 4-2-2 所示。注意，这些行号只是为了方便用户定位，并没有真正地写入文件中。

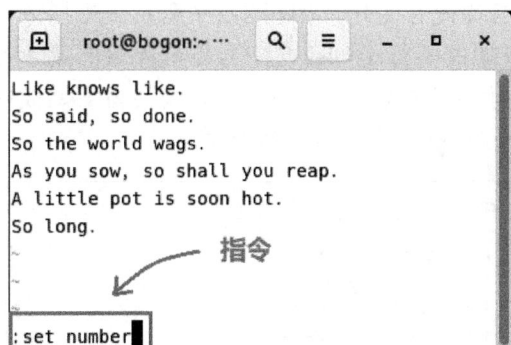

图 4-2-1 输入指令 ":set number"

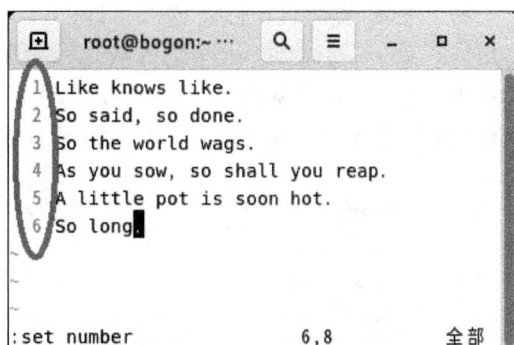

图 4-2-2 显示行号

2. 行的跳转

将 vi 编辑器切换到指令模式，输入 ":数字"，输入的短指令将出现在底行，执行指令后光标会跳转到数字指定的行。例如，在指令模式下输入 ":2"，如图 4-2-3 所示，并按下【Enter】键，光标会跳转到第 2 行，如图 4-2-4 所示。

图 4-2-3 输入指令 ":2"

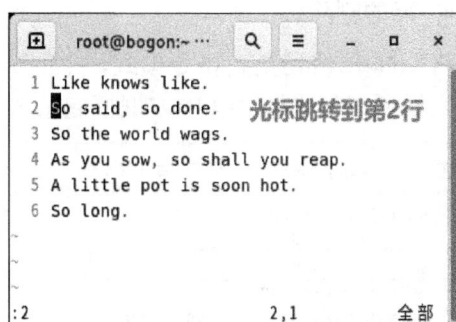

图 4-2-4 光标跳转

3. 行的复制与粘贴

将 vi 编辑器切换到指令模式，输入 "yy"，即按两次【y】键，显示窗口没有变化，如图 4-2-5 所示，"yy"不会出现在底行，但此时 vi 已经将光标所在行(第 2 行)的内容复制到剪贴板了。再输入短指令 "p"，即按下【p】键，系统会将剪贴板内容粘贴到光标所在行(第 2 行)的下面，如图 4-2-6 所示。

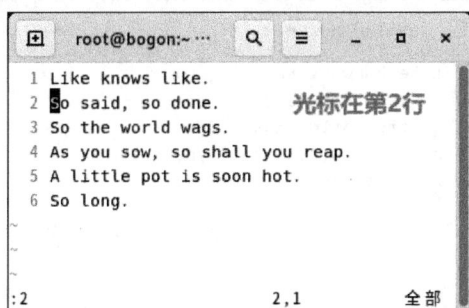

图 4-2-5 复制(1)

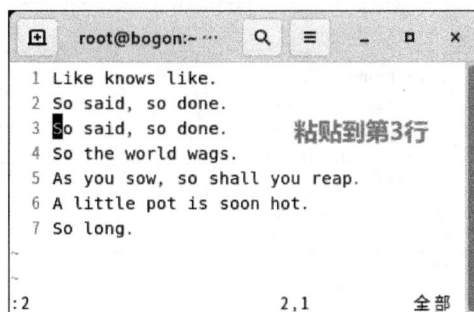

图 4-2-6 粘贴(1)

将光标移动到第 4 行，输入"2yy"，显示窗口没有变化，如图 4-2-7 所示，短指令不会出现在底行，但此时 vi 已经将从光标所在行开始的两行(图 4-2-7 中方框框起来的第 4 行和第 5 行)复制到剪贴板了。将光标移动到第 6 行，输入短指令"p"，系统会将剪贴板内容粘贴到光标所在行(第 6 行)的下面(图 4-2-8 中方框框起来的第 7 行和第 8 行)。

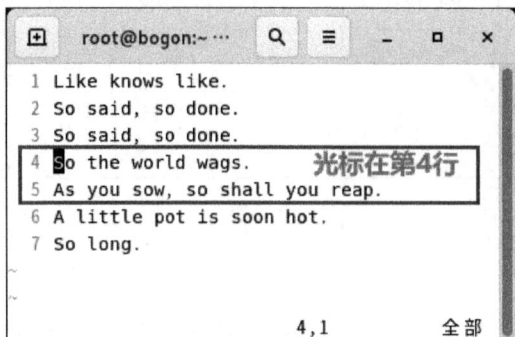

图 4-2-7　复制(2)

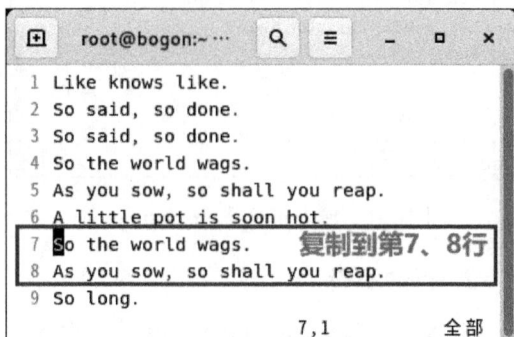

图 4-2-8　粘贴(2)

4. 行的删除

将 vi 编辑器切换到指令模式，并将光标移动到第 3 行，输入"dd"，如图 4-2-9 所示，删除光标所在行(图 4-2-9 中方框框起来的第 3 行)后，结果如图 4-2-10 所示。

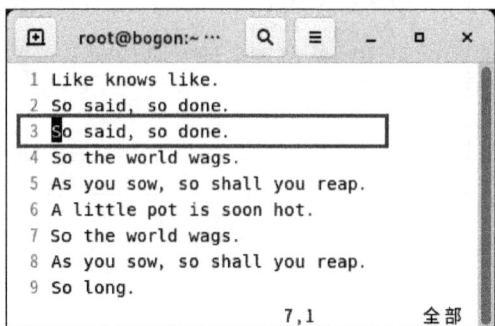

图 4-2-9　删除(1)

图 4-2-10　删除结果(1)

将光标移动到第 6 行，输入"2dd"，如图 4-2-11 所示，删除光标所在行开始的两行(图 4-2-11 中方框框起来的第 6 行和第 7 行)后，结果如图 4-2-12 所示。

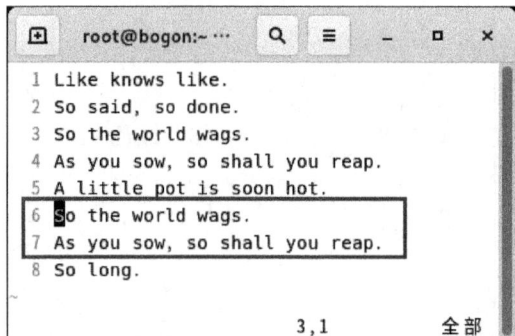

图 4-2-11　删除(2)

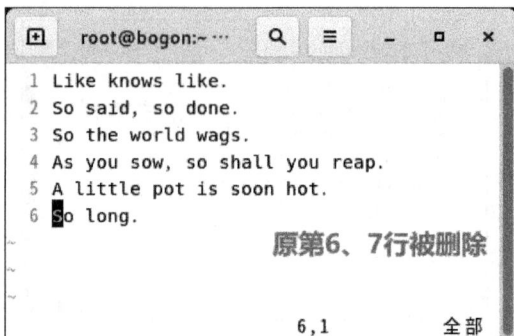

图 4-2-12　删除结果(2)

5. 撤销上个动作

将 vi 编辑器切换到指令模式,输入"u",之前用短指令"2dd"删除的第 6 行和第 7 行被恢复了,如图 4-2-13 所示,再次输入"u",之前用短指令"dd"删除的第 3 行也被恢复了,如图 4-2-14 所示。

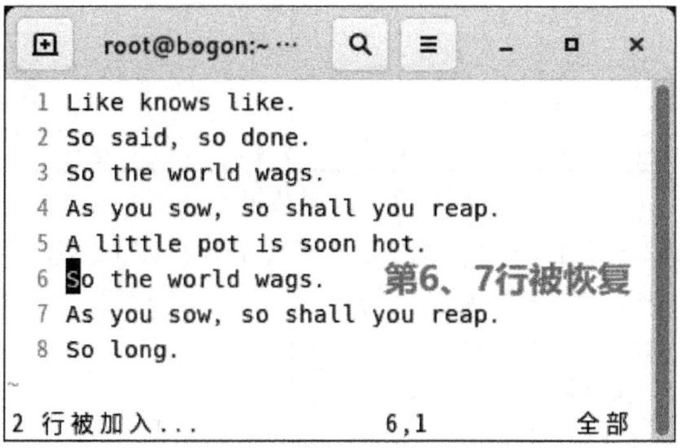

图 4-2-13　撤销上个动作

图 4-2-14　撤销上上个动作

6. 重复上个动作

将 vi 编辑器切换到指令模式,将光标移动到第 3 行,输入"dd",删除光标所在行,结果如图 4-2-15 所示。然后将光标移动到第 6 行,输入".",vi 将重复执行最后一个短指令,即"dd",删除第 6 行,再次输入".",vi 将再重复执行"dd",删除新的第 6 行,结果如图 4-2-16 所示。

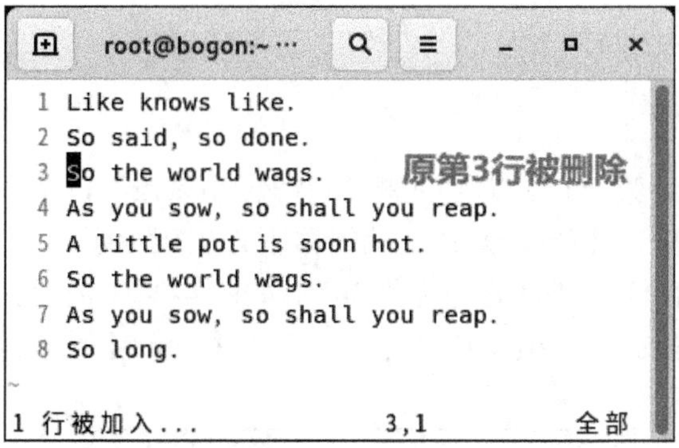

图 4-2-15　重复上个动作

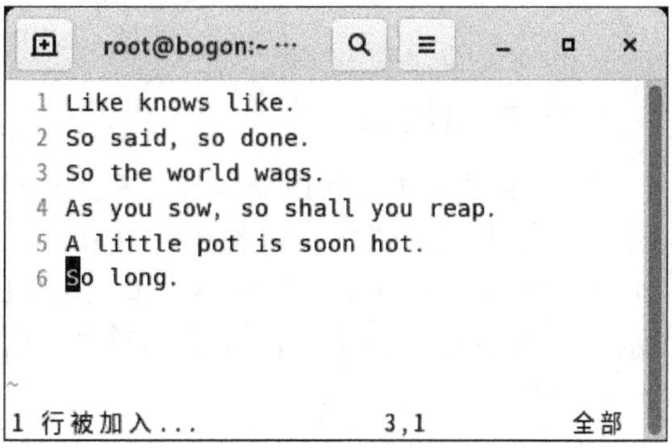

图 4-2-16　重复执行的结果

7. 字符串的查找

将 vi 编辑器切换到指令模式,输入"/字符串",vi 会从光标处向后查找某个字符串。例如,输入"/so",文件中所有的"so"被高亮显示,如图 4-2-17 所示。此时按下【Enter】键,光标将跳转到当前位置后的第一个"so"。在这个例子中,光标原来的位置是第 6 行的行首,但是这个位置之后没有匹配的"so",因此 vi 会将光标跳转到整个文件中的第一个"so",即第 2 行的"so",如图 4-2-18 所示。第 2 行行首的"So"不匹配,因为"S"是大写的。

图 4-2-17　查找字符串

图 4-2-18　查找结果

按下【n】键，vi 会进行下一个查找，光标跳转到下一个匹配的"so"，即第 4 行"sow"中的"so"，如图 4-2-19 所示。第 3 行行首的"So"不匹配，因为"S"是大写的。

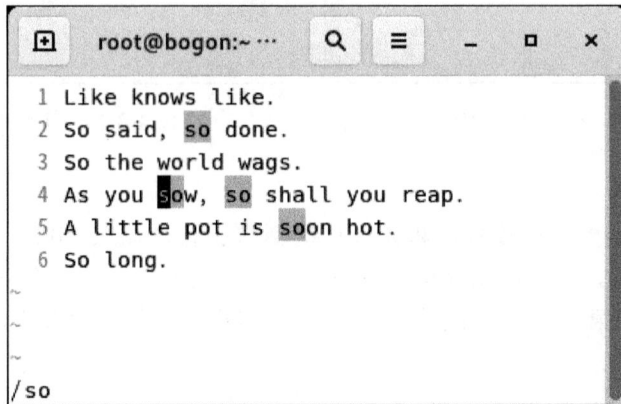

图 4-2-19　查找下一个

8. 字符串的替换

将 vi 编辑器切换到指令模式，将光标移到第一行，并输入指令":%s/so/aa/g"，输入的短指令将出现在底行，如图 4-2-20 所示。按下【Enter】键，编辑器下方出现提示文字："4 substitutions on 3 lines"和"请按 ENTER 或其它命令继续"，如图 4-2-21 所示，表示 vi 在文件中找到 4 个匹配的字符串，这些字符串出现在 3 行中，按下【Enter】键继续下一步操作。

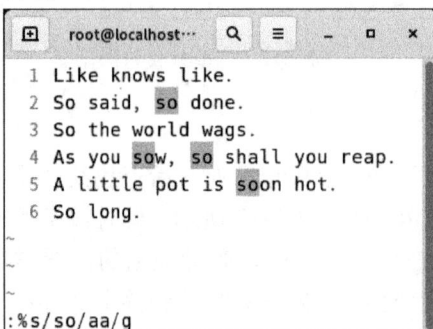

图 4-2-20　替换字符串

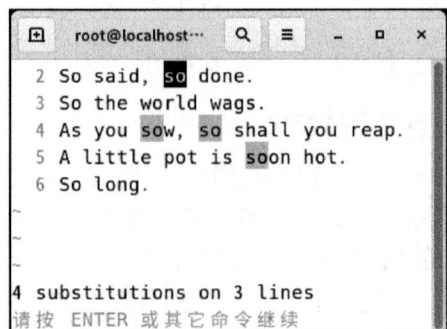

图 4-2-21　查找替换字符串

按下【Enter】键后，所有的"so"被替换成了"aa"，如图 4-2-22 所示。

执行指令":%s/aa/so/g",又将所有的"aa"替换成"so",如图 4-2-23 所示。

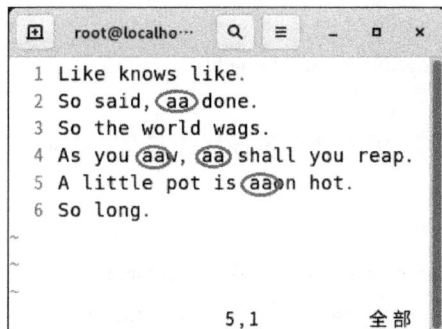

图 4-2-22　替换结果

图 4-2-23　"aa"替换成"so"

指令":%s/aa/so/g"中的"%"表示所有行,"/g"表示替换行中的所有匹配字符串,这两个选项可以有也可以没有,因此替换指令有以下四种形式:

(1) ":s/字串 1/字串 2"表示在光标所在行查找字串 1,并将第一个字串 1 替换成字串 2。例如,执行指令":s/so/aa",会将光标所在行第一个字串"so"替换成"aa",但是若当前行不包含"so",则 vi 会报错。

(2) ":s/字串 1/字串 2/g"表示在光标所在行查找字串 1,并将所有字串 1 替换成字串 2。例如,执行指令":s/so/aa/g",会将光标所在行所有字串"so"替换成"aa",但是若当前行不包含"so",则 vi 会报错。

(3) ":%s/字串 1/字串 2/"表示在所有行查找字串 1,并将每行中第一个字串 1 替换成字串 2,如":%s/so/aa"。

(4) ":%s/字串 1/字串 2/g"表示在所有行查找字串 1,并将每行中所有字串 1 替换成字串 2,如":%s/so/aa/g"。

任务 4-3　熟悉文本查看工具

任务描述

熟悉 4 个最常用的文本查看工具:cat、more、head、tail。

任务实施

1. cat 命令

cat 命令可以用来显示一个比较短的文件,它的基本格式如下:

cat　[-n]　文件

注:选项"-n"用于显示行的编号。

下面通过几个示例来介绍命令 cat。

【例 1】命令"cat　/etc/hosts"用于显示文件 /etc/hosts 的内容,执行命令与结果如下:

```
[root@localhost ~]# cat /etc/hosts
127.0.0.1     localhost localhost.localdomain localhost4 localhost4.localdomain4
::1               localhost localhost.localdomain localhost6 localhost6.localdomain6
[root@localhost ~]#
```

【例2】 命令"cat -n /etc/hosts"用于在显示文件时给各行标注行号，执行命令与结果如下：

```
[root@localhost ~]# cat   -n  /etc/hosts
    1    127.0.0.1     localhost localhost.localdomain localhost4 localhost4.localdomain4
    2    ::1               localhost localhost.localdomain localhost6 localhost6.localdomain6
[root@localhost ~]#
```

如果输入"cat"后，按下【Enter】键，光标则会在下一行闪烁，可以按下组合键【Ctrl+c】来中止命令，退回到命令行。

```
[root@localhost ~]# cat
█                                          <== 光标闪烁，可用【Ctrl+c】来中止命令
```

如果用 cat 命令显示一个比较长的文件，如 /root/anaconda-ks.cfg，文件的内容则会在屏幕上迅速向上滚动，直至文件的末尾，而在终端中只能看到文件的末尾，如图 4-3-1 所示。

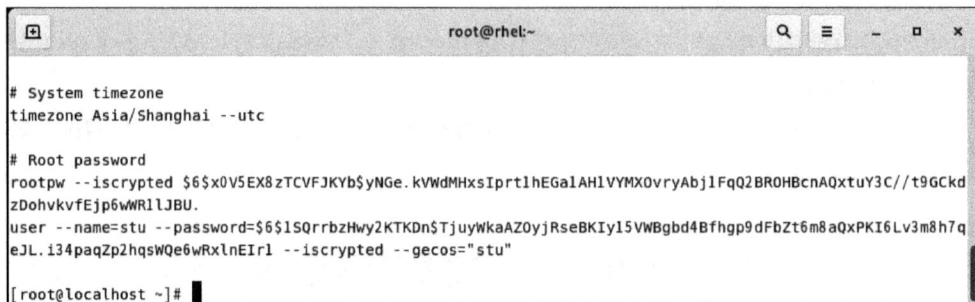

图 4-3-1 用 cat 查看长文件

2. more 命令

more 命令通常用来分页显示一个比较长的文件，它的基本格式如下：

more 文件

下面通过几个示例来介绍命令 more。

【例3】执行"more /root/anaconda-ks.cfg"命令，终端会显示文件的第1页，结果如下：

```
# Generated by Anaconda 34.25.0.29                <== 原第1行
# Generated by pykickstart v3.32                  <== 原第2行
#version=RHEL9
# Use graphical install
graphical
repo --name="AppStream" --baseurl=file:///run/install/sources/mount-0000-cdrom/AppStream
```

```
%addon com_redhat_kdump --enable --reserve-mb='auto'


%end
```
--更多--(27%)　　　　　　　　　　　　　　　　　　<== 光标在行末闪烁

最后一行的 "--更多--(27%)" 提示文件还有更多内容，前面的内容大概占文件总长度的 27%。

可以用【Enter】键向下查看，每按一次【Enter】键，文件会向上滚一行，结果如下：
```
# Generated by pykickstart v3.32                <== 原第 1 行消失，原第 2 行变为第 1 行
#version=RHEL9
# Use graphical install
graphical
repo --name="AppStream" --baseurl=file:///run/install/sources/mount-0000-cdrom/AppStream


%addon com_redhat_kdump --enable --reserve-mb='auto'


%end
```
--更多--(27%)

也可以用【↓】键或空格键翻页，结果如下：
```
# Keyboard layouts
keyboard --xlayouts='cn'
# System language
lang zh_CN.UTF-8


# Use CDROM installation media
cdrom


%packages
@^graphical-server-environment
```
--更多--(43%)

还可以用【q】键退出文件，返回终端，结果如下：
```
# Keyboard layouts
keyboard --xlayouts='cn'
# System language
lang zh_CN.UTF-8


# Use CDROM installation media
cdrom
```

```
%packages
@^graphical-server-environment
[root@localhost ~]#                                              <== 退出到终端
```

3. head 命令

head 命令用来显示文件的前几行，它的基本格式如下：

head   [-n   行数]   文件

注：默认输出文件的前 10 行，可用选项"-n   行数"来指定输出的行数。

下面通过几个示例来介绍命令 head。

【例4】 命令"head   /root/anaconda-ks.cfg"用于输出文件 /root/anaconda-ks.cfg 的前 10 行，执行命令与结果如下：

```
[root@localhost ~]# head   /root/anaconda-ks.cfg
# Generated by Anaconda 34.25.0.29
# Generated by pykickstart v3.32
#version=RHEL9
# Use graphical install
graphical
repo --name="AppStream" --baseurl=file:///run/install/sources/mount-0000-cdrom/AppStream

%addon com_redhat_kdump --enable --reserve-mb='auto'

%end
[root@localhost ~]#
```

【例5】 命令"head   -n   2   /root/anaconda-ks.cfg"用于输出文件/root/anaconda-ks.cfg 的前 2 行，执行命令与结果如下：

```
[root@localhost ~]# head   -n   2   /root/anaconda-ks.cfg
# Generated by Anaconda 34.25.0.29
# Generated by pykickstart v3.32
[root@localhost ~]#
```

4. tail 命令

tail 命令用来显示文件的后几行，它的基本格式如下：

tail   [-n   行数]   文件

注：默认输出文件的后 10 行，可用选项"-n   行数"来指定输出的行数。

下面通过几个示例来介绍命令 tail。

【例6】 命令"tail   /root/anaconda-ks.cfg"用于显示文件/root/anaconda-ks.cfg 的后 10 行，执行命令与结果如下：

```
[root@localhost ~]# tail   /root/anaconda-ks.cfg
```

```
# Partition clearing information
clearpart --none --initlabel

# System timezone
timezone Asia/Shanghai --utc

# Root password
rootpw --iscrypted $6$x0V5EX8zTCVFJKYb$yNGe.kVWdMHxsIprt1hEGa1AH1 VYMXOvryAbj1FqQ
2BROHBcnAQxtuY3C//t9GCkdzDohvkvfEjp6wWR1lJBU.
user --name=stu --password=$6$1SQrrbzHwy 2KTKDn$TjuyWkaAZOyjRseBKIy 15VWBgbd4Bfhgp
9dFbZt6m8aQxPKI6Lv3m8h7qeJL.i34paqZp2hqsWQe6wRxlnEIr1 --iscrypted --gecos="stu"

[root@localhost ~]#
```

【例 7】 执行"tail -n 2 /root/anaconda-ks.cfg"命令，终端显示该文件的后 2 行，执行命令与结果如下：

```
[root@localhost ~]# tail  -n  2  /root/anaconda-ks.cfg
user --name=stu  --password=$6$1SQrrbzHwy2KTKDn$TjuyWkaAZOyjRseBKIy15VWBgbd4Bfhgp9
dFbZt6m8 aQxPKI6Lv3m8h7qeJL.i34paqZp2hqsWQe6wRxlnEIr1 --iscrypted --gecos="stu"

[root@localhost ~]#
```

任务 4-4 文本过滤器 grep 的使用

任务描述

熟悉文本过滤器 grep 的使用方法。

任务实施

命令 grep 用来过滤文件中包含某个字符串或不包含某个字符串的行，它的基本格式如下：

grep [选项] 字符串 文件

grep 命令的常用选项与说明如表 4-4-1 所示。

表 4-4-1 grep 命令的常用选项与说明

选 项	说 明
-i	匹配时不区分字符串的大小写
-w	字符串的精确匹配
-Fx	字符串的完全匹配
-v	排除包含字符串所在的行

下面通过几个示例来介绍命令 grep。

为了方便说明 grep 命令的使用方法，首先创建文件 /test/a.txt，其内容如下：

```
1    home
2    he
3    He
4    hE
5    HE
6    the
7    the   cat
8    ha   he   hu
he
```

【例 1】 输入命令"grep he /test/a.txt"，可以从文件 /test/a.txt 中过滤出包含字符串"he"的行，其中匹配的"he"会显示为红色加粗字体，执行命令与结果如下：

```
[root@localhost ~]# grep   he   /test/a.txt
   2   he                                           <== 文件中的第 2 行
   6   the                                          <== 文件中的第 6 行
   7   the   cat                                    <== 文件中的第 7 行
   8   ha   he   hu                                 <== 文件中的第 8 行
   he                                               <== 文件中的第 9 行
[root@localhost ~]#
```

如果文件中不包含某个字符串，例如，文件 /test/ab.txt 中不包含"hello"，那么执行"grep hello /test/ab.txt"命令，系统不会给出任何回显，执行命令与结果如下：

```
[root@localhost ~]# grep   hello   /test/ab.txt
[root@localhost ~]#                                <== 没有回显，表示文件中不包含对应的字符串
```

【例 2】 输入命令"grep -i he /test/a.txt"，可以从文件 /test/a.txt 中过滤出包含字符串"he"的行，并且查找时忽略"h"与"e"的大小写，执行命令与结果如下：

```
[root@localhost ~]# grep   -i   he   /test/a.txt
   2   he
   3   He                                           <== "H"为大写
   4   hE                                           <== "E"为大写
   5   HE                                           <== "H""E"均为大写
   6   the
   7   the   cat
   8   ha   he   hu
   he
[root@localhost ~]#
```

【例 3】 输入命令"grep -w he /test/a.txt"，可以从文件 /test/a.txt 中精确过滤出包含字符串"he"的行，执行命令与结果如下：

```
[root@localhost ~]# grep   -w   he   /test/a.txt
```

```
2   he

8   ha  he  hu

he

[root@localhost ~]#
```

【例 4】 输入命令 "grep -Fx he /test/a.txt"，可以从文件 /test/a.txt 中过滤出只包含字符串 "he" 的行，执行命令与结果如下：

```
[root@localhost ~]# grep  -Fx  he  /test/a.txt

he

[root@localhost ~]#
```

【例 5】 输入命令 "grep -v he /test/a.txt"，可以从文件 /test/a.txt 中过滤出不包含字符串 "he" 的行，执行命令与结果如下：

```
[root@localhost ~]# grep  -v  he  /test/a.txt

1   home

3   He

4   hE

5   HE

[root@localhost ~]#
```

【例 6】 选项也可以组合使用。输入命令 "grep -iv he /test/a.txt"，可以过滤出所有不包含 "he" "He" "hE" 和 "HE" 的行，执行命令与结果如下：

```
[root@localhost ~]# grep  -iv  he  /test/a.txt

1   home

[root@localhost ~]#
```

一般情况下，在命令中使用多个选项时，选项的顺序可以调换，可以写在一起也可以分开，"-iv" 可以被替换成 "-vi" "-i -v" 或 "-v -i"。如果需要被过滤的字符串包括空格，那么可以用双引号或单引号将字符串引起来，注意命令中的引号为半角引号。

【例 7】 输入命令 "grep "he h" /test/ab.txt"，可以从文件 /test/ab.txt 中过滤出所有包含字符串 "he h" 的行，执行命令与结果如下：

```
[root@localhost ~]# grep  "he  h"  /test/a.txt

8   ha  he  hu

[root@localhost ~]#
```

但是，如果在上面的命令中漏掉了双引号，写成 "grep he h /test/a.txt"，那么系统会在文件 h 和文件 /test/a.txt 中分别查找字符串 "he"，执行命令与结果如下：

```
[root@localhost ~]# grep  he  h  /test/a.txt

grep: h: 没有那个文件或目录          <== 系统报错：不存在文件 h

/test/a.txt:he                      <== 从此行开始是/test/a.txt 中包含 "he" 的行

/test/a.txt:the

/test/a.txt:the  cat

/test/a.txt:ha  he  hu

[root@localhost ~]#
```

任务 4-5　了解输入输出重定向

任务描述

了解输入输出重定向的概念，掌握输入输出重定向的几个应用。

输入输出
重定向

任务实施

1. 输入输出设备概念

执行命令"chpasswd"可以批量修改用户密码，执行命令与结果如下：

```
[root@localhost ~]# chpasswd                <== 批量修改用户密码
sal01:123456                                <== 以"用户名:密码"格式输入，按下【Enter】键
sal02:123456
                                            <== 按下组合键【Ctrl + d】结束命令，返回终端
```

当命令要求用户输入"用户名:密码"时，用户是通过键盘进行输入的。

执行命令"uname　-r"可以显示系统内核版本，执行命令与结果如下：

```
[root@localhost ~]# uname   -r
5.14.0-70.13.1.el9_0.x86_64
[root@localhost ~]#
```

当命令将执行结果返回给用户时，命令是通过显示器输出结果的。

一般情况下，用户通过键盘输入信息，通过显示器获得系统的输出信息。在 Linux 中，标准输入设备是键盘，标准输出设备指的是显示器。

2. 输入重定向

输入重定向指的是以其他设备(通常是文件)来替代键盘作为新的输入设备。输入重定向的格式如下：

```
命令  <  文件
```

【例 1】通过输入重定向让 chpasswd 命令直接从文件中读取密码以便批量设置用户密码。

(1) 命令"chpasswd"可以批量修改用户密码，其执行过程如下：

```
[root@localhost ~]# useradd    sal01        <== 创建新用户 sal01
[root@localhost ~]# useradd    sal02        <== 创建新用户 sal02
[root@localhost ~]#
[root@localhost ~]# setenforce    0         <== 关闭 SELinux
[root@localhost ~]#
[root@localhost ~]# chpasswd                <== 批量修改用户密码
sal01:123456                                <== 以"用户名:密码"格式输入，按下【Enter】键
```

```
    sal02:123456
```

<= 按下组合键【Ctrl + d】结束命令

按下组合键【Ctrl + d】结束命令，退回到终端，显示命令提示符。

(2) 创建一个新文件 pw.txt 来保存"用户名: 密码"对，其内容如下:

```
sal01:654321
sal02:654321
```

(3) 在终端中执行命令"chpasswd　<　pw.txt":

```
[root@localhost ~]# chpasswd  <  pw.txt
[root@localhost ~]#
```

chpasswd 命令不再从键盘上获取"用户: 密码"，而是从文件 pw.txt 中读取。输入设备从键盘"重定向"到文件了。

3. 输出重定向

输出重定向指的是以其他设备(通常是文件)来替代显示器作为新的输出设备。例如，把执行命令 uname 显示的系统信息保存到文件中。输出重定向有三种形式。

- 标准输出重定向，简称输出重定向，其格式如下:

命令　>　文件

- 追加输出重定向，简称追加重定向，其格式如下:

命令　>> 文件

- 错误输出重定向，简称错误重定向，其格式如下:

命令　2> 文件

1) 标准输出重定向的应用

标准输出重定向"命令 > 文件"会将命令的标准输出结果保存到文件中，文件原来的内容会被覆盖。

【例 2】　在终端中输入命令"timedatectl"，命令的输出将显示在屏幕上，执行命令与结果如下:

```
[root@localhost ~]# timedatectl
                Local time: 日 2023-04-02 20:31:18 CST
            Universal time: 日 2023-04-02 12:31:18 UTC
                  RTC time: 日 2023-04-02 12:31:19
                 Time zone: Asia/Shanghai (CST, +0800)
System clock synchronized: no
              NTP service: inactive
           RTC in local TZ: no
[root@localhost ~]#
```

但是，若在终端中输入"timedatectl　>　/test/a.txt"，命令"timedatectl"的输出则不会显示在屏幕上，它会被保存到文件/test/a.txt 中，执行命令与结果如下:

```
[root@localhost ~]# timedatectl  >  /test/a.txt
[root@localhost ~]#                                          <= 屏幕不显示命令的输出
```

```
[root@localhost ~]# cat    /test/a.txt                              <== 显示/test/a.txt 的内容
                Local time: 日 2023-04-02 20:31:18 CST
            Universal time: 日 2023-04-02 12:31:18 UTC
                  RTC time: 日 2023-04-02 12:31:19
                 Time zone: Asia/Shanghai (CST, +0800)
   System clock synchronized: no
                NTP service: inactive
            RTC in local TZ: no
[root@localhost ~]#
```

【例 3】 输入命令"echo　字符串"，可以在终端输出字符串的内容。输入命令"echo "hello　world""将在终端显示"hello　world"(命令中的双引号可以省去)，并且输入命令"echo　-n"会在终端显示空行，执行命令与结果如下：

```
[root@localhost ~]# echo    "hello world"                          <== 输出字符串
hello world
[root@localhost ~]# echo    hello world                            <== 可以省去命令中的双引号
hello world
[root@localhost ~]# echo    -n                                     <== 输出空行
[root@localhost ~]#
```

而输入"echo　字符串　>　文件"会将字符串写入文件，文件原来的内容会被覆盖，执行命令与结果如下：

```
[root@localhost ~]# echo    "hello world"    >    /test/a.txt       <== 将字符串写入文件
hello world
[root@localhost ~]# cat    /test/a.txt
hello world                                                        <== 文件原来的内容被覆盖
[root@localhost ~]#
[root@localhost ~]# echo    -n    >    /test/a.txt                 <== 将空行写入文件
[root@localhost ~]# cat    /test/a.txt
[root@localhost ~]#                                                <== 文件内容被清空(被空行覆盖)
```

2) 追加输出重定向的应用

追加输出重定向"命令　>>　文件"会将命令的结果追加到文件的末尾，文件原来的内容不会被覆盖。

【例 4】 输入命令"echo　字符串　>>　文件"会将字符串写入文件的末尾，执行命令与结果如下：

```
[root@localhost ~]# cat    /test/a.txt
[root@localhost ~]#                                                <== 文件内容原为空
[root@localhost ~]# echo    "hello"    >>    /test/a.txt           <== 将字符串写到文件末尾
[root@localhost ~]# cat    /test/a.txt
hello                                                              <== 字符串被写到文件末尾
```

```
[root@localhost ~]#
[root@localhost ~]# echo   "world"   >>   /test/a.txt              <== 将字符串写到文件末尾
[root@localhost ~]# cat   /test/a.txt
hello
world                                                              <== 字符串被写到文件末尾
[root@localhost ~]#
```

再输入命令"timedatectl >> /test/a.txt",将时间信息追加到文件 /test/a.txt 的末尾,执行命令与结果如下:

```
[root@localhost ~]# timedatectl   >>   /test/a.txt
[root@localhost ~]# cat   /test/a.txt
hello
world
               Local time: 日  2023-04-02 20:31:18 CST
           Universal time: 日  2023-04-02 12:31:18 UTC
                 RTC time: 日  2023-04-02 12:31:19
                Time zone: Asia/Shanghai (CST, +0800)
  System clock synchronized: no
              NTP service: inactive
           RTC in local TZ: no
[root@localhost ~]#
```

3) 错误输出重定向的应用

错误输出重定向"命令 2> 文件"会将命令的错误输出保存到文件中。

【例 5】 在练习错误输出重定向之前,首先在 /test 目录中创建文件 x.txt 和删除文件 y.txt。然后用 ls 命令分别查看 /test/x.txt 和/test/y.txt 的属性。命令"ls -l /test/x.txt"能正常执行,显示在屏幕上的文字就是命令的标准输出,它没有错误输出。而命令"ls -l /test/y.txt"不能正常执行,它没有标准输出,只有错误输出。执行命令与结果如下:

```
[root@localhost ~]# touch   /test/x.txt
[root@localhost ~]# rm   -rf   /test/y.txt
[root@localhost ~]#
[root@localhost ~]# ls   -l  /test/x.txt
-rw-r--r--. 1 root root 0   5 月   5 13:42 /test/x.txt              <== 命令的标准输出
[root@localhost ~]# ls   -l   /test/y.txt
ls: 无法访问 '/test/y.txt': 没有那个文件或目录                          <== 命令的错误输出
[root@localhost ~]#
```

下面将两个 ls 命令进行标准输出重定向和错误输出重定向。

(1) 标准输出重定向的格式为"命令 > 文件",两个 ls 命令的标准输出重定向如下:

```
[root@localhost ~]# ls   -l   /test/x.txt   >   /test/ax.txt
[root@localhost ~]#                                            <== 命令的标准输出被重定向了
```

```
[root@localhost ~]# cat   /test/ax.txt
-rw-r--r--. 1 root root 0   5月   5 13:42 /test/x.txt          <== 命令的标准输出
[root@localhost ~]#
[root@localhost ~]# ls  -l  /test/y.txt  >  /test/ay.txt
ls: 无法访问 '/test/y.txt': 没有那个文件或目录              <== 命令的错误输出
[root@localhost ~]#
[root@localhost ~]# cat   /test/ay.txt
[root@localhost ~]#                                          <== 命令没有标准输出，文件为空
```

（2）错误输出重定向的格式为"命令　2>　文件"，两个 ls 命令的错误输出重定向如下：

```
[root@localhost ~]# ls  -l  /test/x.txt  2> /test/bx.txt
-rw-r--r--. 1 root root 0   5月   5 13:42 /test/x.txt          <== 命令的标准输出
[root@localhost ~]#
[root@localhost ~]# cat   /test/bx.txt
[root@localhost ~]#                                          <== 命令没有错误输出，文件为空
[root@localhost ~]# ls  -l  /test/y.txt  2> /test/by.txt
[root@localhost ~]#                                          <== 命令的错误输出被重定向了
[root@localhost ~]# cat   /test/by.txt
ls: 无法访问 '/test/y.txt': 没有那个文件或目录              <== 命令的错误输出
[root@localhost ~]#
```

任务 4-6　管道的应用

任务描述

了解管道的概念，掌握管道的几个简单应用。

任务实施

命令"rpm　-qa"的作用是列出当前系统中所有的软件包，执行命令与结果如下：

```
[root@localhost ~]# rpm   -qa
⋮
apr-util-bdb-1.6.1-20.el9.x86_64
apr-util-openssl-1.6.1-20.el9.x86_64
apr-util-1.6.1-20.el9.x86_64
[root@localhost ~]#
```

执行结果中的每一行都是一个软件包，以最后一行"apr-util-1.6.1-20.el9.x86_64"为例，
"apr-util"是软件包的名称，"1.6.1-20"是它的版本号。

若想要列出当前系统中所有名称中包含"firewall"的软件包，则需要以下两个步骤：

(1) 将所有软件包名称保存到一个文件中。

(2) 在该文件中过滤包含"firewall"的行，过滤出来的行就是满足条件的软件包。

执行上述两个步骤的命令与结果如下：

```
[root@localhost ~]# rpm   -qa  >  /test/a.txt
[root@localhost ~]#
[root@localhost ~]# grep   firewall  /test/a.txt
firewalld-filesystem-1.0.0-4.el9.noarch
python3-firewall-1.0.0-4.el9.noarch
firewalld-1.0.0-4.el9.noarch
[root@localhost ~]#
```

该方法相对复杂，利用管道可以更简单地完成此任务。管道是 Linux 中的一种通信机制，它可以将前一个命令的输出连接到后一个命令，使之成为后一个命令的输入。管道的语法格式如下：

命令 1 | 命令 2 || 命令 3···]

注：管道符"|"的前后可以有空格，也可以没有空格。它的按键位于【Enter】键的上方，如图 4-6-1 所示。

图 4-6-1   【|】键在键盘上的位置

【**例 1**】 通过管道机制来完成上个任务，输入命令"rpm   -qa | grep   firewall"。系统先执行"rpm   -qa"，并将结果写入一个临时文件，然后执行命令"grep   firewall   临时文件"，grep 命令会从临时文件中过滤出包含字符串"firewall"的行，并输出结果，执行命令与结果如下：

```
[root@localhost ~]# rpm   -qa   |   grep   firewall
firewalld-filesystem-1.0.0-4.el9.noarch
python3-firewall-1.0.0-4.el9.noarch
firewalld-1.0.0-4.el9.noarch
[root@localhost ~]#
```

命令 wc 可以对文件行数进行统计，其常用格式如下：

wc -l 文件或目录

【例2】 命令"wc -l /etc/passwd"用于统计文件 /etc/passwd 的行数，执行命令与结果如下：

```
[root@localhost ~]# wc -l /etc/passwd
38 /etc/passwd
[root@localhost ~]#
```

通过管道机制将"| wc -l"接在某个命令的后面，用于统计命令执行结果的行数，执行命令与结果如下：

```
[root@localhost ~]# find /etc/selinux/ -type d | wc -l
7
[root@localhost ~]#
[root@localhost ~]# rpm -qa | grep firewall | wc -l
3
[root@localhost ~]#
```

任务 4-7 了解引号和转义符

任务描述

理解引号和转义符在命令中的作用。

任务实施

1. 引号

为了方便说明引号的用法，首先编辑文件 a.txt，其内容如下：

```
1  logout
2  log out                                                  #  "log"和"out"间有一个空格
3  log*out
4  log_out
5  log123out
6  log'out                                                  #  "log"和"out"间有单引号的左半边
7  log\out
```

下面通过几个示例来介绍引号的使用方法。

【例1】 想要将"log out"所在行(第2行)过滤出来，如果使用命令"grep log out a.txt"，那么系统会理解成从 out 文件和 a.txt 文件中分别过滤"log"所在行，执行命令与结果如下：

```
[root@localhost ~]# grep   log out   a.txt
grep: out: 没有那个文件或目录
a.txt:1   logout
a.txt:2   log out
a.txt:3   log*out
a.txt:4   log_out
a.txt:5   log123out
a.txt:6   log'out
a.txt:7   log\out
[root@localhost ~]#
```

正确的做法是将想要过滤的字符串加上单引号或双引号，执行命令与结果如下：

```
[root@localhost ~]# grep   'log out'   a.txt
2   log out
[root@localhost ~]# grep   "log out"   a.txt
2   log out
[root@localhost ~]#
```

【例 2】 想要将"'"所在行(第 6 行)过滤出来，命令"grep   '   a.txt"的执行结果如下：

```
[root@localhost ~]# grep   '   a.txt
>                                                    <== 可用组合键【Ctrl + c】中止命令
```

系统会将"'"理解为单引号的左半边，后边的"   a.txt"是字符串，因此光标闪烁，等待输入单引号的右半边，此时按下组合键【Ctrl + c】可中止命令。正确的做法是在命令中给"'"加上双引号，执行命令与结果如下：

```
[root@localhost ~]# grep   "'"   a.txt
6   log'out
[root@localhost ~]#
```

【例 3】 想要将"g*o"所在行(第 3 行)过滤出来，如果使用命令"grep   g*o   a.txt"，系统会理解成过滤出"g 和 o 之间可以有任意字符"的行，执行命令与结果如下：

```
[root@localhost ~]# grep   g*o   a.txt
1   logout
2   log out
3   log*out
4   log_out
5   log123out
6   log'out
7   log\out
[root@localhost ~]#
```

同理，命令"grep   'g*o'   a.txt""grep   "g*o"   a.txt"的执行结果同上。因此，在表

达特殊字符的时候，需要转义符。

2. 转义符

常用转义符如表 4-7-1 所示。

表 4-7-1　常用转义符及说明

选　项	说　明
\'	单引号字符
\"	双引号字符
*	字符"*"
\?	字符"?"
\\	字符"\"
\【空格】	字符"　"(空格)
\b	退格符
\n	换行
\r	回车
\t	横向跳格(跳到下一制表符位置)
\v	竖向跳格

下面通过几个示例来介绍转义符的使用方法。

【例4】　想要将"g*o"所在行(第 3 行)过滤出来，应该使用"grep 'g*o' a.txt"或"grep "g*o" a.txt"，执行命令与结果如下：

```
[root@localhost ~]# grep  'g\*o'  a.txt
3   log*out
[root@localhost ~]# grep  "g\*o"  a.txt
3   log*out
[root@localhost ~]#
```

【例5】　想要将"g\o"所在行(第 7 行)过滤出来，应该使用"grep 'g\\o' a.txt"，执行命令与结果如下：

```
[root@localhost ~]# grep  'g\\o'  a.txt
7   log\out
[root@localhost ~]#
```

注意，执行命令"grep "g\\o" a.txt"得到的结果是不一样的，执行命令与结果如下：

```
[root@localhost ~]# grep  "g\\o"  a.txt
1   logout
[root@localhost ~]#
```

系统将命令中的"\\"理解成了两个强制换行符，即：

```
[root@localhost ~]# grep  "g\                                <== 第一个 "\"
> \                                                          <== 第二个 "\"
```

> o" a.txt
1 logout
[root@localhost ~]#

综合以上示例，可以得出两个结论。

(1) 当字符串中包括"'"时，要使用转义符"\'"，并用双引号将整个字符串括起来。

(2) 当字符串中包括除"'"以外的特殊符号时，要使用对应的转义符，并用单引号将整个字符串括起来。

注：实在无法确定字符串的写法时，一定要通过小实验进行验证。

3. 反引号

Linux 中除了单引号和双引号，还有反引号。反引号通常用在命令的外面，表示引用命令执行的结果。例如，执行命令"touch `date %F`"，可以显示当前日期。

注：反引号的按键【`】位于键盘中数字键"1"的左边。

【例6】 命令"date +%F"用来显示当前时间，执行命令与结果如下：

[root@localhost ~]# date +%F   <== 输出当前日期
2023-08-20
[root@localhost ~]#

命令"touch `date +%F`"用于创建文件，文件名为命令"date +%F"的结果，即当前日期，执行命令与结果如下：

[root@localhost ~]# touch `date +%F`   <== 以当前日期为文件名创建文件
[root@localhost ~]# ls
2023-08-20   <== 新文件 2023-08-20
[root@localhost ~]#
[root@localhost ~]# touch /test/log_`date +%F`.txt   <== 可以将命令结果嵌入路径中
[root@localhost ~]# ls /test
log_2023-08-20.txt   <== 新文件/test/log_2023-08-20.txt
[root@localhost ~]#

任务4-8 通过文件设置系统参数

任 务 描 述

通过修改文件来设置一个重要的系统参数，如主机名，了解文件在 Linux 系统中的作用和内存与硬盘之间的区别，掌握修改 proc 文件的方法。

通过文件设置
系统参数

117

任务实施

Linux 系统管理员可以通过修改文件来设置系统参数，如计算机的主机名、用户属性等。例如，与系统参数中的主机名相关的文件有两个，一个是 /proc/sys/kernel/hostname，一个是 /etc/hostname。修改这两个文件都可以达到重新设置主机名的目的。

输入命令"hostname"，可以显示系统参数中的主机名，执行命令与结果如下：

```
[root@localhost ~]# hostname
localhost                                          <== 主机名的值为"localhost"
[root@localhost ~]#
```

使用 cat 命令也可以显示两个相关文件内容，执行命令与结果如下：

```
[root@localhost ~]# cat   /proc/sys/kernel/hostname
localhost
[root@localhost ~]# cat   /etc/hostname
localhost
[root@localhost ~]#
```

/proc 文件夹是一个虚拟文件系统，其中的"文件"实际上是内存中的实时的系统参数。修改 /proc 中的文件，相当于实时修改内存中的系统参数。修改文件的命令格式如下：

echo   新的参数值   >   proc 文件

注：proc 文件不占用硬盘空间，不能通过 vi 编辑器进行修改。

输入命令"echo   server01   >   /proc/sys/kernel/hostname"，可以将 /proc/sys/kernel/hostname 的内容改成"server01"，系统参数中的主机名的值会立刻改变，执行命令与结果如下：

```
[root@localhost ~]# echo   server01   >   /proc/sys/kernel/hostname      <== 修改内存文件的内容
[root@localhost ~]# cat   /proc/sys/kernel/hostname
server01                                          <== 内存文件内容改变
[root@localhost ~]# cat   /etc/hostname
localhost                                          <== 硬盘文件内容没有改变
[root@localhost ~]# hostname
localhost                                          <== 主机名的值改变
[root@localhost ~]#
[root@localhost ~]# exit                           <== 退出终端
```

打开一个新的终端，可以观察到命令提示符中的主机名已经变成了"server01"，如下：

```
[root@server01 ~]#
```

然后输入命令"reboot"，重启操作系统。在 RHEL9 重启后，打开终端，可以观察到命令提示符中，主机名恢复为原来的"localhost"，用命令"hostname"查到的主机名参数的值也恢复为了"localhost"。执行命令与结果如下：

```
[root@localhost ~]#                               <== 命令提示符中的主机名恢复为了
                                                       "localhost"
```

```
[root@localhost ~]# hostname
localhost                                        <== 主机名的值恢复为了"localhost"
root@localhost ~]#
```

原因是在计算机关闭后，内存掉电，内存文件 /proc/sys/kernel/hostname 消失。RHEL9在重新启动时，读取了硬盘文件 /etc/hostname 的内容，并将文件内容"localhost"写入了内存文件 /proc/sys/kernel/hostname，主机名参数被重新设置成了"localhost"。

修改硬盘文件 /etc/hostname 的值为"server02"，内存文件/proc/sys/kernel/hostname 不受影响，主机名参数不会改变。命令及执行过程如下：

```
[root@localhost ~]# echo   server02 > /etc/hostname       <== 修改硬盘文件的内容
[root@localhost ~]# cat   /etc/hostname
server02                                         <== 硬盘文件内容改变
[root@localhost ~]# cat   /proc/sys/kernel/hostname
localhost                                        <== 内存文件内容没有改变
[root@localhost ~]# hostname
localhost                                        <== 主机名的值没有改变
[root@localhost ~]#
```

然后输入命令"reboot"，重启操作系统。在 RHEL9 重启后，打开终端，可以观察到命令提示符中，主机名改变为新的"server02"，用命令"hostname"查到的主机名参数的值也变成了新的"server02"。执行命令与结果如下：

```
[root@server02 ~]#                               <== 命令提示符中的主机名变为了"server02"
[root@server02 ~]# cat   /proc/sys/kernel/hostname
server02                                         <== 内存文件内容变为了"server02"
[root@server02 ~]# hostname
server02                                         <== 主机名的值变为了"server02"
[root@server02 ~]#
```

注：一般情况下，一个系统参数对应两个文件，一个是内存文件，一个是硬盘文件。系统启动时，会到硬盘文件中读取参数的值，并将读取到的值写入内存文件，以此对参数赋值。修改内存文件会立刻影响系统参数的值，但系统重启之后，参数恢复成硬盘文件设置的值，这种改变是暂时性的。而修改硬盘文件不会立刻影响系统参数的值，但系统重启之后，参数变成硬盘文件设置的值，这种改变是永久性的。

在修改系统参数时，应该根据实际需要来选择修改哪个文件。

练 习 题

一、填空题

1. 根据表 4-1 所示的 vi 编辑器操作，填写 vi 编辑器的命令。

表 4-1　vi 编辑器的命令说明

命 令 说 明	命　　　令
保存退出	
强制保存退出	
强制退出	
另存为/test/a.txt	
跳转到第 56 行	
跳转到末尾	
复制当前行	
复制从当前行开始的 5 行	
粘贴	
查找字符串"DocumentRoot"	
将所有"Dog"替换成"Cat"	

2. 根据表 4-2 所示的显示操作，填写命令。

表 4-2　显示操作的命令说明

命 令 说 明	命　　　令
显示文件	
显示文件的前 5 行	
显示文件的末 5 行	

3. 根据表 4-3 所示的过滤操作，填写命令。

表 4-3　过滤操作的命令说明

命 令 说 明	命　　　令
在命令"ls　-l"的结果中过滤包含"abc"的行	
在命令"ls　-l"的结果中过滤包含"abc"或"def"的行	
在命令"ls　-l"的结果中过滤包含"abc"和"def"的行	
在命令"ls　-l"的结果中过滤以"abc"开始的行	
在命令"ls　-l"的结果中过滤以"abc"结束的行	

二、操作题

用以下两种方法打开 Linux 的路由功能：

(1) 修改 proc 文件 /proc/sys/net/ipv4/ip_forward，将参数 ip_forward 的值"1"写入文件。

(2) 修改配置文件 /etc/sysctl.conf，将参数"net.ipv4.ip_forward"设置成"1"。

提示：仿照任务 4-8 中修改主机名的方法进行设置，并验证。

项目 5　网卡属性配置

网卡在计算机系统中负责数据的转换与传输。系统管理员必须配置好网卡的属性，才能让它正常工作。本项目的主要任务是学习如何查看网卡的 IP 地址，如何为网卡配置 IP 地址。

知识目标

- 理解 Linux 中与网卡相关的概念，如 device、connection。
- 理解 IP 地址、子网掩码、网关、DNS 参数的作用。
- 理解静态 IP 地址和动态 IP 地址的区别。

技能目标

- 掌握虚拟机中的网卡连接模式的设置和虚拟网络的设置的方法。
- 掌握配置网卡的命令。
- 掌握配置网卡的流程。
- 掌握处理故障的技巧。

任务 5-1　调整 VMware Workstation 中的网卡设置

任务描述

学习调整软件 VMware Workstation 中与网卡相关的属性。

任务实施

网卡被安装在计算机主板插槽中，负责将用户要传递的数据转换为网络上其他设备能够识别的格式，通过网络介质传输，也被称为网络接口卡或网络适配器。

下面介绍调整软件 VMware Workstation 中与网卡相关的属性。

单击 VMware Workstation 菜单栏中的"编辑"→"虚拟网络编辑器"，打开"虚拟网络编辑器"页面，如图 5-1-1 所示。单击"更改设置"按钮，使"虚拟网络编辑器"进入编辑状态，如图 5-1-2 所示。

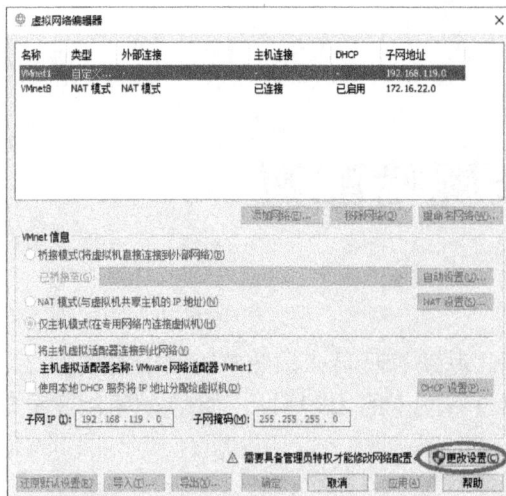

图 5-1-1　"虚拟网络编辑器"页面　　　　图 5-1-2　"虚拟网络编辑器"编辑状态

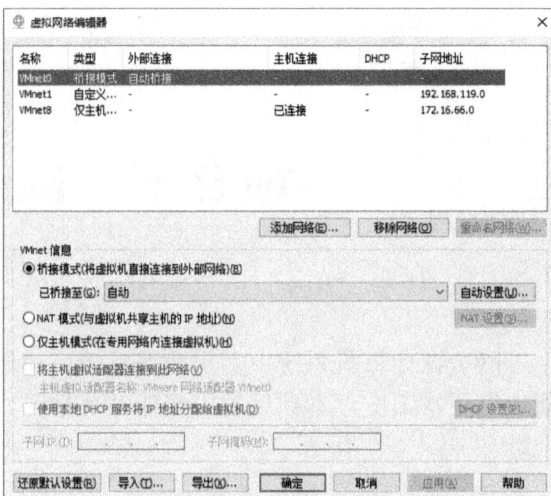

选中类型为"桥接模式"的"VMnet0"网络，单击桥接模式下"已桥接至"右侧的下拉菜单，如图 5-1-3 所示，将原"自动"选项改为宿主机真正使用的网卡。

注： 安装在宿主机上的其他虚拟软件，如 eNSP，会生成自己的虚拟网卡。若虚拟机桥接到这些虚拟网卡，则会造成网络访问不正常。

选中类型为"NAT 模式"的"VMnet0"，更改设置，如图 5-1-4 所示，勾选"使用本地 DHCP 服务将 IP 地址分配给虚拟机"，子网 IP 设置成"192.168.X.0"(此处的 X 可以选用自己喜欢的数字)，子网掩码保持"255.255.255.0"。

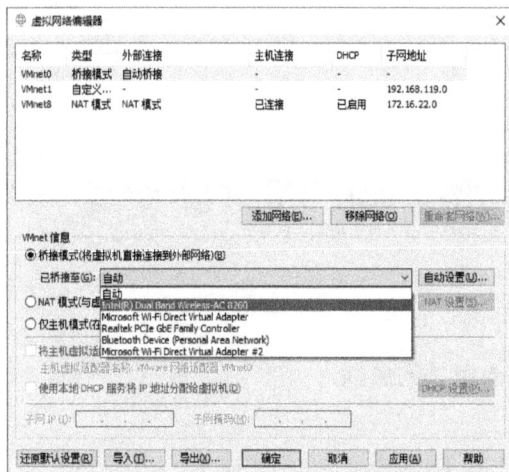

图 5-1-3　网卡桥接模式设置　　　　图 5-1-4　网卡 NAT 模式设置

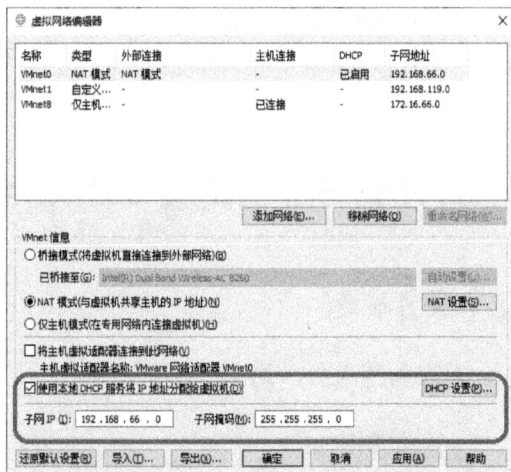

在长时间使用 VMware Workstation 后，由于多次修改网络模式的设置，可能会造成网卡工作不正常。遇到网卡工作不正常时，可以试着先单击"虚拟网络编辑器"页面底部的"还原默认设置"按钮进行基本恢复，如图 5-1-5 所示，再调整"桥接模式"和"NAT 模式"的属性，确保"桥接模式"桥接至可用的真实网卡，确保"NAT 模式"已启用 DHCP，如图 5-1-6 所示。

图 5-1-5　恢复虚拟网络默认设置　　　　　　图 5-1-6　调整各模式设置

　　调整完桥接模式和 NAT 模式的属性后，单击"确定"按钮，关闭"虚拟网络编辑器"页面。

　　单击 VMware Workstation 菜单栏中的"虚拟机"→"设置"，打开"虚拟机设置"页面，如图 5-1-7 所示。默认的虚拟机只包含一个网络适配器，单击"网络适配器"，标签页右侧会显示该网卡的属性。确保"设备状态"栏中已经勾选"已连接"和"启动时连接"。

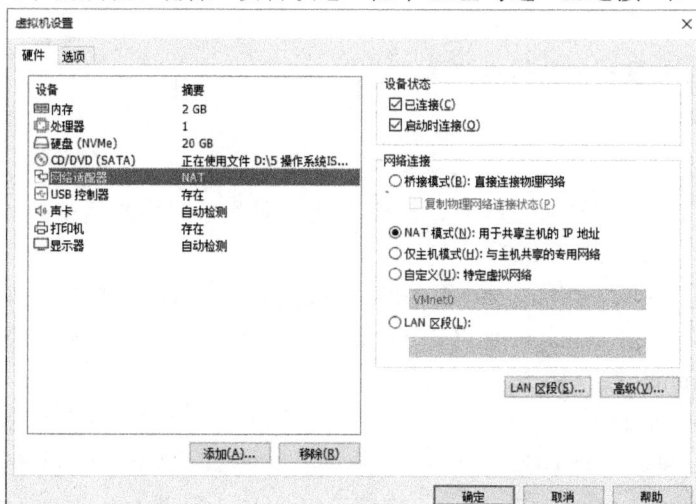

图 5-1-7　"虚拟机设置"中的网卡属性

　　检查网卡对应的"网络连接"属性，默认情况下，它被设置成"NAT 模式"。在 NAT 模式下，虚拟机可以通过 VMware Workstation 内置的 NAT 功能访问互联网，但无法与宿主机通信。在桥接模式下，虚拟机可以与宿主机通信，但需要进行更多的设置才能访问互联网。如果启动了多台虚拟机，那么这些虚拟机的网卡模式必须相同，它们才能通信。

　　单击"网络连接"栏下面的"高级"按钮。在弹出的"网络适配器高级设置"窗口的底部，可以看到网卡对应的 MAC 地址为"00:50:56:2C:7E:B4"，如图 5-1-8 所示，可以单击"生成"按钮重新生成 MAC 地址。若此时的"生成"按钮失效(处于灰显)，则请先关闭虚拟机，再进行修改。

图 5-1-8　网卡的 MAC 地址

任务 5-2　获取网卡设备的名称与状态

任务描述

获取网卡对应的设备名及基本信息。

任务实施

为了让计算机能正常接入互联网，需要给网卡配置与网络通信相关的属性，如 IP 地址、掩码、网关等。

网卡设备的命名与状态

RHEL9 通过 NetworkManager 服务管理计算机系统的网络配置，而系统管理员通过 nmcli 命令控制 NetworkManager 服务。nmcli 命令中的"设备(device)"对应的是网卡的当前属性。常用的 nmcli 命令如下：

```
nmcli  device  status                <== 列出所有设备及其状态
nmcli  device  show  设备名          <== 显示特定设备的所有属性
nmcli  networking  on                <== 启动 NetworkManager 对网卡的管理
nmcli  networking  off               <== 关闭 NetworkManager 对网卡的管理
```

下面通过几个示例介绍命令 nmcli 的使用方法。

【例 1】　执行"nmcli device status"命令的结果如下：

```
[root@server1 ~]# nmcli  device  status
DEVICE        TYPE        STATE        CONNECTION
#设备名        类型        状态         连接名
ens160        ethernet    已连接       ens160                <== 以太网卡 ens160
```

```
lo              loopback      未托管      --                              <== 环回网卡
[root@localhost /]#
```

命令输出一个表格,表格的表头为:DEVICE、TYPE、STATE、CONNECTION,分别对应网卡名、网卡的类型、网卡的状态、网卡受控于哪个连接。

表头以下的每一行都显示了一个网卡设备的基本状态。设备 ens160 的类型为"ethernet",也就是俗称的以太网卡,状态是"已连接",它受控于"ens160"。设备 lo 的类型为"loopback",也就是俗称的环回网卡,状态是"未托管"。计算机之间的通信是通过以太网卡进行的,环回网卡是计算机内部的软件间进行通信的虚拟网卡。因此,在本书的学习中,只会查看或配置以太网卡,即类型为"ethernet"的网卡。

【例 2】 一般情况下,以太网卡的状态显示为"已连接(connected)"或"已断开(disconnected)"都是正常的。但是,如果状态显示为"未托管(unmanaged)",则应该执行命令"nmcli networking on",使 NetworkManager 服务接管网卡,执行命令与结果如下:

```
[root@localhost ~]# nmcli device status
DEVICE          TYPE          STATE        CONNECTION
ens160          ethernet      未托管        --                        <== 设备 ens160 状态为"未托管"
lo              loopback      未托管        --
[root@localhost /]#
[root@localhost ~]# nmcli networking on
[root@localhost ~]#
[root@localhost ~]# nmcli device status
DEVICE          TYPE          STATE        CONNECTION
#设备名          类型          状态         连接名
ens160          ethernet      已连接        ens160                    <== 设备 ens160 状态为"已连接"
lo              loopback      未托管        --
[root@localhost /]#
```

【例 3】 命令"nmcli device show ens160"用于显示网卡 ens160 的属性,执行命令与结果如下:

```
[root@localhost ~]# nmcli device show ens160
GENERAL.DEVICE:            ens160                              <== 设备名
GENERAL.TYPE:              ethernet                            <== 设备类型
GENERAL.HWADDR:            00:50:56:2C:7E:B4                   <== MAC 地址
GENERAL.MTU:               1500
GENERAL.STATE:             100(已连接)
GENERAL.CONNECTION:        ens160                              <== 对应的连接
GENERAL.CON-PATH:          /org/freedesktop/NetworkManager/ActiveConnect>
WIRED-PROPERTIES.CARRIER:  开
IP4.ADDRESS[1]:            172.16.22.131/24                    <== IP 地址/掩码
IP4.GATEWAY:               172.16.22.2                         <== 网关
IP4.ROUTE[1]:              dst = 172.16.22.0/24, nh = 0.0.0.0, mt = 101
```

IP4.ROUTE[2]:   dst = 0.0.0.0/0, nh = 172.16.22.2, mt = 101
IP4.DNS[1]:   **172.16.22.2**   <== DNS 参数
IP4.DOMAIN[1]:   localdomain
IP6.ADDRESS[1]:   fe80::83d0:e650:1014:e275/64
IP6.GATEWAY: --
IP6.ROUTE[1]:   dst = fe80::/64, nh = ::, mt = 1024
lines 1-17/17 (END)

设备 ens160 的主要属性如表 5-2-1 所示。

表 5-2-1   ens160 网卡的主要属性

参　　数	值	属　　性
GENERAL.DEVICE	ens160	网卡名
GENERAL.TYPE	ethernet	网卡类型
GENERAL.HWADDR	00:50:56:2C:7E:B4	MAC 地址
GENERAL.CONNECTION	ens160	控制此网卡的连接
IP4.ADDRESS[1]	172.16.22.131/24	IP 地址/掩码(IPv4)
IP4.GATEWAY	172.16.22.2	网关(IPv4)
IP4.DNS[1]	172.16.22.2	DNS 参数(IPv4)

关闭 Linux，打开 VMWare Workstation 的"虚拟机设置"页面，如图 5-2-1 所示。在"虚拟机设置"页面，单击"添加"按钮，打开"添加硬件向导"页面，添加"网络适配器"。再次启动 Linux，可以看到 VMware Workstation 右下角的硬件列表中出现两个网卡图标，图 5-2-2 所示。如果网卡图标右下角为绿色的圆点，则表示该网卡工作正常。

图 5-2-1   "虚拟机设置"页面

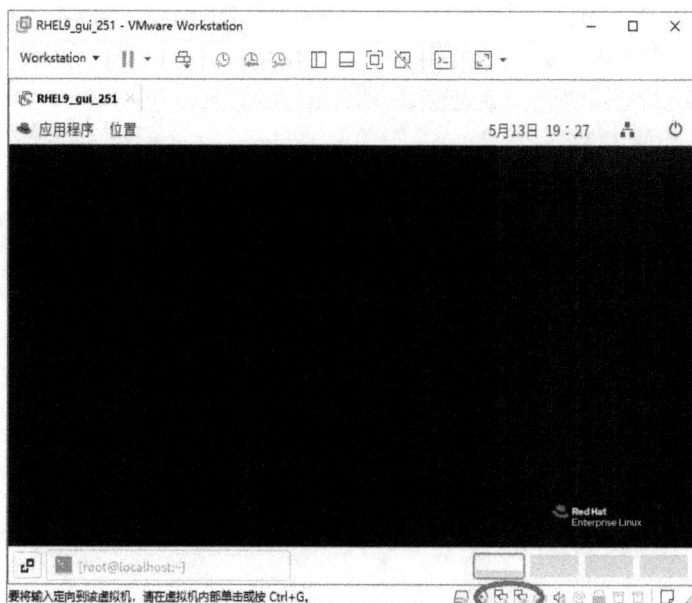

图 5-2-2　网卡图标

【例 4】　打开虚拟终端，执行命令"nmcli　device　status"，结果如下：

```
[root@server1 ~]# nmcli  device  status
DEVICE   TYPE       STATE      CONNECTION
ens160   ethernet   已连接     ens160
ens224   ethernet   已断开     --                          <== 新的以太网卡，名为 ens224
lo       loopback   未托管     --
[root@localhost ~]#
```

新增的网卡名为"ens224"，类型为"ethernet"，状态为"已断开"，"CONNECTION"的值为"--"，表示它现在不受控于任何连接。

然后执行命令"nmcli　device　show　ens224"，可以显示新网卡 ens224 的属性，结果如下：

```
[root@localhost ~]# nmcli  device  show  ens224
GENERAL.DEVICE:              ens224                    <== 设备名
GENERAL.TYPE:                ethernet                  <== 设备类型
GENERAL.HWADDR:              00:50:56:35:28:2E         <== MAC 地址
GENERAL.MTU:                 1500
GENERAL.STATE:               30(已断开)
GENERAL.CONNECTION:          --                        <== 对应的连接
GENERAL.CON-PATH:            --
WIRED-PROPERTIES.CARRIER:    开
IP4.GATEWAY:                 --
IP6.GATEWAY:                 --
[root@localhost ~]#
```

网卡 ens224 的 IP 地址/掩码(IPv4)、网关(IPv4)和 DNS 参数(IPv4)的值均为空。

若要为网卡设置这些参数，则需要以下三个步骤：

(1) 为网卡 ens224 创建一个新连接。

(2) 为新连接设置参数。

(3) 激活连接。

这三个步骤的具体操作将在"任务 5-3""任务 5-4"和"任务 5-5"中进行介绍。

任务 5-3　网卡连接的添加与删除

任务描述

为网卡设备添加或删除连接。

网卡连接的
添加与删除

任务实施

NetworkManager 服务用"设备(device)"来映射网卡，用"连接(connection)"来映射网卡的一套属性。系统管理员不可以直接修改设备的属性，只能通过"创建连接—设置连接属性—激活连接"的方式来实现对设备的配置。设备与连接的区别如表 5-3-1 所示。

表 5-3-1　命令 nmcli 中设备(device)与连接(connection)的区别

设备(device)	连接(connection)
系统根据实际存在的网卡自动生成	系统自动生成或系统管理员手动生成
一个网卡只能对应一个"设备"	一个网卡可以对应多个"连接"
系统管理员不能直接修改设备的属性	系统管理员可以直接修改连接的属性

本任务将介绍为设备创建连接和删除连接的方法，常用的相关命令如下：

```
nmcli  connection  show                                            <== 列出所有连接
nmcli  connection  add  con-name 连接名 ifname 设备名 type ethernet   <== 添加连接
nmcli  connection  delete  连接名                                    <== 删除连接
```

1. 利用命令 nmcli 添加和删除连接

在 VMware Workstation 中，为 RHEL9 虚拟机设置两块网卡后启动虚拟机，RHEL9 为两个网卡生成两个设备，名字分别为 ens160 和 ens224，其基本信息如下：

```
[root@server1 ~]# nmcli  device  status
DEVICE   TYPE       STATE   CONNECTION
ens160   ethernet   已连接   ens160                                  <== 设备 ens160
ens224   ethernet   已断开   --                                      <== 设备 ens224
lo       loopback   未托管   --
[root@localhost ~]#
```

新网卡 ens224 的状态为"已断开"，它没有被任何连接控制。

下面通过几个示例来介绍查看、添加和删除连接的方法。

【例 1】 列出所有连接的命令为"nmcli connection show",执行命令与结果如下:

```
[root@localhost ~]# nmcli connection show
NAME            UUID                                           TYPE        DEVICE
ens160          c87e65a5-5fff-4ba6-ae21-0b7d14ae7aa1           ethernet    ens160
[root@localhost ~]#
```

当前系统中只有一个连接,它的名字为 ens160,UUID 为 c87e65a5-5fff-4ba6-ae21-0b7d14ae7aa1,类型为 ethernet,控制网卡 ens160。

注:命令输出的是一个表格,表格的表头为:NAME、UUID、TYPE、DEVICE,分别对应连接的名字、UUID(Universally Unique Identifier,设备 ID)、类型、控制的网卡。

【例 2】 添加一个连接,它的名字为 eth2,控制设备 ens224,类型为 ethernet,执行命令与结果如下:

```
[root@localhost ~]# nmcli connection add con-name eth2 ifname ens224 type ethernet
Connection 'eth2' (9cc12df2-628c-4a4c-ad9f-4a43a5719d82) successfully added.   <== 成功添加连接 eth2
[root@localhost ~]#
```

注:网卡连接名可以与网卡设备名相同,也可以不相同。但命令中的设备名必须是"nmcli device status"命令可以查出来的设备名。

列出所有连接,执行命令与结果如下:

```
[root@localhost ~]# nmcli connection show
NAME      UUID                                    TYPE        DEVICE
ens160    c87e65a5-5fff-4ba6-ae21-0b7d14ae7aa1    ethernet    ens160
eth2      9cc12df2-628c-4a4c-ad9f-4a43a5719d82    ethernet    ens224     <== 增加连接 eth2
[root@localhost ~]#
```

从以上结果可以观察到,新增了连接 eth2 的基本属性。

【例 3】 一个设备可以对应多个连接,为 ens224 再增加一个同名连接 ens224,执行命令与结果如下:

```
[root@localhost ~]# nmcli connection add con-name ens224 ifname ens224 type ethernet
连接 "ens224" (3c2ab56b-57da-4759-affd-be3276f5f6e1) 已成功添加。
[root@localhost ~]#
[root@localhost ~]# nmcli connection show
NAME      UUID                                           TYPE        DEVICE
ens160    c87e65a5-5fff-4ba6-ae21-0b7d14ae7aa1           ethernet    ens160
eth2      9cc12df2-628c-4a4c-ad9f-4a43a5719d82           ethernet    ens224
ens224    19ca6758-dfe3-4dc1-9df9-782bc16ae2f8           ethernet    --          <== 增加连接 ens224
[root@localhost ~]#
```

【例 4】 删除网卡属性连接 eth2,执行命令与结果如下:

```
[root@localhost ~]# nmcli connection delete eth2
成功删除连接 "ens224" (3c2ab56b-57da-4759-affd-be3276f5f6e1)。          <== 成功删除了连接 eth2
```

```
[root@localhost ~]#
[root@localhost ~]# nmcli   connection   show
NAME        UUID                              TYPE        DEVICE
ens160      c87e65a5-5fff-4ba6-ae21-0b7d14ae7aa1    ethernet    ens160
ens224      19ca6758-dfe3-4dc1-9df9-782bc16ae2f8    ethernet    --              <== 连接 eth2 消失了
[root@localhost ~]#
```

【例5】 RHEL9 对连接名的要求并不十分严格。可以为设备 ens224 创建另一个同名连接 ens224 和连接 ens160，执行命令与结果如下：

```
[root@localhost ~]# nmcli connection add   con-name ens224   ifname ens224   type ethernet
```
警告：存在其他 1 条带有名称 "ens224" 的连接。通过其 uuid "4f9a22ce-f058- 4e96-b4b2-dc048b1ae8bc" 引用连接。

连接 "ens224" (4f9a22ce-f058-4e96-b4b2-dc048b1ae8bc) 已成功添加。

```
[root@localhost ~]#
[root@localhost ~]# nmcli connection add   con-name ens160   ifname ens224   type ethernet
```
警告：存在其他 1 条带有名称"ens160"的连接。通过其 uuid "ad39bc51-1094-47d9-b930- 5a95b01e37ea" 引用连接。

连接 "ens160" (ad39bc51-1094-47d9-b930-5a95b01e37ea) 已成功添加。

```
[root@localhost ~]#
[root@localhost ~]# nmcli connection show
NAME        UUID                              TYPE        DEVICE
ens160      2052d868-f7fb-3a14-bc87-15098b9309c1    ethernet    ens160
ens160      ad39bc51-1094-47d9-b930-5a95b01e37ea    ethernet    --
ens224      19ca6758-dfe3-4dc1-9df9-782bc16ae2f8    ethernet    --
ens224      4f9a22ce-f058-4e96-b4b2-dc048b1ae8bc    ethernet    --
[root@localhost ~]#
```

当然，出现这样的重名现象是不好的，很容易造成后续配置的错误，因此一旦发现，尽早将其删除。

(1) 可以通过连接名删除，执行命令与结果如下：

```
[root@localhost ~]# nmcli   connection   delete   ens160
```
成功删除连接 "ens160" (2052d868-f7fb-3a14-bc87-15098b9309c1)。

成功删除连接 "ens160" (ad39bc51-1094-47d9-b930-5a95b01e37ea)。   <== 删除两个连接

```
[root@localhost ~]#
NAME        UUID                              TYPE        DEVICE
ens224      19ca6758-dfe3-4dc1-9df9-782bc16ae2f8    ethernet    --
ens224      4f9a22ce-f058-4e96-b4b2-dc048b1ae8bc    ethernet    --              <== 两个 ens160 消失了
[root@localhost ~]#
```

(2) 可以通过 UUID 删除，执行命令与结果如下：

```
[root@localhost ~]# nmcli   connection   delete   19ca6758-dfe3-4dc1-9df9-782bc16ae2f8
```
成功删除连接 "ens224" (19ca6758-dfe3-4dc1-9df9-782bc16ae2f8)。

```
[root@localhost ~]#
[root@localhost ~]#
NAME      UUID                                      TYPE          DEVICE
ens224    4f9a22ce-f058-4e96-b4b2-dc048b1ae8bc      ethernet      --          <== 只剩一个 ens224
[root@localhost ~]#
```

2. 利用图形化管理工具添加连接

RHEL9 提供了图形化的管理工具，单击右上角的网络图标展开网卡(如 ens224)，再单击"有线设置"选项，如图 5-3-1 所示。然后在打开的设置界面中单击网卡 ens224 右侧的"+"按钮，如图 5-3-2 所示。

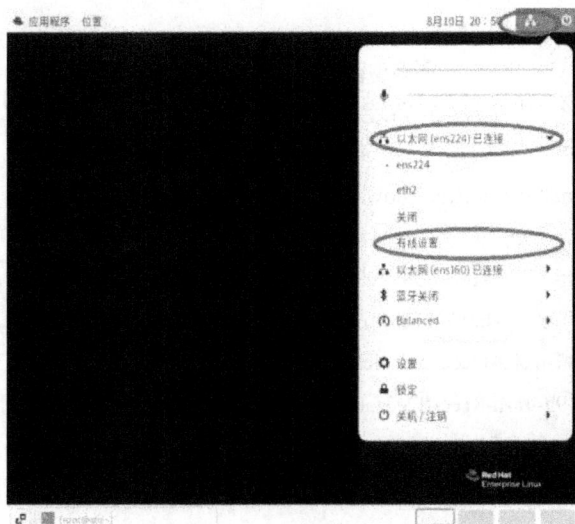

图 5-3-1　打开网络管理工具

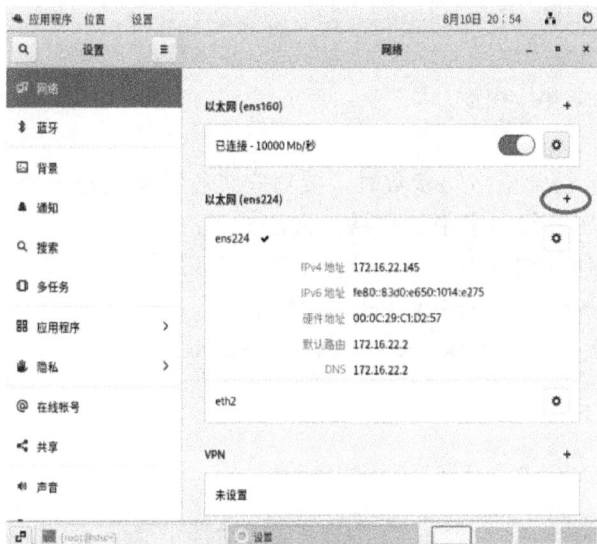

图 5-3-2　添加连接

打开"新配置"窗口，如图 5-3-3 所示，默认的名称为"配置 1"，不需要修改参数，直接单击"添加"按钮。

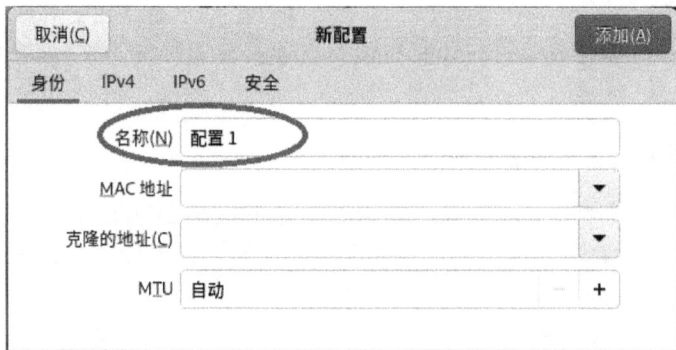

图 5-3-3 "新配置"窗口

【例 6】 通过图形工具创建了新连接，名为"配置 1"（"配置"与"1"之间有一个空格），查看连接属性如下：

```
[root@localhost ~]# nmcli connection show
NAME      UUID                                    TYPE      DEVICE
ens224    646a3f3e-2adf-4292-8286-659d1c3c9705   ethernet  ens224
ens160    2052d868-f7fb-3a14-bc87-15098b9309c1   ethernet  ens160
配置 1     46b6650f-0d17-4252-ba22-041ede515d5c   ethernet  --   <== 图形工具创建的连接"配置 1"
eth2      601f42c7-949a-4f7a-81ec-87c3fa0710d1   ethernet  --
[root@localhost ~]#
```

【例 7】 若要删除新连接，但新连接的名字中包含空格，如果在命令中直接引用连接名，则系统会报错：

```
[root@localhost ~]# nmcli  connection  delete  配置 1
错误：未知的连接 "配置"。
错误：未知的连接 "1"。
错误：无法删除未知连接: '配置', '1'。
[root@stu ~]#
```

因此，在引用一个包含空格的参数时，要对它进行特殊处理。例如，将整个参数用双引号引起来或用"\ "替代名字中的空格，方法如下：

```
# 方法一：给连接名加上双引号。
[root@localhost ~]# nmcli  connection  delete  "配置  1"
成功删除连接 "配置    1" (7c23f9dc-beec-444e-b54b-b6dc1a323f0a)。
[root@localhost ~]#


# 方法二：用转义符"\ "替代连接名中的空格。
[root@localhost ~]# nmcli  connection  delete  配置\ 1        <== "\"与"1"中间有一个空格
成功删除连接 "配置    1" (7c23f9dc-beec-444e-b54b-b6dc1a323f0a)。
[root@localhost ~]#
```

任务 5-4 网卡连接属性的查看与设置

任务描述

查看和设置网卡连接属性。

任务实施

网卡连接属性的
设置与激活

"连接(connection)"是一套属性的集合，由一组"参数 值"来描述，常用的相关命令如下：

```
nmcli  connection  show      连接名                    <== 显示特定连接的所有属性
nmcli  connection  modify    连接名    参数   值        <== 修改特定连接的某个属性
nmcli  connection  up        连接名                    <== 使特定连接生效
nmcli  connection  down      连接名                    <== 使特定连接失效
```

在介绍以上命令之前，先为虚拟机设置两个网卡，RHEL9 会将它们识别为设备 ens160 和设备 ens224。

启动操作系统后，删除所有的原有连接，并为它们创建新连接，名字分别为 eth1 和 eth2。配置完毕后，检查如下：

```
[root@localhost ~]# nmcli  device  status
DEVICE    TYPE        STATE      CONNECTION
ens160    ethernet    已连接      eth1                           <== 设备 ens160
ens224    ethernet    已连接      eth2                           <== 设备 ens224
lo        loopback    未托管      --
[root@localhost ~]#
[root@localhost ~]# nmcli  connection  show
NAME      UUID                                      TYPE        DEVICE
eth1      ff29b0f2-a065-41da-a5e9-adb5e6bb51dc      ethernet    ens160         <== 连接 eth1
eth2      38d3b2b1-878b-457f-b00d-17201a598f2c      ethernet    ens224         <== 连接 eth2
[root@localhost ~]#
```

下面通过几个示例来介绍查看和设置连接属性的方法。

【例 1】命令"nmcli connection show eth1"用于显示连接 eth1 的详细属性，执行命令与结果如下：

```
[root@localhost ~]# nmcli  connection  show  eth1
connection.id:                eth1                                    <== 连接名
connection.uuid:              ff29b0f2-a065-41da-a5e9-adb5e6bb51dc    <== UUID
connection.stable-id:         --
connection.type:              802-3-ethernet                          <== 类型
```

```
connection.interface-name:        ens160                                    <== 关联的设备
connection.autoconnect:           是                                         <== 是否自动激活
```

```
┊
```

　　"nmcli connection show 连接名"命令的输出信息包含很多行，每一行对应一个属性，格式为"参数　值"。以第一行"connection.id: eth1"为例，参数为"connection.id"，值为"eth1"。连接的属性很多，一屏显示不完。按下【↓】键，输出可往下滚动一行；按下空格键或【PgDn】键，输出可往下翻一页；按下【q】键，可退出显示。重要的连接属性如表 5-4-1 所示。

表 5-4-1　连接属性说明

参　数	值	说　明
connection.id	eth2	连接的 ID 为 eth2
connection.interface-name	ens224	连接关联的网卡设备为 ens224
connection.autoconnect	是	连接自动激活
ipv4.method	auto	连接获取 IPv4 参数的方法是 auto
ipv4.addresses	192.168.0.251/24	连接的 IPv4 地址/掩码位数
ipv4.gateway	192.168.0.1	连接的网关参数
ipv4.dns	192.168.0.2	连接的 DNS 参数

　　【例 2】　若想要查看连接的某个属性，则可用"| grep 参数"进行过滤。查看连接 eth2 关联的网络设备(对应参数"connection.interface-name")，执行命令与结果如下：

```
[root@localhost /]# nmcli connection show eth2 | grep connection.interface-name
connection.interface-name:        ens224                                    <== 关联的设备为 ens224
[root@localhost /]#
```

　　由于在输入命令时，参数"connection.interface-name"太长，所以可以只写一部分，如"interface"，执行命令与结果如下：

```
[root@localhost ~]# nmcli connection show eth2 | grep interface
connection.interface-name:        ens224                                    <== 关联的设备为 ens224
DHCP4.OPTION[14]:                 requested_interface_mtu = 1
[root@localhost ~]#
```

　　【例 3】　将连接 eth1 的名字改成 test，执行命令与结果如下：

```
[root@localhost ~]# nmcli connection modify eth1 connection.id test
[root@localhost ~]#
```

　　列出所有连接，会发现连接 eth1 已经变成了 test，执行命令与结果如下：

```
[root@localhost ~]# nmcli connection show
NAME    UUID                                    TYPE      DEVICE
test    ff29b0f2-a065-41da-a5e9-adb5e6bb51dc    ethernet  ens160        <== 连接名变成了 test
```

```
eth2      38d3b2b1-878b-457f-b00d-17201a598f2c    ethernet    ens224
[root@localhost ~]#
```

【例 4】 连接 test 的关联设备原为 ens160，将其修改为 ens224，执行命令与结果如下：

```
[root@localhost ~]# nmcli  connection  show  test  | grep interface
connection.interface-name:            ens160                          <== 原关联设备为 ens160
DHCP4.OPTION[14]:                requested_interface_mtu = 1
[root@localhost ~]#
[root@localhost ~]# nmcli  connection  modify  test  connection.interface-name  ens224
                                                        <== 修改关联设备
[root@localhost ~]#
[root@localhost ~]# nmcli connection show   test  | grep interface
connection.interface-name:            ens224                          <== 关联设备变为 ens224
DHCP4.OPTION[14]:                requested_interface_mtu = 1
[root@localhost ~]#
```

【例 5】 列出所有连接，会发现连接 test 仍然控制 ens160，执行命令与结果如下：

```
[root@localhost ~]# nmcli   connection  show
NAME    UUID                        TYPE      DEVICE
test    ff29b0f2-a065-41da-a5e9-adb5e6bb51dc    ethernet    ens160
                                                    <== 连接 test 仍然控制 ens160
eth2    38d3b2b1-878b-457f-b00d-17201a598f2c    ethernet    ens224
[root@localhost ~]#
```

若想要使得对连接 test 的修改生效，则必须激活该连接，执行命令与结果如下：

```
[root@localhost ~]# nmcli connection up test
Connection  successfully  activated  (D-Bus  active  path:  /org/freedesktop/  NetworkManager/
ActiveConnection/11)
[root@localhost ~]#
```

如果激活连接操作失败，如下：

```
[root@localhost ~]# nmcli  connection  up  test
错误：连接激活失败：No suitable device found for this connection (device ens160 not available because
profile is not compatible with device (mismatching interface name)).
[root@localhost ~]#
```

那么请参考任务 5-1，打开 VMware Workstation 的"虚拟网络编辑器"，先单击"还原默认设置"按钮进行基本恢复，再调整"桥接模式"和"NAT 模式"的属性，确保"桥接模式"桥接至可用的真实网卡，确保"NAT 模式"已启用 DHCP。

激活连接后，列出所有连接，会发现连接 test 控制了设备 ens224，而连接 eth2 失去了对设备 ens224 的控制，执行命令与结果如下：

```
[root@localhost ~]# nmcli   connection  show
NAME    UUID                        TYPE      DEVICE
test    ff29b0f2-a065-41da-a5e9-adb5e6bb51dc    ethernet    ens224    <== 连接 test 控制 ens224
```

eth2   38d3b2b1-878b-457f-b00d-17201a598f2c   ethernet   --   <== 连接 eth2 失去对 ens224 的控制

[root@localhost ~]#

同样，列出所有设备，会发现连接 test 控制了设备 ens224，而连接 eth2 失去了对设备 ens224 的控制，执行命令与结果如下：

```
[root@localhost ~]# nmcli device status
DEVICE     TYPE       STATE        CONNECTION
ens224     ethernet   已连接        test
ens160     ethernet   已断开        --
lo         loopback   未托管        --
[root@localhost ~]#
```

【例 6】 当多个连接都与一个设备关联时，同一时刻，最多只有一个连接能控制该设备，而设备的属性就是连接的属性。下面为设备 ens224 再添加一个连接 ens224 进行验证，执行命令与结果如下：

```
root@localhost ~]# nmcli connection add   con-name ens224   ifname ens224   type ethernet
Connection 'ens224' (fd5181db-b748-44a9-8c50-22e7c1f3118c) successfully added.
[root@localhost ~]#
[root@localhost ~]# nmcli connection up ens224                          <== 激活连接 ens224
⋮
[root@localhost ~]# nmcli connection show
NAME     UUID                                     TYPE     DEVICE
ens224   fd5181db-b748-44a9-8c50-22e7c1f3118c     ethernet ens224      <== 连接 ens224 控制设备
                                                                            ens224
eth2     8529d517-3809-42f0-b456-8d831880acde     ethernet --
test     8814176e-9b77-412c-ad9a-c1baa207918c     ethernet --
[root@localhost ~]#
[root@localhost ~]# nmcli connection up eth2                            <== 激活连接 eth2
⋮
[root@localhost ~]# nmcli connection show
NAME     UUID                                     TYPE     DEVICE
eth2     8529d517-3809-42f0-b456-8d831880acde     ethernet ens224      <== 连接 eth2 控制设备 ens224
ens224   fd5181db-b748-44a9-8c50-22e7c1f3118c     ethernet --
test     8814176e-9b77-412c-ad9a-c1baa207918c     ethernet --
[root@localhost ~]#
[root@localhost ~]# nmcli connection up test                           <== 激活连接 test
⋮
[root@localhost ~]# nmcli connection show
NAME     UUID                                     TYPE     DEVICE
test     8814176e-9b77-412c-ad9a-c1baa207918c     ethernet ens224      <== 连接 test 控制设备 ens224
ens224   fd5181db-b748-44a9-8c50-22e7c1f3118c     ethernet --
```

eth2　　8529d517-3809-42f0-b456-8d831880acde　ethernet　--

[root@localhost ~]#

任务 5-5　为网卡设置 IP 地址

任务描述

查看和设置网卡的配置 IP 地址及掩码。

为网卡设置
IP 地址

任务实施

与设置连接的 IP 地址相关的命令如下：

nmcli　connection　modify 连接名　ipv4.addresses　IP 地址/子网掩码位数

nmcli　connection　modify 连接名　+ipv4.addresses　IP 地址/子网掩码位数

nmcli　connection　modify 连接名　-ipv4.addresses　IP 地址/子网掩码位数

nmcli　connection　modify 连接名　ipv4.method　IP 地址获取方式

注：

① 设置的 IP 地址必须是没有被本机或其他计算机正在使用的 IP，否则会发生 IP 冲突。常用的子网掩码有 255.255.255.0、255.255.0.0、255.0.0.0，它们分别对应 24 位掩码、16 位掩码、8 位掩码。

② 参数"ipv4.addresses"前面可以没有符号，也可以有"+"或"-"。其中，没有符号表示"修改为"；"+"号表示增加；"-"号表示删除。

③ IP 地址获取方式可以为 auto 或 manual。其中，auto 表示接受本地配置的静态 IP，同时也向 DHCP 服务器申请动态 IP；manul 表示只接受本地配置的静态 IP。

命令 ip 用来管理 IP 地址和路由，查看 IP 地址的两种命令格式如下：

ip　address　　　　　　　　　　　　　　<== 列出所有网卡设备对应的 IP 地址信息

ip　address　show　网卡设备　　　　　<== 列出特定网卡设备对应的 IP 地址信息

注："ip　address"常被简写为"ip　addr"或"ip　a"。

此任务可以分为以下 5 个步骤来实现。

1. 实验环境准备

为虚拟机设置两个网卡，将其分别设置为桥接模式和 NAT 模式。RHEL9 会将两个网卡识别为设备 ens160 和设备 ens224。启动操作系统后，删除所有的原有连接，并为它们创建新连接，名字分别为 eth1 和 eth2。配置完毕后，检查如下：

```
[root@localhost ~]# nmcli　device　status
DEVICE    TYPE       STATE     CONNECTION
ens160    ethernet   已连接     eth1                                  <== 设备 ens160
ens224    ethernet   已连接     eth2                                  <== 设备 ens224
```

137

```
lo          loopback      未托管      --
[root@localhost ~]#
[root@localhost ~]# nmcli  connection  show
NAME      UUID                                              TYPE        DEVICE
eth1      ff29b0f2-a065-41da-a5e9-adb5e6bb51dc              ethernet    ens160          <== 连接 eth1
eth2      38d3b2b1-878b-457f-b00d-17201a598f2c              ethernet    ens224          <== 连接 eth2
[root@localhost ~]#
```

2. 查看连接与 IP 地址相关的默认设置

默认创建的连接是自动激活、没有静态 IP、自动获取 IP 地址的。检查连接 eth1，执行命令与结果如下：

```
[root@localhost ~]# nmcli connection  show  eth1 | grep connection.autoconnect:
connection.autoconnect:                    是                      <== 自动激活
[root@localhost ~]#
[root@localhost ~]# nmcli connection show  eth1 | grep  ipv4.address
ipv4.addresses:                            --                      <== IP 地址为空
[root@localhost ~]#
[root@localhost ~]# nmcli connection  show  eth1 | grep ipv4.method
ipv4.method:                               auto                    <== 自动获取 IP 地址
[root@localhost ~]#
```

连接 eth1 获取 IP 地址的方式被设置成了 auto，它会向网络申请动态 IP，如果网络中存在 DHCP 服务器，则会给它返回一个动态可用的 IP 地址。

3. 查看网卡的 IP 地址

执行命令"ip address"如下：

```
[root@localhost ~]# ip   address
1: lo: <LOOPBACK,UP,LOWER_UP> mtu 65536 qdisc noqueue state UNKNOWN group default qlen 1000
    link/loopback 00:00:00:00:00:00 brd 00:00:00:00:00:00
    inet   127.0.0.1/8 scope host lo                        <== IP 为 127.0.0.1，掩码位数为 8
      valid_lft forever preferred_lft forever
    inet6  ::1/128 scope host
      valid_lft forever preferred_lft forever
2: ens160: <BROADCAST,MULTICAST,UP,LOWER_UP> mtu 1500 qdisc fq_codel state UP group
default qlen 1000
    link/ether 00:0c:29:c1:d2:4d brd ff:ff:ff:ff:ff:ff
    altname enp3s0
    inet   192.168.1.8/24  brd 172.16.22.255 scope global dynamic  noprefixroute ens160
        valid_lft 7194sec preferred_lft 7194sec
    inet6  fe80::7298:eb2a:e0a5:5bef/64 scope link noprefixroute
```

　　　　valid_lft forever preferred_lft forever

　　3: ens224: <BROADCAST,MULTICAST,UP,LOWER_UP> mtu 1500 qdisc fq_codel state UP group
default qlen 1000

　　　　link/ether 00:50:56:2d:b4:45 brd ff:ff:ff:ff:ff:ff

　　　　altname enp19s0

　　　　inet　**192.168.168.128/24**　　brd 192.168.168.255 scope global　**dynamic**　noprefixroute ens224

　　　　　　valid_lft 1269sec preferred_lft 1269sec

　　　　inet6 fe80::eba5:5385:6fe2:7709/64 scope link noprefixroute

　　　　　　valid_lft forever preferred_lft forever

　　[root@localhost ~]#

　　从结果中可以看到，当前系统拥有三个网卡设备：lo、ens160、ens224。从网卡设备
ens160 的属性中找到以"inet"开始的一行，其中的"192.168.1.8/24"指明网卡的 IP 地址
被设置为 192.168.1.8，它的子网掩码被设置成 24 位，网卡获取 IP 地址/掩码的方式是
"dynamic"(动态获取)。同理，网卡设备 ens224 的 IP 地址被设置为 192.168.168.128，它
的子网掩码被设置成 24 位，网卡获取 IP 地址/掩码的方式是"dynamic"(动态获取)。

4. 为网卡修改 IP 地址

　　不能直接修改设备的属性，只能修改与设备相关联的连接的属性。例如，想要将设备
ens160 的 IP 地址设置成 192.168.77.88，掩码为 24 位，只能修改与之关联的连接 eth1 的属
性，执行命令与结果如下：

　　[root@localhost /]# nmcli　connection　modify　eth1　ipv4.addresses　192.168.77.88/24

　　[root@localhost /]#

　　此时，设备 ens160 的 IP 地址信息不会发生改变：

　　[root@localhost ~]# ip address　show　ens160 | grep　-w　inet

　　　　inet 192.168.1.8/24 brd 192.168.1.255 scope global dynamic noprefixroute ens160

　　[root@localhost ~]#

　　若想要让修改的连接生效，则必须激活连接，执行命令与结果如下：

　　[root@localhost ~]# nmcli　connection　up　eth1

　　Connection　successfully　activated　(D-Bus　active　path:　/org/freedesktop　/NetworkManager/
ActiveConnection/18)

　　[root@localhost ~]#

　　此时，设备 ens160 的 IP 地址信息发生改变了：

　　[root@localhost ~]# ip address　show　ens160 | grep　-w　inet

　　　　inet 192.168.77.88/24 brd 192.168.77.255 scope global　noprefixroute　ens160　　　　　<== 静态 IP

　　　　inet 192.168.1.8/24　brd 192.168.1.255　scope global　**dynamic**　noprefixroute ens160　<== 动态 IP

　　[root@localhost ~]#

　　注：连接 eth1 增加了一个静态 IP 地址 192.168.77.88，保留了动态 IP 地址 192.168.1.8。
对比两行输出，动态 IP 地址行比静态 IP 地址行多出一个"dynamic"标志。

同理，想要为网卡设备 ens160 增加 10.10.33.44/8、172.16.55.66/16，应该对连接 eth1 进行设置并激活，执行命令与结果如下：

```
[root@localhost /]# nmcli  connection  modify  eth1  +ipv4.addresses  10.10.33.44/8
                                                            <== 增加 IP/掩码
[root@localhost /]# nmcli  connection  modify  eth1  +ipv4.addresses  172.16.55.66/16
                                                            <== 增加 IP/掩码
[root@localhost /]#
[root@localhost ~]# nmcli  connection  up  eth1             <== 激活连接
[root@localhost ~]#
[root@localhost ~]# ip  address  show  ens160 | grep  -w  inet
    inet 192.168.77.88/24 brd 192.168.77.255 scope global noprefixroute ens160
    inet 10.10.33.44/8 brd 10.255.255.255 scope global noprefixroute ens160      <== 新静态 IP/掩码
    inet 172.16.55.66/16 brd 172.16.255.255 scope global noprefixroute ens160    <== 新静态 IP/掩码
    inet 192.168.1.8/24 brd 192.168.1.255 scope global dynamic noprefixroute ens160
[root@localhost ~]#
```

为网卡设备 ens160 删除 192.168.77.88/24，应该对连接 eth1 进行设置并激活，执行命令与结果如下：

```
[root@localhost /]# nmcli  connection  modify  eth1  -ipv4.addresses  192.168.77.88/24
                                                            <== 删除 192.168.77.88/24
[root@localhost ~]# nmcli  connection  up  eth1            <== 激活连接
[root@localhost ~]#
[root@localhost ~]# ip  address  show  ens160 | grep  -w  inet
    inet 10.10.33.44/8 brd 10.255.255.255 scope global noprefixroute ens160
    inet 172.16.55.66/16 brd 172.16.255.255 scope global noprefixroute ens160
    inet 192.168.1.8/24 brd 192.168.1.255 scope global dynamic noprefixroute ens160
[root@localhost ~]#
```

将网卡设备 ens160 的 IP 设置成 192.168.56.78/24，应该对连接 eth1 进行设置并激活，执行命令与结果如下：

```
[root@localhost ~]# nmcli  connection  modify  eth1  ipv4.addresses  192.168.56.78/24
                                                            <== 设置 IP/掩码
[root@localhost ~]# nmcli  connection  up  eth1            <== 激活连接
[root@localhost ~]#
[root@localhost ~]# ip  address  show  ens224 | grep  -w  inet
    inet 192.168.56.78/24 brd 10.255.255.255 scope global noprefixroute ens160      <== 静态 IP
    inet 192.168.1.8/24 brd 192.168.1.255 scope global  dynamic  noprefixroute ens160   <== 动态 IP
[root@localhost ~]#
```

注：当"ipv4.addresses"参数前没有符号时，命令将修改静态 IP 的地址为指定地址，删除其他静态 IP，保留动态 IP。

5. 为网卡修改获取 IP 地址的方式

将网卡设备 ens160 的 IP 地址获取方式设置成手动,应该对连接 eth1 进行设置并激活,执行命令与结果如下:

```
[root@localhost ~]# nmcli  connection  modify eth1 ipv4.method manual    <== 修改 IP 获取方式
[root@localhost ~]# nmcli  connection  up  eth1                          <== 激活连接
[root@localhost ~]#
[root@localhost ~]# ip  address  show  ens160 | grep  -w  inet
    inet 192.168.56.78/24 brd 192.168.77.255 scope global noprefixroute ens160   <== 只剩静态 IP
[root@localhost ~]#
```

连接 ens160 被设置成手动配置 IP 后,会释放掉原有的动态 IP(192.168.1.8)。

若想要将一个设备获取 IP 方式被设置成 manul,则必须保证它对应的连接至少被配置了一个静态 IP。下面以网卡 ens224 为例,练习配置。

网卡 ens224 对应的连接为 eth2,默认情况下,连接的 IP 地址为空,获取 IP 的方式为 auto,检查如下:

```
[root@localhost ~]# nmcli connection show   eth2 | grep  ipv4.address
ipv4.addresses:                  --                              <== IP 地址为空
[root@localhost ~]#
[root@localhost ~]# nmcli connection  show   eth2 | grep   ipv4.method
ipv4.method:                     auto                            <== 自动获取 IP 地址
[root@localhost ~]#
```

若将连接 eth2 获取 IP 方式设置成 manul,则系统将会报错:

```
[root@localhost ~]# nmcli  connection  modify  eth2  ipv4.method manual
错误: 修改连接 "eth2" 失败:ipv4.addresses: "method=manual" 不允许这个属性为空
                                                          <== 无法修改
[root@localhost ~]#
```

因此,必须在为连接 eth2 设置至少一个静态 IP 地址后,才可以将其获取 IP 方式设置成 manul,执行命令与结果如下:

```
[root@localhost ~]# nmcli  connection  modify  eth2  ipv4.addresses  192.168.11.11/24
[root@localhost ~]# nmcli  connection  modify  eth2  ipv4.method manual
[root@localhost ~]# nmcli  connection  up  eth2
[root@localhost ~]#
[root@localhost ~]# ip address show ens224 | grep -w inet
    inet 192.168.11.11/24 brd 192.168.11.255 scope global noprefixroute ens224
[root@localhost ~]#
```

此时,若想要删除这个唯一的静态 IP 地址,则系统将会报错:

```
[root@localhost ~]# nmcli  connection  modify  eth2  -ipv4.addresses  192.168.11.11/24
Error: Failed to modify connection 'eth2': ipv4.addresses: "method=manual" 不允许这个属性为空
[root@localhost ~]#
```

还可以同时修改连接的多个属性，如"nmcli connection modify eth2 -ipv4.addresses 192.168.11.11/24 ipv4.method auto"，执行命令与结果如下：

```
[root@localhost ~]# nmcli  connection  modify  eth2  \
>  -ipv4.addresses  192.168.11.11/24  \                    <== 删除静态 IP
>  ipv4.method  auto                                       <== 修改获取方式
[root@localhost ~]# nmcli  connection  up  eth2            <== 激活连接
[root@localhost ~]#
[root@localhost ~]# ip  address  show  ens224 | grep  -w  inet
    inet 192.168.168.128/24 brd 172.16.22.255 scope global  dynamic  noprefixroute ens224
                                                            <== 动态 IP
[root@localhost ~]#
```

注：命令太长的时候，可以用"\"换行，但要注意不要漏掉空格。

任务 5-6　网卡连接的设置与切换

任务描述

练习网卡连接的设置与切换，理解网卡设备与网卡连接之间的关系。

任务实施

网卡连接的
设置与切换

假设有一台安装了 RHEL9 的笔记本型计算机，不同场景下，它的 IP/掩码设置不同，在家时需要将其设置成 192.168.33.44/16，在办公室时需要将其设置成 10.10.55.66/24 和 10.10.77.88/24，在其他场景时需要将其设置成动态获取 IP。

此任务可以分解成以下 3 个步骤来实现：

(1) 为设备创建三个连接，分别应对三个场景。

(2) 为三个连接设置正确的属性。

(3) 在不同的场景激活不同的连接。

下面具体介绍各步骤的操作方法。

1. 为不同场景创建不同连接

列出当前系统中的所有设备，执行命令与结果如下：

```
[root@localhost ~]# nmcli device status
DEVICE   TYPE        STATE        CONNECTION
ens160   ethernet    connected    eth1
lo       loopback    unmanaged    --
[root@localhost ~]#
```

以太网卡对应的设备名为 ens160。

删除不需要的连接 eth1，为"在家""在办公室""在其他地方"三个场景创建三个连接，分别对应 home、office、ens160，执行命令与结果如下：

```
[root@localhost ~]# nmcli connection   delete   eth1
[root@localhost ~]#
[root@localhost ~]# nmcli connection add   con-name   home  ifname  ens160  type  ethernet
连接 "home" (8c4b5251-17a3-48cb-a06c-a98a83c84146) 已成功添加。
[root@localhost ~]# nmcli connection  add  con-name  office  ifname  ens160  type  ethernet
连接 "office" (55679604-8b0e-4058-8cbc-00317231811d) 已成功添加。
[root@localhost ~]# nmcli connection  add  con-name  ens160  ifname  ens160  type  ethernet
连接 "ens160" (87e5a75e-0694-480b-afe2-272f33abfcb0) 已成功添加。
[root@localhost ~]#
```

2. 为三个连接设置正确的属性

在家时，需要将计算机的 IP/掩码设置成 192.168.33.44/16，因此，连接 home 的设置如下：

```
[root@localhost ~]# nmcli  connection  modify  home  ipv4.addresses  192.168.33.44/16
[root@localhost ~]# nmcli  connection  modify  home  ipv4.method   manual
[root@localhost ~]#
```

在办公室时，需要将计算机的 IP/掩码设置成 10.10.55.66/24 和 10.10.77.88/24，因此，连接 office 的设置如下：

```
[root@localhost ~]# nmcli  connection  modify  office  ipv4.addresses  10.10.55.66/24
[root@localhost ~]# nmcli  connection  modify  office  +ipv4.addresses  10.10.77.88/24
[root@localhost ~]# nmcli  connection  modify  office  ipv4.method    manual
[root@localhost ~]#
```

在其他场景时，需要将计算机的 IP/掩码设置成动态获取 IP，因此，连接 ens160 的设置如下：

```
[root@localhost ~]# nmcli  connection  modify  ens160  ipv4.method  auto
[root@localhost ~]#
```

3. 在不同的场景激活不同的连接

当计算机在家时，激活连接 home，IP/掩码设置成 192.168.33.44/16，执行命令与结果如下：

```
[root@localhost ~]# nmcli connection up home
Connection successfully activated (D-Bus active path: /org/freedesktop/NetworkManager/
ActiveConnection/24)
[root@localhost ~]#
```

[root@localhost ~]# ip address show ens160 | grep -w inet

    inet   192.168.33.44/16   brd 192.168.255.255 scope global noprefixroute ens160

[root@localhost ~]#

当计算机在办公室时，激活连接 office，IP/掩码设置成 10.10.55.66/24 和 10.10.77.88/24，执行命令与结果如下：

[root@localhost ~]# nmcli connection up office

Connection   successfully   activated   (D-Bus   active   path: /org/freedesktop/NetworkManager/ActiveConnection/25)

[root@localhost ~]#

[root@localhost ~]# ip address show ens160 | grep -w inet

    inet   10.10.55.66/24   brd 10.10.55.255 scope global noprefixroute ens160

    inet   10.10.77.88/24   brd 10.10.77.255 scope global noprefixroute ens160

[root@localhost ~]#

当计算机在其他场景时，激活连接 ens160，IP/掩码自动获取，执行命令与结果如下：

[root@localhost ~]# nmcli connection up ens160

Connection   successfully   activated   (D-Bus   active   path: /org/freedesktop/NetworkManager/ActiveConnection/26)

[root@localhost ~]#

[root@localhost ~]# ip address show ens160 | grep -w inet

    inet   192.168.1.8/24   brd 192.168.1.255 scope global   dynamic   noprefixroute ens160

[root@localhost ~]#

任务 5-7 命令 ifconfig 的使用

任务描述

学习命令 ifconfig 的使用方法。

任务实施

RHEL9 以命令 nmcli 和 ip 来管理网卡的属性，但其他 Linux 发行版可能只支持命令 ifconfig。命令 ifconfig 可以查看网卡的 IP 属性，也可以设置网卡的 IP 属性，其命令格式如下：

ifconfig	<== 列出所有网卡的属性
ifconfig 网卡名	<== 列出特定网卡的属性
ifconfig 网卡名 [IP 地址] [netmask 子网掩码]	<== 修改网卡的 IP 地址信息

下面通过几个示例来介绍命令 ifconfig。

【例 1】　用 ifconfig 命令查看网卡的 IP 地址参数，执行命令与结果如下：

[root@localhost ~]# ifconfig
ens160: flags=4163<UP,BROADCAST,RUNNING,MULTICAST> mtu 1500　　<== 网卡 ens160 的属性
　　　　inet 192.168.1.8　netmask 255.255.255.0　broadcast 192.168.1.255　　<== IP 地址及掩码
　　　　inet6 fe80::d917:7abd:6431:6d5　prefixlen 64　scopeid 0x20<link>
　　　　inet6 2409:8a55:3026:a4e0:13c5:bebf:5af4:8167　prefixlen 64　scopeid 0x0<global>
　　　　ether 00:0c:29:c1:d2:4d　txqueuelen 1000　(Ethernet)
　　　　RX packets 319　bytes 24905 (24.3 KiB)
　　　　RX errors 0　dropped 0　overruns 0　frame 0
　　　　TX packets 309　bytes 30141 (29.4 KiB)
　　　　TX errors 0　dropped 0 overruns 0　carrier 0　collisions 0

ens224: flags=4163<UP,BROADCAST,RUNNING,MULTICAST> mtu 1500　　<== 网卡 ens224 的属性
　　　　inet 192.168.168.128　netmask 255.255.255.0　broadcast 192.168.168.255　　<== IP 地址及掩码
　　　　inet6 fe80::231b:2fea:e022:f8eb　prefixlen 64　scopeid 0x20<link>
　　　　ether 00:50:56:2d:b4:45　txqueuelen 1000　(Ethernet)
　　　　RX packets 7　bytes 1016 (1016.0 B)
　　　　RX errors 0　dropped 0　overruns 0　frame 0
　　　　TX packets 23　bytes 3320 (3.2 KiB)
　　　　TX errors 0　dropped 0 overruns 0　carrier 0　collisions 0

lo: flags=73<UP,LOOPBACK,RUNNING>　mtu 65536
　　　　inet 127.0.0.1　netmask 255.0.0.0
　　　　inet6 ::1　prefixlen 128　scopeid 0x10<host>
　　　　loop　txqueuelen 1000　(Local Loopback)
　　　　RX packets 1229　bytes 106511 (104.0 KiB)
　　　　RX errors 0　dropped 0　overruns 0　frame 0
　　　　TX packets 1229　bytes 106511 (104.0 KiB)
　　　　TX errors 0　dropped 0 overruns 0　carrier 0　collisions 0

[root@localhost ~]#

【例 2】　命令"ifconfig　ens160　192.168.100.22"可以修改网卡的 IP 地址参数，执行命令与结果如下：

[root@localhost ~]# ifconfig ens160　192.168.100.22
[root@localhost ~]#
[root@localhost ~]# ifconfig | grep -w inet
　　　　inet 192.168.100.22　netmask 255.255.255.0　broadcast 192.168.100.255　　<== 修改立刻生效
　　　　inet 127.0.0.1　netmask 255.0.0.0

```
[root@localhost ~]#
[root@localhost ~]# ip   a | grep -w inet
    inet 127.0.0.1/8 scope host lo
    inet 192.168.100.22/24 brd 192.168.100.255 scope global noprefixroute ens160
[root@localhost ~]#
```

【例 3】 命令"ifconfig   ens160   netmask   255.255.0.0"可以修改网卡 ens160 的子网掩码，执行命令与结果如下：

```
[root@localhost ~]# ifconfig ens160   netmask   255.255.0.0
[root@localhost ~]#
[root@localhost ~]# ifconfig   | grep   -w   inet
    inet 127.0.0.1/8 scope host lo
    inet 192.168.100.22/16 brd 192.168.255.255 scope global noprefixroute ens160    <== 修改立刻生效
[root@localhost ~]#
[root@localhost ~]# ip   a   | grep   -w   inet
    inet 127.0.0.1/8 scope host lo
    inet 192.168.100.22/16 brd 192.168.255.255 scope global noprefixroute ens160
[root@localhost ~]#
```

【例 4】 命令"ifconfig   ens160:1   10.10.10.10   netmask   255.255.0.0"可以增加网卡的 IP 地址，执行命令与结果如下：

```
[root@localhost ~]# ifconfig   ens160:1   192.168.200.22   netmask   255.255.0.0
[root@localhost ~]#
[root@localhost ~]# ifconfig
ens160: flags=4163<UP,BROADCAST,RUNNING,MULTICAST>   mtu 1500
    inet 192.168.100.22   netmask 255.255.0.0   broadcast 192.168.255.255        <== 原 IP 不变
    ⋮
ens160:1: flags=4163<UP,BROADCAST,RUNNING,MULTICAST>   mtu 1500
    inet 10.10.10.10   netmask 255.255.0.0   broadcast 10.10.10.255        <== 增加新的 IP
    ⋮
[root@localhost ~]#
```

命令 ifconfig 可以立刻改变网卡的 IP 属性，但在系统重启后，所有的设置都会失效。在只支持命令 ifconfig 的 Linux 发行版中，若想要为网卡设置固定的 IP 属性，则需要修改对应的配置文件。默认情况下，RHEL9 不支持这种实现方式，此处便不展开说明了。

练　习　题

一、填空题

1. 根据表 5-1 所示的命令说明，填写命令的格式。

表 5-1 网卡连接的相关操作

命 令 说 明	命 令 格 式
列出所有网卡设备	
列出所有的网卡连接	
列出某个连接的详细内容	
增加连接	
删除连接	
激活连接	
查看连接的某个属性	
修改连接的某个属性	

2. 根据表 5-2 所示的参数说明，填写参数和值。

表 5-2 参数与参数说明

参 数 说 明	参 数	值
连接名		
连接关联的设备		yes/no
是否自动激活		
获取 IP 的方法		manual/auto
IP 地址/掩码(IPv4)		
网关的 IP 地址(IPv4)		
DNS 服务器的 IP(IPv4)		

3. 根据表 5-3 所示的命令要求，填写命令。

表 5-3 连接的相关操作

命 令 要 求	命 令
为网卡 ens224 增加连接 eth2	
删除连接 eth1	
设置连接 ens160hm 不自动激活	
设置连接 ens160hm 自动获取 IP	
设置连接 ens224of 使用静态 IP	
设置连接 ens224of 的网关为 10.10.10.1	
查看连接 ens224of 的 DNS 服务器 IP	
激活连接 ens224	
关闭连接 ens224	

二、 操作题

1. 将虚拟机的网卡增加到 3 个。

2. 为每个网卡设备配置两个网卡连接，连接名分别为"设备名_auto"和"设备名_manual"，连接的具体要求如下：

(1) 所有的连接"设备名_auto"全部设置成自动获取 IP 地址。

(2) 所有的连接"设备名_manual"全部设置成手动获取 IP 地址。

3. 三个连接"设备名_manual"的 IP 地址设置要求如下：

(1) 网卡 1 配置两个 IP：192.168.X.1/255.255.255.0，192.168.X+100.1/255.255.255.0。

(2) 网卡 2 配置一个 IP：172.16.X.1/255.255.0.0。

(3) 网卡 3 配置一个 IP：10.X.1.1/255.0.0.0。

4. 激活三个"设备名_manual"，用命令显示 IP 地址。

5. 激活三个"设备名_auto"，用命令显示 IP 地址。

项目 6　虚拟机的网络互联

在后续项目的实验中，有些实验要求虚拟机可以连接互联网，有些实验要求虚拟机可以连接宿主机，有些实验要求多台虚拟机之间互相连接而且不受外部网络的干扰。本项目主要介绍配置不同的网络环境来适应不同的实验要求的方法。

知识目标

- 理解 IP 地址、子网掩码的作用。
- 理解静态 IP 地址和动态 IP 地址的应用场合。

技能目标

- 掌握 VMware Workstation 中"虚拟网络编辑器"的设置方法。
- 掌握虚拟机的网卡的网络连接模式的设置方法。
- 掌握网卡的配置流程及命令。
- 掌握静态 IP 地址和动态 IP 地址的应用场合。
- 掌握处理故障的技巧。

任务 6-1　配置虚拟机连接互联网

任务描述

配置虚拟机，使它可以访问互联网。

任务实施

虚拟机连接
互联网

打开 VMware Workstation 中的快照管理，将虚拟机恢复到初始状态。此时，虚拟机只包含一块网卡，它的网络连接方式为 NAT 模式。

打开"虚拟网络编辑器"，单击类型为 NAT 模式的 VMnet 设置，然后勾选"使用本地 DHCP 服务将 IP 地址分配给虚拟机"。

启动虚拟机，并打开终端，输入命令查看网卡设备名，执行命令与结果如下：

```
[root@server1 ~]# nmcli  device  status
DEVICE        TYPE        STATE        CONNECTION
```

| ens160 | ethernet | 已连接 | ens160 | <== 以太网卡 ens160 |
| lo | loopback | 未托管 | -- | |

[root@localhost /]#

此时控制网卡设备 ens160 的网卡连接为 ens160。

设置网卡连接 ens160 为自动获取 IP，并激活连接使其生效，执行命令与结果如下：

[root@stu ~]# nmcli connection modify ens160 ipv4.method auto

[root@stu ~]# nmcli connection up ens160

连接已成功激活(D-Bus 活动路径：/org/freedesktop/NetworkManager/ActiveConnection/3)

[root@stu ~]#

检查网卡设备是否获取了合适的 IP 属性，执行命令与结果如下：

[root@stu ~]# ip address | grep -w inet

    inet 127.0.0.1/8 scope host lo   <== 网卡 lo

    inet 172.16.22.145/24 brd 172.16.22.255 scope global dynamic noprefixroute ens224

                                                            <== 网卡 ens224

[root@stu ~]#

打开浏览器 Firefox，在地址栏内输入网址“https://mirrors.ustc.edu.cn”，如果可以打开网页，如图 6-1-1 所示，就说明虚拟机可以正常访问互联网了。

图 6-1-1 访问中科大开源镜像站

任务 6-2 配置虚拟机互相连接

任务描述

配置两台虚拟机，使它们可以互相访问。

虚拟机之间互相连接

任务实施

1. 配置两台可以互相访问的虚拟机

将安装了 Linux 的虚拟机正常关机，以它的初始状态为母版，生成两个链接克隆，并设置好虚拟机名字"stu01"和"stu02"。这样设置通过标签就可以区分虚拟机，方便后面的操作，如图 6-2-1 所示。如果在创建克隆的时候没有设置好虚拟机的名称，则可以在"虚拟机设置"页面进行修改，单击"选项"标签页，然后在页面右侧对虚拟机名称进行设置，如图 6-2-2 所示。

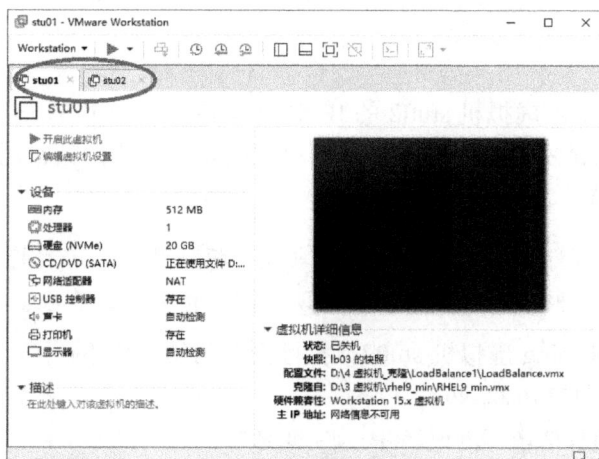

图 6-2-1　虚拟机标签

图 6-2-2　设置虚拟机标签

检查虚拟机的硬件设置，确保每台虚拟机都只保留了一个网卡，并且每个网卡的网络连接方式都被设置成了 NAT 模式。

打开虚拟机 stu01，先将网卡 ens160 设置成自动获取 IP 地址，然后检查 IP 地址，执行命令与结果如下：

```
[root@stu ~]# ip  address | grep  -w  inet
    inet 127.0.0.1/8 scope host lo                                          <== 网卡 lo
```

  inet 172.16.22.145/24 brd 172.16.22.255 scope global dynamic noprefixroute ens224

                          <== 网卡 ens224

[root@stu ~]#

根据以上结果可知，虚拟机 stu01 的 IP 地址是 172.16.22.145，子网掩码 24 位。

打开虚拟机 stu02，先将网卡 ens160 设置成自动获取 IP 地址，然后检查 IP 地址，执行命令与结果如下：

[root@stu ~]# ip address | grep -w inet

  inet 127.0.0.1/8 scope host lo   <== 网卡 lo

  inet 172.16.22.146/24 brd 172.16.22.255 scope global dynamic noprefixroute ens224

                          <== 网卡 ens224

[root@stu ~]#

根据以上结果可知，虚拟机 stu02 的 IP 地址是 172.16.22.146，子网掩码 24 位。

命令 ping 用来测试本机与另外一台计算机之间是否联通，其常用格式如下：

ping 目标主机 IP

注：ping 命令向目标主机发送 ICMP 请求包。根据协议，若目标主机收到请求包，则会返回 ICMP 响应包。根据返回的响应包可以确定目标主机的存在。

在虚拟机 stu01 中 ping 虚拟机 stu02，执行命令与结果如下：

[root@stu ~]# ping 172.16.22.146

PING 172.16.22.146 (172.16.22.146) 56(84) 比特的数据。

64 比特，来自 172.16.22.146: icmp_seq=1 ttl=64 时间=0.596 毫秒 <== 第 1 个响应包的返回信息

64 比特，来自 172.16.22.146: icmp_seq=2 ttl=64 时间=1.21 毫秒 <== 第 2 个响应包的返回信息

 ⋮

系统不停地显示响应信息，如 "64 比特，来自 172.16.22.146: icmp_seq = 2 ttl = 64 时间 = 1.21 毫秒"。按下组合键【Ctrl + c】可以中止命令的执行，执行命令与结果如下：

 ⋮

64 比特，来自 172.16.22.146: icmp_seq=8 ttl=64 时间=0.789 毫秒

64 比特，来自 172.16.22.146: icmp_seq=9 ttl=64 时间=1.45 毫秒

^C   <== "^C" 表示组合键【Ctrl + c】

--- 172.16.22.146 ping 统计 ---

已发送 9 个包，已接收 9 个包, 0% packet loss, time 8048 ms <== 统计信息

rtt min/avg/max/mdev = 0.512/1.001/1.449/0.289 ms   <== "avg" 表示平均时延

[root@localhost ~]#

第 1 个响应包的返回信息为 "64 比特，来自 172.16.22.146: icmp_seq=1 ttl = 64 时间 = 0.596 毫秒"，其中 "时间 = 0.596 毫秒" 指的是从发出请求包到收到响应包之间的时间，也称往返时延(RTT，Round-Trip Time)。统计信息中的 min、avg、max、mdev 分别对应往返时延的最小值、平均值、最大值和平均偏差值。

由以上操作可知，同一台宿主机上的虚拟机，若它们想要相互通信，则需要满足以下两个条件：

(1) 虚拟网卡的网络连接方式相同，即同为 NAT 模式或同为桥接模式，这样它们会被 VMware Workstations 连入相同的虚拟网络。

(2) 虚拟网卡配置成相同子网的 IP 地址。

2. 通过设置子网号、子网掩码和网卡的网络连接方式来测试虚拟机的联通性

网卡的子网号由 IP 地址和子网掩码计算得来。下面介绍简单的计算方法：

(1) 如果掩码位数是 24，则子网号 = IP 地址前三位.0。

(2) 如果掩码位数是 16，则子网号 = IP 地址前两位.0.0。

(3) 如果掩码位数是 8，则子网号 = IP 地址前一位.0.0.0。

例如，网卡 A 的 IP 地址/掩码为 192.168.100.11/24，则子网号为 192.168.100.0。

网卡 B 的 IP 地址/掩码为 192.168.100.22/24，则子网号为 192.168.100.0。

网卡 C 的 IP 地址/掩码为 192.168.200.33/24，则子网号为 192.168.200.0。

网卡 D 的 IP 地址/掩码为 192.168.200.44/16，则子网号为 192.168.0.0。

网卡 E 的 IP 地址/掩码为 192.168.300.55/16，则子网号为 192.168.0.0。

因此，A 与 B 子网号相同，A 与 C 子网号不同，D 与 E 子网号相同。

下面按以下 5 种情况设置虚拟机的 IP 地址并进行测试。

注：如果是在机房进行实验，那么每个同学可以根据自己的学号设定 X，避免 IP 冲突。在本书后文中 X 的取值均是 100，即 192.168.X.11 为 192.168.100.11，192.168.X.22 为 92.168.100.22，192.168.100+X.22 为 192.168.200.22。

(1) 将两个虚拟机的 IP 地址设置成"192.168.X.0/24"子网的 IP，并测试它们是否联通。

修改 stu01 网卡的 IP 属性(手动设置 IP、IP 地址为 192.168.X.11/24)并检查，执行命令与结果如下：

```
[root@stu01 ~]# nmcli connection modify ens160 ipv4.addresses 192.168.100.11/24   ipv4.method manual
[root@stu01 ~]# nmcli connection up ens160
连接已成功激活(D-Bus 活动路径：/org/freedesktop/NetworkManager/ActiveConnection/7)
[root@stu01 ~]#
[root@stu01 ~]# ip   a  | grep  -w  inet
    inet 127.0.0.1/8 scope host lo
    inet 192.168.100.11/24 brd 192.168.100.255 scope global noprefixroute ens160
[root@stu01 ~]#
```

虚拟机 stu01 的网卡 IP/掩码为 192.168.100.11/24，可算出它的子网号为"192.168.100.0"。

修改 stu02 网卡的 IP 属性(手动设置 IP、IP 地址为 192.168.X.22/24)并检查，执行命令与结果如下：

```
[root@stu02 ~]# nmcli connection modify ens160 ipv4.addresses 192.168.100.22/24   ipv4.method manual
[root@stu01 ~]# nmcli connection up ens160
连接已成功激活(D-Bus 活动路径：/org/freedesktop/NetworkManager/ActiveConnection/7)
[root@stu02 ~]#
[root@stu02 ~]# ip a | grep -w inet
```

```
    inet 127.0.0.1/8 scope host lo
    inet 192.168.100.22/24 brd 192.168.100.255 scope global noprefixroute ens160
[root@stu02 ~]#
```

虚拟机 stu02 的网卡 IP/掩码为 192.168.100.22/24，可算出它的子网号为"192.168.100.0"。
在虚拟机 stu01 中 ping 虚拟机 stu02，执行命令与结果如下：

```
[root@stu01 ~]# ping  -c  3  192.168.100.22
PING 192.168.100.22 (192.168.100.22) 56(84) 比特的数据。
64 比特，来自 192.168.100.22: icmp_seq=1 ttl=64 时间=0.344 毫秒
64 比特，来自 192.168.100.22: icmp_seq=2 ttl=64 时间=20.2 毫秒
64 比特，来自 192.168.100.22: icmp_seq=3 ttl=64 时间=0.587 毫秒

--- 192.168.100.22 ping 统计 ---
已发送 3 个包，  已接收 3 个包, 0% packet loss, time 2025ms
rtt min/avg/max/mdev = 0.344/7.044/20.203/9.304 ms                    <== 可以联通
[root@stu01 ~]#
```

两个虚拟机属于相同子网，可以联通。

(2) 修改虚拟机 stu02 的 IP 地址，使得两个虚拟机不在相同子网，并测试它们是否联通。

修改 stu02 网卡的 IP 属性(手动设置 IP、IP 地址为 192.168.100+X.22/24)并检查，执行命令与结果如下：

```
[root@stu02 ~]# nmcli  connection  modify  ens160  ipv4.addresses  192.168.200.22/24  ipv4.method manual
[root@stu02 ~]# nmcli connection up ens160
连接已成功激活(D-Bus 活动路径：/org/freedesktop/NetworkManager/ActiveConnection/7)
[root@stu02 ~]#
[root@stu02 ~]# ip a | grep -w inet
    inet 127.0.0.1/8 scope host lo
    inet 192.168.200.22/24 brd 192.168.200.255 scope global noprefixroute ens160
[root@stu02 ~]#
```

虚拟机 stu02 的网卡 IP/掩码为 192.168.200.22/24，可算出它的子网号为"192.168.200.0"。
在虚拟机 stu01 中 ping 虚拟机 stu02，执行命令与结果如下：

```
[root@stu01 ~]# ping  -c  3  192.168.200.22
ping: connect: 网络不可达                              <== 系统提示不能联通的原因
[root@stu01 ~]#
```

两个虚拟机不属于相同子网，不能联通。

(3) 将两个虚拟机的掩码位数设置成"16"，并测试它们是否联通。

修改 stu01 网卡的 IP 属性(手动设置 IP、IP 地址为 192.168.X.11/16)，执行命令与结果如下：

```
[root@stu01~]# nmcli connection modify ens160 ipv4.addresses 192.168.100.11/16   ipv4.method manual
[root@stu01 ~]# nmcli connection up ens160
连接已成功激活(D-Bus 活动路径：/org/freedesktop/NetworkManager/ActiveConnection/7)
[root@stu01 ~]#
[root@stu01 ~]# ip a  | grep  -w  inet
    inet 127.0.0.1/8 scope host lo
    inet 192.168.100.11/16 brd 192.168.100.255 scope global noprefixroute ens160
[root@stu01 ~]#
```

虚拟机 stu01 的网卡 IP/掩码为 192.168.100.11/16，可算出它的子网号为"192.168.0.0"。

修改 stu02 网卡的 IP 属性(手动设置 IP、IP 地址为 192.168.100+X.22/16)，执行命令与结果如下：

```
[root@stu02~]# nmcli connection modify ens160 ipv4.addresses 192.168.200.22/16   ipv4.method manual
[root@stu01 ~]# nmcli connection up ens160
连接已成功激活(D-Bus 活动路径：/org/freedesktop/NetworkManager/ActiveConnection/7)
[root@stu02 ~]#
[root@stu02 ~]# ip a | grep -w inet
    inet 127.0.0.1/8 scope host lo
    inet 192.168.100.22/16 brd 192.168.100.255 scope global noprefixroute ens160
[root@stu02 ~]#
```

虚拟机 stu02 的网卡 IP/掩码为 192.168.200.22/16，可算出它的子网号为"192.168.0.0"。

在虚拟机 stu01 中 ping 虚拟机 stu02，执行命令与结果如下：

```
[root@stu01 ~]# ping   -c   3   192.168.200.22
PING 192.168.200.22 (192.168.200.22) 56(84) 比特的数据。
64 比特，来自 192.168.200.22: icmp_seq=1 ttl=64 时间=0.984 毫秒
64 比特，来自 192.168.200.22: icmp_seq=2 ttl=64 时间=1.24 毫秒
64 比特，来自 192.168.200.22: icmp_seq=3 ttl=64 时间=0.557 毫秒

--- 192.168.200.22 ping 统计 ---
已发送 3 个包，  已接收 3 个包, 0% packet loss, time 2004ms
rtt min/avg/max/mdev = 0.557/0.928/1.244/0.283 ms
[root@stu01 ~]#
```

两个虚拟机属于相同子网，可以联通。

(4) 保持 stu01 网卡的连接模式为 NAT 模式，但修改 stu02 网卡的连接模式为桥接模式，并测试它们是否联通。

参考任务 5-1，打开 VMware Workstations 的"虚拟网络编辑器"，设置好网络模式的属性。打开虚拟机 stu02 的"虚拟机"设置页面，找到"网络适配器"，将它的网络连接方式调整为桥接模式。

在虚拟机 stu01 中 ping 虚拟机 stu02，执行命令与结果如下：

[root@stu01 ~]# ping -c 3 192.168.200.22
PING 192.168.200.22 (192.168.200.22) 56(84) 比特的数据。

系统发出 3 个 ping 包后，等待目标主机的响应，一小段时间后显示如下：

来自 192.168.100.11 icmp_seq=1 目标主机不可达   <== 两台主机不能联通
来自 192.168.100.11 icmp_seq=2 目标主机不可达
来自 192.168.100.11 icmp_seq=3 目标主机不可达

--- 192.168.200.22 ping 统计 ---
已发送 3 个包， 已接收 0 个包, +3 错误, 100% packet loss, time 2072ms
[root@stu01 ~]#

两个虚拟机的 IP 地址/掩码不变，但改变了其中一台虚拟机的网卡模式，它们便不能联通了。

(5) 将 stu01 网卡的连接模式也改成桥接模式，并测试它们是否联通。

打开虚拟机 stu01，按照 stu02 的方法设置网卡的连接模式为桥接模式。

在虚拟机 stu01 中 ping 虚拟机 stu02，执行命令与结果如下：

[root@stu01 ~]# ping -c 3 192.168.200.22
PING 192.168.200.22 (192.168.200.22) 56(84) 比特的数据。
64 比特，来自 192.168.200.22: icmp_seq=1 ttl=64 时间=0.984 毫秒
64 比特，来自 192.168.200.22: icmp_seq=2 ttl=64 时间=1.24 毫秒
64 比特，来自 192.168.200.22: icmp_seq=3 ttl=64 时间=0.557 毫秒

--- 192.168.200.22 ping 统计 ---
已发送 3 个包， 已接收 3 个包, 0% packet loss, time 2004ms
rtt min/avg/max/mdev = 0.557/0.928/1.244/0.283 ms
[root@stu01 ~]#

两个虚拟机属于相同子网，其网卡连接模式也相同，可以联通。

由以上 5 种情况可以得出：

(1) 将虚拟机 stu01 的网卡设置成"手动配置 IP，且 IP 地址/掩码为 192.168.X.11/24"，虚拟机 stu02 的网卡设置成"手动配置 IP，且 IP 地址/掩码为 192.168.X.22/24"。两个虚拟机的 IP 子网号相同，两台虚拟机可以联通。

(2) 保持虚拟机 stu01 的设置不变，将虚拟机 stu02 的网卡的 IP 地址修改为 192.168.100+X.22/24。这时，两个虚拟机的 IP 子网号不同，两台虚拟机不可以联通。

(3) 保持两台虚拟机的 IP 地址不变，但修改网卡位数为 16，此时两台虚拟机的 IP 子网号相同，两台虚拟机不可以联通。

(4) 保持虚拟机 stu01 的网卡的网络连接模式不变，将虚拟机 stu02 的网络连接设置成桥接模式，由于两个网卡连接模式不同，它们会被 VMware Workstations 连接入不同的虚拟网络，两台虚拟机不可以联通。

(5) 将虚拟机 stu01 的网络连接也设置成桥接模式，这时两个网卡连接模式相同，IP 地址子网号相同，两台虚拟机可以联通。

任务 6-3   配置虚拟机连接宿主机

任务描述

配置虚拟机，使它与宿主机可以互相访问。

虚拟机与宿主机的连接

任务实施

虚拟机想要与宿主机相互通信，需要满足以下两个条件：

(1) 虚拟机的网卡被设置成桥接模式。

(2) 虚拟机的网卡与宿主机的网卡工作在相同子网。

注：如果虚拟机有多块网卡，那么至少要有一块网卡的连接方式设置成桥接模式，并且该桥接网卡与宿主机的网卡工作在相同子网。

实现虚拟机与宿主机互相通信可以分为以下 4 个步骤：

(1) 将虚拟机 stu01 的网卡设置成"手动配置 IP，且 IP 地址/掩码为 192.168.X.11/24"。

(2) 为宿主机增加 IP/掩码 "192.168.X.33/24"。

(3) 将虚拟机 stu01 的网卡设置成桥接模式，并测试虚拟机与宿主机是否可以联通。

(4) 将虚拟机 stu01 的网卡设置成 NAT 模式，并测试虚拟机与宿主机是否可以联通。

下面详细介绍操作步骤。

1. 修改虚拟机 stu01 的 IP 属性

修改 stu01 网卡的 IP 属性(手动设置 IP、IP 地址为 192.168.X.11/24)并检查，执行命令与结果如下：

```
[root@stu01 ~]# nmcli connection modify ens160 ipv4.addresses 192.168.100.11/24    ipv4.method manual
[root@stu01 ~]# nmcli connection up ens160
连接已成功激活(D-Bus 活动路径：/org/freedesktop/NetworkManager/ActiveConnection/7)
[root@stu01 ~]#
[root@stu01 ~]# ip   a   |grep  -w  inet
    inet 127.0.0.1/8 scope host lo
    inet 192.168.100.11/24 brd 192.168.100.255 scope global noprefixroute ens160
[root@stu01 ~]#
```

虚拟机 stu01 的网卡 IP/掩码为 192.168.100.11/24，可算出它的子网号为 "192.168.100.0"。

2. 修改宿主机的 IP 地址

查看宿主机(以 Windows10 为例)的当前 IP 属性。打开宿主机的命令行工具 "Windows PowerShell"，输入命令 "ipconfig /all"，执行命令与结果如下：

```
PS C:\Users\sziit> ipconfig   /all
：
```

无线局域网适配器 WLAN: <== 找到宿主机的物理网卡

    连接特定的 DNS 后缀 . . . . : DHCP HOST

    描述. . . . . : Intel(R) Dual Band Wireless-AC 8260

    物理地址. . . . . : 34-F3-9A-10-E6-B3

    DHCP 已启用 . . . . : 是

    自动配置已启用. . . . . : 是

    本地链接 IPv6 地址. . . . . : fe80::6a4e:365f:6581:130c%5(首选)

    IPv4 地址 . . . . : 192.168.0.106(首选)   <== IP 地址

    子网掩码 . . . . : 255.255.255.0   <== 24 位掩码

    获得租约的时间 . . . . : 2023 年 8 月 12 日 7:56:18

    租约过期的时间 . . . . : 2023 年 8 月 12 日 14:56:17

    默认网关. . . . . : 192.168.0.1   <== 网关参数

    DHCP 服务器 . . . . : 192.168.0.1

    DHCPv6 IAID . . . . : 53801882

    DHCPv6 客户端 DUID . . . . : 00-01-00-01-2B-28-D2-AC-54-EE-75-D4-4D-F0

    DNS 服务器 . . . . : 221.11.132.2   <== DNS 参数

    DNS 服务器 . . . . : 221.11.132.3

    TCPIP 上的 NetBIOS . . . . : 已启用

PS C:\Users\sziit>

    打开宿主机的网卡设置，如图 6-3-1 所示，选中单选框"使用下面的 IP 地址"，将用命令查出的 IP 地址、子网掩码、默认网关填入合适的位置，再选中单选框"使用下面的 DNS 服务器地址"，将查出的两个 DNS 参数填入，然后单击"高级"按钮。在弹出的"高级 TCP/IP 设置"窗口(图 6-3-2)中，单击"IP 地址"栏下面的"添加"按钮，在弹出的"TCP/IP 地址"窗口中，设置 IP 地址为"192.168.X.33"，子网掩码为"255.255.255.0"。

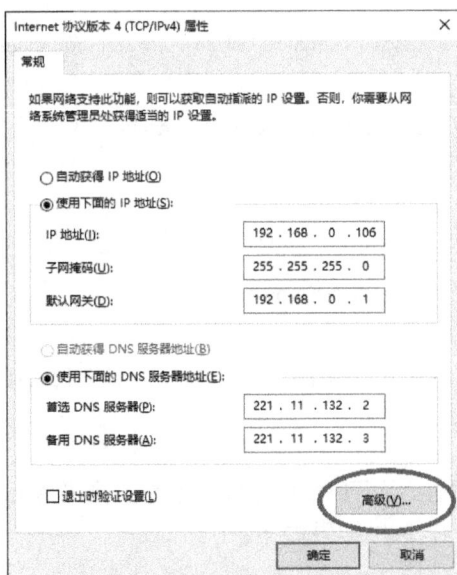

图 6-3-1　修改 IP 参数

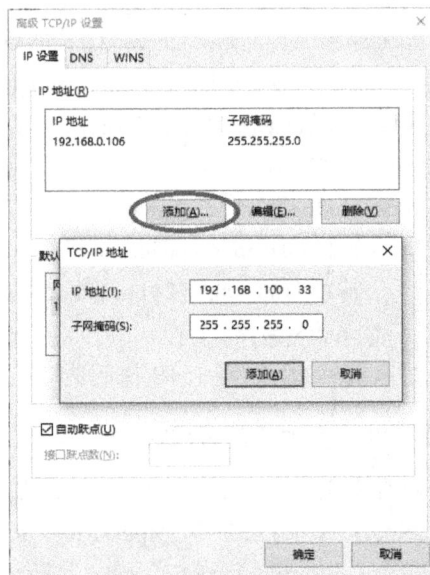

图 6-3-2　添加 IP 地址

在命令行工具 PowerShell 中输入命令"ipconfig　/all"，检查新添加的 IP 地址，执行命令与结果如下：

```
PS C:\Users\sziit> ipconfig    /all



    ⋮


无线局域网适配器 WLAN:                                    <== 找到宿主机的物理网卡
    连接特定的 DNS 后缀 ........: DHCP HOST
    描述........................: Intel(R) Dual Band Wireless-AC 8260
    物理地址....................: 34-F3-9A-10-E6-B3
    DHCP 已启用 ................: 是
    自动配置已启用..............: 是
    本地链接 IPv6 地址...........: fe80::6a4e:365f:6581:130c%5(首选)
    IPv4 地址 ..................: 192.168.0.106(首选)        <== 原 IP 地址
    子网掩码 ...................: 255.255.255.0
    IPv4 地址 ..................: 192.168.100.33(首选)       <== 新 IP 地址
    子网掩码 ...................: 255.255.255.0
    获得租约的时间  ............: 2023 年 8 月 12 日 7:56:18
    租约过期的时间 .............: 2023 年 8 月 12 日 14:56:17
    默认网关....................: 192.168.0.1               <== 网关参数不变
    DHCP 服务器 ................: 192.168.0.1
    DHCPv6 IAID ...............: 53801882
    DHCPv6 客户端 DUID  ........: 00-01-00-01-2B-28-D2-AC-54-EE-75-D4-4D-F0
    DNS 服务器 .................: 221.11.132.2             <== DNS 参数不变
    DNS 服务器 .................: 221.11.132.3
    TCPIP 上的 NetBIOS .........: 已启用


PS C:\Users\sziit>
```

3. 调整虚拟机 stu01 的网卡连接模式为桥接模式，宿主机和虚拟机可以联通

打开虚拟机 stu01 的"虚拟机设置"页面，找到"网络适配器"，将它的网络连接方式调整为桥接模式。

注：请检查 VMware Workstations 的"虚拟网络编辑器"，确保桥接模式的桥接网卡为宿主机真正的网卡。

在宿主机的 PowerShell 中 ping 虚拟机 stu01，执行命令与结果如下：

```
PS C:\Users\sziit> ping 192.168.100.11


正在 Ping 192.168.100.11 具有 32 字节的数据:
来自 192.168.100.11 的回复: 字节=32 时间=1ms TTL=64
```

来自 192.168.100.11 的回复: 字节=32 时间<1ms TTL=64

来自 192.168.100.11 的回复: 字节=32 时间=36ms TTL=64

来自 192.168.100.11 的回复: 字节=32 时间<1ms TTL=64

192.168.100.11 的 Ping 统计信息:

　　数据包: 已发送 = 4，已接收 = 4，丢失 = 0 (0% 丢失)，

往返行程的估计时间(以毫秒为单位):

　　最短 = 0ms，最长 = 36ms，平均 = 9ms　　　　　　　　<== 可以联通

PS C:\Users\sziit>

在虚拟机 stu01 中 ping 宿主机，执行命令与结果如下：

[root@stu01 ~]# ping -c 3 192.168.100.22

PING 192.168.100.22 (192.168.100.22) 56(84) 比特的数据。

64 比特，来自 192.168.100.22: icmp_seq=1 ttl=64 时间=0.344 毫秒

64 比特，来自 192.168.100.22: icmp_seq=2 ttl=64 时间=20.2 毫秒

64 比特，来自 192.168.100.22: icmp_seq=3 ttl=64 时间=0.587 毫秒

--- 192.168.100.22 ping 统计 ---

已发送 3 个包， 已接收 3 个包, 0% packet loss, time 2025ms

rtt min/avg/max/mdev = 0.344/7.044/20.203/9.304 ms　　　　<== 可以联通

[root@stu01 ~]#

如果从宿主机能 ping 通虚拟机 stu01，从虚拟机 stu01 不能 ping 通宿主机，则可能是宿主机的防火墙屏蔽了 ping 包。打开宿主机的防火墙设置，如图 6-3-3 所示，单击窗口左侧的"高级设置"。

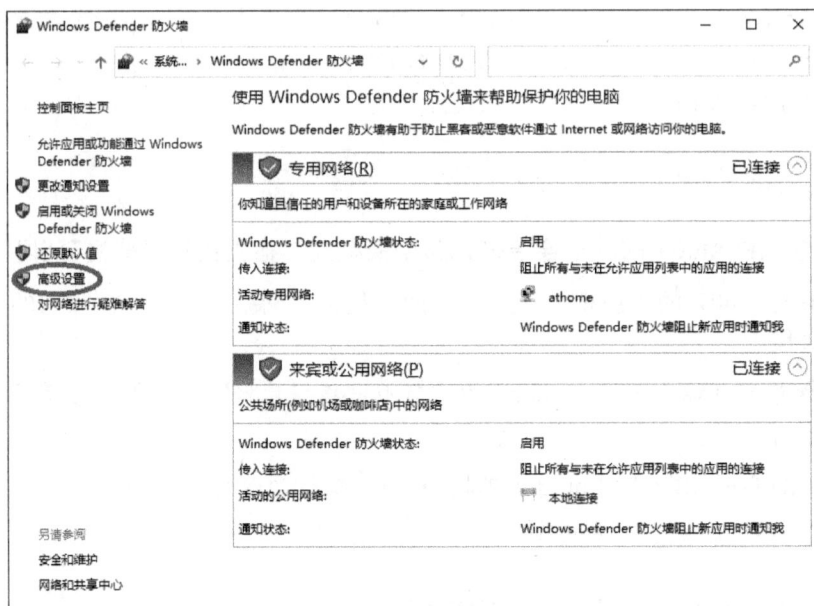

图 6-3-3　防火墙设置页面

在宿主机的高级防火墙设置页面，如图 6-3-4 所示，单击"入站规则"，找到"文件和打印机共享(回显请求-ICMPv4-In)"，再单击右侧的"启用规则"即可。

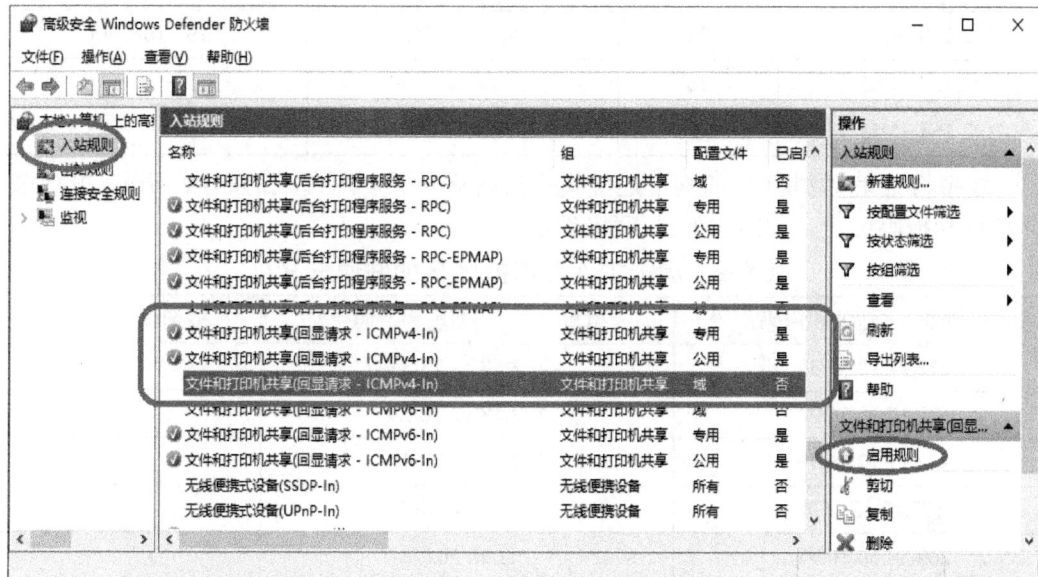

图 6-3-4　启用 ICMP 规则

4. 调整虚拟机 stu01 的网卡连接模式为 NAT 模式，宿主机和虚拟机不能联通

将虚拟机 stu01 的网卡连接模式调整为 NAT 模式，然后在宿主机的 PowerShell 中 ping 虚拟机 stu01，执行命令与结果如下：

```
PS C:\Users\sziit> ping 192.168.100.11

正在 Ping 192.168.100.11 具有 32 字节的数据:
请求超时。
请求超时。
来自 192.168.100.33 的回复: 无法访问目标主机。                      <== 不可以联通
来自 192.168.100.33 的回复: 无法访问目标主机。

192.168.100.11 的 Ping 统计信息:
    数据包: 已发送 = 4，已接收 = 2，丢失 = 2 (50% 丢失),
PS C:\Users\sziit>
```

练 习 题

一、填空题

1. IP 地址和子网掩码位数如表 6-1 所示，计算子网掩码和子网号。

表 6-1　IP 地址、掩码位数与子网掩码、子网号对应表

IP 地址	掩码位数	子网掩码	子网号
192.168.34.55	24	255.255.255.0	192.168.34.0
192.168.34.55	16		
192.168.34.55	8		

2. 虚拟机 A 和虚拟机 B 的网卡连接模式都调整为桥接模式，如表 6-2 所示，根据它们的 IP 地址和掩码位数，判断它们是否能够联通。

表 6-2　虚拟机 A 和虚拟机 B 的联通情况

虚拟机 A 的 IP 地址和掩码位数	虚拟机 B 的 IP 地址和掩码位数	联通情况(是/否)
172.17.12.56/32	172.18.12.78/32	
172.17.12.56/24	172.18.12.78/24	
172.17.12.56/16	172.18.12.78/16	
172.17.12.56/8	172.18.12.78/8	
202.38.56.102/8	202.38.56.2/8	
202.38.56.102/16	202.38.56.2/16	

二、简答题

1. 查看虚拟机 A、B、C 的网卡 IP 地址。

虚拟机 A 的 IP 地址检查如下：

```
[root@stu ~]# ip  address | grep  -w  inet
    inet 127.0.0.1/8 scope host lo
    inet 172.16.22.145/24 brd 172.16.22.255 scope global noprefixroute ens160
    inet 172.16.22.145/24 brd 172.16.22.255 scope global noprefixroute ens224
[root@stu ~]#
```

虚拟机 B 的 IP 地址检查如下：

```
[root@stu ~]# ip  address | grep  -w  inet
    inet 127.0.0.1/8 scope host lo
    inet 192.168.22.14/24 brd 172.16.22.255 scope global noprefixroute ens160
    inet 10.10.10.10/24 brd 10.10.10.255 scope global noprefixroute ens224
[root@stu ~]#
```

虚拟机 C 的 IP 地址检查如下：

```
[root@stu ~]# ip  address | grep  -w  inet
    inet 127.0.0.1/8 scope host lo
    inet 192.168.70.92 32 brd 172.168.70.92 scope global noprefixroute ens160
    inet 10.10.10.10/24 brd 10.10.10.255 scope global noprefixroute ens224
[root@stu ~]#
```

这三台计算机的 IP 地址设置有哪些不合理的地方，请指出并改正。

2. 查看虚拟机 A、B 的网卡 IP 地址。

虚拟机 A 的 IP 地址检查如下：

```
[root@stu ~]# ip   address | grep   -w   inet
    inet 127.0.0.1/8 scope host lo
    inet 192.168.22.145/24 brd 172.16.22.255 scope global noprefixroute ens160
[root@stu ~]#
```

虚拟机 B 的 IP 地址检查如下：

```
[root@stu ~]# ip   address | grep   -w   inet
    inet 127.0.0.1/8 scope host lo
    inet 192.168.70.92 32 brd 172.168.70.92 scope global noprefixroute ens160
[root@stu ~]#
```

这两台计算机无法互联，可能的原因有哪些？请写出改正的方法。

项目 7 光盘的使用

本项目主要介绍在 RHEL9 中如何使用光盘，包括在虚拟机中装入光盘、将光盘挂载到目录树中、读取光盘中的内容和配置光盘的自动挂载等一系列操作。

知识目标

- 理解文件系统的挂载与卸载。
- 理解文件系统与目录树的关系。
- 理解挂载点的含义。
- 理解自动挂载与配置文件/etc/fstab 的关系。

技能目标

- 掌握虚拟机中的光驱设置的方法。
- 掌握挂载光盘的方法。
- 掌握配置光盘自动挂载的方法。
- 掌握处理故障的技巧。

任务 7-1 挂 载 光 盘

任务描述

理解挂载概念，掌握挂载光盘的流程。

任务实施

挂载光盘

1. 激活光盘

在 VMware Workstation 实验环境下，通常用光盘的镜像文件(*.iso)替代真正的光盘。在启动状态的虚拟机中"装入"镜像文件，需要先打开 VMware Workstation 的虚拟机设置，可在菜单栏单击"虚拟机"→"设置"，或在软件右下角，双击光盘图标，如图7-1-1 所示。

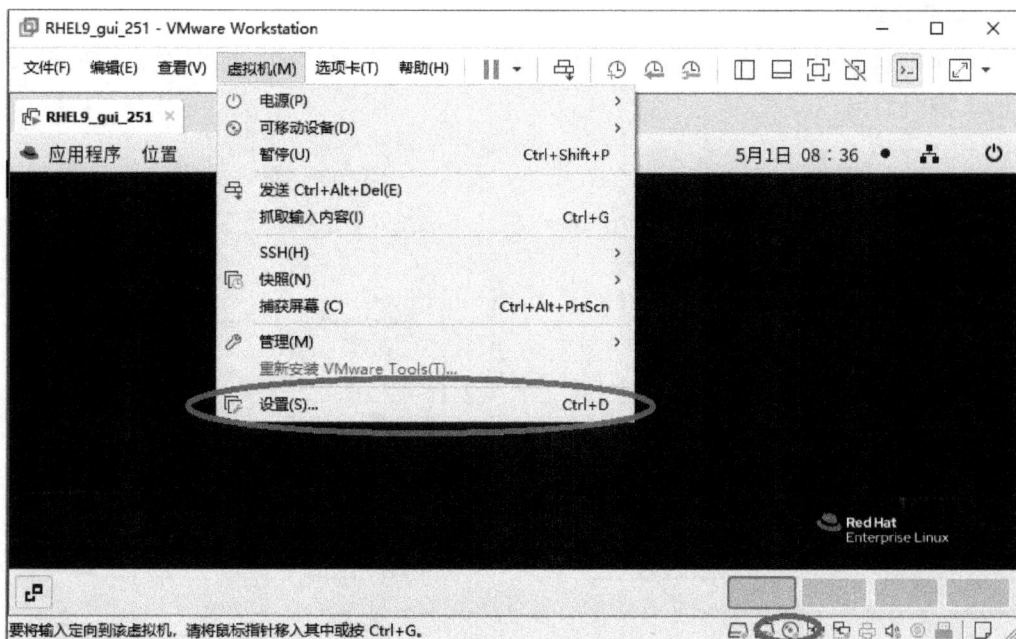

图 7-1-1　打开虚拟机的硬件设置

　　打开虚拟机的设置页面后，单击光驱设备"CD/DVD(IDE)"，在标签页右侧修改连接属性，如图 7-1-2 所示，选中复选框"启动时连接"，再选中单选框"使用 ISO 映像文件"，单击"浏览"按钮打开文件选取框，选取之前下载的 Linux 安装镜像，如 rhel-baseos-9.0-x86_64-dvd.iso 或 Rocky-9.2-x86_64-dvd.iso。

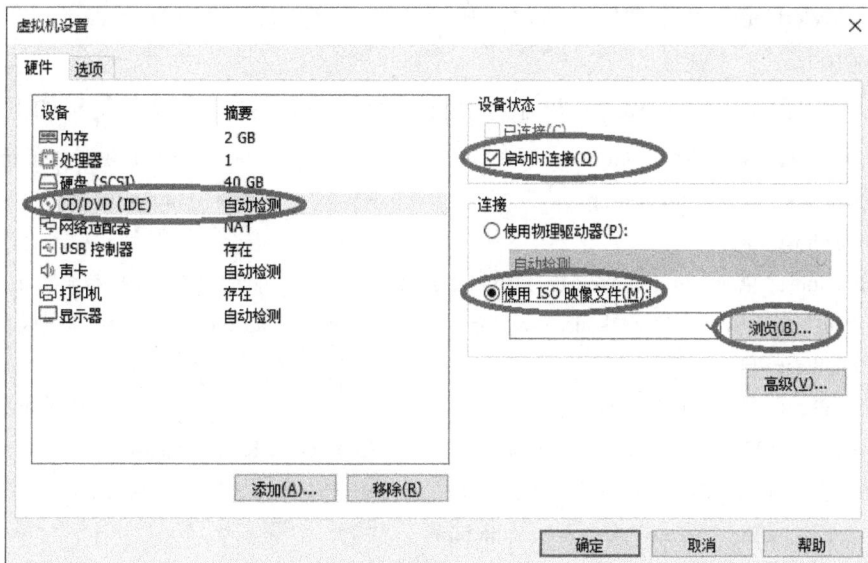

图 7-1-2　修改光驱属性

　　检查 VMware Workstation 右下角的光盘图标。若光盘图标是灰显的，则表示光驱没有被激活，单击光盘图标，选择"连接"，光驱激活后，光盘图标右下角会显示一个绿点。

2. 挂载光盘

光盘中的目录和文件与 Linux 系统中的目录树是"分离"的，如图 7-1-3 所示，不能被 Linux 系统访问。

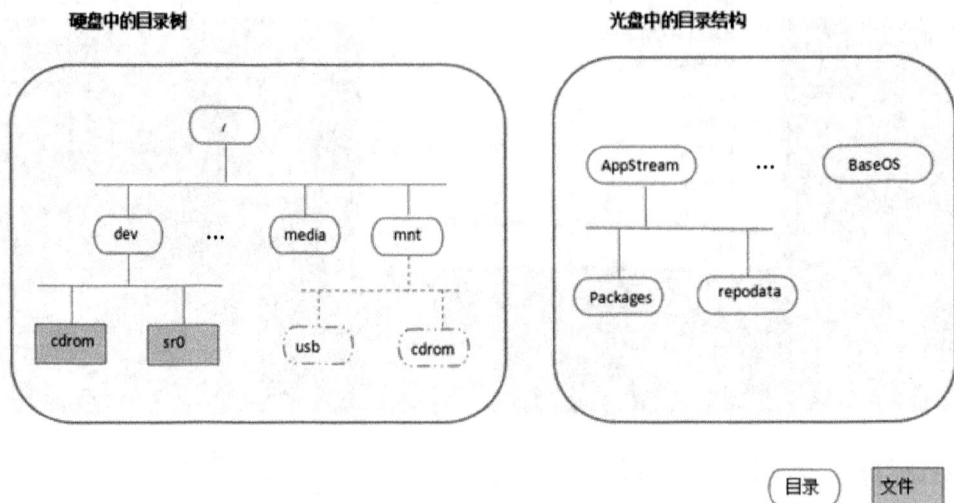

图 7-1-3 分离的目录树

命令 mount 可以将光盘挂载到系统目录树中，其基本格式如下：

mount /dev/cdrom   挂载目录

注："/dev/cdrom"是光盘驱动器对应的设备文件。挂载目录可以是任意一个空目录，常用 /mnt/cdrom。

创建一个空目录 /mnt/cdrom，并将光盘挂载至该目录，执行命令与结果如下：

```
[root@localhost ~]# mkdir   /mnt/cdrom                        <== 创建目录/mnt/cdrom
[root@localhost ~]# ls   /mnt/cdrom                           <== /mnt/cdrom 是个空目录
[root@localhost ~]#
[root@localhost ~]# mount   /dev/cdrom   /mnt/cdrom           <== 将光盘挂载至目录/mnt/cdrom
mount: /mnt/cdrom: WARNING: source write-protected, mounted read-only.    <== 挂载成功
[root@localhost ~]#
[root@localhost ~]# ls   /mnt/cdrom                           <== 查看光盘中的内容
AppStream      EULA              images            RPM-GPG-KEY-redhat-beta
BaseOS         extra_files.json  isolinux          RPM-GPG-KEY-redhat-release
EFI            GPL               media.repo
[root@localhost ~]#
```

若挂载成功，系统将显示"mount: /mnt/cdrom: WARNING: source write-protected, mounted read-only."，表示光盘被挂载到 /mnt/cdrom 了，它是"只读"的。

挂载成功后，Linux 系统目录树如图 7-1-4 所示。

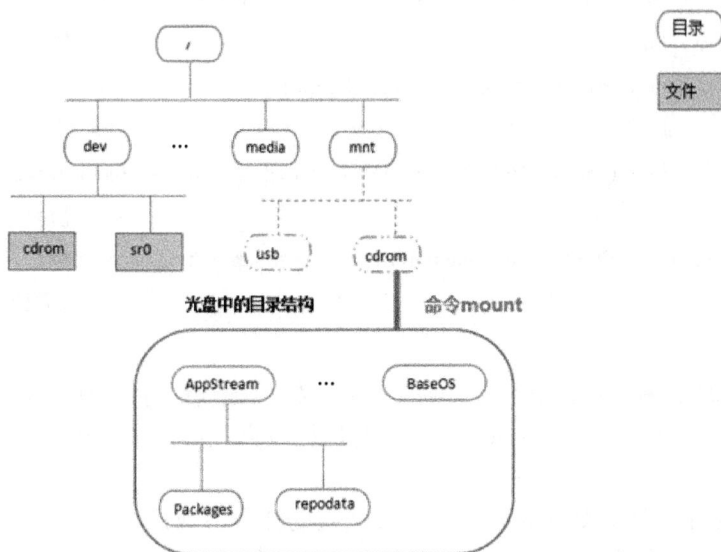

图 7-1-4　挂载光盘后的目录树

也可以将光盘同时挂载到不同的目录。创建一个空目录 /test，并将光盘挂载至该目录，执行命令与结果如下：

```
[root@localhost ~]# mkdir   /test                          <== 创建目录/test
[root@localhost ~]# ls   /test                             <== /test 是个空目录
[root@localhost ~]#
[root@localhost ~]# mount   /dev/cdrom   /test              <== 将光盘挂载至目录/test
mount: /test: WARNING: source write-protected, mounted read-only.   <== 挂载成功
[root@localhost ~]#
[root@localhost ~]# ls   /test                             <== 新挂载目录的内容
AppStream     EULA            images        RPM-GPG-KEY-redhat-beta
BaseOS        extra_files.json    isolinux      RPM-GPG-KEY-redhat-release
EFI           GPL             media.repo
[root@localhost ~]#
[root@localhost ~]# ls   /mnt/cdrom                        <== 旧挂载目录的内容不变
AppStream     EULA            images        RPM-GPG-KEY-redhat-beta
BaseOS        extra_files.json    isolinux      RPM-GPG-KEY-redhat-release
EFI           GPL             media.repo
[root@localhost ~]#
```

光盘还可以同时被挂载到几个不同的挂载点(如 /mnt/cdrom 和 /test)，挂载成功后，各挂载点的内容是完全一致的。

mount 命令除了可以挂载光盘，还可以列出系统当前的挂载概况，其格式如下：

mount

将光盘挂载到 /mnt/cdrom 和/test 后，执行命令"mount"，结果如下：

```
[root@localhost /]# mount                                    <== 查看系统挂载概况
proc on /proc type proc (rw,nosuid,nodev,noexec,relatime)
⋮
/dev/sr0 on /mnt/cdrom type iso9660 (ro,relatime,nojoliet,check=s,map=n,blocksize=2048)
                                                             <== 光盘挂载到/mnt/cdrom
/dev/sr0 on /test type iso9660 (ro,relatime,nojoliet,check=s,map=n,blocksize=2048)
                                                             <== 光盘挂载到/test
[root@localhost /]#
```

命令"mount"的输出中，每一行都对应一个挂载，以最后一行为例，第一个字段"/dev/sr0"指代光盘驱动器，第三个字段"/test"对应的是挂载点，第五个字段"iso9660"是光盘的文件系统类型。

整个系统的挂载是很复杂的，若只关心光盘的挂载参数，可以用"| grep iso9660"或"| grep iso"进行查看结果的过滤，执行命令与结果如下：

```
[root@localhost /]# mount  |  grep  iso                      <== 查看光盘的挂载概况
/dev/sr0 on /mnt/cdrom type iso9660 (ro,relatime,nojoliet,check=s,map=n,blocksize=2048)
/dev/sr0 on /test1 type iso9660 (ro,relatime,nojoliet,check=s,map=n,blocksize=2048)
[root@localhost /]#
```

想要知道光盘被挂载了几次，还可以用"| wc -l"进一步加以统计，执行命令与结果如下：

```
[root@localhost /]# mount  |  grep  iso  |  wc  -l           <== 统计光盘的挂载次数
2
[root@localhost /]#
```

注：完成挂载操作后，必须用 ls 命令检查挂载目录的内容，以确保挂载的是正确的光盘。如果挂载点内容与预期不一样，则有可能是加载了错误的 ISO 文件或放置了错误的光盘，需要卸载错误的光盘才能进行下一步的操作。观察 RHEL9 安装光盘的内容，记住它的特征(如包含重要目录 AppStream 与 BaseOS 和文件 RPM-GPG-KEY-redhat-release)。

3. 对挂载点中的文件或目录的操作

一般情况下，光盘以只读形式被挂载，对挂载点中的文件或目录只能进行读操作，不能进行写操作。对挂载点中的文件或目录操作的具体情况如下：

(1) 可以用 ls 命令显示目录内容，执行命令与结果如下：

```
[root@localhost /]# ls  /mnt/cdrom                           <== 列出挂载点内容
AppStream    EULA            images      RPM-GPG-KEY-redhat-beta
BaseOS       extra_files.json  isolinux    RPM-GPG-KEY-redhat-release
EFI          GPL
[root@localhost /]# ls  /mnt/cdrom/AppStream                 <== 列出子目录内容
```

```
Packages    repodata
[root@localhost /]#
```

(2) 可以用 cat 命令显示文件内容，执行命令与结果如下：

```
[root@localhost /]# cat   /mnt/cdrom/EULA                          <== 显示光盘中的文件
END USER LICENSE AGREEMENT
︙
property of their respective owners.
[root@localhost /]#
```

(3) 可以用 cd 命令跳转到挂载点及其子目录中，执行命令与结果如下：

```
[root@localhost /]# cd   /mnt/cdrom                                <== 跳转到挂载点
[root@localhost cdrom]# cd   /mnt/cdrom/AppStream                  <== 跳转到挂载点的子目录
[root@localhost AppStream]# cd   ..                                <== 跳转到上一级目录
[root@localhost cdrom]#
```

(4) 可以用 cp 命令将文件复制到挂载点以外的目录中，执行命令与结果如下：

```
[root@localhost cdrom]# cp   /mnt/cdrom/GPL   /root               <== 复制光盘中的文件
[root@localhost cdrom]#
```

(5) 不可以在挂载点及子目录中创建或删除文件和目录，执行命令与结果如下：

```
[root@localhost cdrom]# mkdir   /mnt/cdrom/a
mkdir: 无法创建目录 "/mnt/cdrom/a"：只读文件系统                    <== 不能创建文件或目录
[root@localhost cdrom]#
[root@localhost cdrom]# rm    /mnt/cdrom/GPL                       <== 不能删除文件或目录
rm: 是否删除普通文件 '/mnt/cdrom/GPL'? y
rm: 无法删除 '/mnt/cdrom/GPL'：只读文件系统
[root@localhost cdrom]#
```

(6) 不可以将文件复制或移动到挂载点中，执行命令与结果如下：

```
[root@localhost cdrom]# cp   /etc/selinux/config   /mnt/cdrom
cp: 无法创建普通文件'/mnt/cdrom/config': 只读文件系统
[root@localhost cdrom]#
[root@localhost cdrom]# mv   /mnt/cdrom/GPL    /mnt/cdrom/GPL.bak
mv: 无法将'/mnt/cdrom/GPL' 移动至'/mnt/cdrom/GPL.bak': 只读文件系统
[root@localhost cdrom]#
```

(7) 不可以修改文件内容，执行命令与结果如下：

```
[root@localhost cdrom]#
[root@localhost cdrom]# echo   "hello world"  >   /mnt/cdrom/GPL
bash: /mnt/cdrom/GPL: 只读文件系统
[root@localhost cdrom]#
```

任务 7-2　了解挂载故障及其排除方法

任务描述

了解挂载命令可能出现的故障，掌握排除故障的方法。

任务实施

使用挂载命令时，可能会出现以下 3 种类型的错误：

(1) 挂载点不存在。

(2) 挂载点不是目录。

(3) 找不到媒体。

下面介绍排除这些故障的方法。

1. 排除故障“挂载点不存在”

删除文件系统中的 /test1，再执行命令“mount　/dev/cdrom　/test1”，执行命令与结果如下：

```
[root@localhost ~]# rm   -rf   /test1                                <== 删除/test1
[root@localhost ~]# mount   /dev/cdrom   /test1
mount: /test1: mount point does not exist.                           <== mount:/test1:挂载点不存在
[root@localhost ~]#
```

遇到“挂载点不存在”型故障，应该先创建一个对应的目录，再进行挂载，执行命令与结果如下：

```
[root@localhost ~]# mkdir   /test1                                   <== 创建目录/test1
[root@localhost ~]#
[root@localhost ~]# mount   /dev/cdrom   /test1                      <== 重新挂载
mount: /test1: WARNING: source write-protected, mounted read-only.
[root@localhost ~]#
```

2. 排除故障“挂载点不是目录”

创建文件/test2，再执行命令“mount　/dev/cdrom　/test2”，执行命令与结果如下：

```
[root@localhost ~]# rm   -rf   /test2
[root@localhost ~]# touch   /test2                                  <== 创建文件/test2
[root@localhost ~]# mount   /dev/cdrom   /test2
mount: /test2: mount point is not a directory.                      <== mount:/test2:挂载点不是目录
[root@localhost ~]#
```

遇到“挂载点不是目录”型故障，应该先查看挂载点是不是一个文件，并且这个文件是否有必要。再根据检查的结果选择处理方法：如果挂载点是一个不必要的文件，则可以先删除文件或将文件移动到其他目录，再创建同名目录，最后进行挂载；如果挂载点是一个必要的文件，则可以将光盘挂载到其他挂载点。

3. 排除故障"找不到媒体"

单击 VMware　Workstation 右下角的光盘图标，再单击"断开连接"，会弹出如图 7-2-1 所示的警告框。然后单击"是"按钮，若光盘图标变灰，则表示断开了虚拟机与光驱之间的连接。

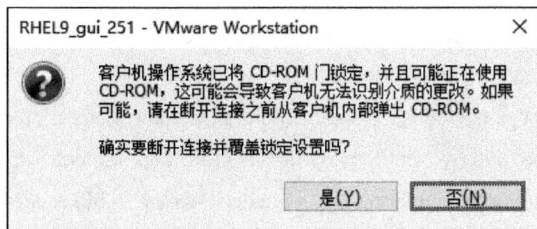

图 7-2-1　警告框

此时，在终端输入挂载命令，系统会报错"找不到媒体"，执行命令与结果如下：

```
[root@localhost ~]# rm   -rf   /test3
[root@localhost ~]# mkdir   /test3                    <== 创建空目录/test3
[root@localhost ~]#
[root@localhost ~]# mount   /dev/cdrom   /test3
mount: /mnt/cdrom: no medium found on /dev/sr0.       <== mount:/test3: 在 /dev/sr0 上找不到媒体
[root@localhost ~]#
```

遇到"找不到媒体"型故障，应该先检查光驱的设置，连接好光驱，再重新挂载。

注：光驱对应的设备文件与光驱类型或 Linux 版本有关，可能为"/dev/sr0""/dev/hdc1"或其他。为了方便用户使用，RHEL9 会为光驱的设备文件创建链接文件"/dev/cdrom"。因此，报错信息中的"/dev/sr0"和命令中的"/dev/cdrom"都是光驱的设备文件。

任务 7-3　光 盘 的 卸 载

任 务 描 述

练习光盘的卸载。

任 务 实 施

在真正的计算机中想要弹开光驱取出光盘，必须先将光盘从目录树中卸载出来。卸载光盘的命令有以下两种格式：

umount　/dev/cdrom

umount　挂载目录

注：“umount /dev/cdrom”是指卸载掉最后一次挂载，“umount 挂载目录”是指卸载掉特定目录的挂载。

先将光盘挂载到 /mnt/cdrom、/test1、/test2 后，再检查挂载状况，执行命令与结果如下：

```
[root@localhost /]# mount  /dev/cdrom  /mnt/cdrom
[root@localhost /]# mount  /dev/cdrom  /test1
[root@localhost /]# mount  /dev/cdrom  /test2
[root@localhost /]#
[root@localhost /]# mount  |  grep  iso                    <== 查看光盘的挂载概况
/dev/sr0 on /mnt/cdrom type iso9660 (ro,relatime,nojoliet,check=s,map=n,blocksize=2048)
/dev/sr0 on /test1 type iso9660 (ro,relatime,nojoliet,check=s,map=n,blocksize=2048)
/dev/sr0 on /test2 type iso9660 (ro,relatime,nojoliet,check=s,map=n,blocksize=2048)
[root@localhost /]#
```

下面通过几个示例来介绍卸载命令的使用。

【例 1】 执行命令“umount /dev/cdrom”与结果如下：

```
[root@localhost /]# mount  |  grep  iso                    <== 查看光盘的挂载概况
/dev/sr0 on /mnt/cdrom type iso9660 (ro,relatime,nojoliet,check=s,map=n,blocksize=2048)
/dev/sr0 on /test1 type iso9660 (ro,relatime,nojoliet,check=s,map=n,blocksize=2048)
/dev/sr0 on /test2 type iso9660 (ro,relatime,nojoliet,check=s,map=n,blocksize=2048)
                                                           <== 最后一次挂载
[root@localhost /]#
[root@localhost ~]# umount  /dev/cdrom                      <== 卸载光盘
[root@localhost ~]#
[root@localhost ~]# mount  |  grep  iso                    <== 查看光盘的挂载概况
/dev/sr0 on /mnt/cdrom type iso9660 (ro,relatime,nojoliet,check=s,map=n,blocksize=2048)
/dev/sr0 on /test1 type iso9660 (ro,relatime,nojoliet,check=s,map=n,blocksize=2048)
                                                           <== /test2 的挂载消失
[root@localhost ~]#
[root@localhost ~]# ls  /test2                             <== 卸载后，挂载点内容为空
[root@localhost ~]#
```

对比两次“mount | grep iso”的输出可知，最后一次挂载(挂载目录为 /test2)被卸载了。

【例 2】 执行命令“umount /mnt/cdrom”与结果如下：

```
[root@localhost ~]# umount  /mnt/cdrom                     <== 卸载/mnt/cdrom 上的挂载
[root@localhost ~]#
[root@localhost ~]# mount  |  grep  iso                    <== 查看光盘的挂载概况
/dev/sr0 on /test1 type iso9660 (ro,relatime,nojoliet,check=s,map=n,blocksize=2048)
                                                           <== /mnt/cdrom 上的挂载消失
[root@localhost ~]#
```

```
[root@localhost ~]# ls   /mnt/cdrom                          <== 卸载后，挂载点内容为空
[root@localhost ~]#
```

观察"mount | grep iso"的输出可知，挂载目录 /mnt/cdrom 上的挂载被卸载了。

【例 3】　光盘被占用或挂载目录被占用时，不能执行卸载命令。下面先跳转到挂载目录 /test1，然后执行两种命令格式的 umount 命令，结果如下：

```
[root@localhost ~]# cd   /test1                              <== 跳转挂载目录
[root@localhost test]# cd /test1
[root@localhost test1]#
[root@localhost test1]# umount   /dev/cdrom                  <== 第一种格式
umount: /test1: 目标忙.                                       <== 提示/test1 被占用
[root@localhost test1]# umount   /test1                      <== 第二种格式
umount: /test1: 目标忙.                                       <== 提示/test1 被占用
[root@localhost test1]#
```

两条 umount 命令的系统报错信息是一样的，都会提示挂载目录被占用。

遇到系统提示"目标忙"时，先在提示信息中找到挂载目录，然后解除对该挂载目录的占用，最后再进行卸载，执行命令与结果如下：

```
[root@localhost ~]# cd   ~                                   <== 跳转到挂载目录以外的任意目录
[root@localhost ~]#
[root@localhost ~]# umount   /test1
[root@localhost ~]# mount   |   grep   iso
[root@localhost ~]#                                         <== 无回显，表示系统未挂载光盘
```

【例 4】　在卸载光盘的两种形式中，"umount   /dev/cdrom"更常用，因为它可以结合【↑】键(显示上一条命令)使用。先将光盘挂载到 /mnt/cdrom、/test1、/test2，再结合【↑】键进行卸载，执行命令与结果如下：

```
#   先将光盘挂载到/mnt/cdrom、/test1、/test2。
[root@localhost /]# mount   /dev/cdrom   /mnt/cdrom
[root@localhost /]# mount   /dev/cdrom   /test1
[root@localhost /]# mount   /dev/cdrom   /test2


#   执行第一次卸载。
[root@localhost ~]# umount   /dev/cdrom


#   利用【↑】键重复输入命令。
[root@localhost ~]# 【↑】                                     <== 终端出现"umount   /dev/cdrom"，按下【Enter】键
[root@localhost ~]# 【↑】                                     <== 终端出现"umount   /dev/cdrom"，按下【Enter】键
[root@localhost ~]# 【↑】                                     <== 终端出现"umount   /dev/cdrom"，按下【Enter】键
umount: /dev/cdrom: 未挂载.                                   <== 出现这条信息，表示所有挂载目录都已经被卸载了
[root@localhost ~]#
```

任务 7-4　光盘的自动挂载

任务描述

通过文件设置来实现光盘的自动挂载。

光盘的
自动挂载

任务实施

通常情况下，将光盘挂载到指定目录后，若重启系统，则光盘的挂载情况会有所改变。
例如，将光盘挂载到/mnt/cdrom、/test1、/test2 后，执行命令"reboot"来重启系统。
在 RHEL9 重启成功后，用命令"mount | grep　iso"检查光盘的挂载情况，不同的系统输出可能会不同，主要有以下两种情况：

```
# 第一种：系统将光盘挂载到其他目录。
[root@localhost /]# mount | grep iso
/dev/sr0 on /run/media/root/RHEL-9-0-0-BaseOS-x86_64 type iso9660 (ro,nosuid,nodev,relatime, nojoliet,
check=s,map=n,blocksize=2048,uid=0,gid=0,dmode=500,fmode=400,uhelper=udisks2)
                                    <== 挂载到/run/media/root/RHEL-9-0-0-BaseOS-x86_64
[root@localhost /]#
```

```
# 第二种：系统不挂载光盘。
[root@localhost /]# mount　|　grep　iso
[root@localhost /]#                        <== 回显为空，表示光盘未被挂载
```

由上述结果可以看出，在系统重启后，光盘没有被挂载到 /mnt/cdrom、/test1、/test2
中。这是因为 Linux 系统在启动过程中，会读取文件 /etc/fstab，并根据文件的设置，将存储设备挂载到特定的挂载目录。

1. 通过设置文件来自动挂载光盘

查看/etc/fstab 文件内容，执行命令与结果如下：

```
[root@localhost ~]# cat　-n　/etc/fstab
    1
    2    #
    3    # /etc/fstab
    4    # Created by anaconda on Fri Dec 16 02:04:40 2022
    5    #
    6    # Accessible filesystems, by reference, are maintained under '/dev/disk/'.
    7    # See man pages fstab(5), findfs(8), mount(8) and/or blkid(8) for more info.
    8    #
    9    # After editing this file, run 'systemctl daemon-reload' to update systemd
```

```
10      # units generated from this file.
11      #
12      /dev/mapper/rhel-root           /           xfs      defaults        0 0
13      UUID=f9578733-...               /boot       xfs      defaults        0 0
14      /dev/mapper/rhel-swap           none        swap     defaults        0 0
[root@localhost ~]#
```

文件 /etc/fstab 的第 2 行到第 11 行均以 "#" 开头。"#" 是 Linux 中的常用注释符，表示后面的文字是注释，不是参数，系统会略过它们。文件中真正生效的行是第 12 行到第 14 行，其中每一行对应一个挂载操作，其格式如下：

设备文件或 UUID   挂载点   文件系统类型   挂载参数   是否自动备份   是否自动查错

以第 12 行为例，它规定了 Linux 在启动时要将 "/dev/mapper/rhel-root" 挂载到 "/" 目录，该分区的文件系统类型是 xfs，挂载参数为 defaults(默认参数)，最后两个 "0" 代表否，既不自动备份，也不自动查错。

光盘的设备文件为 /dev/cdrom，文件系统类型为 iso9660，挂载点根据实际工作需要设置，挂载参数、备份参数、查错参数可以仿照其他文件系统分别设置为 defaults、0、0。

若想要设置光盘在系统启动时自动挂载到 /mnt/cdrom、/test1、/test2 三个挂载点，则需要将以下内容添加到/etc/fstab 中：

```
/dev/cdrom              /mnt/cdrom      iso9660     defaults        0       0
/dev/cdrom              /test1          iso9660     defaults        0       0
/dev/cdrom              /test2          iso9660     defaults        0       0
```

/etc/fstab 是非常重要的一个配置文件，一旦出现错误，整个系统都无法正常启动。因此，在修改配置文件前，需要先为它保留一个备份；在修改配置后，需要为它进行挂载检查。

保留备份就是复制一个副本，最简单的实现方法就是使用 cp 命令，执行命令与结果如下：

```
[root@localhost ~]# mkdir    /backup                         <== 创建备份目录
[root@localhost ~]# cp   -a  /etc/fstab   /backup            <== 将配置文件复制至备份目录
[root@localhost ~]#
```

修改配置文件 /etc/fstab 后，并检查文件内容，执行命令与结果如下：

```
[root@localhost ~]# vi   /etc/fstab                          <== 修改配置文件
[root@localhost ~]#
[root@localhost ~]# grep   iso  /etc/fstab                   <== 检查修改的内容
/dev/cdrom              /mnt/cdrom      iso9660     defaults        0       0
/dev/cdrom              /test1          iso9660     defaults        0       0
/dev/cdrom              /test2          iso9660     defaults        0       0
[root@localhost ~]#
```

命令 "mount   -a" 会挂载配置文件 /etc/fstab 中规定的所有文件系统。若该命令可以正确执行，则说明文件 /etc/fstab 基本没有问题，执行命令与结果如下：

```
[root@localhost ~]# umount   /dev/cdrom
```

umount: /dev/cdrom: 未挂载.   <== 卸载当前所有的光盘挂载

[root@localhost ~]#

[root@localhost ~]# mount   -a

mount: /mnt/cdrom: WARNING: source write-protected, mounted read-only.

mount: /media/test1: WARNING: source write-protected, mounted read-only.

mount: /media/test2: WARNING: source write-protected, mounted read-only.

                                                      <== 光盘被正常挂载到了 3 个目录

[root@localhost ~]#

[root@localhost ~]# mount | grep iso

/dev/sr0 on /mnt/cdrom type iso9660 (ro,relatime,nojoliet,check=s,map=n,blocksize=2048)

/dev/sr0 on /test1 type iso9660 (ro,relatime,nojoliet,check=s,map=n,blocksize=2048)

/dev/sr0 on /test2 type iso9660 (ro,relatime,nojoliet,check=s,map=n,blocksize=2048)

[root@localhost ~]#

重启 Linux 系统，并检查光盘的挂载情况，执行命令与结果如下：

[root@localhost /]# mount | grep iso   <== 查看光盘的挂载

/dev/sr0 on /mnt/cdrom type iso9660 (ro,relatime,nojoliet,check=s,map=n,blocksize=2048)

/dev/sr0 on /test1 type iso9660 (ro,relatime,nojoliet,check=s,map=n,blocksize=2048)

/dev/sr0 on /test2 type iso9660 (ro,relatime,nojoliet,check=s,map=n,blocksize=2048)

[root@localhost ~]#

2. 注释符"#"的使用

若将注释符"#"添加到配置文件某一行的最前面，则可以使这一行的设置失效。例如，将它添加到挂载点 /mnt/cdrom 所在行，使 /etc/fstab 中与光盘相关的几行内容变为如下：

#/dev/cdrom	/mnt/cdrom	iso9660	defaults	0	0
/dev/cdrom	/test1	iso9660	defaults	0	0
/dev/cdrom	/test2	iso9660	defaults	0	0

修改完配置文件 /etc/fstab 后，用以下实验验证注释符"#"的作用：

1) 卸载当前所有的光盘挂载。

[root@localhost ~]# umount   /dev/cdrom

[root@localhost ~]# umount   /dev/cdrom

[root@localhost ~]# umount   /dev/cdrom

[root@localhost ~]# umount   /dev/cdrom

umount: /dev/cdrom: 未挂载.   <== 此信息说明已卸载所有挂载点

[root@localhost ~]#

2) 执行命令"mount -a"。

[root@localhost ~]# mount   -a

mount: /media/test1: WARNING: source write-protected, mounted read-only.

mount: /media/test2: WARNING: source write-protected, mounted read-only.

<== 光盘被正常挂载到了 2 个目录

[root@localhost ~]#

3) 检查光盘的挂载情况。

[root@localhost ~]# mount | grep iso   <== 可以查到两条光盘挂载

/dev/sr0 on test2 type iso9660 (ro,relatime,nojoliet,check=s,map=n,blocksize=2048)

/dev/sr0 on /test2 type iso9660 (ro,relatime,nojoliet,check=s,map=n,blocksize=2048)

[root@localhost ~]#

由上述结果可知，光盘没有被挂载到 /mnt/cdrom，配置文件 /etc/fstab 中的 "#" 使以它开始的行失效了。

注：修改 Linux 的配置文件时，当不需要某行参数时，通常不会把它直接删除，而是用 "#" 把它注释掉。当需要恢复此参数设置时，直接去掉 "#" 就可以了。

3. 配置文件修改错误时的故障信息

在修改配置文件时，有可能会不小心输入了错误的字符，或误删了必要的字符。用下面的示例来观察系统可能给出的故障信息。

【例 1】 将 /etc/fstab 第四行行首的 "#" 去掉，再执行 "mount -a" 命令，结果如下：

[root@localhost /]# mount -a

mount: /etc/fstab：第 4 行解析出错 -- 已忽略   <== 提示第 4 行出错

mount: /test1: WARNING: source write-protected, mounted read-only.

mount: /test2: WARNING: source write-protected, mounted read-only.

[root@localhost /]#

【例 2】 修改 /etc/fstab 的最后一行，将挂载目录设置成不存在的 "/test5678"：

/dev/cdrom   /test5678   iso9660   defaults   0   0

执行命令与结果如下：

[root@localhost /]# umount /dev/cdrom

[root@localhost /]# umount /dev/cdrom

umount: /dev/cdrom: 未挂载.

[root@localhost /]#

[root@localhost /]# mount   -a

mount: /test1: WARNING: source write-protected, mounted read-only.   <== 挂载正常

mount: /test5678: 挂载点不存在.   <== 提示失败的挂载目录及原因

[root@localhost /]#

【例 3】 修改 /etc/fstab 的最后一行，将设备文件设置成错误的 "/dev/cd"：

/dev/cd   /test2   iso9660   defaults   0   0

执行命令与结果如下：

[root@localhost /]# umount /dev/cdrom

[root@localhost /]# umount /dev/cdrom

```
umount: /dev/cdrom: 未挂载.
[root@localhost /]#
[root@localhost /]# mount    -a
mount: /test1: WARNING: source write-protected, mounted read-only.          <== 挂载正常
mount: /test2: 特殊设备  /dev/cd  不存在.                        <== 提示失败的挂载目录及原因
[root@localhost /]#
```

【例 4】 修改 /etc/fstab 的最后一行，将文件系统类型设置成错误的"iso"：

```
/dev/cdrom                  /test2              iso       defaults        0        0
```

执行命令与结果如下：

```
[root@localhost /]# umount /dev/cdrom
[root@localhost /]# umount /dev/cdrom
umount: /dev/cdrom: 未挂载.
[root@localhost /]#
[root@localhost /]# mount    -a
mount: /test1: WARNING: source write-protected, mounted read-only.          <== 挂载正常
mount: /test2: 未知的文件系统类型"iso".                    <== 提示失败的挂载目录及原因
[root@localhost /]#
```

特别需要注意的是，当不再需要自动挂载某文件系统并将它卸载后，一定要及时修改 /etc/fstab 文件，否则可能会影响系统的正常启动。

练 习 题

一、填空题

1. 光驱设备对应的设备文件为＿＿＿＿＿＿＿＿ 或 ＿＿＿＿＿＿＿＿＿。
2. 光盘所使用的标准文件系统是＿＿＿＿＿＿＿＿。
3. 文件系统挂载配置文件为＿＿＿＿＿＿＿＿。
4. 设备文件应该保存在＿＿＿＿＿＿＿＿目录中。

二、操作题

1. 将安装光盘挂载到目录 /mnt/cd_linux。
2. 在 mount、lsblk 的输出结果中找出这个挂载。
3. 将光盘中的 GPL 文件和 isolinux/boot.msg 文件复制到/backup 目录。
4. 在目录 /mnt/cd_linux 中创建文件 abc.txt，并将 /etc/dnf/dnf.conf 复制到/mnt/cd_linux。
5. 卸载光盘。
6. 在目录 /mnt/cd_linux 中创建文件 abc.txt。
7. 修改配置文件，使系统可以自动挂载光盘至 /mnt/cd_linux。

项目 8　用 DNF 管理软件包

在扩展计算机的功能时，就需要安装软件。RHEL9 通过工具 DNF(Dandified Yum)管理软件包。本项目主要介绍如何配置 DNF，如何通过 DNF 对软件包进行安装、查询、删除、更新等操作。

知 识 目 标

- 了解软件包管理的主要内容。
- 了解软件包之间的依赖关系。
- 了解软件仓库的结构。
- 了解软件包管理工具 DNF 的基本工作原理。

技 能 目 标

- 掌握软件包管理工具 DNF 的基本配置方法。
- 掌握 dnf 查询命令。
- 掌握处理故障的技巧。

任务 8-1　添加软件仓库

任 务 描 述

为 RHEL9 的软件管理工具 DNF 添加软件仓库。

任 务 实 施

添加软件仓库

1. 查看软件仓库

打开 VMware　Workstation 的"虚拟机设置"页面，如图 8-1-1 所示，单击光驱设备 "CD/DVD(IDE)"，在标签页右侧修改连接属性，选中复选框"启动时连接"，再选中单选框"使用 ISO 映像文件"，然后单击"浏览"按钮打开文件选取框，选取之前下载的 Linux 安装镜像。

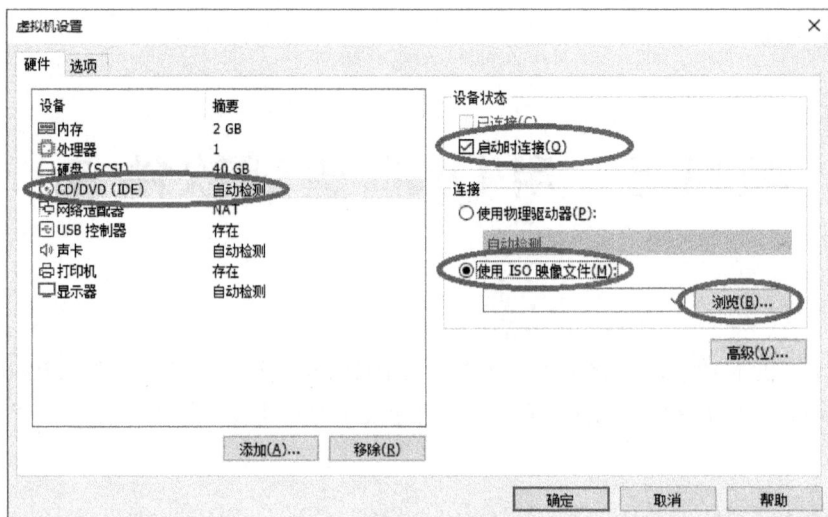

图 8-1-1　修改光驱属性

在终端中输入命令，将光盘挂载到 /mnt/cdrom 目录，执行命令与结果如下：

#1　创建挂载点/mnt/cdrom。

[root@localhost /]# mkdir　/mnt/cdrom

[root@localhost /]#

#2　将光盘挂载到/mnt/cdrom。

[root@localhost /]# mount　/dev/cdrom　/mnt/cdrom

mount: /mnt/cdrom: WARNING: source write-protected, mounted read-only.

[root@localhost /]#

#3　检查挂载目录。

[root@localhost ~]# ls　/mnt/cdrom

AppStream   EULA   images   RPM-GPG-KEY-redhat-beta

BaseOS   extra_files.json   isolinux   RPM-GPG-KEY-redhat-release

EFI   GPL   media.repo

[root@localhost ~]#

安装光盘中包含许多子目录，其中 AppStream 和 BaseOS 是它提供的两个软件仓库。用 ls 命令列出这两个子目录的内容，执行命令与结果如下：

[root@localhost /]# ls　/mnt/cdrom/AppStream/

Packages　repodata   <== 包含子目录 Packages 和 repodata

[root@localhost /]# ls　/mnt/cdrom/BaseOS/

Packages　repodata   <== 包含子目录 Packages 和 repodata

[root@localhost /]#

　　目录 AppStream 和 BaseOS 都包含子目录 Packages("P"是大写)和 repodata。Packages 目录包含大量软件包。再用 ls 命令列出这两个 Packages 目录的内容，执行命令与结果如下：

```
[root@localhost /]# ls   /mnt/cdrom/AppStream/Packages/
⋮
zziplib-0.13.71-9.el9.i686.rpm                               <== 文件后缀为 .rpm
zziplib-0.13.71-9.el9.x86_64.rpm
zziplib-utils-0.13.71-9.el9.x86_64.rpm
[root@localhost ~]#
[root@localhost /]# ls   /mnt/cdrom/BaseOS/Packages/
⋮
zlib-1.2.11-31.el9.x86_64.rpm
zsh-5.8-9.el9.x86_64.rpm
zstd-1.5.1-2.el9.x86_64.rpm
[root@localhost ~]#
```

Packages 目录包含大量红色的以 .rpm 为后缀的文件，这种文件是软件包的安装文件，主要用在 RHEL、CentOS 和 Fedora 系列的操作系统上，也被称为 rpm 文件或 rpm 安装包。

2. 添加软件仓库

DNF 是 RHEL9 的软件管理工具，它通过配置文件 /etc/dnf/dnf.conf 来管理软件仓库。

1) 备份配置文件

在打开这个配置文件之前，应先为它备份，以便在出错之后可利用备份恢复到初始状态。下面给出一个简单的例子：

```
#1 将 DNF 的原始配置文件备份到/root/conf。
#    用 cp 命令备份配置文件时，最好加 "-a" 参数来保留其权限等文件属性。
[root@localhost /]# mkdir   /root/conf
[root@localhost /]# cp   -a   /etc/dnf/dnf.conf   /root/conf
[root@localhost /]#

#2 "不小心" 误删了配置文件。
[root@localhost /]# rm   -rf   /etc/dnf/dnf.conf
[root@localhost /]#

#3 利用备份恢复配置文件。
[root@localhost conf]# cp   -a   /root/conf/dnf.conf   /etc/dnf/dnf.conf
cp：是否覆盖'/etc/dnf/dnf.conf'？  y
[root@localhost conf]#
```

2) 查看并修改配置文件

配置文件 /etc/dnf/dnf.conf 内容如下：

```
[root@localhost ~]# cat   -n   /etc/dnf/dnf.conf
```

```
1    [main]
2    gpgcheck=1
3    installonly_limit=3
4    clean_requirements_on_remove=True
5    best=True
6    skip_if_unavailable=False
```
[root@localhost ~]#

文件的第 1 行为"[main]"，它表示下面的第 2～6 行是 DNF 的全局参数。文件的第 2 行到第 6 行有相同的格式，即"参数=值"。

用 vi 编辑器修改文件 /etc/dnf/dnf.conf，将"gpgcheck=1"改为"gpgcheck=0"。参数 "gpgcheck"规定了在安装软件包前是否对其进行 GPG 验证。将 gpgcheck 的值设置成"0"，表示无需 GPG 验证。

注：若保留 gpgcheck 的值为"1"，则需要在各仓库中添加 gpgkey 参数用以指定 GPG 验证所需的公钥文件。

3）添加仓库

配置文件中不包含任何软件仓库的信息，在文件末尾添加以下四行文字，用以添加光盘中的两个仓库：

```
[cd_AppStream]                              # 第一个仓库的 ID 为"cd_AppStream"
baseurl=file:///mnt/cdrom/AppStream/        # 第一个仓库的 baseurl 参数

[cd_BaseOS]                                 # 第二个仓库的 ID 为"cd_BaseOS"
baseurl=file:///mnt/cdrom/BaseOS/           # 第二个仓库的 baseurl 参数
```

注：

① 第一个仓库的 ID 为"cd_AppStream"，仓库 ID 可以自己指定，应尽可能简短明确。仓库的 ID 要用"[ ]"括起来。

② 参数"baseurl"用于指明仓库的位置，在"file:///mnt/cdrom/AppStream/"中，"file://"表示这是一个本地仓库，"/mnt/cdrom/AppStream/"指明仓库的绝对路径。"file:"与"mnt"之间有三条"/"。

③ 第二个仓库的 ID 为"cd_BaseOS"，同样用参数"baseurl"指明了仓库的位置。仓库 ID 不可重复。

4）验证仓库设置

可以通过下载仓库元数据文件来验证仓库是否设置正确，命令如下：

dnf   makecache

(1) 下载仓库元数据命令被正常执行。

若命令"dnf   makecache"被正常执行，则系统显示如下：

[root@mariadb1 ~]# dnf   makecache

正在更新 Subscription Management 软件仓库。

无法读取客户身份

本系统尚未在权利服务器中注册。可使用 subscription-manager 进行注册。

仓库 'AppStream' 在配置中缺少名称，将使用 id。　　　　　　　　<== 警告信息，可以忽略

仓库 'BaseOS' 在配置中缺少名称，将使用 id。

AppStream 23 MB/s | 5.8 MB 00:00

BaseOS31 MB/s | 1.7 MB 00:00

上次元数据过期检查：0:00:01 前，执行于 2023 年 03 月 24 日 星期五 10 时 45 分 05 秒。

元数据缓存已建立。　　　　　　　　　　　　　　　　<== 一定要看到这个结果

[root@mariadb1 ~]#

注：如果在命令"dnf　makecache"执行后，输出的最后一行是"元数据缓存已建立"，则表示命令被正常执行了，否则至少有一个仓库存在问题，必须先排除相应的故障，才能继续下一步的操作。命令在执行过程中提示仓库没有名称，仓库没有名称不影响 DNF 对它的使用，这个警告信息可以忽略。若想要给仓库设置名称，则可以在对应仓库的设定中添加参数"name=仓库名"，其内容如下：

[cd_AppStream]

name=RHEL9_AppStream　　　　　　　　　　　　　#增加参数"name"

baseurl=file:///mnt/cdrom/AppStream/

（2）下载仓库元数据命令报错。

若命令"dnf　makecache"无法执行，则系统会给出报错信息。下面介绍常见的报错信息及处理方法。

① 下载元数据失败。

先卸载光盘，执行命令与结果如下：

[root@localhost ~]# umount/dev/cdrom

[root@localhost ~]#

此时，执行"dnf　makecache"，DNF 将无法找到元数据文件，系统报错如下：

[root@localhost ~]# dnf　makecache

⋮

cd_AppStream0.0　B/s |　 0　 B 00:00

Errors during downloading metadata for repository **'cd_AppStream'**:

　- Curl error (37): Couldn't read a file:// file for **file:///mnt/cdrom/AppStream/repodata/repomd.xml**

　[Couldn't open file /mnt/cdrom/AppStream/repodata/repomd.xml]

错误：为仓库 'cd_AppStream' 下载元数据失败：Cannot download repomd.xml: Cannot download repodata/repomd.xml:

All mirrors were tried

[root@localhost ~]#

系统提示无法为仓库 cd_AppStream 下载元数据"file:///mnt/cdrom/ AppStream/ repodata/repomd.xml"，即本地硬盘文件"/mnt/cdrom/AppStream/repodata/repomd.xm"。

由此可判断仓库的路径为"/mnt/cdrom/AppStream"。

当出现"下载元数据失败"故障时，先用 ls 命令检查仓库是否正常，执行命令与结果如下：

```
[root@localhost ~]# ls /mnt/cdrom/AppStream
ls: 无法访问 '/mnt/cdrom/AppStream': 没有这个文件或目录
[root@localhost ~]#
```

以上结果说明仓库 cd_AppStream 不存在，应该先检查是否挂载光盘或是否挂载了错误的光盘，然后再根据实际情况进行处理。

② 解析配置文件失败。

先修改文件 /etc/dnf/dnf.conf，将第 3 行"installonly_limit=3"中的"="去掉，执行命令与结果如下：

```
[root@localhost ~]# vi   /etc/dnf/dnf.conf          <== 修改配置文件，制造错误
[root@localhost ~]#
[root@localhost ~]# head   -3   /etc/dnf/dnf.conf    <== 查看配置文件，确认第 3 行的"="被去掉
[main]
gpgcheck=0
installonly_limit 3                                  <== 第 3 行中的"="被去掉了
[root@localhost ~]#
```

此时，执行"dnf   makecache"，系统报错如下：

```
[root@localhost ~]# dnf   makecache
配置错误：解析文件 "/etc/dnf/dnf.conf" 失败：Parsing file '/etc/dnf/dnf.conf' failed: IniParser: Missing
'=' at line 3
[root@localhost ~]#
```

"Missing '=' at line 3"的意思是"第 3 行缺少'='"。

遇到"解析文件失败"型故障时，应该打开 DNF 配置文件，找到相应的行，并根据提示进行修改。

③ 仓库的 baseurl 无效。

先修改文件 /etc/dnf/dnf.conf，将最后一行的"baseurl"改成错误的"aseurl"，执行命令与结果如下：

```
[root@localhost ~]# vi   /etc/dnf/dnf.conf          <== 修改配置文件，制造错误
[root@localhost ~]#
[root@localhost ~]# tail -3 /etc/dnf/dnf.conf        <== 查看配置文件，确认最后一行的"baseurl"被改

[cd_BaseOS]
aseurl=file:///mnt/cdrom/BaseOS                      <== 最后一行"baseurl"被改成了错误的"aseurl"
[root@localhost ~]#
```

此时，执行"dnf   makecache"，系统报错如下：

```
[root@localhost ~]# dnf   makecache
:
```

cd_AppStream 103 MB/s | 5.8 MB 00:00

错误：无法为仓库 cd_BaseOS 找到一个有效的 baseurl

[root@localhost ~]#

从报错信息中可知，DNF 找不到仓库 cd_BaseOS 的 baseurl 参数。

遇到"仓库 baseurl 无效"型故障，应该先打开 DNF 配置文件找到相应的仓库，然后检查参数 baseurl 是否存在或是否拼写错误，并进行修正。

任务 8-2　安装仓库中的软件包

任 务 描 述

使用命令 dnf 来安装软件包。

任 务 实 施

安装仓库中的软件

1. 安装软件包

在安装软件包之前，应该先检查一下仓库的情况，执行命令与结果如下：

```
# 1) 清除所有 DNF 缓存信息。
[root@localhost ~]# dnf   clean   all
⋮
22 文件已删除                                    <== 清除了所有的缓存文件
[root@localhost ~]#

# 2) 让 DNF 重新下载元数据文件。
[root@localhost ~]# dnf   makecache
⋮
元数据缓存已建立。                               <== 仓库正常
[root@localhost ~]#
```

如果在下载元数据文件时，系统命令报错，则必须先根据报错信息排除故障，才能继续下一步的操作。

安装软件包的命令如下：

dnf   [-y]   install   软件包名

注：命令中不需要给出软件包的版本号，DNF 会自动在所有仓库中找到最合适的版本。选项"-y"用来取消确认步骤。

下面分别介绍不使用选项和使用选项"-"安装软件包的方法。

(1) 不使用选项安装软件包。安装软件包 httpd，执行命令与结果如下：

```
[root@localhost ~]# dnf   install   httpd
```

⋮

依赖关系解决。

==

　软件包架构　版本　仓库 大小

==

安装：

　httpd 　 x86_642.4.51-7.el9_0 　 cd_rhel9_AppStream 1.5 M

安装依赖关系：   <== 需要同时安装的依赖包

　apr x86_641.7.0-11.el9 cd_rhel9_AppStream127 k

　apr-util 　 x86_641.6.1-20.el9 cd_rhel9_AppStream 98 k

　apr-util-bdb 　 x86_641.6.1-20.el9 cd_rhel9_AppStream 15 k

　httpd-filesystem 　 noarch2.4.51-7.el9_0 　 cd_rhel9_AppStream 17 k

　httpd-tools 　 x86_642.4.51-7.el9_0 　 cd_rhel9_AppStream 88 k

　redhat-logos-httpd noarch90.4-1.el9 　 cd_rhel9_AppStream 18 k

安装弱的依赖：

　apr-util-openssl 　 x86_641.6.1-20.el9 　 cd_rhel9_AppStream 17 k

　mod_http2 　 x86_641.15.19-2.el9cd_rhel9_AppStream153 k

　mod_lua x86_642.4.51-7.el9_0 　 cd_rhel9_AppStream 63 k

事务概要

==

安装　 10 软件包

总计：2.1 M

安装大小：5.9 M

确定吗？[y/N]：█

　　DNF 在安装软件 httpd 之前，先通过仓库的元数据文件计算出它所依赖的软件包，再咨询用户是否继续安装。如果选择继续安装，则按下【y】键，结果如下：

Is this ok [y/N]: **y**

⋮

Installed: <== 安装的所有软件包列表

　apr-1.7.0-11.el9.x86_64 apr-util-1.6.1-20.el9.x86_64

　apr-util-bdb-1.6.1-20.el9.x86_64 　 apr-util-openssl-1.6.1-20.el9.x86_64

　httpd-2.4.51-7.el9_0.x86_64 httpd-filesystem-2.4.51-7.el9_0.noarch

　httpd-tools-2.4.51-7.el9_0.x86_64 mod_http2-1.15.19-2.el9.x86_64

　mod_lua-2.4.51-7.el9_0.x86_64 　 redhat-logos-httpd-90.4-1.el9.noarch

```
Complete!                                        <== 安装完成
[root@localhost ~]#
```

命令输出的最后一行为"Complete!"，表示软件包已经被正常安装了。

(2) 使用选项"-y"安装软件包。在安装软件包 bind 时用选项"-y"取消确认步骤，执行命令与结果如下：

```
[root@localhost ~]# dnf   -y   install   bind
⋮
Installed:                                       <== 安装的所有软件包列表
  bind-32:9.16.23-1.el9.x86_64 bind-dnssec-doc-32:9.16.23-1.el9.noarch
  bind-dnssec-utils-32:9.16.23-1.el9.x86_64      python3-bind-32:9.16.23-1.el9.noarch
  python3-ply-3.11-14.el9.noarch


Complete!                                        <== 安装完成
[root@localhost ~]#
```

2. 安装软件包过程中的故障及处理

若命令"dnf　install 软件包"无法执行，则系统会给出报错信息。下面介绍常见的报错信息及处理方法。

1) 下载元数据失败

先卸载光盘，执行命令与结果如下：

```
[root@localhost ~]# umount   /dev/cdrom
[root@localhost ~]#
```

此时，执行"dnf　-y　install　at"安装软件包 at，DNF 将无法找到元数据文件，系统报错如下：

```
[root@localhost ~]# dnf   -y   install   at
⋮
Errors during downloading metadata for repository 'cd_AppStream':
  - Curl error (37): Couldn't read a file:// file for file:///mnt/cdrom/AppStream/repodata/repomd.xml
[Couldn't open file /mnt/cdrom/AppStream/repodata/repomd.xml]
  Error: 为仓库 'cd_AppStream' 下载元数据失败: Cannot download repomd.xml: Cannot download
repodata/repomd.xml: All mirrors were tried
[root@localhost ~]#
```

系统提示无法为仓库 cd_AppStream 下载元数据"file:///mnt/cdrom/AppStream/repodata/repomd.xml"，即本地硬盘文件"/mnt/cdrom/AppStream/repodata/repomd.xm"。由此可判断仓库的路径为"/mnt/cdrom/AppStream"。

当出现"下载元数据失败"故障时，先用 ls 命令检查仓库是否正常，执行命令与结果如下：

```
[root@localhost ~]# ls   /mnt/cdrom/AppStream
```

ls: 无法访问 '/mnt/cdrom/AppStream': 没有这个文件或目录

[root@localhost ~]#

以上结果说明仓库 cd_AppStream 不存在，应该先检查是否挂载光盘或是否挂载了错误的光盘，然后再根据实际情况进行处理。

2) 缺少 GPG 公钥文件

先修改文件/etc/dnf/dnf.conf，将"gpgcheck=0"中的"0"改成"1"，执行命令与结果如下：

```
[root@localhost ~]# vi   /etc/dnf/dnf.conf          <== 修改配置文件，制造错误
[root@localhost ~]#
[root@localhost ~]# head   -3   /etc/dnf/dnf.conf    <== 查看配置文件
[main]
gpgcheck=1                                            <== gpgcheck 参数的值被改为 1
installonly_limit=3
[root@localhost ~]#
```

此时，执行"dnf -y install at"安装软件包 at，执行命令与结果如下：

```
[root@localhost ~]# dnf  -y  install  at
Updating Subscription Management repositories.
Unable to read consumer identity

This system is not registered with an entitlement server. You can use subscription-manager to register.

Repository 'cd_AppStream' is missing name in configuration, using id.
Repository 'cd_BaseOS' is missing name in configuration, using id.

You have enabled checking of packages via GPG keys. This is a good thing.
However, you do not have any GPG public keys installed. You need to download      <== 故障原因
the keys for packages you wish to install and install them.
You can do that by running the command:
    rpm --import public.gpg.key
⋮
type:
user_agent: libdnf (Red Hat Enterprise Linux 9.0; generic; Linux.x86_64)
username:                                                                          <== 无成功提示"Complete!"
[root@localhost ~]#
```

对于这种故障有以下两种处理方法：

方法一：将文件 /etc/dnf/dnf.conf 中"gpgcheck"的值恢复为"0"，取消 GPG 验证。

方法二：在文件 /etc/dnf/dnf.conf 中为各仓库添加 GPG 公钥文件路径，内容如下：

```
[main]
```

```
gpgcheck=1                                                        # 保留 GPG 校验
：

[cd_AppStream]
baseurl=file:///mnt/cdrom/AppStream/
gpgkey=file:///mnt/cdrom/RPM-GPG-KEY-redhat-release              # GPG 公钥文件路径

[cd_BaseOS]
baseurl=file:///mnt/cdrom/BaseOS/
gpgkey=file:///mnt/cdrom/RPM-GPG-KEY-redhat-release              # GPG 公钥文件路径
```

3）无法找到匹配的软件

安装一个不存在的软件包，如"ta"，系统会报错，报错信息如下：

```
[root@localhost ~]# dnf  -y  install  ta
：
No match for argument: ta                    <== 无法匹配参数：ta
Error: Unable to find a match: ta            <== 错误：无法找到匹配的软件：ta
[root@localhost ~]#
```

这种类型的故障一般是由于不小心把软件包名字写错所造成的，请仔细检查。如果确实没写错，则说明这个软件包不在现有的仓库中，可以通过互联网下载安装。

任务 8-3　通过网络中的仓库安装软件

任务描述

互联网上有丰富的软件仓库，它们能提供比安装光盘更多更新的软件包，因此，有时候需要通过互联网仓库安装软件。

网络中的仓库

任务实施

通过互联网仓库安装软件的具体过程为：找到网络上的仓库、确定其位置和将其添加到 DNF 配置文件中。

1. 找到网络上的仓库

将虚拟机网卡的网络连接方式设置成 NAT 模式，将网卡设置成自动获取 IP，并激活。

打开浏览器，在地址栏中输入网址"https://mirrors.ustc.edu.cn/"，进入中科大的开源软件镜像站，如图 8-3-1 所示。

网站首页的左侧是一个文件列表，文件列表中的每一行都是一个软件或一套软件的名称，其中的"adoptium"就是一套为 Java 编程提供支持的工具软件。

图 8-3-1　中科大的开源软件镜像站

　　文件列表的右侧是一个文本框，可以在文本框中输入软件名字，直接进行查找。例如，在文本框中输入"epel"，文件列表只剩一个链接"epel"，如图 8-3-2 所示。

　　注：EPEL 是 Extra Packages for Enterprise Linux 的简写，它包含的软件包是专门为 RHEL 及衍生发行版提供的。

图 8-3-2　搜索"epel"库

　　在图 8-3-2 显示的搜索结果中单击超链接"epel"，进入该软件库，如图 8-3-3 所示。很明显，页面中显示的"4""4AS"……"9""next""texting"对应的是 RHEL 的版本号。本书用的是 RHEL9，版本号是"9"。单击"9"，链接到"epel/9"，如图 8-3-4 所示，只包含一个链接"Everything"。单击"Everything"，链接到"epel/9/Everything/"，如图 8-3-5 所示。

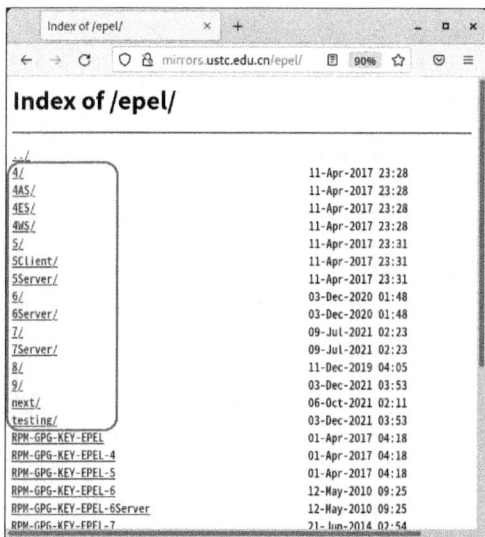

图 8-3-3　"epel"库

图 8-3-4　"epel"库的 RHEL9 版

在"/epel/9/Everything"目录中包含 5 个子目录，分别为 aarch64、ppc64le、s390x、source、x86_64、state，它们对应不同计算机的"架构"的类型。普通计算机的架构是 X86，此处应该选择 x86_64。

如图 8-3-6 所示，"epel/9/Everything/x86_64/"目录中包含 4 个子目录，分别为 Packages、debug、drpms、repodata。看到熟悉的 Packages 和 repodata，也就意味着找到仓库了。单击"Packages"和"repodata"，可以看到其中确实包含了大量的 .rpm 文件和 .xml 文件。

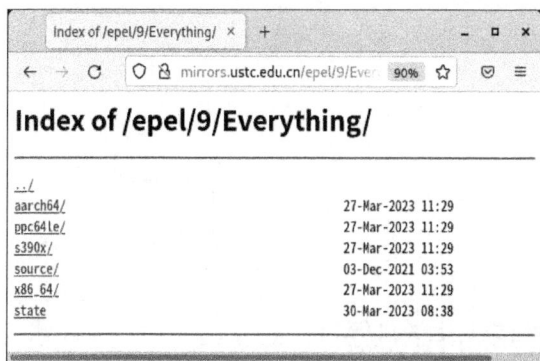

图 8-3-5　目录/epel/9/Everything

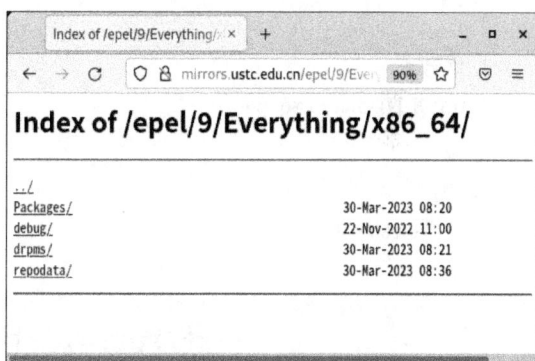

图 8-3-6　目录/epel/9/Everything/x86_64

2. 确定仓库位置

浏览器地址栏中的地址就是仓库的地址，单击地址栏，按下组合键【Ctrl + a】选中全部内容，再按下组合键【Ctrl + c】复制全部内容，然后将其粘贴到终端或编辑器，可以看到完整的仓库路径为"http://mirrors.ustc.edu.cn/epel/9/Everything/x86_64/"。

3. 将仓库添加到 DNF 配置文件中

网络仓库的添加方法与本地仓库的添加方法是一样的，只需要将仓库信息写到配置文件 /etc/dnf/dnf.conf 中即可。添加仓库信息如下：

[epel9_ustc]	#仓库 ID
name=eple9	#仓库注释
baseurl=https://mirrors.ustc.edu.cn/epel/9/Everything/x86_64/	#仓库位置

下载新仓库 epel9_ustc 的元数据文件，执行命令与结果如下：

```
# 1) 清除所有 DNF 缓存信息。
[root@localhost ~]# dnf  clean  all
⋮
22 文件已删除                                          <== 清除了所有的缓存文件
[root@localhost ~]#


# 2) 让 DNF 重新下载元数据文件。
[root@localhost ~]# dnf  makecache
⋮
元数据缓存已建立。                                      <== 仓库正常
[root@localhost ~]#
```

下载网络仓库元数据文件时，也可能会遇到与下载光盘仓库元数据文件类似的故障，如解析文件失败、无法为仓库找到一个有效的 baseurl 等。仔细阅读系统给出的报错信息，然后根据提示排除故障即可。

用网络仓库安装软件包 fmt，执行命令与结果如下：

```
[root@localhost ~]# dnf  -y  install  fmt
⋮
已安装:
  fmt-8.1.1-5.el9.x86_64


完毕!                                                <== 安装正常
[root@localhost ~]#
```

任务 8-4　创建软件仓库

任务描述

下载一个单独的 rpm 安装文件，并完成对它的安装。

任务实施

创建软件仓库

可以将任务分解成以下 3 个步骤：

(1) 下载一个单独的 rpm 安装文件。

(2) 仿照光盘中 AppStream 仓库的结构，创建一个仓库 /myApp。

(3) 使用新仓库安装下载的软件。

下面具体介绍各步骤的操作方法。

1. 下载一个单独的 rpm 安装文件

在 RHEL9 虚拟机中，打开网页浏览器 Firefox，访问 WPS Office 官方网站(https://www.wps.cn)，在其提供的下载页面中下载软件包 wps-office-11.1.0.11691- 1.x86_64.rpm。

2. 仿照光盘中 AppStream 仓库的结构，创建一个仓库/myApp

查看 AppStream 仓库的结构，执行命令与结果如下：

```
[root@localhost download]# tree   -d   /mnt/cdrom/AppStream/
/mnt/cdrom/AppStream/
├── Packages
└── repodata


2 directories
[root@localhost download]#
```

AppStream 仓库包含两个子目录：Packages 和 repodata，其中在 Packages 中保存了所有可用的软件包安装文件(*.rpm)。

创建目录 /myApp 及子目录 /myApp/Packages，并将下载的 rpm 文件复制到/myApp/Packages 中，复制后检查 /myApp 目录，执行命令与结果如下：

```
[root@localhost download]# tree   /myApp                                <== 仓库目录
/myApp
└── Packages                                                            <== 软件包目录
        └── wps-office-11.1.0.11691-1.x86_64.rpm                        <== 软件包


1 directory, 1 file
[root@localhost download]#
```

仓库目录 /myApp 包含 Packages，Packages 目录包含软件安装文件(*.rpm)。

创建仓库的命令格式如下：

createrepo　仓库目录

注：createrepo 是"create(创建)repository(仓库)"的缩写。createrepo 命令从仓库目录的所有 rpm 文件中抽取出数据包的依赖关系，将其生成元数据文件，这些元数据文件保存在仓库目录的子目录 repodata 中。

仓库目录是 /myApp，执行创建仓库的命令与结果如下：

```
[root@localhost ~]# createrepo   /myApp/                                <== 创建仓库
Directory walk started
Directory walk done - 1 packages
Temporary output repo path: /myApp/.repodata/
Preparing sqlite DBs
```

```
Pool started (with 5 workers)
Pool finished
[root@localhost ~]#
[root@localhost /]# tree   -d   /myApp
/myApp                                                    <== 仓库目录
├───── Packages                                           <== 软件包目录
|         └────── wps-office-11.1.0.11691-1.x86_64.rpm    <== 安装文件
└───── repodata                                           <== 生成的 repodata 目录
          ├───── 104e68208a0503802bc7f05f18c96a54702822-primary.xml.gz    <== 元数据文件
          ├───── 8fcf2b4189d7a60d19a356517670eceb921964-filelists.xml.gz
          ├───── 9b5732c7fa9c3365190c646f 642531f06390b7-filelists.sqlite.bz2
          ├───── c5a267d3cd3b42ff089d76dd7422a448022fa4f-primary.sqlite.bz2
          ├───── f3e7691ac9a3e2716f1f2380ee8e66fa6acc8922-other.sqlite.bz2
          ├───── f83688622feb003789ec225d89f323e7455ee67-other.xml.gz
          └───── repomd.xml


2 directories, 8 files
[root@localhost /]#
```

3. 使用新仓库安装下载的软件

在 DNF 配置文件 /etc/dnf/dnf.conf 中添加新仓库。新仓库信息如下：

```
[local]                                    #仓库 ID
baseurl=file:///myApp                      #仓库位置
```

更新 DNF 的仓库元数据文件，执行命令与结果如下：

```
[root@localhost download]# dnf   clean   all
⋮

[root@localhost download]# dnf makecache
⋮

元数据缓存已建立。                          <== 仓库正常
[root@localhost download]#
```

安装软件包 wps-office，执行命令与结果如下：

```
[root@mariadb1 ~]# dnf  -y   install   wps-office
⋮

完毕！                                     <== 安装正常
[root@mariadb1 ~]#
```

注意，利用仓库安装 wps-office 时，可能会遇到以下报错：

```
[root@localhost download]# dnf  -y   install   wps-office
⋮
```

错误:

问题: 冲突的请求

　- 没有东西可提供 libICE.so.6()(64bit)(wps-office-11.1.0.11691-1.x86_64 需要)

　- 没有东西可提供 libSM.so.6()(64bit)(wps-office-11.1.0.11691-1.x86_64 需要)

　- 没有东西可提供 libX11.so.6()(64bit)(wps-office-11.1.0.11691-1.x86_64 需要)

　- 没有东西可提供 libXext.so.6()(64bit)(wps-office-11.1.0.11691-1.x86_64 需要)

　- 没有东西可提供 libXrender.so.1()(64bit)(wps-office-11.1.0.11691-1.x86_64 需要)

　- 没有东西可提供 libXss.so.1()(64bit)(wps-office-11.1.0.11691-1.x86_64 需要)

　- 没有东西可提供 libcups.so.2()(64bit)(wps-office-11.1.0.11691-1.x86_64 需要)

　- 没有东西可提供 libfontconfig.so.1()(64bit)(wps-office-11.1.0.11691-1.x86_64 需要)

　- 没有东西可提供 libfreetype.so.6()(64bit)(wps-office-11.1.0.11691-1.x86_64 需要)

　- 没有东西可提供 libpulse-mainloop-glib.so.0()(64bit)(wps-office-11.1.0.11691-1.x86_64 需要)

　- 没有东西可提供 libxcb.so.1()(64bit)(wps-office-11.1.0.11691-1.x86_64 需要)

(尝试添加 '--skip-broken' 来跳过无法安装的软件包 或 '--nobest' 来不只使用软件包的最佳候选)

[root@localhost download]#

报错信息中的"libICE.so.6""libSM.so.6"等是软件包 wps-office 需要的库文件,这些库文件需要的软件包都在 RHEL9 的安装光盘上。此时,需要检查光盘是否挂载正确和光盘上的两个仓库是否设置正确,解决这两个可能的错误之后,就可以正常安装 wps-office 了。

如果当前使用的 RHEL 安装了图形界面,通过"应用程序"→"办公"→"WPS2019"可以打开新安装的 WPS,如图 8-4-1 所示。

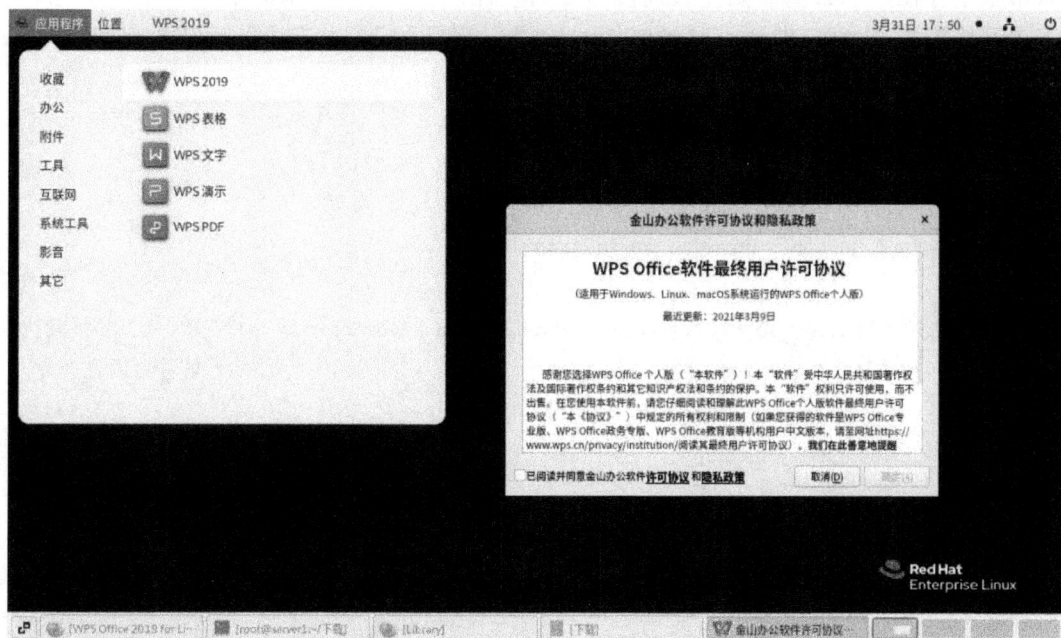

图 8-4-1　打开 WPS

任务 8-5　软件包的查询

任务描述

熟悉 dnf 查询命令的应用。

任务实施

当需要安装软件包但又不知道软件包具体名字的时候，可以试着用软件包的查询命令找出软件包的名字。与软件包相关的查询命令如下：

dnf　provices　命令或文件

dnf　list　｜　grep　字符串

dnf　search　字符串

注：使用 dnf 命令之前，必须保证 DNF 配置文件中已经设置好了仓库，并且仓库都是可以正常访问的。

下面通过几个示例熟悉 dnf 查询命令的使用。

1. 命令"dnf　provices　命令或文件"的应用

在终端中执行命令时，如果系统报错"未找到命令"或"command not found"，意思是该命令不存在，那么就需要先查询该命令的软件包，然后安装该软件包。

【例 1】　执行命令"mysqldump --version"，结果如下：

```
[root@localhost ~]# mysqldump   --version
bash: mysqldump: command not found...                    <== 当前系统不支持该命令
[root@localhost ~]#
```

先查找提供命令 mysqldump 的软件包，执行命令与结果如下：

```
[root@localhost ~]#   dnf   provides   mysqldump
  :
mariadb-3:10.5.13-2.el9.x86_64 : A very fast and robust SQL database server   <== 软件包及简单说明
仓库          : cd_AppStream                                <== 软件包所在仓库
匹配来源：
文件名        : /usr/bin/mysqldump                          <== 安装后命令路径

mysql-8.0.28-1.el9.x86_64 : MySQL client programs and shared libraries   <== 软件包及简单说明
仓库          : cd_AppStream                                <== 软件包所在仓库
匹配来源：
文件名        : /usr/bin/mysqldump                          <== 安装后命令路径
[root@localhost ~]#
```

　　根据命令的输出可知，提供 mysqldump 命令的软件包有 mariadb 和 mysql。mariadb 是数据库服务器（"A very fast and robust SQL database server"），而 mysql 是 MySQL 客户端软件（"MySQL client programs and shared librarie"）。可以根据实际需要，选择安装合适的软件包。

　　然后安装软件包，以安装 mysql 为例进行验证，执行命令与结果如下：

```
[root@localhost ~]# dnf  -y  install  mysql
    ⋮
[root@localhost ~]#
[root@localhost ~]# mysqldump  --version                    <== 命令可以使用了
mysqldump  Ver 8.0.28 for Linux on x86_64 (Source distribution)
[root@localhost ~]#
```

　　【例 2】　查找提供命令 innobackupex 的软件包，执行命令与结果如下：

```
[root@mariadb1 ~]# dnf  provides  innobackupex
    ⋮
错误：没有找到匹配的软件包
[root@mariadb1 ~]#
```

　　现有仓库中没有软件包可以提供命令 innobackupex。解决这个问题，有两种方法：加入其他软件仓库，或者下载相应的 rpm 包进行安装。

　　【例 3】　在任务 8-4 中，利用仓库安装 wps-office，可能会遇到以下报错：

```
[root@localhost download]# dnf  -y  install  wps-office
    ⋮
错误：
 问题: 冲突的请求
  - 没有东西可提供 libICE.so.6()(64bit)(wps-office-11.1.0.11691-1.x86_64 需要)
  - 没有东西可提供 libSM.so.6()(64bit)(wps-office-11.1.0.11691-1.x86_64 需要)
  - 没有东西可提供 libX11.so.6()(64bit)(wps-office-11.1.0.11691-1.x86_64 需要)
  - 没有东西可提供 libXext.so.6()(64bit)(wps-office-11.1.0.11691-1.x86_64 需要)
  - 没有东西可提供 libXrender.so.1()(64bit)(wps-office-11.1.0.11691-1.x86_64 需要)
  - 没有东西可提供 libXss.so.1()(64bit)(wps-office-11.1.0.11691-1.x86_64 需要)
  - 没有东西可提供 libcups.so.2()(64bit)(wps-office-11.1.0.11691-1.x86_64 需要)
  - 没有东西可提供 libfontconfig.so.1()(64bit)(wps-office-11.1.0.11691-1.x86_64 需要)
  - 没有东西可提供 libfreetype.so.6()(64bit)(wps-office-11.1.0.11691-1.x86_64 需要)
  - 没有东西可提供 libpulse-mainloop-glib.so.0()(64bit)(wps-office-11.1.0.11691-1.x86_64 需要)
  - 没有东西可提供 libxcb.so.1()(64bit)(wps-office-11.1.0.11691-1.x86_64 需要)
(尝试添加 '--skip-broken' 来跳过无法安装的软件包 或 '--nobest' 来不只使用软件包的最佳候选)
[root@localhost download]#
```

　　报错信息中的"libICE.so.6""libSM.so.6"等是库文件的文件名。

　　用命令"dnf provides 库文件名"可以查找提供库文件的软件包，以"libICE.so.6"为例，执行查找命令与结果如下：

```
[root@localhost ~]# dnf    provides    libICE.so.6
    ⋮
libICE-1.0.10-8.el9.i686 : X.Org X11 ICE runtime library                <== 软件包 libICE
仓库           : cd_AppStream
匹配来源        :
提供           : libICE.so.6
[root@localhost ~]#
```

根据命令的输出可知，库文件 libICE.so.6 包含在软件包 libICE 中，安装该软件包就可以排除此故障了。

2. 命令“dnf   list ｜ grep   字符串”的应用

命令“dnf   list”可以列出仓库中所有的软件包，命令后接“｜ grep   字符串”，可以过滤出名字中包含该字符串的软件包。

【例 4】 查找 dhcp 服务器软件，可以用“dnf list｜grep dhcp”列出所有名字里包含 dhcp 的软件包，执行命令与结果如下：

```
[root@localhost ~]# dnf   list   ｜   grep dhcp
仓库 'cd_AppStream' 在配置中缺少名称，将使用 id。
仓库 'cd_BaseOS' 在配置中缺少名称，将使用 id。
dhcp-client.x86_64              12:4.4.2-15.b1.el9          cd_BaseOS
dhcp-common.noarch              12:4.4.2-15.b1.el9          cd_BaseOS
dhcp-relay.x86_64               12:4.4.2-15.b1.el9          cd_BaseOS
dhcp-server.x86_64              12:4.4.2-15.b1.el9          cd_BaseOS
[root@localhost ~]#
```

一般情况下，服务器端软件的名字通常以服务为名(如 samba)，或者是服务后面加“d”(如 httpd)，再或者服务后面加“server”(如 dhcp-server)，由此可以推测出 dhcp 服务器软件包应该是 dhcp-server。

命令“dnf   list   installed”可以列出当前已安装的所有软件包，命令后接“｜ grep   字符串”，可以过滤出名字中包含该字符串的软件包。

【例 5】 检查 dhcp 服务器软件，可以用“dnf   list   installed｜grep dhcp”检查系统当前是否已经安装了名字中包含 dhcp 的软件包：

```
[root@localhost ~]# dnf   list   installed｜   grep dhcp
仓库 'cd_AppStream' 在配置中缺少名称，将使用 id。
仓库 'cd_BaseOS' 在配置中缺少名称，将使用 id。
[root@localhost ~]#
```

以上的系统回显中不包含任何软件包的信息，意味着当前系统未安装任何名字中包含 dhcp 的软件包。

请务必记住这里出现的几个常用单词：

(1) client：客户、客户端，一般用来命名客户端软件或配置文件等。

(2) server：服务、服务器端，一般用来命名客户端软件或配置文件等。

(3) common：公用的、共享的，一般用来命名工具软件。

3. 命令 "dnf　search　字符串"的应用

命令 "dnf　serach　字符串" 可以列出仓库中所有名字或概况中包含该字符串的软件包，它的查找范围比 "dnf　list　|　grep　字符串" 更广。

【例 6】 命令 "dnf　search　nfs" 可以列出所有名字或概况中包含 nfs 的软件包，执行命令与结果如下：

```
[root@localhost ~]# dnf    search    nfs
⋮

================================= 名称 和 概况 匹配：nfs =================================
libnfsidmap.i686 : NFSv4 User and Group ID Mapping Library
libnfsidmap.x86_64 : NFSv4 User and Group ID Mapping Library
libstoragemgmt-nfs-plugin.x86_64 : Files for NFS local filesystem support for libstoragemgmt
nfs-utils.x86_64 : NFS utilities and supporting clients and daemons for the kernel NFS server
nfs-utils-coreos.x86_64 : Minimal NFS utilities for supporting clients
nfs4-acl-tools.x86_64 : The nfs4 ACL tools
pcp-pmda-nfsclient.x86_64 : Performance Co-Pilot (PCP) metrics for NFS Clients
sssd-nfs-idmap.x86_64 : SSSD plug-in for NFSv4 rpc.idmapd
================================名称 匹配：nfs ================================
texlive-mfnfss.noarch : Packages to typeset oldgerman and pandora fonts in LaTeX
texlive-psnfss.noarch : Font support for common PostScript fonts
[root@localhost ~]#
```

软件包很多，可以再通过关键字过滤一下结果。例如，这里需要的是服务器端软件，可以试试用 "server" 过滤，执行命令与结果如下：

```
[root@localhost ~]# dnf search nfs | grep server
⋮

nfs-utils.x86_64 : NFS utilities and supporting clients and daemons for the kernel NFS server
[root@localhost ~]#
```

从结果中可知，nfs 服务器端软件包为 nfs-utils。

任务 8-6　软件包的卸载与自动清除

任务描述

学习使用与软件包卸载相关的 dnf 命令。

任务实施

与软件包卸载相关的 dnf 命令如下：

```
dnf  remove  软件包
dnf  history  list
dnf  history  undo  操作 ID
dnf  autoremove
```

注：卸载软件包时，千万不要加上"-y"选项。

下面介绍 dnf 卸载命令的使用。

1. 命令"dnf remove 软件包"的应用

通过"先安装一个软件包，再卸载它的一个依赖包"观察卸载的过程。

先安装软件包 httpd，执行命令与结果如下：

```
[root@localhost ~]# dnf  -y  install  httpd                <== 安装软件包 httpd
:
已安装：
  apr-1.7.0-11.el9.x86_64                    apr-util-1.6.1-20.el9.x86_64
  apr-util-bdb-1.6.1-20.el9.x86_64           apr-util-openssl-1.6.1-20.el9.x86_64
  httpd-2.4.51-7.el9_0.x86_64                httpd-filesystem-2.4.51-7.el9_0.noarch
  httpd-tools-2.4.51-7.el9_0.x86_64          mod_http2-1.15.19-2.el9.x86_64
  mod_lua-2.4.51-7.el9_0.x86_64              redhat-logos-httpd-90.4-1.el9.noarch   完毕！
[root@localhost ~]#
```

从执行结果中可以知道，软件包 httpd 有许多依赖包，其中一个是"httpd-filesystem"。

然后卸载此依赖包 httpd-filesystem，执行命令与结果如下：

```
[root@localhost ~]# dnf  remove  httpd-filesystem                <== 一定不要加"-y"选项
:


移除依赖的软件包：
 httpd   x86_64   2.4.51-7.el9_0@cd_AppStream   4.7 M
清除未被使用的依赖关系：
 aprx86_64   1.7.0-11.el9   @cd_AppStream 289 k
 apr-util x86_64   1.6.1-20.el9   @cd_AppStream 213 k
 apr-util-bdb x86_64   1.6.1-20.el9   @cd_AppStream 16 k
 apr-util-openssl   x86_64   1.6.1-20.el9   @cd_AppStream 24 k
 httpd-tools   x86_64   2.4.51-7.el9_0@cd_AppStream 202 k
 mailcap noarch   2.1.49-5.el9   @cd_BaseOS78 k
 mod_http2   x86_64   1.15.19-2.el9@cd_AppStream 385 k
 mod_luax86_64   2.4.51-7.el9_0@cd_AppStream 143 k
 redhat-logos-httpdnoarch   90.4-1.el9@cd_AppStream 12 k
事务概要
==================================================================================
移除   11 软件包
```

将会释放空间：6.0 M

确定吗？[y/N]：y　　　　　　　　　　　　　　　　　　<== 按下【y】键确定卸载

⋮

[root@localhost ~]#

当卸载依赖包 httpd-filesystem 时，依赖于它的软件包 httpd 也会被同时卸载。如果可以确定这 11 个包不再使用，就按下【y】键，否则按下【n】键。这就是为什么删除命令最好不要加上 "-y" 选项的原因。

2. 命令 "dnf　history　list" 的应用

RHEL9 会记录从系统安装开始的所有安装/卸载操作，命令 "dnf　history　list" 可以列出全部记录，执行命令与结果如下：

```
[root@localhost ~]# dnf　history　list
⋮
ID | 命令行                  | 日期和时间       | 操作      | 更改
----------------------------------------------------------------------------------------------------
24 | remove httpd-filesystem | 2023-04-01 12:28| Removed |     11
23 | install httpd           | 2023-04-01 12:10| Instal  1|    11



 3 | install net-tools -y    | 2023-03-15 12:46 | Install   |1
 2 | -y install bash-completion | 2022-12-16 12:16 | Install   |5
 1 |                         | 2022-12-16 09:51 | Install   |  372 EE
[root@localhost ~]#
```

每一个安装/卸载操作都会被记录为一行，ID 号为 1 的操作是系统安装开始之后的第一个操作，以倒序输出。最后两个操作的 ID 为 23 和 24，分别对应前面的一个实例中的安装 httpd 和卸载 httpd-filesystem。

3. 命令 "dnf　history　undo　操作 ID" 的应用

"dnf　history　undo　操作 ID" 用于撤销指定 ID 的操作。

撤销 ID 为 24 的操作(即撤销卸载 httpd-filesystem)，执行命令与结果如下：

```
[root@localhost ~]# dnf　history　undo　24
⋮


已安装:
  apr-1.7.0-11.el9.x86_64    apr-util-1.6.1-20.el9.x86_64
  apr-util-bdb-1.6.1-20.el9.x86_64      apr-util-openssl-1.6.1-20.el9.x86_64
  httpd-2.4.51-7.el9_0.x86_64  httpd-filesystem-2.4.51-7.el9_0.noarch
```

httpd-tools-2.4.51-7.el9_0.x86_64   mailcap-2.1.49-5.el9.noarch

mod_http2-1.15.19-2.el9.x86_64   mod_lua-2.4.51-7.el9_0.x86_64

redhat-logos-httpd-90.4-1.el9.noarch

完毕！

[root@localhost ~]#

撤销命令执行结束后，在卸载 httpd-filesystem 时被一起卸载的软件包也都已经恢复了。此时，操作记录列表会多出第 25 行，记录列表如下：

[root@localhost ~]# dnf   history   list

⋮

ID	命令行		日期和时间	操作		更改
25	hist undo 5		2023-04-01 13:08	Removed		10
24	remove httpd-filesystem		2023-04-01 12:28	Removed		11
23	install httpd		2023-04-01 12:10	Instal	1	11
3	install net-tools -y		2023-03-15 12:46	Install	1	
2	-y install bash-completion		2022-12-16 12:16	Install	5	
1			2022-12-16 09:51	Install		372 EE

[root@localhost ~]#

4. 命令"dnf   autoremove"的应用

系统使用时间久了，经过反反复复的安装/卸载操作，会有一些无用的安装包散落在系统中，可以用"dnf   autoremove"清除它们，执行命令与结果如下：

[root@localhost ~]# dnf   autoremove

⋮

依赖关系解决。

无需任何处理。

完毕！

[root@localhost ~]#

练 习 题

一、填空题

1. 如表 8-1 所示，根据/etc/dnf/dnf.conf 中的参数说明，填写参数。

表 8-1 文件中的参数与说明

参 数 说 明	参 数	值
仓库名		
仓库路径		
仓库是否需要 gpg		yes/no
仓库的 gpg 文件		

2. 根据表 8-2 所示的命令说明，填写命令的格式。

表 8-2 软件包相关操作及命令(一)

命 令 说 明	命 令 格 式
清除 dnf 缓存的所有仓库信息	
下载仓库元数据文件	
列出所有软件包	
列出所有已安装的软件包	
安装软件包	
删除软件包	
查看提供命令或文件的软件包	
查看与某功能相关的软件包	

3. 根据表 8-3 所示的命令要求，填写命令。

表 8-3 软件包相关操作及命令(二)

命 令 要 求	命 令
检查是否包含 vsftpd 软件包	
检查是否已经安装 mysql 软件包	
安装 mariadb-server 软件包	
卸载 mariadb 软件包	
查看提供命令 netstat 的软件包	
查看提供库文件 libgdk-x11-2.0.so.0 的软件包	
查看与 dns 服务相关的软件包	

4. 正常情况下，软件仓库目录包含两个子目录：_____、_____。其中子目录_____保存软件包安装文件，子目录_____ 保存仓库元数据文件。生成仓库元数据文件的命令为_____。

二、操作题

1. 利用互联网搜索常用的软件镜像站，并记录。

2. 通过互联网找到清华大学软件镜像站，并找到合适的 epel 库，同时安装 ntfs-3g。

3. 通过互联网找到中科大软件镜像站，并找到合适的库，同时安装 nginx。

4. 最小化安装的 RHEL9 在使用时，有以下几个问题：

(1) 缺少网络检查命令"netstat"。

(2) 不能用【Tab】键自动补全命令。

(3) vi 编辑器缺少增强功能。

(4) 没有图形化的网页浏览器。

(5) 系统报错显示的是小方块。

请大家试着用学过的知识和互联网搜索引擎解决遇到以上问题。

提示：

① 先用 dnf 命令查找出与"命令 netstat"相关的软件包，再进行安装。

② 用户是通过 bash 向操作系统下达命令的，与"自动补全"相关的软件包应该与 bash 相关。在"任务 8-5"中学习过如何查找需要安装的软件包，试着用学过的办法找出需要安装的软件包，再安装。

③ 第 3 个问题与第 2 个问题类似，但如果简单地用"vi"进行过滤，则出来的结果可能会太多了。可以先找出 vi 编辑器是由哪个软件包安装的，再用软件包名去进行过滤，会大大缩小查找范围。

④ 安装软件 lynx，并试着用它访问互联网上的网站。

⑤ 彻底解决中文字符显示的方法是更换终端或为内核打补丁，但这两个方案对初学者都太复杂了，还有一个简单的处理方法是让终端显示英文报错信息，这只需要安装英语语言包，并设置默认语言为英语就可以了。

项目 9　源代码型软件安装包

Linux 软件包从内容上可以分为二进制包(binary code)和源代码包(source code)。不同类型的软件包的安装方法是不一样的，源代码包需要经过编译才能安装使用。本项目主要介绍如何编译安装源代码包。

知识目标

- 了解源代码包编译安装的基本流程。
- 了解源代码与生成的二进制文件之间的关系。
- 了解 Linux 中软件间的依赖关系。

技能目标

- 掌握源代码包的预编译技巧。
- 掌握源代码包的编译命令。
- 掌握源代码包的安装命令。
- 掌握源代码包安装过程的故障处理。

任务 9-1　下载源代码型软件安装包

任务描述

学习下载命令 wget 和 curl 的使用，并利用下载命令从 Nginx、PHP 等常用软件的官方网站下载最新的源代码型安装包。

下载源代码型
软件安装包

任务实施

Linux 中常用的下载命令有 wget 和 curl。

wget 命令的常用格式如下：

wget　URL

wget　URL　-O　保存路径

wget　-i　保存下载文件 URL 的文件

注：

① URL 是"Uniform(统一) Resource(资源) Locator(定位符)"的缩写，形如 "https://nginx.org" "file:///mnt/cdrom" "https://nginx.org/download/nginx-1.24.0.tar.gz"，用来指明获得网络资源的协议与路径。

② "wget URL -O 保存路径"中的"O"为大写字母。

③ "wget -i 保存下载文件 URL 的文件"用来批量下载文件。例如，在文件 a.txt 中保存多个 URL，则"wget -i a.txt"可以根据 a.txt 提供的多个 URL 批量下载资源。

curl 命令的常用格式如下：

curl URL -o 保存路径

注："wget URL -o 保存路径"中的"o"为小写字母。

下面通过几个示例来熟悉下载命令的使用。

1. 命令"wget URL"的应用

打开宿主机的浏览器，通过搜索引擎搜索并访问 Nginx 的官方网站(https://nginx.org)。网站的首页如图 9-1-1 所示，单击页面右侧的"download"链接，进入 Nginx 的下载页面，如图 9-1-2 所示。

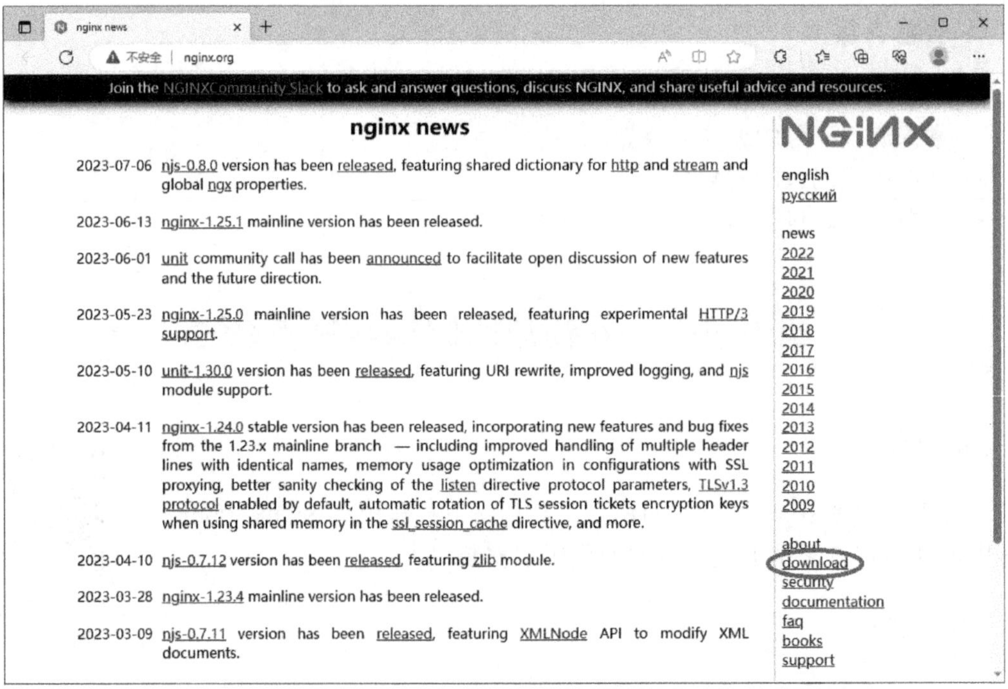

图 9-1-1 Nginx 的官方网站

下载页面中的"Mainline version"(主线版本)指当前最新的开发版本，"Stable version"(稳定版本)指当前最新的稳定版本，"Legacy versions"(旧版本)列出历代旧版本。

每个版本对应五个链接，以"Stable version"为例，链接"CHANGES-1.24"是该版本的改进说明，链接"nginx-1.24.0"是该版本的源代码安装包的下载链接，链接"pgp"是安装包对应的 PGP 验证文件，链接"nginx/Windows-1.24.0"是该版本的 Windows 安装包。若将鼠标移动到链接上面，则浏览器左下角会显示对应的下载链接，如图 9-1-2 所示。若在链接"nginx-1.24.0"上单击鼠标右键，则会弹出菜单，其中有"将链接另存为""复制链接"等选项。单击"将链接另存为"可以直接下载软件，单击"复制链接"可粘贴至文本编辑器。

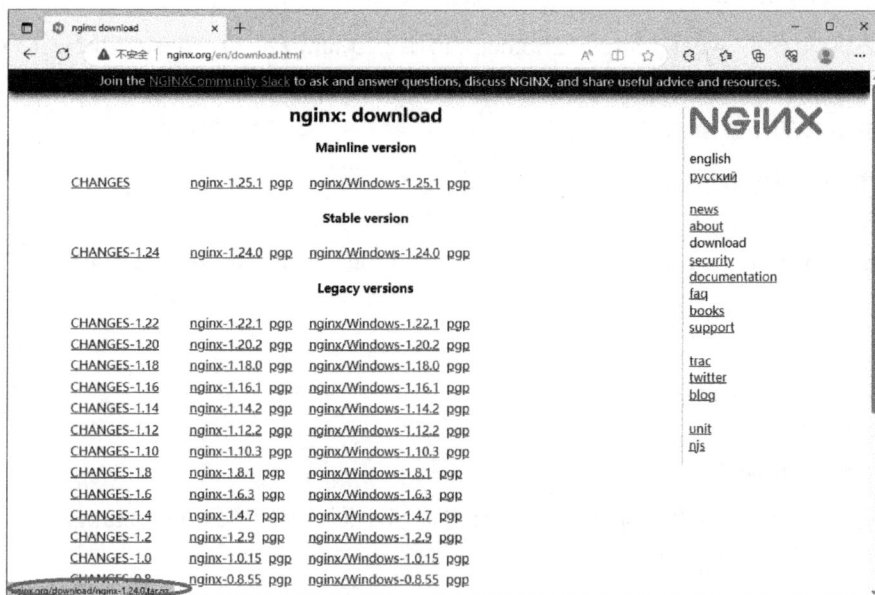

图 9-1-2　Nginx 的下载页面

【例 1】　使用 wget 命令下载文件"https://nginx.org/download/nginx-1.24.0.tar.gz"，执行命令与结果如下：

```
[root@stu ~]# mkdir   /download

[root@stu ~]# cd   /download

[root@stu download]#

[root@stu download]# wget   https://nginx.org/download/nginx-1.24.0.tar.gz
                                            <== 下载文件到当前目录

--2023-07-22 20:48:13--   https://nginx.org/download/nginx-1.24.0.tar.gz

正在解析主机  nginx.org (nginx.org)... 3.125.197.172, 52.58.199.22, 2a05:d014:edb:5702::6, ...

正在连接  nginx.org (nginx.org)|3.125.197.172|:443... 已连接。

已发出  HTTP  请求，正在等待回应... 200 OK

长度：1112471 (1.1M) [application/octet-stream]

正在保存至："nginx-1.24.0.tar.gz"


nginx-1.24.0.tar.gz    100%[===============================>]   1.06M  984KB/s  用时  1.1s


2023-07-22 20:48:16 (984 KB/s) - 已保存 "nginx-1.24.0.tar.gz"  [1112471/1112471])
```

```
[root@stu download]#
[root@stu download]# ls
nginx-1.24.0.tar.gz                                    <== 下载到当前目录的压缩文件
[root@stu download]#
```

2. 命令"wget URL -O 保存路径"的应用

【例 2】 命令" wget https://zlib.net/zlib-1.2.13.tar.gz -O /test/zlib-1.2.13.tar.gz"可以下载文件"https://zlib.net/zlib-1.2.13.tar.gz"，并将其保存为"/test/zlib-1.2.13.tar.gz"，执行命令与结果如下：

```
[root@stu download]# mkdir /test
[root@stu download]#
[root@stu download]# wget   https://zlib.net/zlib-1.2.13.tar.gz   -O   /test/zlib-1.2.13.tar.gz
                                                       <== 指定下载路径
 ⋮
[root@stu download]# ls   /test
zlib-1.2.13.tar.gz                                     <== 下载的文件
[root@stu download]#
```

【例 3】 下载文件的保存名可以与原文件名不同，如"/test/hello.tar.gz"，但不可以不指定，执行命令与结果如下：

```
[root@stu download]# wget   https://zlib.net/zlib-1.2.13.tar.gz   -O   /test/hello.tar.gz
                                                       <== 指定新文件名
 ⋮
[root@stu download]# ls   /test
hello.tar.gz   zlib-1.2.13.tar.gz                      <== 文件保存为 hello.tar.gz
[root@stu download]#
[root@stu download]# wget   https://zlib.net/zlib-1.2.13.tar.gz   -O   /test     <== 不指定文件名
/download: 是一个目录                                    <== 系统报错
[root@stu download]#
```

【例 4】 当命令"wget https://zlib.net/zlib-1.2.13.tar.gz -O zlib-1.2.13.tar.gz"将下载文件保存到当前目录且文件名不变时，相当于命令"wget https://zlib.net/zlib-1.2.13.tar.gz"。而命令"wget https://zlib.net/zlib-1.2.13.tar.gz -O hello.tar.gz"将下载文件保存到当前目录但文件名变为 hello.tar.gz，执行命令与结果如下：

```
[root@stu download]# wget https://zlib.net/zlib-1.2.13.tar.gz -O zlib-1.2.13.tar.gz
                                                       <== 下载到当前目录，文件名不变
 ⋮
[root@stu download]# ls
zlib-1.2.13.tar.gz                                     <== 下载文件保存为 zlib-1.2.13.tar.gz
[root@stu download]#
```

[root@stu download]# wget https://zlib.net/zlib-1.2.13.tar.gz -O hello.tar.gz

<== 下载到当前目录，文件名改变

⋮

[root@stu download]# ls

hello.tar.gz　　zlib-1.2.13.tar.gz　　　　　　　　　　　　　　<== 新下载的文件保存为 hello.tar.gz

[root@stu download]#

3. 命令"wget　-i　文件"的应用

【例 5】　打开宿主机的浏览器，通过搜索引擎搜索并访问 PHP 官方网站(https://www.php.net/)，找到下载页面，如图 9-1-3 所示。

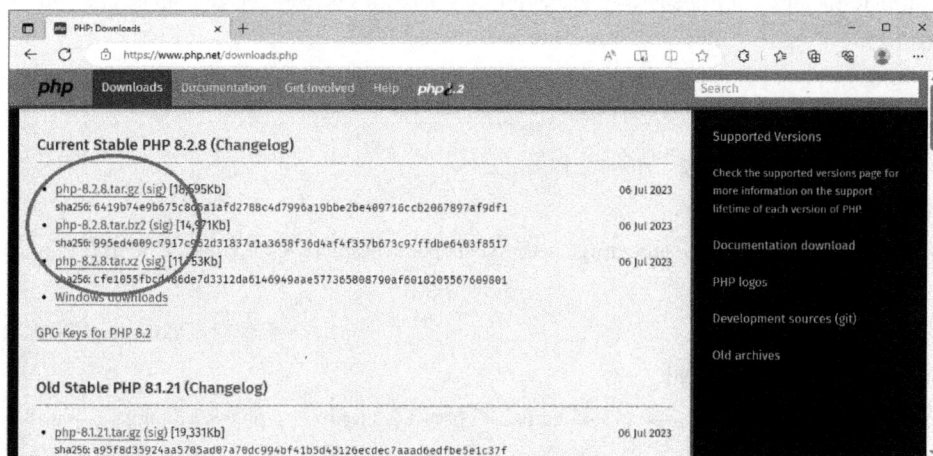

图 9-1-3　PHP 下载页面

下载页面为最新的稳定版 PHP8.2.8 提供了三个源代码包，分别为"php-8.2.8.tar.gz" "php-8.2.8.tar.bz2"和"php-8.2.8.tar.xz"。复制它们对应的下载链接，并将其写入一个文件。以 dlf.txt 为例，执行命令与结果如下：

[root@stu download]# vi　dlf.txt　　　　　　　　　　　　　　<== 将链接写入文件 dlf.txt

[root@stu download]# cat　dlf.txt　　　　　　　　　　　　　　<== 文件 dlf.txt 的内容

https://www.php.net/distributions/php-8.2.8.tar.gz　　　　　　<== 一个下载链接写一行

https://www.php.net/distributions/php-8.2.8.tar.bz2

https://www.php.net/distributions/php-8.2.8.tar.xz

[root@stu download]#

使用命令 wget 根据文件 dlf.txt 中的下载链接进行下载，命令为" wget　-i　dlf.txt"，执行命令与结果如下：

[root@stu download]# wget　-i　dlf.txt

⋮

下载了：3 个文件，32s (1.39 MB/s) 中的 44M

[root@stu download]#

[root@stu download]# ls　　　　　　　　　　　　　　　　　　<== 查看当前目录内容

dlf.txt　nginx-1.24.0.tar.gz　php-8.2.8.tar.bz2　php-8.2.8.tar.gz　php-8.2.8.tar.xz

[root@stu download]#

下载到的文件自动保存至当前目录。

4．命令"curl　URL　-o"保存路径"的应用

命令"curl　URL　-o　保存路径"与"wget　URL　-O　保存路径"相似，同样可以将下载的资源保存成指定文件，区别是 curl 命令使用的"-o"选项中的"o"为小写字母。

【例6】使用 curl 命令下载 https://sourceforge.net/projects/pcre/files/pcre/8.45/pcre-8.45.tar.bz2，执行命令与结果如下：

[root@stu test]# curl　https://sourceforge.net/projects/pcre/files/pcre/8.45/pcre-8.45.tar.bz2　-o
pcre-8.45.tar.bz2
　　⋮　　　　　　　　　　　　　　　　　　　　　　　　<== 保存至当前目录
[root@stu test]# ls
hello.tar.gz　pcre-8.45.tar.bz2　zlib-1.2.13.tar.gz
[root@stu test]#
[root@stu test]# curl　https://sourceforge.net/projects/pcre/files/pcre/8.45/pcre-8.45.tar.bz2　-o
/download/pcre-8.45.tar.bz2
　　⋮　　　　　　　　　　　　　　　　　　　　　　　<== 保存至/download/目录
[root@stu test]# ls　/download/
dlf.txt　nginx-1.24.0.tar.gz　pcre-8.45.tar.bz2　php-8.2.8.tar.bz2　php-8.2.8.tar.gz　php-8.2.8.tar.xz
zlib-1.2.13.tar.gz
[root@stu download]#

任务 9-2　　还原被压缩的安装包

任务描述

将下载的压缩文件进行还原。

任务实施

1．打包与压缩的概念

在上一个任务中，下载了软件 Nginx、PHP、zlib、Pcre 的安装包，并保存在目录/download/中，检查结果如下：

[root@stu download]# cd　/download/
[root@stu download]# ll
总用量 49348
-rw-r--r--. 1 root root　　　　154　　　7 月 26 21:37　dlf.txt

```
-rw-r--r--. 1 root root      1497445    10 月 13   2022     hello.tar.gz
-rw-r--r--. 1 root root      1112471    7 月 26 21:37     nginx-1.24.0.tar.gz
-rw-r--r--. 1 root root          730    7 月 26 21:12     pcre-8.45.tar.bz2
-rw-r--r--. 1 root root     15330795    7 月 26 21:37     php-8.2.8.tar.bz2
-rw-r--r--. 1 root root     19041227    7 月 26 21:37     php-8.2.8.tar.gz
-rw-r--r--. 1 root root     12034856    7 月 26 21:37     php-8.2.8.tar.xz
-rw-r--r--. 1 root root      1497445    10 月 13   2022     zlib-1.2.13.tar.gz
[root@stu download]#
```

一般情况下，软件的源代码包含多个目录和文件，以 nginx-1.24.0 为例，它包含大量的目录和文件。而下载的 nginx-1.24.0.tar.gz 是多个文件和目录经过打包和压缩变换成的一个文件。

打包是指将多个文件或目录按照一定的算法变换为一个文件。常用的打包工具是 tar，它生成的文件的后缀通常为 .tar。压缩是指将一个大文件按照一定的算法换为一个较小的文件。常用的压缩工具有 gzip、bzip2、xz 等，它们生成的文件的后缀分别对应 .gz、.bz2 和 .xz。

nginx-1.24.0.tar.gz 是 nginx-1.24.0 的源代码包经过 tar 工具的打包和 gzip 工具的压缩所生成的压缩文件。压缩文件不能直接使用，必须先将其还原。

2. 还原压缩文件

还原压缩文件的命令格式如下：

tar　选项　压缩文件　[-C 目标目录]

tar 命令的常用选项与说明如表 9-2-1 所示。

表 9-2-1　tar 命令的常用选项与说明

选　项	说　明
-c(小写字母"c")	进行压缩
-f	使用文件
-h	查看帮助信息
-j(小写字母"j")	以 bzip2 工具进行压缩或解压缩(生成或处理*.tar.bz2 文件)
-J(大写字母"J")	以 xz 工具进行压缩或解压缩(生成或处理*.tar.xz 文件)
-v	显示压缩/解压缩过程的详细信息
-x	进行解压缩
-z	以 gzip 工具进行压缩或解压缩(生成或处理*.tar.gz 文件)

下面通过几个示例来介绍解压缩命令的使用。

【例 1】　解压缩 nginx-1.24.0.tar.gz 到当前目录，选项为"-zxf"，执行命令与结果如下：

```
[root@stu download]# tar   -zxf   nginx-1.24.0.tar.gz        <== 对文件进行解压缩
[root@stu download]#                                         <== 没有回显，表示解压缩过程是正常的
```

如果解压缩过程正常，则系统将不会给出回显。在查看当前目录时，会发现当前目录

中多出一个新目录。新目录的名字为压缩文件的名字去掉后缀".tar.gz"，即 nginx-1.24.0。新目录中包含了许多普通的文件和目录。查看过程如下：

```
[root@stu download]# ls
dlf.txt  nginx-1.24.0  nginx-1.24.0.tar.gz  pcre-8.45.tar.bz2    <== 解压缩后生成新目录 nginx-1.24.0
⋮
[root@stu download]#
[root@stu download]# ls  nginx-1.24.0                            <== 查看新目录包含的内容
auto  CHANGES  CHANGES.ru  conf  configure  contrib  html  LICENSE  man  README  src
[root@stu download]#
```

【例 2】 解压缩 pcre-8.45.tar.bz2 到当前目录，选项为"-jxf"，执行命令与结果如下：

```
[root@stu download]# tar  -jxf  pcre-8.45.tar.bz2               <== 解压缩至当前目录
[root@stu download]# ls
dlf.txt  nginx-1.24.0  nginx-1.24.0.tar.gz  pcre-8.45           <== 解压缩后生成新目录 pcre-8.45
⋮
[root@stu download]#
```

如果解压缩过程正常，则系统将不会给出回显。如果系统提示"bzip2：无法 exec"，则应该先安装压缩工具 bzip2，再进行解压缩，执行命令与结果如下：

```
[root@stu download]# tar  -jxf  pcre-8.45.tar.bz2
tar (child): bzip2: 无法 exec: 没有那个文件或目录                <== 系统报错，提示未安装 bzip2
tar (child): Error is not recoverable: exiting now
tar: Child returned status 2
tar: Error is not recoverable: exiting now
[root@stu download]#
[root@stu download]#dnf  install  bzip2  -y                      <== 先安装 bzip2
⋮
[root@stu download]#
[root@stu download]# tar  -jxf  pcre-8.45.tar.bz2               <== 再解压缩
⋮
[root@stu download]#
```

【例 3】 解压缩 php-8.2.8.tar.xz 到当前目录，选项为"-Jxf"，执行命令如下：

```
[root@stu download]# tar  -Jxf  php-8.2.8.tar.xz
[root@stu download]#
```

【例 4】 选项"-C 目标目录"可以指定解压缩目录，执行命令与结果如下：

```
[root@stu download]# mkdir  php_gz  php_bz  php_xz
[root@stu download]#
[root@stu download]# tar  -zxf  php-8.2.8.tar.gz   -C  php_gz
[root@stu download]# tar  -jxf  php-8.2.8.tar.bz2  -C  php_bz
[root@stu download]# tar  -Jxf  php-8.2.8.tar.xz   -C  php_xz
[root@stu download]#
```

```
[root@stu download]# ls    php_gz
php-8.2.8
[root@stu download]# ls    php_bz
php-8.2.8
[root@stu download]# ls    php_xz
php-8.2.8
[root@stu download]#
```

任务 9-3　Nginx 源代码包的编译与安装

任务描述

利用 Nginx 的源代码来安装软件。

任务实施

源代码安装有以下 3 个步骤：

(1) 预编译。预编译是指检测系统环境是否满足软件安装的需求，并生成 makefile 文件。

(2) 编译。编译是指利用生成的 makefile 文件，对源代码进行编译，并生成库文件和其他中间文件。

(3) 安装。安装是指将软件相关的文件保存到系统中。

在进行源代码安装之前，需要先安装源代码编译工具(如 cmake、gcc 和 gcc-c++)，命令如下：

```
[root@stu ~]# dnf  -y  install  cmake  gcc  gcc-c++
⋮
[root@stu ~]#
```

解压缩 Nginx 源代码的压缩包 nginx-1.24.0.tar.gz，执行命令与结果如下：

```
[root@stu download]# cd   /download
[root@stu download]# ls
nginx-1.24.0.tar.gz                        <== 包含下载的压缩文件 nginx-1.24.0.tar.gz
[root@stu download]# tar   -zxf  nginx-1.24.0.tar.gz   <== 对文件进行解压缩
[root@stu download]# ls
nginx-1.24.0  nginx-1.24.0.tar.gz            <== 解压缩后生成新目录 nginx-1.24.0
[root@stu download]#
[root@stu download]# ls   nginx-1.24.0          <== 查看新目录包含的内容
auto  CHANGES  CHANGES.ru  conf  configure  contrib  html  LICENSE  man  README  src
[root@stu download]#
```

一般情况下，源代码目录中会包含一个预编译程序"configure"。

预编译程序的作用是为后续安装设置参数，并检测当前环境是否满足软件安装的需求。例如，检测必要的工具包是否已经被安装和版本是否符合要求等。预编译程序的使用方法如下：

./configure   [预编译选项]

注：不同的软件，预编译选项会有所不同，请参考官方网站提供的说明进行设定。

执行 configure 程序，进行最基本的环境检测，执行命令与结果如下：

```
[root@stu download]# cd  nginx-1.24.0                          <== 进入解压缩目录
[root@stu nginx-1.24.0]# ./configure                          <== 执行预编译
checking for OS                                               <== 检测操作系统及版本
  + Linux 5.14.0-70.13.1.el9_0.x86_64 x86_64
checking for C compiler ... found                            <== 检测编译软件及版本
  + using GNU C compiler
  + gcc version: 11.2.1 20220127 (Red Hat 11.2.1-9) (GCC)
checking for gcc -pipe switch ... found                       <== 检测其他工具软件及版本
checking for -Wl,-E switch ... found                          <== "found" 表示该软件已安装且满足需求
 :
checking for PCRE2 library ... not found                      <== "not found" 表示该软件未安装
checking for PCRE library ... not found
checking for PCRE library in /usr/local/ ... not found
checking for PCRE library in /usr/include/pcre/ ... not found
checking for PCRE library in /usr/pkg/ ... not found
checking for PCRE library in /opt/local/ ... not found


./configure: error: the HTTP rewrite module requires the PCRE library.     <== 未找到 PCRE 库文件
You can either disable the module by using --without-http_rewrite_module   <== 处理方案建议
option, or install the PCRE library into the system, or build the PCRE library
statically from the source with nginx by using --with-pcre=<path> option.
[root@stu nginx-1.24.0]#
```

注：上述代码中最后四行的含义为"./configure"错误。HTTP rewrite 模块需要 PCRE 库文件；或者取消该模块，方法是使用预编译参数"--without-http_rewrite_module"；或者在系统中安装 PCRE 库；或者使用源码包中的 PCRE 库文件，方法是使用预编译参数"--with-pcre＝<库文件的源代码包路径>"。

从以上结果可知，预编译程序发现了一个未安装的工具"PCRE 库"，并给出三种处理建议。

方案一：取消对 rewrite 模块的引用，使用选项"--without-http_rewrite_module"进行预编译。

方案二：安装 PCRE 库后，再进行预编译。

方案三：下载 PCRE 源代码，使用选项 "--with-pcre = <库文件的源代码包路径>" 进行预编译。

下面分别按照这三种方案进行 Nginx 源代码的编译与安装。在进行练习之前，先为虚拟机拍摄一个快照，以便回到这个点。方法是在菜单栏中选择 "虚拟机" → "快照" → "拍摄快照"，如图 9-3-1 所示。

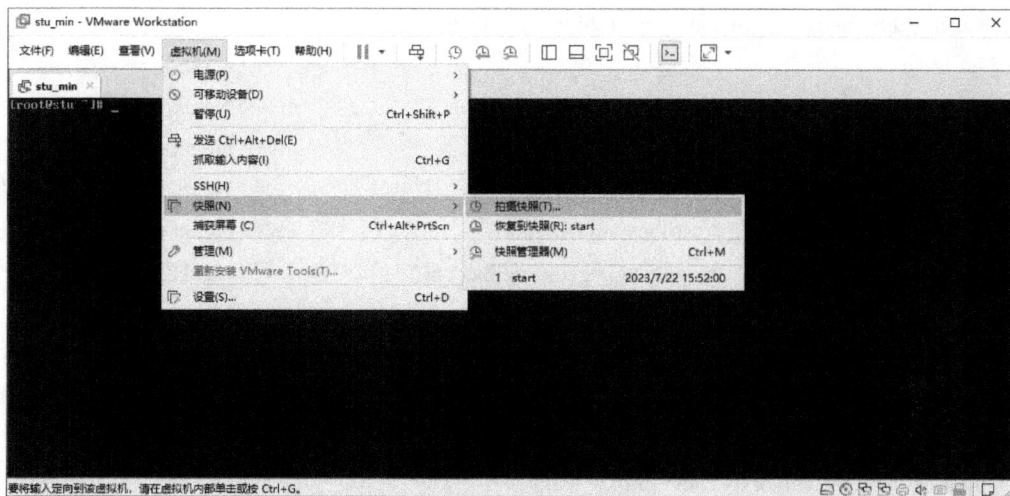

图 9-3-1　为虚拟机拍摄快照

1. 方案一：取消对 rewrite 模块的引用

1）预编译

使用选项 "--without-http_rewrite_module" 进行预编译，执行命令与结果如下：

```
[root@stu nginx-1.24.0]#    ./configure    --without-http_rewrite_module
⋮
checking for zlib library ... not found                        <== 未找到 zlib 库文件

./configure: error: the HTTP gzip module requires the zlib library.
                                                  <== 报错：缺少 gzip 模块必需的 zlib 库
You can either disable the module by using --without-http_gzip_module
option, or install the zlib library into the system, or build the zlib library
statically from the source with nginx by using --with-zlib=<path> option.

[root@stu nginx-1.24.0]#
```

预编译程序又发现了一个未安装的工具 "zlib 库"，并给出三种处理建议：

(1) 取消对 qzip 模块的引用，使用选项 "--without-http_gzip_module" 进行预编译。

(2) 安装 zlib 库后，再进行预编译。

(3) 下载 zlib 源代码，使用选项 "--with-zlib=<库文件的源代码包路径> " 进行预编译。

取消对 gzip 模块的引用，使用选项 "--without-http_gzip_module" 进行预编译，执行命令与结果如下：

```
[root@stu nginx-1.24.0]#    ./configure   --without-http_rewrite_module    --without-http_gzip_module
...
Configuration summary                                    <== 给出配置列表
    + using PCRE library: /download/nginx-1.24.0/auto/lib/pcre
    + OpenSSL library is not used
    + using zlib library: /download/nginx-1.24.0/auto/lib/zlib

    nginx path prefix: "/usr/local/nginx"                          <== Nginx 的安装目录
    nginx binary file: "/usr/local/nginx/sbin/nginx"              <== Nginx 的可执行文件
    nginx modules path: "/usr/local/nginx/modules"               <== Nginx 的模块文件目录
    nginx configuration prefix: "/usr/local/nginx/conf"          <== Nginx 的配置文件目录
    nginx configuration file: "/usr/local/nginx/conf/nginx.conf"   <== Nginx 的主配置文件
    nginx pid file: "/usr/local/nginx/logs/nginx.pid"             <== Nginx 的 PID 文件
    nginx error log file: "/usr/local/nginx/logs/error.log"       <== Nginx 的错误日志文件
    nginx http access log file: "/usr/local/nginx/logs/access.log"  <== Nginx 的访问日志文件
    nginx http client request body temporary files: "client_body_temp"
    nginx http proxy temporary files: "proxy_temp"
    nginx http fastcgi temporary files: "fastcgi_temp"
    nginx http uwsgi temporary files: "uwsgi_temp"
    nginx http scgi temporary files: "scgi_temp"

[root@localhost nginx-1.24.0]#
```

预编译如果不报错，并在最后输出配置列表，就说明当前系统已经满足安装需求了。

默认情况下，安装的 Nginx 需要 PCRE 库和 zlib 库，在操作中我们也可以用选项"--without-http_rewrite_module"和"--without-http_gzip_module"取消 Nginx 对这两个库的引用，但 Nginx 会因此损失部分功能。在确定后面的使用不需要这些功能时，可以这么做。

检查源代码目录，发现多出一个 Makefile 文件：

```
[root@stu nginx-1.24.0]# ls
auto  CHANGES  CHANGES.ru  conf  configure  contrib  html  LICENSE  Makefile  man
objs  README  src
[root@stu nginx-1.24.0]#
```

2）编译

预编译成功后，进入编译环节，编译命令如下：

make

注：make 的主要作用是根据生成的 Makefile 命令生成目标文件和可执行文件。

执行编译命令"make"，结果如下：

```
[root@stu nginx-1.24.0]# make
```

⋮

```
objs/src/http/modules/ngx_http_upstream_random_module.o \
objs/src/http/modules/ngx_http_upstream_keepalive_module.o \
objs/src/http/modules/ngx_http_upstream_zone_module.o \
objs/ngx_modules.o \                                          <== 生成大量的目标文件 "*.o"
-lcrypt -lpcre -lz \
-Wl,-E
sed -e "s|%%PREFIX%%|/usr/local/nginx|" \
        -e "s|%%PID_PATH%%|/usr/local/nginx/logs/nginx.pid|" \
        -e "s|%%CONF_PATH%%|/usr/local/nginx/conf/nginx.conf|" \
        -e "s|%%ERROR_LOG_PATH%%|/usr/local/nginx/logs/error.log|" \
        < man/nginx.8 > objs/nginx.8
make[1]: 离开目录 "/download/nginx-1.24.0"
[root@stu nginx-1.24.0]#
```

make 命令生成了大量的*.o 文件，如果系统不报错，就说明编译成功了。

3) 安装

编译成功后，进入安装环节，安装命令如下：

make　install

注：命令"make　install"的主要作用是将生成的目标文件或可执行文件复制到合适的位置。有些软件提供了"make　uninstall"命令用以卸载软件。

执行安装命令"make install"，结果如下：

```
[root@stu nginx-1.24.0]# make　install
⋮
test -d '/usr/local/nginx/logs' \
        || mkdir -p '/usr/local/nginx/logs'
make[1]: 离开目录 "/download/nginx-1.24.0"
[root@stu nginx-1.24.0]#
```

根据预编译命令的结果，可以知道 Nginx 的可执行文件为"/usr/local/nginx/sbin/nginx"，运行它来测试安装结果，如下：

```
[root@stu nginx-1.24.0]# /usr/local/nginx/sbin/nginx    -v          <== 选项 "-v" 显示 Nginx 的版本
nginx version: nginx/1.24.0
[root@stu nginx-1.24.0]#
```

预编译、编译、安装三个环节组成了一个完整的软件安装过程。

以上是舍弃了 PCRE 库和 zlib 库的安装方法，下面执行方案二，在安装必要的库文件后，再进行编译。

2. 方案二：先安装 PCRE 库和 zlib 库，再对 Nginx 进行安装

在 VMware Workstations 菜单栏中选择"虚拟机"→"快照"→"恢复到快照"，如

图 9-3-2 所示，将虚拟机恢复到【方案一】开始之前拍摄的快照。

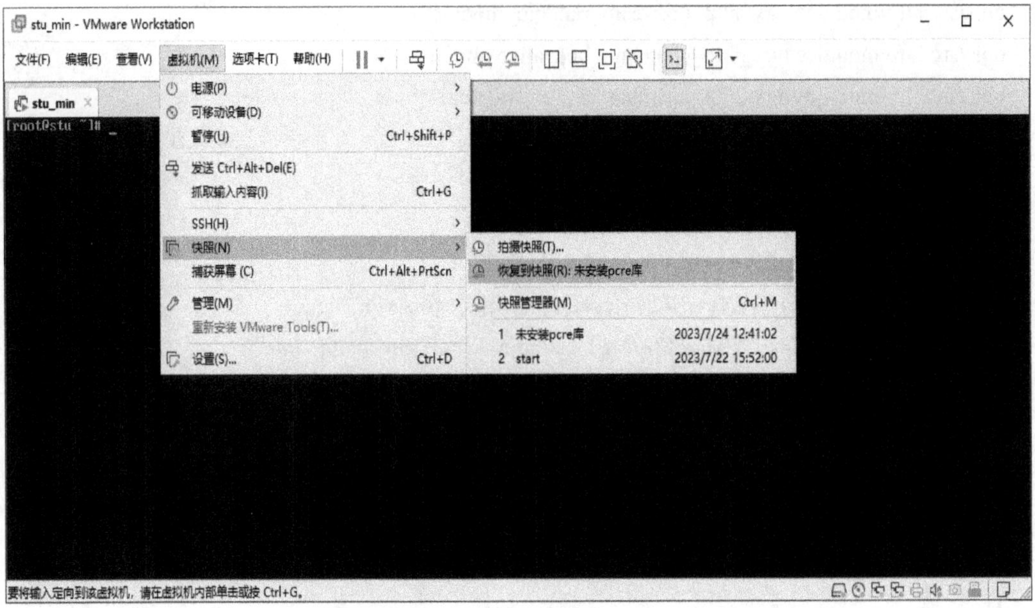

图 9-3-2　恢复快照

1) 安装 PCRE 库和 zlib 库

利用 RHEL9 安装光盘和 dnf 来安装 PCRE 库和 zlib 库，命令如下：

```
[root@stu nginx-1.24.0]# dnf -y install pcre pcre-devel        <== 安装 PCRE 库
[root@stu nginx-1.24.0]# dnf -y install zlib zlib-devel        <== 安装 zlib 库
[root@stu nginx-1.24.0]#
```

也可以下载 PCRE 库和 zlib 库的源代码，再进行编译安装。

2) 预编译

执行默认的预编译命令：

```
[root@stu nginx-1.24.0]# ./configure
⋮
Configuration summary                        <== 列出软件配置信息，说明预编译正常
⋮
[root@stu nginx-1.24.0]#
```

3) 编译与安装

预编译成功后就可以进行编译和安装了，其命令如下：

make && make install

注：符号"&&"表示如果执行前一条命令不发生错误，就执行后一条命令。类似的符号还有"||"，它表示如果前一条命令发生错误，则执行后一条命令。

执行编译并安装命令，结果如下：

```
[root@stu nginx-1.24.0]# make && make install
```

⋮

test -d '/usr/local/nginx/logs' \

　　　|| mkdir -p '/usr/local/nginx/logs'

make[1]: 离开目录"/download/nginx-1.24.0"

[root@stu nginx-1.24.0]#

运行可执行文件"/usr/local/nginx/sbin/nginx"来测试安装结果：

[root@stu nginx-1.24.0]# /usr/local/nginx/sbin/nginx 　　-v 　　　　　<== 选项"-v"显示 Nginx 的版本

nginx version: nginx/1.24.0

[root@stu nginx-1.24.0]#

3. 方案三：先下载 PCRE 库和 zlib 库的源代码，再对 Nginx 进行安装

在 VMware Workstations 菜单栏中选择"虚拟机"→"快照"→"恢复到快照"，将虚拟机恢复到【方案一】开始之前拍摄的快照。

1) 下载 PCRE 和 zlib 库的源代码

下载 PCRE 库的源代码包"pcre-8.45.tar.gz"和 zlib 库的源代码包"zlib-1.2.13.tar.gz"，并解压缩至/download 目录。

2) 预编译

以选项"--with-pcre=/download/pcre-8.45"和"--with-zlib=/download/zlib-1.2.13"分别指定 PCRE 库和 zlib 库的源代码目录(解压缩后的目录)，进行预编译，执行命令与结果如下：

[root@stu　nginx-1.24.0]#　./configure　　--with-pcre=/download/pcre-8.45　　--with-zlib=/download/zlib-1.2.13

⋮

Configuration summary 　　　　　　　　　　<== 列出软件配置信息，说明预编译正常

⋮

[root@stu nginx-1.24.0]#

3) 编译与安装

执行编译并安装命令，结果如下：

[root@stu nginx-1.24.0]# make　&&　make　install

⋮

test -d '/usr/local/nginx/logs' \

　　　|| mkdir -p '/usr/local/nginx/logs'

make[1]: 离开目录"/download/nginx-1.24.0"

[root@stu nginx-1.24.0]#

运行可执行文件"/usr/local/nginx/sbin/nginx"来测试安装结果：

[root@stu nginx-1.24.0]# /usr/local/nginx/sbin/nginx 　　-v 　　　<== 选项"-v"显示 Nginx 的版本

nginx version: nginx/1.24.0

[root@stu nginx-1.24.0]#

任务 9-4　PHP 源代码包的编译与安装

任务描述

利用 PHP 的源代码来安装软件。

任务实施

PHP 源代码包的编译与安装过程如下：

1. 解压缩源代码包

在任务 9-3 中，将软件 PHP 源代码的压缩包 php-8.2.8.tar.gz 下载到了 /download 目录中。对它进行解压缩的命令及执行过程如下：

```
[root@localhost download]# cd   /download
[root@localhost download]# ls
php-8.2.8.tar.gz                                <== 包含下载的压缩文件 php-8.2.8.tar.gz
[root@localhost download]# tar   -zxf   php-8.2.8.tar.gz   <== 对文件进行解压缩
[root@localhost download]# ls
php-8.2.8   php-8.2.8.tar.gz                     <== 解压缩后生成新目录 php-8.2.8
[root@localhost download]#
```

跳转到解压缩生成的目录 php-8.2.8 中，用命令 "ls" 列出目录中的内容，执行命令与结果如下：

```
[root@localhost download]# cd   /download/php-8.2.8/
[root@localhost php-8.2.8]# ls
:                                               <== 在源代码目录中可以找到可执行文件 configure
[root@localhost php-8.2.8]#
```

可查看到源代码目录中包含可执行文件 configure。如果没有，那么请重新下载。

2. 预编译

利用可执行文件 configure 进行预编译，执行命令与结果如下：

```
[root@stu php-8.2.8]# ./configure
:
Configuring extensions
checking for io.h... no
checking for strtoll... yes
checking for atoll... yes
checking whether to build with LIBXML support... yes
checking for libxml-2.0 >= 2.9.0... no
```

```
configure: error: Package requirements (libxml-2.0 >= 2.9.0) were not met:    <== 报错：包 libxml-2.0

Package 'libxml-2.0', required by 'virtual:world', not found              <== 报错：缺少软件包 libxm-2.0

Consider adjusting the PKG_CONFIG_PATH environment variable if you
installed software in a non-standard prefix.

Alternatively, you may set the environment variables LIBXML_CFLAGS
and LIBXML_LIBS to avoid the need to call pkg-config.
See the pkg-config man page for more details.
[root@stu php-8.2.8]#
```

根据以上结果可知，预编译程序发现缺少了软件包"libxml-2.0"。先试着通过 RHEL9 安装光盘上的软件仓库安装 libxml，执行命令与结果如下：

```
[root@localhost php-8.2.8]# dnf  -y  install  libxml
    ⋮
未找到匹配的参数: libxml
错误：没有任何匹配: libxml                                        <== 仓库中不存在 libxml 软件包
[root@localhost php-8.2.8]#
```

再试着搜索与 libxml 相关的软件包，执行命令与结果如下：

```
[root@localhost php-8.2.8]# dnf  search  libxml
    ⋮
============================ 名称 和 概况 匹配：libxml============================
perl-XML-LibXML.x86_64 : Perl interface to the libxml2 library
python3-libxml2.x86_64 : Python 3 bindings for the libxml2 library
============================ 名称 匹配：libxml ============================
libxml2.x86_64 : Library providing XML and HTML support       <== 仓库中存在 libxml2 软件包
libxml2.i686 : Library providing XML and HTML support
libxml2-devel.i686 : Libraries, includes, etc. to develop XML and HTML applications
libxml2-devel.x86_64 : Libraries, includes, etc. to develop XML and HTML applications
libxmlb.x86_64 : Library for querying compressed XML metadata
libxmlb.i686 : Library for querying compressed XML metadata
pentaho-libxml.noarch : Namespace aware SAX-Parser utility library
============================ 概况 匹配：libxml ============================
python3-lxml.x86_64 : XML processing library combining libxml2/libxslt with the ElementTree API
[root@localhost php-8.2.8]#
```

因此可以合理推测出，libxml2 是 libxml 的第 2 版。

安装 libxml2 后，再次执行预编译：

```
[root@localhost php-8.2.8]# dnf  -y  install  libxml2    libxml2-devel
    ⋮
```

完毕！

[root@localhost php-8.2.8]#

[root@localhost php-8.2.8]# ./configure

⋮

configure: error: Package requirements (sqlite3 >= 3.7.7) were not met:　　<== 缺少软件包 sqlite

Package 'sqlite3', required by 'virtual:world', not found

Consider adjusting the PKG_CONFIG_PATH environment variable if you

installed software in a non-standard prefix.

Alternatively, you may set the environment variables SQLITE_CFLAGS

and SQLITE_LIBS to avoid the need to call pkg-config.

See the pkg-config man page for more details.

[root@localhost php-8.2.8]#

预编译程序又发现缺少了软件包"sqlite"，试着安装 sqlite 后，再次执行预编译：

[root@localhost php-8.2.8]# dnf -y install sqlite sqlite-devel

⋮

未找到匹配的参数: libxml

错误：没有任何匹配: libxml　　　　　　　　　　　　　　　　<== 仓库中不存在 libxml 软件包

[root@localhost php-8.2.8]#

[root@localhost php-8.2.8]# ./configure

⋮

Thank you for using PHP.　　　　　　　　　　　　　　　<== 不报错，说明预编译通过了

[root@localhost php-8.2.8]#

3. 编译与安装

预编译通过后，进行编译和安装，执行命令与结果如下：

[root@localhost php-8.2.8]# make && make install

⋮

Build complete.　　　　　　　　　　　　　　　　　　<== 安装完毕

Don't forget to run 'make test'.

Installing shared extensions:　　　　　　/usr/local/lib/php/extensions/no-debug-non-zts-20220829/

Installing PHP CLI binary:　　　　　　　/usr/local/bin/　　　　　　　<== 命令行所在目录

Installing PHP CLI man page:　　　　　　 /usr/local/php/man/man1/

Installing phpdbg binary:　　　　　　　　/usr/local/bin/

Installing phpdbg man page:　　　　　　　 /usr/local/php/man/man1/

Installing PHP CGI binary:　　　　　　　 /usr/local/bin/

Installing PHP CGI man page:	/usr/local/php/man/man1/
Installing build environment:	/usr/local/lib/php/build/
Installing header files:	/usr/local/include/php/
Installing helper programs:	/usr/local/bin/

```
    program: phpize                                      <== PHP 插件管理命令
    program: php-config
Installing man pages:                  /usr/local/php/man/man1/
    page: phpize.1
    page: php-config.1
Installing PDO headers:                /usr/local/include/php/ext/pdo/
[root@localhost php-8.2.8]#
```

在命令行所在的目录 /usr/local/bin/ 中查找 PHP 相关文件，并测试安装结果：

```
[root@localhost php-8.2.8]# ls   /usr/local/bin/*php*
/usr/local/bin/php        /usr/local/bin/php-config      /usr/local/bin/phpize
/usr/local/bin/php-cgi        /usr/local/bin/phpdbg
[root@localhost php-8.2.8]#
```

根据以上结果可以合理推测出，/usr/local/bin/php 是主程序。

测试主程序是否可以运行，执行命令与结果如下：

```
[root@localhost php-8.2.8]# /usr/local/bin/php   -v
PHP 8.2.8 (cli) (built: Aug 13 2023 20:47:32) (NTS)
Copyright (c) The PHP Group
Zend Engine v4.2.8, Copyright (c) Zend Technologies
[root@localhost php-8.2.8]#
```

练 习 题

一、填空题

1. 已 知 mapserver-8.0.0-3 的 下 载 URL 为 " https://mirrors.tuna.tsinghua.edu.cn/epel/9/Everything/x86_64/Packages/m/mapserver-8.0.0-3.el9.x86_64.rpm "，下载到当前目录的命令为：wget _____和 curl _____
_____。

2. 写出对表 9-1 所示的压缩文件进行解压缩的命令。

表 9-1　压缩文件与解压缩命令

压 缩 文 件	命　　令
a.tar.gz	
b.tar.bz2	
c.tar.xz	

3. 如表 9-2 所示，安装源代码包需要经过三个主要步骤，写出这三个步骤对应的命令。

表 9-2　安装源代码包所对应的命令

步　骤	命　令
预编译	
编译	
安装	

二、操作题

1. 在最小化安装的 RHEL9 中下载 mariadb-server 的源代码包并安装。

2. 在最小化安装的 RHEL9 中下载 filezilla 的源代码包并安装。

提示：

(1) filezilla 是一个图形界面的软件，因此，先要为最小化安装的 RHEL9 安装图形界面。RHEL9 的安装图形界面由一组软件包提供，请通过互联网查找安装软件包组的 dnf 命令再进行安装。

(2) 通过互联网查找启动 filezilla 的方法，并试验。

(3) 通过互联网查找在系统的开始菜单中添加 filezilla 的方法，并试验。

项目 10 用 户 管 理

Linux 操作系统是多用户、多任务的操作系统,依据用户账户来区分属于每个用户的文件、进程等资源,并给每个用户提供特定的工作环境。本项目主要介绍如何进行基本的用户管理。

知 识 目 标

- 了解用户管理的主要内容。
- 了解用户与群组之间的关系。
- 了解用户与群组的配置文件。

技 能 目 标

- 掌握创建和删除用户的命令。
- 掌握修改用户属性的方法。
- 掌握创建和删除群组的命令。
- 掌握管理群组的用户列表的方法。
- 掌握处理故障的技巧。

任务 10-1   设置用户的家目录与 shell

任 务 描 述

了解用户的家目录和 shell 的概念,掌握设置它们的方法。

任 务 实 施

用户的家目录
与 shell

命令 useradd、usermod、userdel 分别用来创建用户、修改用户属性、删除用户,其常用格式如下:

useradd	用户	[选项]···	<== 创建用户
usermod	用户	[选项]···	<== 修改用户属性
userdel	用户		<== 删除用户

注：只有用户 root 可以创建用户,其他用户没有此权限。

useradd 命令和 usermod 命令的常用选项与说明如表 10-1-1 所示。

表 10-1-1　　useradd、usermod 命令的常用选项与说明

选　　项	说　　明
-d　　目录路径	用在 useradd、usermod 命令中，指定/修改用户家目录
-s　　shell 程序路径	用在 useradd、usermod 命令中，指定/修改用户登录后使用的 shell 程序
-M(大写字母)	只用在 useradd 中，在创建用户时不创建家目录

在用户的众多属性中，家目录和使用的 shell 是比较重要的两个。下面通过几个示例来了解家目录与 shell 的概念。

1. 用户的家目录

每一个普通用户都有一个家目录。普通用户可以在自己的家目录中进行创建文件、删除文件、修改文件内容、复制文件、移动文件、创建目录、删除目录等操作，不可以对其他用户的家目录进行文件或目录的操作。默认情况下，普通用户的家目录为 /home/ 用户名，超级用户 root 的家目录为 /root。

【例 1】　添加一个普通用户 ada，并为它设置密码，执行命令与结果如下：

```
[root@localhost /]# useradd    ada
[root@localhost /]#
[root@localhost ~]# passwd    ada
更改用户 ada 的密码。
新的密码：
无效的密码：　密码少于 8 个字符
重新输入新的密码：
passwd：所有的身份验证令牌已经成功更新。
[root@localhost ~]#
```

按组合键【Ctrl + Alt + F6】打开虚拟控制台 tty6，以 ada 身份登录，显示当前工作路径：

```
[ada@localhost ~]$ pwd
/home/ada                        <== 用户登录后的工作路径是自己的家目录
[ada@localhost ~]$
```

```
[ada@localhost ~]$ ls
[ada@localhost ~]$ ls    -a
.    ..    .bash_logout    .bash_profile    .bashrc    .mozilla
[ada@localhost ~]$
```

默认情况下，用户会登录到自己的家目录中，ada 用户的家目录是 /home/ada。

【例 2】　普通用户可以在家目录中创建文件、创建目录、修改文件等，执行命令与结果如下：

```
[ada@localhost ~]$ mkdir    newdir
[ada@localhost ~]$ touch    newdir/newfile.txt
[ada@localhost ~]$ echo    "hello world">    newdir/newfile.txt
[ada@localhost ~]$
[ada@localhost ~]$ tree    /home/ada/
/home/ada/
```

```
        └── newdir
                └── newfile.txt
1 directory, 1 file
[ada@localhost ~]$ cat    /home/ada/newdir/newfile.txt
hello world
[ada@localhost ~]$
```

【例3】普通用户不可以在家目录以外的地方创建文件或目录,执行命令与结果如下:

```
[ada@localhost ~]$ mkdir    /mnt/test
mkdir: 无法创建目录 "/mnt/test": 权限不够
[ada@localhost ~]$ touch    /etc/test
touch: 无法创建 '/etc/test': 权限不够
[ada@localhost ~]$
```

2. 在创建用户的同时指定其家目录

【例4】 首先,按下组合键【Ctrl + Alt + F2】返回虚拟控制台 tty2(初始的 root 用户界面),以 root 身份登录。

添加一个普通用户 ben,家目录为 /test/ben,然后为它设置密码,执行命令与结果如下:

```
[root@localhost ~]# useradd    ben    -d    /test/ben
[root@localhost ~]#
[root@localhost ~]# passwd    ben
⋮
[root@localhost ~]#
```

然后,按下组合键【Ctrl + Alt + F5】打开虚拟控制台 tty5,以 ben 身份登录。ben 用户的工作路径如下:

```
[ben@localhost ~]$ pwd
/test/ben                        <== 用户登录后的工作路径是自己的家目录
[ben@localhost ~]$
```

根据以上结果可知,ben 用户的家目录被设置成了/test/ben。

3. 修改用户的家目录

【例5】 首先,按下组合键【Ctrl + Alt + F2】返回虚拟控制台 tty2(初始的 root 用户界面)。修改 ben 的家目录为 /home/ben,执行命令与结果如下:

```
[root@localhost ~]# userdel    ben
userdel: user ben is currently used by process 2997811
[root@localhost ~]#
```

报错信息为用户 ben 在使用中。

然后,按下组合键【Ctrl + Alt + F5】打开虚拟控制台 tty5,返回 ben 登录的终端,输入"logout"命令退出登录,如下:

```
[ben@localhost ~]$ logout
```

再次按下组合键【Ctrl + Alt + F2】返回虚拟控制台 tty2(初始的 root 用户界面)。修改

ben 的家目录为 /home/ben，执行命令与结果如下：

```
[root@localhost ~]# mv   /test/ben    /home/ben
[root@localhost ~]#
[root@localhost ~]# usermod   ben   -d   /home/ben
[root@localhost ~]#
```

最后，按下组合键【Ctrl＋Alt＋F5】打开虚拟控制台 tty5，以 ben 身份登录。ben 用户的工作路径如下：

```
[ben@localhost ~]$ pwd
/home/ben                  <== 用户登录后的工作路径是自己的家目录
[ben@localhost ~]$
```

根据以上结果可知，ben 用户的家目录被修改成了/home/ben。

4. 用户的 shell

shell 是 Linux 中的命令解释器，它接收用户输入的命令或脚本，并将它们送入内核执行，同时接收内核的执行结果，将结果显示给用户。不同的 Linux 版本会提供不同的 shell，不同的 shell 内置的命令会有所不同。RHEL9 给用户提供的 shell 为/bin/bash。

一般情况下，不需要修改用户的 shell。有些特殊用户，它需要在通过"账号:密码"方式认证自己身份后，通过网络访问系统提供的资源，但又由于安全原因，不能让它通过终端直接登录系统。有些特殊用户是程序的代表，不需要主目录，不需要登录。这些用户应该被设置成"不能通过终端登录系统且无家目录"。

不允许某用户通过终端登录的方法是将它的 shell 设置成"/sbin/nologin"。

【例6】 按下组合键【Ctrl＋Alt＋F2】返回虚拟控制台 tty2(初始的 root 用户界面)。添加一个不能通过 Shell 程序登录系统的用户 nvwa，其密码为 123456，执行命令如下：

```
[root@localhost ~]# useradd   nvwa   -s   /sbin/nologin
[root@localhost ~]#
[root@localhost ~]# passwd   nvwa
⋮
[root@localhost ~]#
```

添加用户 nvwa 后，按下组合键【Ctrl＋Alt＋F4】打开虚拟控制台 tty4，以 nvwa 身份登录，输入正确密码后，控制台直接返回初始登录界面。

不允许某用户拥有家目录的方法是在创建它的时候增加一个"-M"参数。

【例7】 作为程序代表的特殊用户的 shell 应该被设置成"不能通过 shell 登录系统且无家目录"。按下组合键【Ctrl＋Alt＋F2】返回虚拟控制台 tty2(初始的 root 用户界面)。添加用户 dayu，执行命令与结果如下：

```
[root@localhost ~]# useradd   dayu   -M   -s   /sbin/nologin
[root@localhost ~]#
```

5. 删除所有用户

按下组合键【Ctrl＋Alt＋F2】返回虚拟控制台 tty2(初始的 root 用户界面)。

【例8】 删除用户 ada，执行命令与结果如下：

```
[root@localhost ~]# userdel    ada
[root@localhost ~]#
[root@localhost ~]# ls    /home/ada                    <== 家目录未被同时删除
newdir
[root@localhost ~]#
```

【例 9】 删除用户 ben，且不保留家目录，执行命令与结果如下：

```
[root@localhost ~]# userdel    ben    -r
[root@localhost ~]#
[root@localhost ~]# ls    /home/ben
ls: 无法访问 '/home/ben': 没有那个文件或目录         <== 家目录被同时删除
[root@localhost ~]#
```

使用选项"-r"会同时删除用户的家目录，建议尽量不要使用。

【例 10】 删除用户 nvwa、dayu，执行命令与结果如下：

```
[root@localhost ~]# userdel    nvwa
[root@localhost ~]# userdel    dayu
[root@localhost ~]#
```

任务 10-2   通过配置文件查看与修改用户属性

任务描述

练习通过配置文件查看用户属性并修改用户属性。

任务实施

用户配置文件

Linux 将所有用户的信息保存在配置文件/etc/passwd 中，文件的每一行都是一个用户的信息，以 ":" 隔开，共有 7 个字段，其内容如下：

用户账号:密码:UID:GID:注释:家目录:shell

配置文件 /etc/passwd 中的用户信息字段与说明如表 10-2-1 所示。

表 10-2-1   /etc/passwd 中字段与说明

字段	例子	说　　　明
用户账号	ada	用户登录时所使用的字符串
密码	x	用字母"x"填充，真正的密码保存在/etc/shadow 文件中
UID	1004	用户 ID，唯一表示某用户的数字标识
GID	1004	基本组 ID，唯一表示某组的数字标识
注释		用户全名、电话等描述信息(可以为空)
家目录	/home/stu	用户的家目录
shell	/bin/bash	用户登录后使用的命令解释器，默认为/bin/bash

修改任何配置文件都有可能对系统造成危害，因此，在使用它之前，一定要先进行备份：

```
[root@localhost ~]# mkdir    /backup                        <== 创建备份目录
[root@localhost ~]# cp  -a /etc/passwd    /backup           <== 将配置文件复制至备份目录
[root@localhost ~]#
```

查看/etc/passwd 文件：

```
[root@localhost ~]# cat   /etc/passwd
root:x:0:0:root:/root:/bin/bash                                              <== 用户 root 的属性
⋮
systemd-oom:x:978:978:systemd Userspace OOM Killer:/:/usr/sbin/nologin   <== 用户 systemd-oom 的属性
stu:x:1000:1000:stu:/home/stu:/bin/bash                                      <== 用户 stu 的属性
[root@localhost ~]#
```

下面通过几个示例介绍利用配置文件查看用户属性和修改用户属性的方法。

【例 1】 在 /etc/passwd 中查找包含"root"的行，查看超级用户 root 的属性，执行命令与结果如下：

```
[root@localhost ~]# grep root   /etc/passwd
root:x:0:0:root:/root:/bin/bash                                <== 用户 root 的属性
[root@localhost ~]#
```

根据以上结果可知，root 用户的 UID 是 0，GID 是 0，家目录是 /root，shell 是/bin/bash。

【例 2】 创建用户 ada 并查看它的属性，执行命令与结果如下：

```
[root@localhost ~]# useradd    ada
[root@localhost ~]# passwd    ada
⋮
[root@localhost ~]#
[root@localhost ~]# grep    ada   /etc/passwd
ada:x:1004:1004::/home/ada:/bin/bash
[root@localhost ~]#
```

根据以上结果可知，ada 用户的 UID 是 1004，GID 是 1004，家目录是/home/ada，shell 是 /bin/bash。

【例 3】 创建用户 ben，设置它的家目录为/test/ben 且不能通过 shell 程序登录系统，然后查看它的属性，执行命令与结果如下：

```
[root@localhost ~]# useradd  ben  -d  /test/ben   -s  /sbin/nologin
[root@localhost ~]# passwd    ben
⋮
[root@localhost ~]#
[root@localhost ~]# grep    ben   /etc/passwd
ben:x:1005:1005::/test/ben:/sbin/nologin
[root@localhost ~]#
```

根据以上结果可知，ben 用户的 UID 是 1005，GID 是 1005，家目录是 /test/ben，shell 是 /sbin/nologin。

此时，按下组合键【Ctrl+Alt+F6】打开虚拟控制台 tty6，以 ben 身份不可以登录，可以通过修改用户配置文件 /etc/passwd 来直接修改用户的属性。

按下组合键【Ctrl+Alt+F2】返回虚拟控制台 tty2(初始的 root 用户界面)。将用户 ben 的家目录修改为 /home/ben，将它的 shell 修改为 /bin/bash，执行命令与结果如下：

```
[root@localhost ~]# mv   /test/ben    /home/ben
[root@localhost ~]#
[root@localhost ~]# vi   /etc/passwd
[root@localhost ~]# grep   ben   /etc/passwd
ben:x:1005:1005::/home/ben:/bin/bash
[root@localhost ~]#
```

按下组合键【Ctrl+Alt+F6】打开虚拟控制台 tty6，以 ben 身份可以登录，它的家目录是 /home/ben。

为了避免干扰后面的操作，删除所有新创建的用户，命令如下：

```
[root@localhost ~]# userdel   ada
[root@localhost ~]# userdel   ben
[root@localhost ~]#
```

任务 10-3　创建群组与管理用户

任务描述

利用群组来管理用户。

任务实施

使用命令 useradd 创建用户，系统会同时创建一个群组(默认与用户同名)，并将用户的"基本组"属性设置为该群组。一般情况下，不需要修改用户的基本组。在用户管理中，会创建群组，并将多个用户添加到群组中。对于用户而言，这个群组被称为"附加组"。

将多个用户加入一个群组后，只要为群组授权，群组中的所有成员就可以自动获得同样的权限了。

创建/删除群组的命令如下：

groupadd　**群组**　　　　　　　<== 创建群组
groupdel　**群组**　　　　　　　<== 删除群组

群组配置文件为 /etc/group，每个群组的属性在文件中占用一行，以 ":" 分隔为 4 个字段，格式如下：

群组名字:群组密码:GID:附加成员列表

注： 附加成员间以 "," 隔开。

在群组中添加/移除用户的命令如下：

| **gpasswd** **群组** **-a** **用户** | <== 在群组中添加用户 |
| **groupdel** **群组** **-d** **用户** | <== 在群组中移除用户 |

查看用户群组属性的命令如下：

id **用户**

注：命令输出的格式是"用户 id=UID(用户名)　组 id=GID(基本组名)　组=GID(基本组名)[，GID1(附加组名)…]"。

下面通过几个示例来介绍这些命令的使用。

【例 1】 创建用户 ada，并使用命令"id　ada"查看 ada 的用户群组信息，执行命令与结果如下：

```
[root@localhost ~]# useradd   ada
[root@localhost ~]# grep   ada   /etc/passwd
ada:x:1004:1004::/home/ada:/bin/bash
[root@localhost ~]#
[root@localhost ~]# id   ada
用户 id=1004(ada) 组 id=1004(ada) 组=1004(ada)
[root@localhost ~]#
```

在以上输出的结果中，"用户 id=1004(ada)"表示 ada 用户的 ID 是 1004，"组 id=1004(ada)"表示 ada 用户的基本组是 1000 组(组名为 ada)，"组=1004(ada)"表示 ada 用户加入的组有 1004 组(组名为 ada)。

【例 2】 创建群组 football 和群组 basketball，执行命令与结果如下：

```
[root@localhost ~]# groupadd   football          <== 创建组 football
[root@localhost ~]#
[root@localhost ~]# groupadd   basketball         <== 创建组 basketball
[root@localhost ~]#
```

将用户 ada 分别加入群组 football 和群组 basketball，再查看 ada 的用户群组信息，执行命令与结果如下：

```
[root@localhost ~]# gpasswd   football   -a   ada
正在将用户"ada"加入"football"组中
[root@localhost ~]# gpasswd   basketball   -a   ada
正在将用户"ada"加入"basketball"组中
[root@localhost ~]#
[root@localhost ~]# id ada
用户 id=1004(ada) 组 id=1004(ada) 组=1004(ada),1005(football),1006(basketball)
[root@localhost ~]#
ada 用户的基本组为 1004(ada)，附加组为 1005(football)和 1006(basketball)。
```

【例 3】 群组配置文件为 /etc/group，备份后查看文件，执行命令与结果如下：

```
[root@localhost ~]# mkdir    /backup            <== 创建备份目录
[root@localhost ~]# cp  -a  /etc/group   /backup    <== 将配置文件复制至备份目录
```

```
[root@localhost ~]#
[root@localhost /]# cat    /etc/group
⋮
football:x:1005:ada                                     <== 群组 football 的属性
basketball:x:1006:ada                                   <== 群组 basketball 的属性
[root@localhost ~]#
```

群组 football 的最后一个字段是用户列表，根据以上结果可知，当前只包含一个用户"ada"。

创建用户 ben，并将它加入群组 football，执行命令与结果如下：

```
[root@localhost ~]# useradd    ben                      <== 创建用户 ben
[root@localhost ~]#
[root@localhost ~]# gpasswd    football  -a  ben        <== 在群组 football 中加入用户 ben
正在将用户"ben"加入到"football"组中
[root@localhost ~]#
[root@localhost ~]# id    ben
用户 id=1005(ben) 组 id=1007(ben) 组=1007(ben),1005(football)  <== 用户 ben 的附加组为 1005(football)
[root@localhost ~]# grep    football    /etc/group
football:x:1005:ada,ben                                 <== 群组 football 包含用户 ada、ben
[root@localhost ~]#
```

输出结果中可以看出，群组 football 的用户列表包含 ada 和 ben 两个用户，它们之间以","隔开。

【例 4】 在组配置文件 /etc/group 中直接修改组的成员列表以添加或去除用户。在 /etc/group 中，从群组 football 的用户列表字段中删除 ada 和多余的","，并向群组 basketball 的用户列表字段中增加 ben 和必要的","，执行命令与结果如下：

```
[root@localhost ~]# grep    -E    "football|basketball"    /etc/group         <== 修改文件前
football:x:1005:ada,ben
basketball:x:1006:ada
[root@localhost ~]# id    ada
用户 id=1004(ada) 组 id=1004(ada) 组=1004(ada),1005(football),1006(basketball)
[root@localhost ~]# id    ben
用户 id=1005(ben) 组 id=1007(ben) 组=1007(ben),1005(football),
[root@localhost ~]#
[root@localhost ~]#
[root@localhost ~]# vi    /etc/group                                          <== 按照要求修改文件
[root@localhost ~]#
[root@localhost ~]# grep    -E    "football|basketball"    /etc/group         <== 修改文件后
football:x:1005:ben
basketball:x:1006:ada,ben
[root@localhost ~]# id    ada
```

用户 id=1004(ada) 组 id=1004(ada) 组=1004(ada),1006(basketball)

[root@localhost ~]# id   ben

用户 id=1005(ben) 组 id=1007(ben) 组=1007(ben),1005(football),1006(basketball)

[root@localhost ~]#

为了避免干扰后面的操作，删除所有新创建的群组和用户，执行命令如下：

[root@localhost ~]# groupdel   football

[root@localhost ~]# groupdel   basketball

[root@localhost ~]#

[root@localhost ~]# userdel   ada

[root@localhost ~]# userdel   ben

[root@localhost ~]#

任务 10-4   切换用户身份

任务描述

练习用户身份的切换。

任务实施

超级用户 root 的权限极大，为了避免误操作危害系统，系统管理员通常会使用普通用户身份登录系统，而只在需要执行管理任务时，才切换成 root 身份。

切换用户身份的命令如下：

su   [用户]

注：su 是 "substitute(切换) user(用户)" 的缩写。切换用户身份后使用 "exit" 命令或组合键【Ctrl + d】可返回原用户。

下面介绍切换用户身份的方法。

创建用于测试的用户 ada、ben，并设置它们的密码，执行命令与结果如下：

[root@localhost ~]# useradd ada

[root@localhost ~]# useradd ben

[root@localhost ~]# chpasswd

ada: 123456

ben: 654321

以组合键【Ctrl+d】结束 chpasswd 命令的执行，并返回命令行。

卸载所有光盘的挂载，执行命令与结果如下：

[root@localhost ~]# umount /dev/cdrom

[root@localhost ~]# umount /dev/cdrom

[root@localhost ~]# umount /dev/cdrom

umount: /dev/cdrom: 未挂载.

[root@localhost ~]#

　　按下组合键【Ctrl＋Alt＋F6】打开虚拟控制台 tty6，以 ada 身份登录。执行挂载光盘的
命令与结果如下：

[ada@localhost ~]$ mount　/dev/cdrom　/mnt/cdrom

mount: /mnt/cdrom: 必须以超级用户身份使用 mount.

[ada@localhost ~]$

　　普通用户 ada 没有执行挂载命令的权限。

　　输入命令"su　ben"切换成 ben，执行命令与结果如下：

[ada@localhost ~]$ su　ben

密码：▮　　　　　　　　　　　　　　　　　　　　　<== 输入 ben 密码

[ben@localhost ada]$　　　　　　　　　　　　　　　<== 已经切换成 ben 了

　　命令提示符变成"[ben@localhost ada]$"，表示当前用户是 ben。

　　输入命令"su"切换成 root，执行命令与结果如下：

[ada@localhost ~]$ su

密码：▮　　　　　　　　　　　　　　　　　　　　　<== 输入 root 密码

[root@localhost ~]#　　　　　　　　　　　　　　　　<== 已经切换成 root 了

　　命令提示符变成"[root@localhost ~]#"，表示当前用户是 root。

　　执行挂载命令后，再执行命令"exit"，可返回前一个用户身份 ben，执行命令与结果
如下：

[root@localhost ~]# mount　/dev/cdrom　/mnt/cdrom

mount: /mnt/cdrom: WARNING: source write-protected, mounted read-only.

[root@localhost ~]#

[root@localhost ~]# exit

exit

[ben@localhost ada]$　　　　　　　　　　　　　　　<== 返回 ben

　　再执行命令"exit"，可返回前一个用户身份 ada，执行命令与结果如下：

[ben@localhost ada]$ exit

exit

[ada@localhost ~]$　　　　　　　　　　　　　　　　<== 返回 ada

任务 10-5　特权命令的授权

任务描述

利用授权使普通用户可以使用特权命令。

特权命令的授权

任务实施

在 Linux 系统中，有些命令(如 mount、umount 或 useradd)只能被超级用户 root 执行，不能被普通用户执行。

按下组合键【Ctrl+Alt + F2】返回虚拟控制台 tty2(初始的 root 用户界面)。创建用于测试的普通用户账号 hook 和 nail，并卸载所有的光盘的挂载，执行命令与结果如下：

```
[root@localhost ~]#useradd   hook
[root@localhost ~]#useradd   nail
[root@localhost ~]# chpasswd
hook:123123                              <== 为了方便区分，两个密码不同
nail:123456
[root@localhost ~]#
[root@localhost ~]#umount /dev/cdrom
[root@localhost ~]#umount /dev/cdrom
[root@localhost ~]#umount /dev/cdrom
umount: /dev/cdrom: 未挂载.
[root@localhost ~]#
```

按下组合键【Ctrl+Alt + F6】打开虚拟控制台 tty6，以普通用户 hook 身份登录。测试它对特权命令 mount 和 umount 的使用情况：

```
[hook@localhost ~]$ mount   /dev/cdrom   /mnt/cdrom
mount: /mnt/cdrom: 必须以超级用户身份使用  mount.
[hook@localhost ~]$
[hook@localhost ~]$umount   /dev/cdrom
umount: /mnt/cdrom: 必须以超级用户身份使用 umount.
[hook@localhost ~]$
```

从以上结果中可以看出，普通用户 hook 没有执行 mount 和 umount 的权限。

超级用户 root 可以通过授权，使普通用户可以执行特权命令。授权命令如下：

visudo

注：visudo 是"vi   /etc/sudoes"的缩写，其本质是通过 vi 编辑器来修改配置文件 /etc/sudoes。

/etc/sudoes 文件的每一行都是一条授权规则，规则格式如下：

授权用户	主机=(可切换的用户)	[NOPASSWD:]命令的绝对路径
授权用户	主机=(可切换的用户)	[NOPASSWD:]ALL
%授权群组	主机=(可切换的用户)	[NOPASSWD:]命令的绝对路径
%授权群组	主机=(可切换的用户)	[NOPASSWD:]ALL

授权成功后，普通用户就可以执行特权命令了，命令格式如下：

sudo   特权命令

下面从以下几个方面来熟悉特权命令授权的流程。

(1) 利用 visudo 使用户 hook 可以以"sudo 特权命令"的形式执行指定特权命令,如 mount。此时,用户 hook 不能执行其他特权命令,在执行过程中需要输入自身密码。

(2) 利用 visudo 使用户 hook 可以以"sudo 特权命令"的形式执行指定特权命令,如 umount,且无须输入密码。此时,用户 hook 仍然不能执行其他特权命令。

(3) 利用 visudo 使用户 nail 可以以"sudo 特权命令"的形式执行所有特权命令,如 useradd。此时,用户 nail 能执行所有的特权命令,且在执行过程中无须输入自身密码。

(4) 利用 visudo 使组 tools 中的所有用户都可以以"sudo 特权命令"的形式执行指定特权命令,且无须输入密码。

1. 利用 visudo 使用户 hook 可以以"sudo 特权命令"的形式执行 mount 特权命令

按下组合键【Ctrl+Alt + F2】返回虚拟控制台 tty2(初始的 root 用户界面)。查看 mount 命令的路径,执行命令与结果如下:

```
[root@localhost ~]# which    mount
/usr/bin/mount
[root@localhost ~]# visudo
```

输入命令"visudo"后,打开文件 /etc/sudoes,按照 vi 编辑器的使用方法编辑文件,按下【i】键或【Insert】键进入编辑模式,加入以下内容:

```
hook      ALL=(root)              /usr/bin/mount
```

按下【Esc】键退回命令模式,输入命令":wq"保存并退出。

注: 以上规则可以加入文件 /etc/sudoes 的任何地方,但为了方便今后的查看与修改,最好集中添加至默认规则之后,如下:

```
## Allow root to run any commands anywhere
root      ALL=(ALL)      ALL                                    # 默认规则
hook      ALL=(root)      /usr/bin/mount
```

按下组合键【Ctrl+Alt + F6】打开虚拟控制台 tty6,以 hook 身份登录。执行挂载光盘的命令如下:

```
[hook@localhost ~]$ mount /dev/cdrom    /mnt/cdrom
mount: /mnt/cdrom: 必须以超级用户身份使用 mount.
[hook@localhost ~]$
```

普通用户 hook 仍然不可以直接执行 mount 命令。但是,可以用命令"sudo   mount /dev/cdrom   /mnt/cdrom"挂载光盘,执行命令与结果如下:

```
[hook@localhost ~]$sudo    mount /dev/cdrom    /mnt/cdrom
我们信任您已经从系统管理员那里了解了日常注意事项。
总结起来无外乎这三点:

#1) 尊重别人的隐私。
#2) 输入前要先考虑(后果和风险)。
#3) 权力越大,责任越大。
```

```
[sudo] hook 的密码：█                          <== 输入 hook 的密码而不是 root 的密码
mount: /mnt/cdrom: WARNING: source write-protected, mounted read-only.     <== 挂载成功
[hook@localhost ~]$
[hook@localhost ~]$
[hook@localhost ~]$ mount | grep iso          <== 检查挂载情况
/dev/sr0 on /mnt/cdrom type iso9660 (ro,relatime,nojoliet,check=s,map=n,blocksize=2048)
[hook@localhost ~]$
[hook@localhost ~]$ ls   /mnt/cdrom           <== 检查挂载情况
AppStreamBaseOS  EFI  EULA  extra_files.json  GPL  images  isolinux
media.repo  RPM-GPG-KEY-redhat-beta  RPM-GPG-KEY-redhat-release
[hook@localhost ~]$
```

注意，此时 hook 仍然不可以 sudo 其他特权命令，如 umount、passwd 等，验证如下：

```
[hook@localhost ~]$ sudo   umount   /dev/cdrom
对不起，用户 hook 无权以 root 的身份在 localhost 上执行 /bin/umount   /dev/cdrom.
[hook@localhost ~]$
[hook@localhost ~]$ sudo   passwd   nail
对不起，用户 hook 无权以 root 的身份在 localhost 上执行 /bin/passwd nail。
[hook@localhost ~]$
```

2. 利用 visudo 使用户 hook 可以以"sudo 特权命令"的形式执行 umount 特权命令，且无须输入密码

按下组合键【Ctrl+Alt + F2】返回虚拟控制台 tty2(初始的 root 用户界面)。增加授权规则，允许用户 hook 执行"sudoumount /dev/cdrom"，且不需要输入密码，执行命令与结果如下：

```
[root@localhost ~]# which   passwd          <== 查看命令路径
/usr/bin/passwd
[root@localhost ~]# visudo
```

输入命令"visudo"后，打开文件/etc/sudoes，添加以下规则：

```
hook      ALL=(root)          NOPASSWD:/usr/bin/umount
```

按下组合键【Ctrl+Alt + F6】打开虚拟控制台 tty6，以 hook 身份登录，并执行卸载命令，执行命令与结果如下：

```
[hook@localhost ~]$ sudo umount   /dev/cdrom
[hook@localhost ~]$ sudo umount   /dev/cdrom
umount: /dev/cdrom: 未挂载.
[hook@localhost ~]$
```

普通用户 hook 可以卸载光盘了，而且卸载过程无需输入用户密码。
注意，此时 hook 仍然不可以 sudo 其他特权命令，如 passwd 等，验证如下：

```
[hook@localhost ~]$ sudo   passwd   nail
对不起，用户 hook 无权以 root 的身份在 localhost 上执行 /bin/passwd nail。
[hook@localhost ~]$
```

3. 利用 visudo 使用户 nail 可以以"sudo 特权命令"的形式执行所有的特权命令，且无须输入密码

按下组合键【Ctrl+Alt+F2】返回虚拟控制台 tty2(初始的 root 用户界面)。增加授权规则，允许用户 nail 执行"sudo 任何特权命令"，且不需要输入密码，规则如下：

```
nail    ALL=(root)          NOPASSWD:ALL
```

按下组合键【Ctrl+Alt+F6】打开虚拟控制台 tty6，以 nail 身份登录。nail 可以执行任何特权命令，如 mount、useradd 等，执行命令如下：

```
[nail@localhost ~]$ sudo   mount  /dev/cdrom  /mnt/cdrom
mount: /mnt/cdrom: WARNING: source write-protected, mounted read-only.      <== 挂载成功
[nail@localhost ~]$
[nail@localhost ~]$ sudo   useradd   hammer
[nail@localhost ~]$
```

4. 利用 visudo 使组 tools 中的所有用户都可以以"sudo 特权命令"的形式执行指定特权命令，且无须输入密码

按下组合键【Ctrl+Alt+F2】返回虚拟控制台 tty2(初始的 root 用户界面)。创建组 tools，并将用户 hook 和用户 nail 添加至 tools 组中，执行命令与结果如下：

```
[root@localhost ~]# groupadd   tools                          <== 创建组 tools
[root@localhost ~]# gpasswd   tools  -a  hook                 <== 将用户 hook 添加至 tools 组中
Adding user hook to group tools
[root@localhost ~]# gpasswd   tools  -a  nail                 <== 将用户 nail 添加至 tools 组中
Adding user nail to group tools
[root@localhost ~]#
[root@localhost ~]# id   hook
uid=1006(hook) gid=1008(hook) groups=1008(hook),1014(tools)   <== 用户 hook 属于 tools 组
[root@localhost ~]# id   nail
uid=1007(nail) gid=1009(nail) groups=1009(nail),1014(tools)   <== 用户 nail 属于 tools 组
[root@localhost ~]#
```

删除所有前面为用户 hook 和用户 nail 增加的规则。重新增加授权规则，允许用户组 tools 执行 mount 和 umount，且不需要输入密码，规则如下：

```
%tools   ALL=(ALL)          NOPASSWD:/usr/sbin/useradd,/usr/sbin/userdel
```

按下组合键【Ctrl+Alt+F6】打开虚拟控制台 tty6，以 hook 身份登录。hook 可以执行命令 useradd 和 userdel，但无法执行其他特权命令，如 mount，执行命令与结果如下：

```
[hook@localhost ~]$ sudo   useradd   pen                      <== 可执行 useradd
[hook@localhost ~]$ sudo   userdel   pen                      <== 可执行 userdel
[hook@localhost ~]$
[hook@localhost ~]$sudo   mount  /dev/cdrom  /mnt/cdrom
[sudo] password for hook:                                     <== 输入 hook 密码
Sorry, user hook is not a allowed to execute '/bin/mount   /dev/cdrom /mnt/cdrom' as root on localhost.
```

```
                                    <== 报错
[hook@localhost ~]$
```

按下组合键【Ctrl+Alt+F5】打开虚拟控制台 tty5，以 nail 身份登录。nail 与 hook 一样，可以执行命令 useradd 和 userdel，但无法执行其他特权命令，如 mount：

```
[nail@localhost ~]$ sudo useradd    pen          <== 可执行 useradd
[nail@localhost ~]$ sudo userdel    pen          <== 可执行 userdel
[nail@localhost ~]$
[nail@localhost ~]$sudo   mount  /dev/cdrom  /mnt/cdrom
[sudo] password for nail:                        <== 输入 nail 密码
Sorry, user hook is not a allowed to execute '/bin/mount   /dev/cdrom /mnt/cdrom' as root on localhost.
                                    <== 报错
[nail@localhost ~]$
```

练 习 题

一、填空题

1. 根据表 10-1 所示的命令说明，填写命令的格式。

表 10-1　用户与群组的相关操作

命 令 说 明	命 令 格 式
创建用户	
删除用户	
修改用户属性	
修改用户密码	
批量修改用户密码	
创建群组	
删除群组	
查看用户的群组信息	

2. 一般情况下，Linux 对密码的复杂性要求如下：

- 最小长度为 8 个字符。
- 至少包含小写字母、大写字母、数字和特殊字符中的任意 3 种。
- 特殊符号为"@""#""!""$""%"等字符。

请勾选出以下符合条件的密码。

（　）t1234567	（　）3456Tw	（　）123456@Tw	（　）T12345#yeah
（　）hello@WORLD	（　）he@WO	（　）he@12W#	（　）!123456$

3. 用户配置文件为＿＿＿＿＿＿＿＿＿＿＿＿＿。

　　群组配置文件为＿＿＿＿＿＿＿＿＿＿＿＿＿。

4. 命令"grep ^stu /etc/passwd"的执行结果如下：

```
[root@localhost ~]# grep   ^stu   /etc/passwd

stu:x:1000:1000::/home/stu:/bin/bash

stu01:x:1001:1001::/var/ftp/stu:/sbin/nologin

stu02:x:1002:1002::/var/ftp/stu:/sbin/nologin

stu03:x:1003:1014::/var/ftp/stu:/bin/bash

stuback:x:1020:1020::/home/stuback:/bin/sh

[root@localhost ~]#
```

系统中以 stu 开头的用户有_____。
用户 stu 的 UID 是_____，家目录是_____。
用户 stu01 的家目录是_____，shell 是_____。
用户 stuback 的家目录是_____, shell 是_____。

5. 命令"grep   ^stu   /etc/group"的执行结果如下：

```
[root@localhost ~]# grep   ^stu   /etc/group

stu:x:1000:stu01,stu02,stu03

stu01:x:1001:

stu02:x:1002:

stu03:x:1014:

stuback:1020:stu01

[root@localhost ~]#
```

系统中以 stu 开头的群组有_____。
用户 stu01 的附加组为_____。
用户 stu02 的附加组为_____。
用户 stu03 的附加组为_____。

二、操作题

1. 在 Linux 系统中创建群组 mkt、mng 和 opt，并根据表 10-2 的属性创建用户账号。设置用户 ada 可以执行所有特权命令。设置群组 mng 可以执行 mount 命令。

表 10-2　各用户账号详细属性

账号名称	账号说明	家目录	可否终端登录	密　　码	附加组
ada	tel_1234567	/home/ada	是	p@ssWord	mkt
ben	tel_1239876	/home/ben	是	p@ssWord	mng
cap	addr_Astreet	/home/cap	是	p@ssWord	mng
dan	tel_1234545	/var/opt	否	p@ssWord	opt
ela	tel_1239898	/var/opt	否	p@ssWord	opt

2. 批量创建 100 个用户账号，账号为 stu001、stu002……stu100，密码均为 123456。

项目 11 用户与文件权限

在 Linux 系统中，一切都是文件。用户对文件拥有的权限，决定了用户可以使用的系统资源。本项目主要介绍如何查看用户对文件的权限，如何设置用户对文件的权限和理解权限的含义。

知识目标

- 了解权限的含义。
- 了解文件的三个权限属性：所属者、所属组、权限位。
- 理解用户与群组之间的关系。
- 理解文件权限与文件操作之间的关系。
- 理解目录权限与文件操作之间的关系。
- 理解权限与文件操作失败之间的关系。

技能目标

- 掌握查看文件权限属性的命令。
- 掌握修改文件权限属性的命令。
- 掌握通过系统的错误提示来判断文件命令失败原因的技巧。

任务 11-1 权限的查看

任务描述

通过 ls 命令查看文件属性，并判断用户对文件的权限。

权限的查看

任务实施

Linux 的文件系统除保存了文件或目录的内容以外，还保存着它们的属性，包括类型、大小、链接数、所属者、所属组、权限位等。

查看文件或目录属性的命令如下：

ls   -ld   文件或目录

注："ls　-l　目录"显示的是目录中包含的文件或子目录的属性,而"ls　-ld　目录"显示的是目录本身的属性。

命令输出的格式如下:

类型及权限　链接数　所属者　所属组　大小　最近修改时间　路径

注:
① 常见类型有"-"(普通文件)、"d"(目录)、"l"(链接文件)。
② 权限位共 9 位,分 3 组,分别对应所属者的权限、所属组的权限、其他用户的权限。
③ 权限有三种:"r"(读,read)、"w"(写,write)、"x"(执行,execute)。

下面通过几个示例来介绍查看权限的方法。

【例 1】　显示/etc/dnsmasq.d 的属性,执行命令与结果如下:

[root@localhost ~]# ls　-ld　/etc/dnsmasq.d
drwxr-xr-x. 2 root dnsmasq 6　2 月 24　2022 /etc/dnsmasq.d
[root@localhost ~]#

/etc/dnsmasq.d 的类型为"d"(目录),权限字段为"rwxr-xr-x",所属者为"root",所属组为"dnsmasq",路径为"/etc/dnsmasq.d"。权限分 3 组,"rwx""r-x""r-x"分别对应所属者 root 的权限、所属组 dnsmasq 的权限、其他用户的权限。

综上,对于目录 /etc/dnsmasq.d,所属者 root 的权限是"rwx"(可读可写可执行),所属组 dnsmasq 的成员的权限是"r-x"(可读不可写可执行),其他用户的权限是"r-x"(可读不可写可执行)。

【例 2】　显示/etc/brlapi.key 的属性,执行命令与结果如下:

[root@localhost ~]# ls　-ld　/etc/brlapi.key
-rw-r-----. 1 root brlapi 33 12 月 16　2022 /etc/brlapi.key
[root@localhost ~]#

/etc/brlapi.key 的类型为"-"(文件),权限字段为"rw-r-----",所属者为"root",所属组为"brlapi",路径为"/etc/brlapi.key"。权限分 3 组,"rw-""r--""---"分别对应所属者 root 的权限、所属组 brlapi 的权限、其他用户的权限。

综上,对于文件/etc/brlapi.key,所属者 root 的权限是"rw-"(可读可写不可执行),所属组 brlapi 的成员的权限是"r--"(只读),其他用户的权限是"---"(没有任何权限)。

【例 3】　对于文件而言,选项"-ld"和"-l"的作用是一样的,都以长格式显示文件的属性:

[root@localhost ~]# ls　-ld　/test/a.sh
-rw-r--r--. 1 root root 0　8 月 15 10:25 /test/a.sh　<== 文件/test/a.sh 的属性
[root@localhost ~]#
[root@localhost ~]# ls　-l　/test/a.sh
-rw-r--r--. 1 root root 0　8 月 15 10:25 /test/a.sh　<== 文件/test/a.sh 的属性
[root@localhost ~]#

【例 4】　对于目录而言,选项"-ld"和"-l"的作用是不一样的,选项"-ld"以长格式显示目录本身的属性,而选项"-l"以长格式显示目录中包含的文件或子目录的属性:

```
[root@localhost ~]# ls  -ld  /test
drwxr-xr-x. 3 root root 30   8 月 14 23:01 /test            <== 目录/test 本身的属性
[root@localhost ~]#
[root@localhost ~]# ls  -l  /test
总用量 0
-rw-r--r--. 1 root root 0   8 月 15 10:25a.sh              <== 文件/test/a.sh 的属性
drwxr-xr-x. 2 root root 6   8 月 14 23:01 bdir             <== 子目录/test/bdir 的属性
[root@localhost ~]#
```

任务 11-2   所属者与所属组的修改

任务描述

通过命令 chown、chgrp 修改文件/目录的所属者和所属组。

任务实施

命令 chown、chgrp 可以修改文件或目录的所属者和所属组，其常用格式如下：

chown	[-R]	所属者	文件或目录	<== 修改所属者
chown	[-R]	:所属组	文件或目录	<== 修改所属组
chown	[-R]	所属者:所属组	文件或目录	<== 修改所属者和所属组
chgrp	[-R]	所属组	文件或目录	<== 修改所属组

注：chown 是"change(修改) owner(拥有者)"的缩写，chgrp 是"change(修改) group(拥有组)"的缩写，选项"-R"表示递归修改。命令中的所属者必须是存在的用户，所属组必须是存在的群组，文件或目录也必须存在，否则命令无法执行。

下面通过几个示例来介绍 chown 和 chgrp 命令的使用。先创建用于测试的用户(ada、ben)、组(feng)、目录(/test/bdir)和文件(/test/a.sh)：

```
[root@localhost ~]# useradd   ada
[root@localhost ~]# useradd   ben
[root@localhost ~]# chpasswd
[root@localhost ~]#
[root@localhost ~]# groupadd   feng
[root@localhost ~]#
[root@localhost ~]# rm   -rf   /test
[root@localhost ~]# mkdir   /test/bdir   -p
[root@localhost ~]# echo   "hello, this is a.txt!">/test/a.sh
[root@localhost ~]#
```

【**例 1**】　将文件 /test/a.sh 的拥有者设置为 ada，命令为"chown　ada　/test/a.sh"，执行命令与结果如下：

```
[root@localhost ~]# ls  -ld   /test/a.sh
-rw-r--r--. 1 root root 0   8 月  14 22:46 /test/a.sh        <== 文件的所属者为 root
[root@localhost ~]#
[root@localhost ~]# chown   ada   /test/a.sh                 <== 将所属者设置成 ada
[root@localhost ~]#
[root@localhost ~]# ls   -ld    /test/a.sh
-rw-r--r--. 1 ada root 0   8 月  14 22:46 /test/a.sh         <== 文件的所属者变为 ada
[root@localhost ~]#
```

【**例 2**】　将文件 /test/a.txt 的拥有组设置为 feng，命令为"chgrp　feng　/test/a.sh"，执行命令与结果如下：

```
[root@localhost ~]# ls   -ld    /test/a.sh
-rw-r--r--. 1 ada root 0   8 月  14 22:46 /test/a.sh         <== 文件的所属组为 root
[root@localhost ~]#
[root@localhost ~]# chgrp   feng   /test/a.sh                <== 将所属组设置成 feng
[root@localhost ~]#
[root@localhost ~]# ls   -ld    /test/a.sh
-rw-r--r--. 1 ada feng 0   8 月  14 22:46 /test/a.sh         <== 文件的所属组变为 feng
[root@localhost ~]#
```

【**例 3**】修改目录 /test 及其包含的所有子目录和文件的拥有者为 ben，命令为"chown -R　ben　/test"，执行命令与结果如下：

```
[root@localhost ~]# ls   -ld   /test
drwxr-xr-x. 3 root root 30   8 月  14 23:01 /test           <== /test 所属者为 root
[root@localhost ~]# ls   -l   /test
总用量 0
-rw-r--r--. 1 ada feng 0   8 月  14 23:01 a.sht             <== /test 中文件的所属者为 ada
drwxr-xr-x. 2 root root 6   8 月  14 23:01 bdirt            <== /test 中目录的所属者为 root
[root@localhost ~]#
[root@localhost ~]# chown   -R   ben   /test                <== 递归修改/test 的所属者
[root@localhost ~]#
[root@localhost ~]# ls   -ld   /test
drwxr-xr-x. 3 ben root 30   8 月  14 23:01 /test            <== /test 所属者变为 ben
[root@localhost ~]# ls   -l   /test
总用量 0
-rw-r--r--. 1 ben feng 0   8 月  14 23:01 a.sh              <== /test 中文件的所属者变为 ben
drwxr-xr-x. 2 ben root 6   8 月  14 23:01 bdir              <== /test 中目录的所属者变为 ben
[root@localhost ~]#
```

【例 4】 修改目录 /test 中包含的所有子目录和文件的所属者为 ada、所属组为 feng(不改变目录本身的属性)，执行命令与结果如下：

```
[root@localhost ~]# chgrp   -R   ada:feng   /test/*
[root@localhost ~]#
[root@localhost ~]# ls   -ld   /test
drwxr-xr-x. 3 ben root 30   8 月  14 23:01 /test          <== /test 的所属者、所属组未变
[root@localhost ~]# ls   -l   /test
总用量  0
0 -rw-r--r--. 1 ada feng 0   8 月  15 10:25 a.sh          <== /test 中文件的所属者、所属组都变了
0 drwxr-xr-x. 2 ada feng 6   8 月  14 23:01 bdir          <== /test 中目录的所属者、所属组都变了
[root@localhost ~]#
```

任务 11-3   权限位的修改

任务描述

利用 chmod 命令修改文件的权限位。

任务实施

命令 chmod 可以修改文件或目录的权限位，它的常用格式如下：

chmod   模式   文件或目录

注：chmod 是 "change(修改) mode(属性)" 的缩写。chmod 命令修改的是不同类型用户的权限，而非某个特定用户的权限。命令中的模式可以表示为字符串，也可以表示为数字。

模式中的字符及其含义如表 11-3-1 所示，模式中的数字及其含义如表 11-3-2 所示。

表 11-3-1   chmod 模式中的字符及其含义

字　符	含　义
u	u 是 "user" 的简写，代表文件或目录的所属者
g	g 是 "group" 的简写，代表文件或目录的所属组
o	o 是 "others" 的简写，代表其他用户
a	a 是 "all" 的简写，代表所有用户
+	增加权限
-	去除权限
=	设置权限

表 11-3-2　chmod 模式中的数字及其含义

十进制数	二进制数	权限位(读　写　执行)
0	000	-　-　-
1	001	-　-　x
2	010	-　w　-
3	011	-　w　x
4	100	r　-　-
5	101	r　-　x
6	110	r　w　-
7	111	r　w　x

下面通过几个示例来介绍 chmod 命令的使用。先创建用于测试的文件 /test/a.txt，并将文件 /test/a.txt 的拥有者的权限设置为"rx"，命令为"chmod　u=rx　/test/a.txt"，执行命令与结果如下：

```
[root@localhost ~]# touch　/test/a.txt
[root@localhost ~]# ls　-l　/test/a.txt
-rw-r--r--. 1 root root 27 12 月  13 22:24 /test/a.txt        <== 所属者的权限原为"rw"
[root@localhost ~]#
[root@localhost ~]# chmod　u=rx　/test/a.txt                   <== 所属者的权限设置成"rx"
[root@localhost ~]#
[root@localhost ~]# ls　-l　/test/a.txt
-r-xr--r--. 1 root root 27 12 月  13 22:24 /test/a.txt        <== 所属者的权限变为"rx"
[root@localhost ~]#
```

【例 1】 为文件 /test/a.txt 的拥有组增加"w"权限,命令为"chmod　g+w　/test/a.txt"，执行命令与结果如下：

```
[root@localhost ~]# ls　-l　/test/a.txt
-r-xr--r--. 1 root root 27 12 月  13 22:24 /test/a.txt        <== 所属组的原权限为"r"
[root@localhost ~]#
[root@localhost ~]# chmod　g+w　/test/a.txt                    <== 所属组的权限增加"w"
[root@localhost ~]#
[root@localhost ~]# ls　-l　/test/a.txt
-r-xrw-r--. 1 root root 27 12 月  13 22:24 /test/a.txt        <== 所属组的权限变为"rw"
[root@localhost ~]#
```

【例 2】 为文件 /test/a.txt 的其他用户去掉"r"权限，命令为"chmod　o-r　/test/a.txt"，执行命令与结果如下：

```
[root@localhost ~]# ls　-l　/test/a.txt
-r-xrw-r--. 1 root root 27 12 月  13 22:24 /test/a.txt        <== 其他用户的权限原为"r"
[root@localhost ~]#
```

```
[root@localhost ~]# chmod   o-r   /test/a.txt              <== 其他用户的权限去掉 "r"
[root@localhost ~]#
[root@localhost ~]# ls   -l   /test/a.txt
-r-xrw----. 1 root root 27 12 月  13 22:24 /test/a.txt      <== 其他用户无任何权限
[root@localhost ~]#
```

【例 3】 去掉所有用户对文件 /test/a.txt 的所有权限，命令为 "chmod   a=   /test/a.txt"，执行命令与结果如下：

```
[root@localhost ~]# ls   -l   /test/a.txt
-r-xrw-r--. 1 root root 27 12 月  13 22:24 /test/a.txt
[root@localhost ~]#
[root@localhost ~]# chmod   a=   /test/a.txt              <== 将所有用户的权限都设置成空
[root@localhost ~]#
[root@localhost ~]# ls   -l   /test/a.txt
----------. 1 root root 27 12 月  13 22:24 /test/a.txt     <== 所有用户的权限都置空了
[root@localhost ~]#
```

【例 4】 若同时设置几类用户的权限，则权限间用 "," 分隔。输入命令 "chmod   u=rwx, g=rx,o=r   /test/a.txt"，执行命令与结果如下：

```
[root@localhost ~]# chmod   u=rwx,g=rx,o=r   /test/a.txt    <== 用 "," 分隔多个设置
[root@localhost ~]#
[root@localhost ~]# ls   -l   /test/a.txt
-rwxr-xr--. 1 root root 27 12 月  13 22:24 /test/a.txt
[root@localhost ~]#
```

【例 5】 在命令 "chmod   641   /test/a.txt" 中，三个数字 "6" "4" "1" 依次对应所属者的权限、所属组的权限、其他用户的权限。根据表 11-3-2 可知，6 对应权限 "rw"，4 对应权限 "r"，1 对应权限 "x"。因此，命令 "chmod   641   /test/a.txt" 相当于 "chmod u=rw,g=r,o=x   /test/a.txt"，执行命令与结果如下：

```
[root@localhost ~]# chmod   641   /test/a.txt              <== 用三个数字表示三组权限
[root@localhost ~]#
[root@localhost ~]# ls   -l   /test/a.txt
-rw-r----x. 1 root root 27 12 月  13 22:24 /test/a.txt
[root@localhost ~]#
```

综上，对于文件 /test/a.txt，若要将文件拥有者的权限设置成可读可写可执行，文件拥有组的权限设置可读可执行，其他用户的权限设置成不可读不可写不可执行，则其命令有以下两种写法：

(1) 可读可写可执行权限对应 "rwx"，可读可执行权限对应 "rx"，不可读不可写不可执行权限对应空字符串，因此，命令可写为 "chmod   u=rwx,g=rx,o=   /test/a.txt"。

(2) 权限 "rwx" 对应数字 7，权限 "rx" 对应数字 5，无权限对应数字 0，因此，命令可写为 "chmod 750 /test/a.txt"。

任务 11-4　了解文件权限与文件命令的关系

任务描述

理解文件权限与文件命令之间的关系。

文件的权限

任务实施

用户对文件内容的操作有显示(cat、head、tail)、修改(vi)、复制(cp)等。而文件的权限规定了用户对文件的内容可以进行的操作和不可以进行的操作。

为了便于说明文件的权限与文件命令的关系，先创建普通用户 tea01、tea02、stu01、stu02，命令如下：

```
[root@localhost ~]# useradd    tea01              <== 创建用户
[root@localhost ~]# useradd    tea02
[root@localhost ~]# useradd    stu01
[root@localhost ~]# useradd    stu02
[root@localhost ~]# chpasswd                      <== 设置用户密码
[root@localhost ~]#
```

并创建用于测试的文件/test/a.sh，文件内容如下：

```
#! /bin/bash
echo    "hello!"
```

文件 /test/a.sh 的属性如下：

```
[root@localhost ~]# ls   -ld   /test/a.sh
-rw-r--r--. 1 root root 29    8 月   15 15:40 /test/a.sh
[root@localhost ~]#
```

文件的权限字段为"rw-r--r--"，所属者是 root，所属组是 root，所属者的权限为"rw"，所属组和其他用户的权限为"r"。

下面通过以下几种情况来验证文件权限与文件命令之间的关系。

(1) 用户 tea01 是文件 /test/a.sh 的其他用户，权限为只读。考察其他用户的权限，理解读写权限与命令 cat、vi、cp 之间的关系。

(2) 修改用户 tea01 为文件所属者，所属者权限为"rw"。考察所属者的权限，验证读写操作。

(3) 将用户 tea02 设置为文件/test/a.sh 的所属组成员，并将所属组权限设置为"rx"。考察所属组的权限，并执行一个文件。

(4) 将用户 tea01 设置为文件/test/a.sh 的所属组成员。考察 tea01 既是所属者又是所属组时的权限叠加情况。

(5) 去掉其他用户的所有权限。考察无权限的情况。

1. 考察其他用户和只读权限的关系

按下组合键【Ctrl+Alt＋F6】打开虚拟控制台 tty6，以 tea01 身份登录。

用户 tea01 既非文件所属者，又非文件所属组成员，它属于其他用户，权限为只读，可以读取文件内容，不可以改变文件内容，也不可以执行文件。

用户 tea01 可以用 cat 命令显示文件，因为这相当于向/test/a.sh 执行"读"操作。执行命令与结果如下：

```
[tea01@localhost ~]$ cat /test/a.sh
#! /bin/bash


echo   "hello!"
[tea01@localhost ~]$
```

用户 tea01 可以用 vi 命令打开文件(读取内容)，却不能修改它。vi 编辑器底部显示""/test/a.sh" [只读]"，意味着用户 tea01 无法修改 /test/a.sh：

```
#! /bin/bash


echo   "hello!"
~
~
~
~
"/test/a.sh" [只读] 3L, 29B
```

将"hello"改成"world"，再使用":wq!"命令强制写入，系统会显示拒绝信息：

```
"/test/a.sh"
"/test/a.sh" E212: 无法打开并写入文件
请按  ENTER  或其它命令继续
```

此时，使用":q!"命令强制退出。

用户 tea01 可以用 cp 命令将 /test/a.sh 复制成其他文件，因为这相当于向/test/a.sh 执行"读"操作，执行命令与结果如下：

```
[tea01@localhost ~]$ cp   /test/a.sh    new.sh
[tea01@localhost ~]$
[tea01@localhost ~]$ cat new.sh
#! /bin/bash


echo   "hello!"
[tea01@localhost ~]$
```

用户 tea01 不可以用 cp 命令覆盖 /test/a.sh，因为这相当于向 /test/a.sh 执行"写"操作，执行命令与结果如下：

```
[tea01@localhost ~]$ cp   /etc/passwd   /test/a.sh
```

cp: 无法创建普通文件'/test/a.sh': 权限不够

[tea01@localhost ~]$

在终端中输入文件的完整路径相当于要求终端"执行"它，用户 tea01 不可以执行 test/a.sh，执行命令与结果如下：

[tea01@localhost ~]$ /test/a.sh

-bash: /test/a.sh: 权限不够

[tea01@localhost ~]$

2. 考察文件所属者和可读可写权限的关系

按下组合键【Ctrl＋Alt＋F2】打开虚拟控制台 tty2(登录用户为 root 用户)，将文件 /test/a.sh 的所属者设置为 tea01：

[root@localhost ~]# chown　tea01　　/test/a.sh

[root@localhost ~]#

[root@localhost ~]# ls -ld　　/test/a.sh

-rw-r--r--. 1 tea01 root 29　　8 月　15 15:40 /test/a.sh

[root@localhost ~]#

按下组合键【Ctrl＋Alt＋F6】打开虚拟控制台 tty6(登录用户为 tea01 用户)，用户 tea01 是文件所属者，它的权限变为"rw-"，即可读可写不可执行。

用户 tea01 使用 vi 命令打开文件,可将"hello"改成"world",执行命令与结果如下：

[tea01@localhost ~]$ vi　　/test/a.sh

[tea01@localhost ~]$

[tea01@localhost ~]$ cat　　/test/a.sh

#! /bin/bash

echo　　"world!"　　　　　　　　　　　　<== 将"hello"改成了"world"

[tea01@localhost ~]$

用户 tea01 仍然不可以执行 test/a.sh，执行命令与结果如下：

[tea01@localhost ~]$ /test/a.sh

-bash: /test/a.sh: 权限不够

[tea01@localhost ~]$

3. 考察文件所属组和可执行权限的关系

按下组合键【Ctrl＋Alt＋F2】打开虚拟控制台 tty2(登录用户为 root 用户)，先创建群组 teacher，并修改群组配置文件/etc/group，使 tea02 成为群组 teacher 的成员，命令如下：

[root@localhost ~]# groupadd　　teacher　　　<== 创建群组 teacher

[root@localhost ~]#

[root@localhost ~]# vi　　/etc/group　　　　　<== 将 tea02 加入群组 teacher 的成员列表

[root@localhost ~]# grep　　teacher　　/etc/group　　<== 群组 teacher 的属性

teacher:x:1012:tea02

```
[root@localhost ~]#
[root@localhost ~]# id    tea02
用户 id=1011(tea02)  组 id=1011(tea02)  组=1011(tea02),1012(teacher)
                                              <== 确认 tea02 是群组 teacher 的成员
[root@localhost ~]#
```

再将文件 /test/a.sh 所属组设置为 teacher，将所属组的权限设置为 "rx"，执行命令与结果如下：

```
[root@localhost ~]# chgrp    teacher    /test/a.sh        <== 修改文件的所属组
[root@localhost ~]#
[root@localhost ~]# chmod    g=rx  /test/a.sh             <== 修改文件所属组的权限
[root@localhost ~]#
[root@localhost ~]# ls    -ld /test/a.sh                  <== 检查文件属性
-rw-r-xr--. 1 tea01 teacher 29   8 月  15 16:07 /test/a.sh
[root@localhost ~]#
```

最后按下组合键【Ctrl+Alt + F5】打开虚拟控制台 tty5，以用户 tea02 身份登录。用户 tea02 是文件所属组成员，它的权限变为了 "rx"，即可读可执行，执行命令与结果如下：

```
[tea02@localhost ~]$ echo    "hello">  /test/a.sh
-bash: /test/a.sh: 权限不够                             <== 不可修改文件
[tea02@localhost ~]$
[tea02@localhost ~]$ /test/a.sh
world!                                                  <== 可执行文件，输出 "world!"
[tea02@localhost ~]$
```

4. 考察权限叠加的情况

按下组合键【Ctrl+Alt + F2】打开虚拟控制台 tty2(登录用户为 root 用户)，先修改群组配置文件 /etc/group，使 tea01 也成为群组 teacher 的成员：

```
[root@localhost ~]# vi    /etc/group            <== 将 tea02 加入群组 teacher 的成员列表
[root@localhost ~]# grep    teacher  /etc/group  <== 群组 teacher 的属性
teacher:x:1012:tea02,tea01
[root@localhost ~]#
[root@localhost ~]# id    tea01
用户 id=1010(tea01)  组 id=1010(tea01)  组=1010(tea01),1012(teacher)
[root@localhost ~]#
```

再按下组合键【Ctrl+Alt + F6】打开虚拟控制台 tty6(登录用户为 tea01 用户)。对于 /test/a.sh，用户 tea01 既是所属者，又是所属组成员，它的权限应为两者的叠加，即 "rx" 叠加 "rw" 为 "rwx"。

用户 tea01 修改 /test/a.sh 中的 "world" 为 "bye"，执行命令与结果如下：

```
[tea01@localhost ~]$ vi    /test/a.sh           <== 用 vi 编辑器修改文件
[tea01@localhost ~]$ cat    /test/a.sh          <==查看文件
```

```
#! /bin/bash
echo   "bye!"                                <== 将"world"改成了"bye"
[tea01@localhost ~]$
[tea02@localhost ~]$ /test/a.sh
bye!                                         <== 可执行文件，输出"bye!"
[tea01@localhost ~]$
```

5. 考察无权限的情况

按下组合键【Ctrl+Alt+F2】打开虚拟控制台 tty2(登录用户为 root 用户)，先去掉其他用户的所有权限，命令如下：

```
[root@localhost ~]# chmod   o=   /test/a.sh    <== 修改文件所属组的权限
[root@localhost ~]#
```

再按下组合键【Ctrl+Alt+F4】打开虚拟控制台 tty4，以用户 stu01 身份登录。用户 stu01 是文件 /test/a.sh 的其他用户，没有任何权限，执行命令与结果如下：

```
[stu01@localhost ~]$ cat /test/a.sh
cat: /test/a.sh: 权限不够                      <== 不可读取文件
[stu01@localhost ~]$
[stu01@localhost ~]$ cat /test/a.sh
cat: /test/a.sh: 权限不够
[stu01@localhost ~]$
[stu01@localhost ~]$ echo   "hello"> /test/a.sh
-bash: /test/a.sh: 权限不够                    <== 不可修改文件
[stu01@localhost ~]$
[stu01@localhost ~]$ /test/a.sh
-bash: /test/a.sh: 权限不够                    <== 不可执行文件
[stu01@localhost ~]$
```

任务 11-5　了解目录权限与文件命令的关系

任务描述

理解目录权限与文件命令之间的关系。

任务实施

目录的权限

一般情况下，Linux 对目录的权限只有三种情况，分别为"---""r-x"和"rwx"。下面通过实例来介绍这三种权限。先创建用于测试的用户普通用户 tea01，目录 /test、/test/bdir，文件 /test/a.sh，并将所有目录和文件的所属者设置成 tea01，命令如下：

```
[root@localhost ~]# useradd   tea01             <== 创建用户
```

```
[root@localhost ~]# chpasswd                        <== 设置用户密码
[root@localhost ~]#
[root@localhost ~]# rm  -rf  /test                  <== 创建目录及文件
[root@localhost /]# mkdir  -p  /test/bdir
[root@localhost /]# touch  /test/a.sh
[root@localhost /]#
[root@localhost /]# chown  -R  tea01  /test         <== 修改拥有者为用户 tea01
[root@localhost /]#
```

1. 目录权限 "---"

目录权限为空意味着不允许用户进入该目录，不允许用户查看该目录的内容，且不允许改变目录的内容。

(用户 root)修改 /test 的所属者权限，使用户 tea01 对 /test 的权限为 "---"，执行命令与结果如下：

```
[root@localhost /]# chmod  u=  /test        <== 修改 tea01 对 /test 的权限为 "---"
[root@localhost /]# chmod  u=rwx  /test/*   <== 修改 tea01 对 /test/a.sh 和 /test/bdir 的权限为 "rwx"
[root@localhost /]#
[root@localhost /]# ls  -ld  /test
d---r-xr-x. 2 tea01  root  18  1 月 30 09:15 /test
[root@localhost ~]# ls  -l  /test
总用量 4
-rwxr-x---. 1 tea01 root 29  8 月 15 16:07 a.sh
drwxr-xr-x. 2 tea01 root  6  8 月 15 21:24bdir
[root@localhost ~]#
```

用户 tea01 对 /test 不能执行 cd 和 ls 命令：

```
[tea01@localhost ~]$ cd /test
-bash: cd: /test: 权限不够
[tea01@localhost ~]$
[tea01@localhost ~]$ ls /test
ls: 无法打开目录 '/test': 权限不够
[tea01@localhost ~]$
```

用户 tea01 不能在 /test 中创建子目录或文件，也不能操作现有子目录或文件：

```
[tea01@localhost ~]$ mkdir  /test/new
mkdir: 无法创建目录 "/test/new"：权限不够
[tea01@localhost ~]$ touch  /test/new
touch: 无法创建 '/test/new': 权限不够
[tea01@localhost ~]$
[tea01@localhost ~]$ ls  /test/bdir
ls: 无法访问 '/test/bdir': 权限不够
```

```
[tea01@localhost ~]$
[tea01@localhost ~]$ cat   /test/a.sh
cat: /test/a.sh: 权限不够
[tea01@localhost ~]$
```

2. 目录权限 "r-x"

此目录权限允许用户进入该目录，允许用户看到该目录中的文件名，但不允许用户在该目录中创建文件、删除文件、修改文件名。

(用户 root)设置用户 tea01 对目录 /test 的权限为 "rx"，执行命令与结果如下：

```
[root@localhost /]# chmod   u=rx    /test
[root@localhost /]#
[root@localhost ~]# ls   -ld     /test
dr-xr-xr-x. 3 tea01 root 30   8 月  15 21:24 /test
[root@localhost ~]#
```

用户 stu 可以正常执行 ls 命令和 cd 命令：

```
[tea01@localhost ~]$ cd /test
[tea01@localhost test]$
[tea01@localhost test]$ ls   /test
a.sh   bdir
[tea01@localhost test]$
```

用户 tea01 不能改变 /test 的 "内容"。例如，不能在 /test 中创建子目录或文件，不能改变子目录或文件的名字，不能将子目录或文件移动出去，不能将目录或文件复制到 /test 中：

```
[tea01@localhost test]$ mkdir   /test/new
mkdir: 无法创建目录 "/test/new"：权限不够
[tea01@localhost test]$ touch   /test/new
touch: 无法创建 '/test/new': 权限不够
[tea01@localhost test]$
[tea01@localhost test]$ mv   /test/a.sh   /test/b.sh
mv: 访问 '/test/b.sh' 失败：权限不够
[tea01@localhost test]$ mv   /test/bdir   /test/adir
mv: 访问 '/test/adir' 失败：权限不够
[tea01@localhost test]$
[tea01@localhost test]$ mv   /test/bdir   ~
mv: 无法获取'/test/bdir' 的文件状态(stat)：权限不够
[tea01@localhost test]$ mv   /test/a.sh   ~
mv: 无法获取'/test/a.sh' 的文件状态(stat)：权限不够
[tea01@localhost test]$
[tea01@localhost test]$ touch   ~/newf.txt
```

```
[tea01@localhost test]$ cp    ~/newf.txt      /test
cp: 无法创建普通文件'/test/newf.txt': 权限不够
[tea01@localhost test]$
```

用户 tea01 不能改变 /test 的"内容"，但可以改变子目录或文件的内容：

```
[tea01@localhost test]$ mkdir    /test/bdir/newdir
[tea01@localhost test]$ ls /test/bdir/
newdir
[tea01@localhost test]$
[tea01@localhost test]$ vi    /test/a.sh
[tea01@localhost test]$ cat /test/a.sh
#! /bin/bash


echo    "hello world!"
[tea01@localhost test]$ /test/a.sh
hello    world!
[tea01@localhost test]$
```

注：用户 tea01 能否操作子目录和文件，由子目录和文件的权限决定。

3. 目录权限"rwx"

此目录权限允许用户进入该目录，允许用户看到该目录中的文件名，允许用户在该目录中创建文件、删除文件、修改文件名。

注：假设需要将一个目录设置成网络共享目录，若允许网络客户从目录中下载文件，则文件的权限应该被设置成可读；若允许用户将文件上传到该目录，则该目录的权限应该被设置成可读可写可执行。

任务 11-6　通过 ACL 机制设置权限

任务描述

通过 ACL 机制针对单一用户、单一文件或单一目录来进行权限设置。

任务实施

ACL 是 Access Control List(访问控制列表)的缩写，主要用于在传统权限设置以外，针对单一用户、单一文件或单一目录来进行权限设置。

查看文件或目录的 ACL 属性，命令格式如下：

getfacl　文件或目录

针对文件或目录，增加某个用户或群组的权限，命令格式如下：

setfacl　-m　u:用户:权限　文件或目录

setfacl　-m　g:群组:权限　文件或目录

针对文件或目录，去除某个用户或群组的权限，命令格式如下：

setfacl　-x　u:用户　文件或目录

setfacl　-x　g:群组　文件或目录

首先创建用于测试的普通用户 tea01、tea02、stu01、stu02，命令如下：

```
[root@localhost ~]# useradd    tea01              <== 创建用户
[root@localhost ~]# useradd    tea02
[root@localhost ~]# useradd    stu01
[root@localhost ~]# useradd    stu02
[root@localhost ~]# chpasswd                       <== 设置用户密码
[root@localhost ~]#
```

再创建用于测试的群组 teacher、student，并修改群组配置文件，使群组 teacher 包含用户 tea01、tea02，群组 student 包含用户 stu01、stu02：

```
[root@localhost ~]# groupadd    teacher            <== 创建群组
[root@localhost ~]# groupadd    student
[root@localhost ~]#
[root@localhost ~]# vi    /etc/group               <== 将用户加入群组的用户列表
[root@localhost ~]# grep    -E    "teacher|student"    /etc/group
teacher:x:1012:tea01,tea02                         <== 群组 teacher 的属性
student:x:1013:stu01,stu02                         <== 群组 student 的属性
[root@localhost ~]#
```

然后创建用于测试的文件 /test/a.sh，并设置文件的权限属性，执行命令与结果如下：

```
[root@localhost /]# rm    -rf    /test             <== 准备文件和目录
[root@localhost /]# mkdir    -p    /test/bdir
[root@localhost /]# touch    /test/a.sh
[root@localhost /]#
[root@localhost /]# chown    -R    tea01:student    /test/a.sh    <== 修改所属者、所属组
[root@localhost /]# chmod    -R    500    /test/a.sh    <== 修改权限位
[root@localhost /]#
[root@localhost ~]# ls -l /test/a.sh
-r-x ------. 1 tea01 student 29   8 月  15 16:07 /test/a.sh
[root@localhost ~]#
```

下面通过几个示例来介绍权限的设置。

【例 1】　查看文件 /test/a.sh 的 ACL 属性：

```
[root@localhost /]# getfacl    /test/a.sh
getfacl: Removing leading '/' from absolute path names
# file: test/a.sh
# owner: tea01                                      <== 所属者
```

```
# group: student                              <== 所属组
user::r-x                                      <== 所属者权限
group::---                                     <== 所属组权限
other::---                                      <== 其他用户权限


[root@localhost /]#
```

修改 /test/a.sh 的 ACL，为用户 tea01 设置"w"权限，执行命令与结果如下：

```
[root@localhost ~]# setfacl   -m   u:tea01:w   /test/a.sh
[root@localhost ~]# getfacl   /test/a.sh
getfacl: Removing leading '/' from absolute path names
# file: test/a.sh
# owner: tea01
# group: student
user::r-x                              <== 文件所属者权限不受影响
user:tea01:-w-                         <== 增加用户 tea01 的 ACL 权限
group::---
mask::r--
other::---


[root@localhost ~]#
```

此时，tea01 的权限是所属者权限"r-x"和自身 ACL 权限"-w-"的叠加，验证如下：

```
[tea01@localhost test]$ cat   /test/a.sh         <== 可读
#! /bin/bash
echo   "world!"
[tea01@localhost test]$
[tea01@localhost test]$ vi   /test/a.sh          <== 可写
[tea01@localhost test]$ cat   /test/a.sh
#! /bin/bash
echo   "hello world!"                            <== 内容改变了
[tea01@localhost test]$
[tea01@localhost test]$ /test/a.sh               <== 可执行
hello world!
[tea01@localhost test]$
```

【例 2】 (用户 root)将 /test/a.sh 的拥有者改为 tea02，执行命令与结果如下：

```
[root@localhost ~]# chown   tea02   /test/a.sh
[root@localhost ~]#
[root@localhost ~]# getfacl   /test/a.sh
getfacl: Removing leading '/' from absolute path names
# file: test/a.sh
```

```
# owner: tea02                                        <== 所属者改变
# group: student
user::r-x                                             <== 所属者权限不变
user:tea01:-w-                                        <== 用户 tea01 的 ACL 权限不变
group::---
mask::-w-
other::---

[root@localhost ~]#
```

此时，tea01 的权限只保留自身 ACL 权限 "-w-"，验证如下：

```
[tea01@localhost test]$ cat  /test/a.sh                        <== 不可读
cat: /test/a.sh: 权限不够
[tea01@localhost test]$
[tea01@localhost test]$ echo  "echo change the world!">>  /test/a.sh    <== 可写
[tea01@localhost test]$
[tea01@localhost test]$ /test/a.sh                             <== 不可执行
-bash: /test/a.sh: 权限不够
[tea01@localhost test]$
```

tea02 的权限为文件所属者的权限 "r-x"，验证如下：

```
[tea02@localhost ~]$ cat /test/a.sh                 <== 可读
#! /bin/bash
echo change the world!
[tea02@localhost ~]$
[tea02@localhost ~]$ echo  "bye.">>  /test/a.sh     <== 不可写
-bash: /test/a.sh: 权限不够
[tea02@localhost ~]$
[tea02@localhost ~]$ /test/a.sh                     <== 可执行
hello world!
change the world!
[tea02@localhost ~]$
```

【例 3】　(用户 root)修改 /test/a.sh 的 ACL，为群组 student 设置 r 权限，为用户 stu01 设置 "w" 权限，执行命令与结果如下：

```
[root@localhost ~]# setfacl  -m  g:student:r  /test/a.sh
[root@localhost ~]# setfacl  -m  u:stu01:w  /test/a.sh
[root@localhost ~]# getfacl  /test/a.sh
getfacl: Removing leading '/' from absolute path names
# file: test/a.sh
# owner: tea02
# group: student
```

```
user::r-x
user:tea01:-w
-user:stu01:--w                                    <== 增加用户 stu01 的 ACL 权限
group::---                                          <== 所属者的权限不变
group:student:r--                                   <== 增加群组 student 的 ACL 权限
mask::rw-
other::---

[root@localhost ~]#
```

stu01 的权限是所属组权限"---"和用户 stu01 的 ACL 权限"w"叠加，即"w"，验证如下：

```
[stu01@localhost test]$ cat    /test/a.sh          <== 不可读
cat: /test/a.sh: 权限不够
[stu01@localhost test]$
[stu01@localhost test]$ echo    "bye.">>  /test/a.sh    <== 可写
[stu01@localhost test]$
[stu01@localhost test]$ /test/a.sh                 <== 不可执行
-bash: /test/a.sh: 权限不够
[stu01@localhost test]$
```

stu02 的权限是所属组权限"---"和群组 student 的 ACL 权限"r"叠加，即"r"，验证如下：

```
[stu02@localhost test]$ cat    /test/a.sh          <== 可读
#! /bin/bash
echo    "hello world!"
echo    change the hello world!
echo    bye
[stu02@localhost test]$
[stu02@localhost test]$ echo    "bye.">>  /test/a.sh    <== 不可写
-bash: /test/a.sh: 权限不够
[stu02@localhost test]$
[stu02@localhost test]$ /test/a.sh                 <== 不可执行
-bash: /test/a.sh: 权限不够
[stu02@localhost test]$
```

【例 4】(用户 root)修改 /test/a.sh 的 ACL，去除对用户 tea01、用户 stu01、群组 student 的 ACL 权限设置，执行命令与结果如下：

```
[root@localhost ~]# setfacl   -x   u:tea01   /test/a.sh
[root@localhost ~]# setfacl   -x   u:stu01   /test/a.sh
[root@localhost ~]# setfacl   -x   g:student   /test/a.sh
[root@localhost ~]#
```

```
[root@localhost ~]# getfacl   /test/a.sh
getfacl: Removing leading '/' from absolute path names
# file: test/a.sh
# owner: tea02
# group: student
user::r-x
group::---
mask::---
other::---

[root@localhost ~]#
```

练　习　题

一、填空题

根据表 11-1 所示的命令说明，填写命令的格式。

表 11-1　权限的相关操作及其命令

命 令 说 明	命 令 格 式
修改文件所属者	
修改文件所属组	
修改文件权限位	
查看文件的 ACL 属性	
添加用户对文件的 ACL 权限	
添加群组对文件的 ACL 权限	
删除用户对文件的 ACL 权限	
删除群组对文件的 ACL 权限	

二、简答题

命令"ls　-ld　/test/segno.sh"的输出如下：

```
[root@localhost ~]# ls  -ld  /test/segno.sh
-rwxr-xr--. 2   root   football   6   2 月 24  2022     /test/segno.sh
[root@localhost ~]#
```

命令"id　ada"的输出如下：

```
[root@localhost ~]# id   ada
用户 id=1004(ada) 组 id=1004(ada) 组=1004(ada),1006(basketball)
[root@localhost ~]#
```

根据以上输出判断 ada 对文件 /test/segno.sh 的权限是什么？想要让 ada 可以执行该文件，有多少种设置方法？

三、操作题

在 Linux 系统中创建用户 ada、ben、cap、dan，并设置好 /var/ftp/music 目录及目录中文件的权限，要求如下：

(1) 用户 ada 可以将 /var/ftp/music 中的文件复制到其他目录(复制出去)，也可以将文件从其他目录复制到 /var/ftp/music 中(复制进来)。

(2) 用户 ben、cap 可以将 /var/ftp/music 中的文件复制出去，但不可以将文件复制进来。

(3) 用户 dan 可以查看 /var/ftp/music 目录，但不可以将文件复制出去，也不可以将文件复制进来。

项目 12　远程终端服务 SSH

SSH 服务提供了一种安全的远程访问方式，是系统管理员为了方便自己工作常用的一种服务。本项目主要介绍 SSH 服务的配置流程和与服务相关的一些概念。

知识目标

- 了解 SSH 服务的应用场景。
- 了解 SSH 服务的配置流程。
- 了解 Linux 的安全机制：SELinux 和防火墙。
- 了解监听与端口的概念。

技能目标

- 掌握配置 SSH 服务的方法。
- 掌握访问 SSH 服务的方法。
- 掌握 SSH 服务配置文件中的重要参数。
- 掌握关闭防火墙的方法。
- 掌握关闭 SELinux 的方法。
- 掌握查看服务监听状况的命令。

任务 12-1　配置 SSH 服务器

任务描述

了解 SSH 服务器的作用，并在一台 RHEL9 计算机上配置 SSH 服务。

任务实施

配置 SSH 服务器

SSH(Secure Shell)服务提供了一种安全的远程访问方式，用于帮助用户通过网络远程管理另外一台计算机。

图 12-1-1 是一个 SSH 服务的应用示意图。系统管理员在办公室使用的计算机为 C，需要他管理的计算机 S 位于机房。为了使管理员可以在办公室通过 C 远程管理 S，就需要在 S 上配置并启动 SSH 服务。

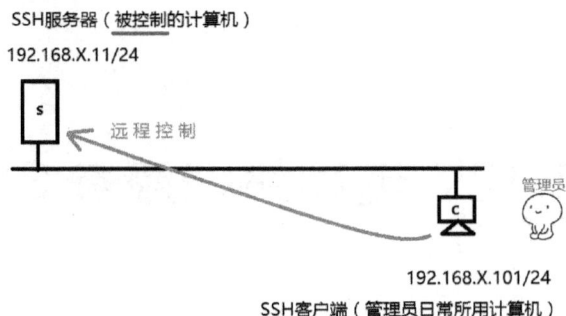

SSH服务器（被控制的计算机）
192.168.X.11/24

远程控制

管理员

192.168.X.101/24
SSH客户端（管理员日常所用计算机）

图 12-1-1　SSH 服务的应用示意图

以一个安装了 RHEL9 的虚拟机为母机，创建克隆机，调整克隆机的网卡连接模式为桥接模式，并修改克隆机的名字为"SSH 服务器"。下面介绍在这台 SSH 服务器上配置并启动 SSH 服务的流程。

(1) 配置 SSH 服务器的 IP 地址。根据拓扑图，将服务器的 IP 地址/掩码设置成 192.168.X.11/24，命令如下：

```
[root@localhost /]# nmcli connection  modify  ens160  ipv4.addresses  192.168.100.11/24
[root@localhost /]# nmcli connection  modify  ens160  ipv4.method  manual
[root@localhost /]# nmcli connection  up  ens160
[root@localhost /]#
[root@localhost ~]# ip  a  |grep  -w  inet
    inet 192.168.100.11/24 brd 192.168.1.255 scope global noprefixroute ens160
[root@localhost ~]#
```

注：服务器的 IP 地址要设置成静态的，否则会造成客户端访问不稳定。

(2) RHEL9 安装光盘自带的 openssh-server 是一款免费开源的 SSH 服务器端软件。检查当前系统是否已经安装了 openssh-server，命令如下：

```
[root@localhost ~]# dnf  list  installed  |  grep  openssh-server
openssh-server.x86_64                    8.7p1-8.el9                      @cd_baseos
[root@localhost ~]#
```

回显的第一个字段为"openssh-server.x86_64"，去掉表示体系结构的".x86_64"后，剩余"openssh-server"正是需要的软件包。

如果命令没有回显或软件包名字不对，则说明软件包未被安装。安装软件包，执行命令与结果如下：

```
[root@localhost ~]# dnf  list  installed  |  grep  openssh-server
[root@localhost ~]#
[root@localhost ~]# mount  /dev/cdrom  /mnt/cdrom          <== 挂载安装光盘
[root@localhost ~]# vi  /etc/dnf/dnf.conf                  <== 修改 DNF 配置文件
[root@localhost ~]# dnf  -y  install  openssh-server       <== 安装软件包
⋮
[root@localhost ~]# dnf  list  installed  |  grep  openssh-server
openssh-server.x86_64                    8.7p1-8.el9                      @cd_baseos
```

[root@localhost ~]#

(3) SSH 服务的属性由配置文件 /etc/ssh/sshd_config 控制，在修改它之前先作个备份，命令如下：

[root@localhost ~]# mkdir   /backup

[root@localhost ~]# cp   -a   /etc/ssh/sshd_config   /backup

[root@localhost ~]#

用 vi 打开文件，在指令模式下用命令"：set numbler"显示行号，如图 12-1-2 所示。

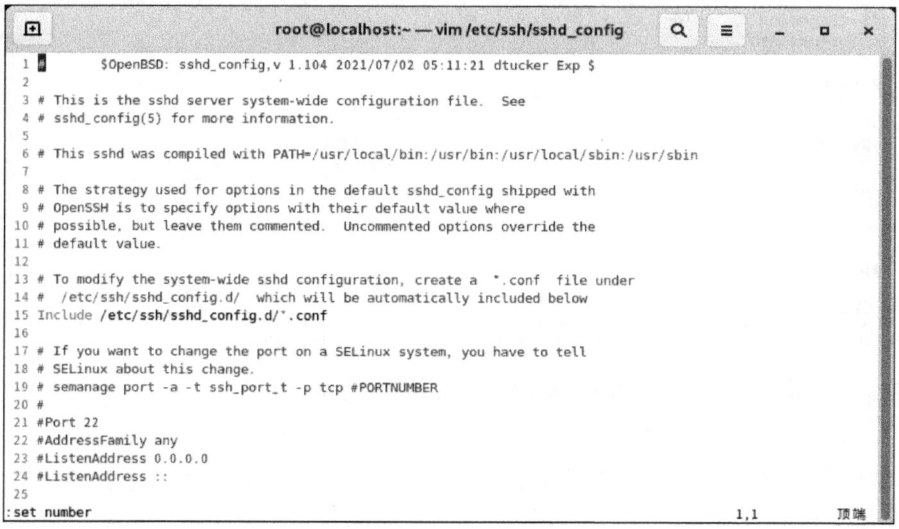

```
 1 #          $OpenBSD: sshd_config,v 1.104 2021/07/02 05:11:21 dtucker Exp $
 2
 3 # This is the sshd server system-wide configuration file.  See
 4 # sshd_config(5) for more information.
 5
 6 # This sshd was compiled with PATH=/usr/local/bin:/usr/bin:/usr/local/sbin:/usr/sbin
 7
 8 # The strategy used for options in the default sshd_config shipped with
 9 # OpenSSH is to specify options with their default value where
10 # possible, but leave them commented.  Uncommented options override the
11 # default value.
12
13 # To modify the system-wide sshd configuration, create a  *.conf  file under
14 #  /etc/ssh/sshd_config.d/  which will be automatically included below
15 Include /etc/ssh/sshd_config.d/*.conf
16
17 # If you want to change the port on a SELinux system, you have to tell
18 # SELinux about this change.
19 # semanage port -a -t ssh_port_t -p tcp #PORTNUMBER
20 #
21 #Port 22
22 #AddressFamily any
23 #ListenAddress 0.0.0.0
24 #ListenAddress ::
25
```

图 12-1-2　配置文件 /etc/ssh/sshd_config

第 1～14 行以"#"开头，是说明文字。

第 15 行是参数行，两个字段分别对应参数与值，其中，"Include"是参数，"/etc/ssh/sshd_config.d/*.conf"是该参数的值。

第 17～19 行以"#"开头，是说明文字。

第 21～24 行是参数行，按照"参数　值"的格式书写，与 15 行不同，它们的行首为"#"。

配置文件中控制"是否允许 root 用户远程登录"的参数为"PermitRootLogin"。在指令模式下用命令"/PermitRootLogin"进行查找，如图 12-1-3 所示，可找到"#PermitRootLogin prohibit-password"。

```
#SyslogFacility AUTH
#LogLevel INFO

# Authentication:

#LoginGraceTime 2m
#PermitRootLogin prohibit-password
#StrictModes yes
#MaxAuthTries 6
#MaxSessions 10

#PubkeyAuthentication yes

# The default is to check both .ssh/authorized_keys and .ssh/authorized_keys2
/Permit
```

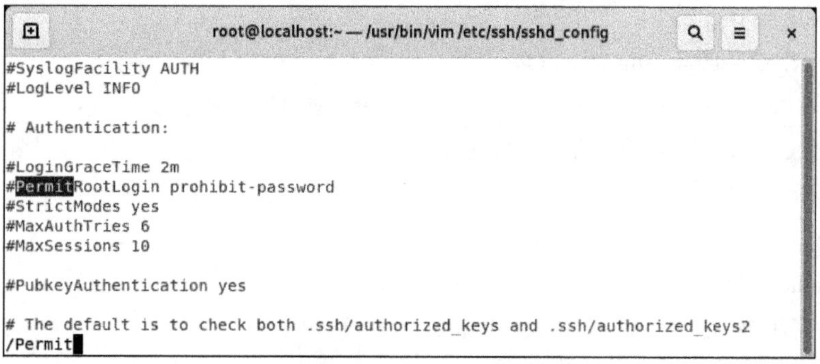

图 12-1-3　在 vi 中查找参数

265

在 "#PermitRootLogin　prohibit-password" 中，"#" 代表注释，"PermitRootLogin" 是参数名，"prohibit-password" 是参数的默认值。当参数 PermitRootLogin 的值被设置成 prohibit-password 时，SSH 服务器不允许 root 用户从远程登录。想要让 SSH 服务器允许 root 用户从远程登录，需要将参数 PermitRootLogin 的值设置成 yes。最好的修改方法是在这个注释行的下面增加一个非注释行 "PermitRootLogin　yes"（行首无 "#"），如图 12-1-4 所示。

图 12-1-4　在配置文件中修改参数的值

用类似的方法将参数 ClientAliveInterval 的值设置成 30。

注：

① 增加的参数行，行首一定要去掉 "#"，否者不会生效。保留原注释行的默认值，是为了方便以后的修改。

② 参数 ClientAliveInterval 定义 SSH 服务器多长时间(以秒为单位)检测一次客户端状态，它的默认值为 0，意思是不检查客户端状态。将参数 ClientAliveInterval 的值设置成 30，可以保证网络不稳定时，SSH 服务器能自动断开无效连接。

配置文件很长，但大部分都是用 "#" 开头的空行。可以用 egrep 去掉文件中的注释行和空行，只显示生效的内容，命令如下：

egrep　-v　"^#|^$"　文件

注：命令中的 "-v" 表示去除，"^#" 表示以 "#" 开头的行，"^$" 表示空行，"|" 表示或者。整条命令的意思是显示文件中去掉 "以 # 开头的行或空行" 后剩下的内容。

显示配置文件 /etc/ssh/sshd_config 中的生效参数，执行命令与结果如下：

```
[root@localhost~]#egrep  -v  "^#|^$"  /etc/ssh/sshd_config
Include  /etc/ssh/sshd_config.d/*.conf
PermitRootLogin  yes                    <== 增加的参数行
AuthorizedKeysFile  .ssh/authorized_keys
ClientAliveInterval  30                 <== 增加的参数行
Subsystem sftp  /usr/libexec/openssh/sftp-server
[root@localhost~]#
```

(4) 修改完配置文件后，重启 sshd 服务，命令如下：

```
systemctl   restart   sshd
```

如果服务能正常重启，则系统不会有回显：

```
[root@localhost ~]# systemctl   restart   sshd
[root@localhost ~]#
```

如果服务不能正常重启，则系统会报错：

```
[root@localhost ~]# systemctl   restart   sshd
Job for sshd.service failed because the control process exited with error code.
See "systemctl status sshd.service" and "journalctl -xeu sshd.service" for details.
[root@localhost ~]#
```

服务不能正常启动，最大的可能是配置文件中的某些参数写错了，或者是与服务相关的文件权限设置错了，请参考"任务 12-8"解决问题。

任务 12-2　访问 SSH 服务器

任务描述

在一台 Windows 计算机上访问 SSH 服务器。

任务实施

访问 SSH 服务器

任务 12-1 将一台 Linux 虚拟机计算机配置成了一个 SSH 服务器，其 IP 地址/掩码为 192.168.X.11/24。

下面介绍在 Windows 计算机(图 12-1-1 中的 C)上访问 SSH 服务器的方法，其过程分为 3 个模块：

(1) 为 Windows 计算机配置合适的 IP 地址/掩码，并测试两台计算机之间的联通性。

(2) 在 Windows 计算机上远程登录 SSH 服务器，并控制 SSH 服务器(执行命令)。

(3) 在 Windows 计算机与 SSH 服务器之间进行文件传输(不登录，只传输文件)。

1. 为 Windows 计算机设置 IP 地址

运行 VMware Workstation 的宿主机便是一台 Windows 计算机，参考任务 6-3，为宿主机增加一个 IP 地址 192.168.X.101。打开宿主机的命令行工具"Windows PowerShell"，用命令检查 IP 地址，执行命令与结果如下：

```
C:\Users\sziit>ipconfig
⋮
IPv4 地址 . . . . . . . . . . . . : 192.168.100.101            <== IP 地址为 192.168.X.101
子网掩码 . . . . . . . . . . . : 255.255.255.0               <== 掩码为 255.255.255.0
⋮
C:\Users\sziit>
```

检查宿主机与虚拟机是否可以联通，执行命令与结果如下：

```
C:\Users\sziit> ping   192.168.100.11                           <==   ping 虚拟机 IP

正在 Ping 192.168.100.11 具有 32 字节的数据:
来自 192.168.100.11 的回复: 字节=32 时间=1ms TTL=64           <== 能 ping 通
来自 192.168.100.11 的回复: 字节=32 时间<1ms TTL=64
来自 192.168.100.11 的回复: 字节=32 时间<1ms TTL=64
来自 192.168.100.11 的回复: 字节=32 时间<1ms TTL=64

192.168.100.11 的 Ping 统计信息:
    数据包: 已发送 = 4, 已接收 = 4, 丢失 = 0 (0% 丢失),
往返行程的估计时间(以毫秒为单位):
    最短 = 0ms, 最长 = 1ms, 平均 = 0ms


C:\Users\sziit>
```

若宿主机与虚拟机不能联通，则请检查虚拟机的网卡是否设置成了桥接模式，在 VMware Workstations 的"虚拟网络编辑器"中是否已将桥接模式的 VMnet0 网络桥接至宿主机真正的网卡，宿主机与虚拟机的 IP 地址和掩码是否设置正确。一定要排除故障，使宿主机与虚拟机的连接正常，才能进行后续的操作。

2. 在 Windows 计算机上远程登录 SSH 服务器，并控制 SSH 服务器(执行命令)

登录 SSH 服务器的命令格式如下：

ssh   账号@SSH 服务器 IP

注：命令中的"账号"指的是 SSH 服务器上的系统账号。此命令在 RHEL9 中也可以使用，但必须先安装软件包 openssh-clients。

在宿主机的命令行工具"Windows PowerShell"中，输入命令"ssh   root@192.168.100.11"，执行命令与结果如下：

```
C:\Users\sziit>ssh   root@192.168.100.11
root@192.168.100.11's password:                                 <== 输入 root 账号密码
Activate the web console with: systemctl enable --now cockpit.socket


Register this system with Red Hat Insights: insights-client --register
Create an account or view all your systems at https://red.ht/insights-dashboard
Last failed login: Wed Aug 16 21:05:12 CST 2023 from 192.168.100.106 on ssh:notty
There were 4 failed login attempts since the last successful login.
Last login: Wed Aug 16 20:58:51 2023 from 192.168.100.106
[root@localhost ~]#                                             <== root 用户的命令提示符
```

登录成功，可以在底行看到命令提示符"[root@localhost ~]#"。

执行命令"ip   a | grep   -w   inet"如下：

```
[root@localhost ~]# ip   a   |   grep   -w   inet
```

```
        inet 127.0.0.1/8 scope host lo
        inet 192.168.100.11/16 brd 192.168.255.255 scope global noprefixroute ens160   <== SSH 服务器的 IP
[root@localhost ~]#
```

很明显，命令显示的是 SSH 服务器的 IP 地址，当前控制的是远程的 SSH 服务器。

执行以下命令，在 SSH 服务器上创建目录 /test，创建文件 /test/linux.txt 并查看：

```
[root@localhost ~]# mkdir   /test                          <== 创建目录
[root@localhost ~]# echo   "No pain, no gain."   >/test/linux.txt <== 将字符串重定向至文件/test/linux.txt
[root@localhost ~]# cat   /test/linux.txt                  <== 查看文件/test/linux.txt 内容
No pain, no gain.
[root@localhost ~]#
```

执行命令"exit"，退出 SSH 登录，返回 Windows 命令行：

```
[root@localhost ~]# exit
注销
Connection to 192.168.100.11 closed.


C:\Users\sziit>                                            <== Windows 的命令行
```

3. 在宿主机与 SSH 服务器之间进行文件传输(不登录，只传输文件)

通过 SSH 协议复制文件的命令格式如下：

scp　　[-r]　本地文件账号@SSH 服务器 IP:远程目录

scp　　[-r]　账号@SSH 服务器 IP:远程文件　本地文件

注：

① Windows 的命令行支持 scp 命令，RHEL9 中的 scp 命令由软件包 openssh-clients 提供。

② 只有当文件路径正确，且命令中的"账号"拥有合适的权限才能完成文件的复制。

③ 选项[-r]表示递归复制。

在宿主机的命令行工具"Windows PowerShell"中，创建文件夹和文件，执行命令与结果如下：

```
C:\Users\sziit>md   c:\test                               <== 创建文件夹 "c:\test"
C:\Users\sziit>cd   c:\test                               <== 进入文件夹 "c:\test"
c:\test>echo   "hello@win" >  win.txt                     <== 创建文件 win.txt
c:\test>dir
⋮          ..
2023/08/16  21:29               12 win.txt                <== 创建的文件
            1 File(s)           12 bytes
            2 Dir(s)            33,256,767,488 bytes free
c:\test>
```

将文件 win.txt 上传至 SSH 服务器的/test 目录，命令为"scp　win.txt　root@192.168.100.11:/test/"，执行结果如下：

```
c:\test>scp   win.txt   root@192.168.100.11:/test/
```

```
root@192.168.100.11's password:
win.txt                        100%    16      6.6KB/s      00:00
c:\test>
```

将 SSH 服务器中的文件 /test/linux 下载到本地，命令为 "scp root@192.168.100.11:/test/ ."，执行结果如下：

```
c:\test>scp  root@192.168.100.11:/test/linux.txt   .
root@192.168.100.11's password:
linux.txt                      100%    11      3.6KB/s      00:00
c:\test>
```

检查下载的文件，执行命令与结果如下：

```
c:\test>dir
  ⋮
2023/08/16   21:48                    11 linux.txt          <== 从 SSH 服务器中下载的文件
2023/08/16   21:36                    16 win.txt
                  3 File(s)           37 bytes
                  2 Dir(s)    33,254,711,296 bytes free
c:\test>
c:\test>type   linux.txt                                   <== 显示文件内容
No pain, no gain.
c:\test>
```

在 SSH 服务(Linux 虚拟机)中检查宿主机的文件 /test/win.txt，执行命令与结果如下：

```
[root@localhost ~]# cat   /test/win.txt
  "hello@win"
[root@localhost ~]#
```

任务 12-3　关闭防火墙

任务描述

关闭防火墙服务。

关闭防火墙

任务实施

RHEL9 默认开启了防火墙用以保护计算机免受网络攻击，但它也会干扰我们这个阶段的学习。因此先暂时关闭防火墙，等学完 SSH 服务和 HTTP 服务，并掌握了与网络服务相关的知识后，再来配置防火墙。

在 Linux 中，防火墙以服务的形式存在，它对应的服务名是 firewalld。关闭防火墙需要用到的命令如下：

systemctl	status	firewalld	<== 显示防火墙状态
systemctl	stop	firewalld	<== 关闭防火墙
systemctl	disable	firewalld	<== 关闭防火墙的自启动

注：

① "stop"子命令可立刻关闭防火墙，但不保证系统重启之后防火墙仍关闭。

② "disable"子命令不可关闭防火墙，只保证系统重启之后防火墙不启动。

输入命令"systemctl status firewalld"查看防火墙的状态，执行命令与结果如下：

[root@localhost ~]# systemctl status firewalld

● firewalld.service - firewalld - dynamic firewall daemon

   Loaded: loaded (/usr/lib/systemd/system/firewalld.service;enabled; vendor preset: enabled)

Active: active (running) since Sun 2022-12-11 21:43:02 CST; 2s ago   <== 当前状态为启动

⋮

[root@localhost ~]#

观察回显第三行的"Active"属性，若值为"active (running)"，则服务处于启动状态；若值为"inactive (dead)"，则服务处于关闭状态。回显中关键字的颜色会因为防火墙的状态不同而有所不同，请仔细观察。

输入命令"systemctl stop firewalld"关闭防火墙，执行命令与结果如下：

[root@localhost ~]# systemctl stop firewalld

[root@localhost ~]#

[root@localhost ~]# systemctl status firewalld

○ firewalld.service - firewalld - dynamic firewall daemon

   Loaded: loaded (/usr/lib/systemd/system/firewalld.service; enabled; vendor preset: enabled)

Active: inactive (dead) since Sun 2022-12-11 21:43:10 CST; 2s ago   <== 当前状态为关闭

⋮

[root@localhost ~]#

"systemctl stop firewalld"只能暂停防火墙。输入命令"reboot"重启系统，再观察防火墙状态，执行命令与结果如下：

[root@localhost ~]# systemctl status firewalld

● firewalld.service - firewalld - dynamic firewall daemon

   Loaded: loaded (/usr/lib/systemd/system/firewalld.service;**enabled**; vendor preset: enabled)

Active: active (running) since Sun 2022-12-11 21:43:02 CST; 2s ago   <== 当前状态为启动

⋮

[root@localhost ~]#

系统重启过程中，防火墙被重新启动了。

系统重启过程中是否启动防火墙，是由防火墙的自启动参数决定的。若自启动参数设置为"enabled"，则表示启动；若自启动参数设置为"disabled"，则表示不启动。

执行命令"systemctl disable firewalld"，关闭防火墙的自启动,执行命令与结果如下：

[root@localhost ~]# systemctl disable firewalld   <== 关闭自启动

Removed /etc/systemd/system/multi-user.target.wants/firewalld.service.

Removed /etc/systemd/system/dbus-org.fedoraproject.FirewallD1.service.

[root@localhost ~]#

[root@localhost ~]# systemctl   status   firewalld

● firewalld.service - firewalld - dynamic firewall daemon

   Loaded:loaded(/usr/lib/systemd/system/firewalld.service; **disabled**; vendor preset: enabled)

<== 关闭了自启动

Active: active (running) since Sun 2022-12-11 21:43:02 CST; 2s ago   <== 当前状态为启动

⋮

[root@localhost ~]#

命令"systemctl   status   firewalld"的回显第二行圆括号中的第二个字段就是自启动参数的值，当前值变为"disabled"，表示已经关闭了服务的自启动。但是注意，当前防火墙仍是启动的。命令"systemctl   disable   firewalld"并不关闭防火墙。

注：若想要立刻关闭防火墙且永久关闭防火墙，则应该执行以下两条命令：

[root@localhost ~]# systemctl   stop   firewalld   <== 立刻关闭防火墙

[root@localhost ~]# systemctl   disable   firewalld   <== 关闭防火墙的自启动

Removed /etc/systemd/system/multi-user.target.wants/firewalld.service.

Removed /etc/systemd/system/dbus-org.fedoraproject.FirewallD1.service.

[root@localhost ~]#

任务 12-4　关闭 SELinux

任务描述

关闭 SELinux。

任务实施

SELinux 是 Linux 下的一种安全机制，与防火墙一样，它会干扰我们这个阶段的学习。因此先暂时关闭 SELinux，等学完 SSH 服务和 HTTP 服务，并掌握了与网络服务相关的知识后，再来配置它。

与 SELinux 启停相关的命令如下：

getenforce   <== 显示 SELinux 的状态与模式

setenforce   0 或 1   <== 切换 SELinux 的工作模式

注：

① 命令 getenforce 的结果可能为 enforcing(启动，且工作模式为强制模式)、permissive(启动，且工作模式为宽容模式)或 disabled(关闭，不工作)。

② 命令 setenforce 只能让 SELinux 在 enforcing 和 permissive 两种模式之间进行切换。

③ 想要让 SELinux 在启动和关闭之间切换，只能修改配置文件/etc/selinux/config。

下面通过几个示例来介绍启停 SELinux。

【例 1】 默认情况下，SELinux 处于启动状态，工作在强制模式(enforcing)下。使用
"getenforce"命令查看它的工作状态：

```
[root@localhost ~]# getenforce
Enforcing                                        <== 强制模式
[root@localhost ~]#
```

当 SELinux 工作在强制模式时，它会根据设置限制存取。

【例 2】 SELinux 有两种工作模式，一种是强制模式，一种是宽容模式(Permissive)。
宽容模式只给出警告，不会实际限制存取。强制模式和宽容模式之间切换的命令为
"setenforce   0 或 1"，执行命令与结果如下：

```
[root@localhost ~]# setenforce    0              <== 切换至宽容模式
[root@localhost ~]# getenforce
Permissive                                       <== 宽容模式
[root@localhost ~]#
[root@localhost ~]# setenforce    1              <== 切换至强制模式
[root@localhost ~]# getenforce
Enforcing                                        <== 强制模式
[root@localhost ~]#
```

注意，"setenforce   0"只能暂时修改 SELinux 的工作模式。重启系统后，SELinux
将再次进入强制模式。实验如下：

```
[root@localhost ~]# setenforce    0              <== 切换至宽容模式
[root@localhost ~]# getenforce
Permissive                                       <== 宽容模式
[root@localhost ~]#
[root@localhost ~]# reboot                       <== 重启系统
```

系统重启成功后，再次查看 SELinux 的状态，执行命令与结果如下：

```
[root@localhost ~]# getenforce
Enforcing                                        <== 恢复强制模式
[root@localhost ~]#
```

【例 3】 系统重启过程中是否启动 SELinux，由配置文件中的 SELINUX 参数决定。
查看参数如下：

```
[root@localhost ~]# egrep   -v   "^#|^$"   /etc/selinux/config
SELINUX=enforcing                                <== 默认为"enforcing"
SELINUXTYPE=targeted
[root@localhost ~]#
```

SELINUX 参数可以被设置为 enforcing(强制模式)、permissive(宽容模式)或 disabled(关
闭)。修改 /etc/selinux/config，将 SELINUX 参数的值由 enforcing 改成 disabled。改完配置
文件，可以再确认一下：

```
[root@localhost ~]# mkdir   /backup
```

```
[root@localhost ~]# cp   /etc/selinux/config   /backup          <== 备份配置文件
[root@localhost ~]#
[root@localhost ~]#vi   /etc/selinux/config                     <== 修改配置文件
[root@localhost ~]# egrep   -v   "^#|^$"   /etc/selinux/config
SELINUX=disabled                                               <== 确认参数已改
SELINUXTYPE=targeted
[root@localhost ~]#
```

在输入命令 "reboot" 重启系统后，SELinux 将不会被启动：

```
[root@localhost ~]# getenforce
Disabled                                                       <== 关闭状态
[root@localhost ~]#
```

【例 4】 SELinux 处于关闭状态时，setenforce 命令将无法切换它的工作模式：

```
[root@localhost ~]# setenforce 1                               <== 切换至强制模式
setenforce: SELinux is disabled
[root@localhost ~]#
[root@localhost ~]# setenforce 0                               <== 切换至宽容模式
setenforce: SELinux is disabled
[root@localhost ~]#
```

任务 12-5　查看与修改监听的端口

任务描述

查看和修改 SSH 服务监听的端口。

任务实施

服务与端口

系统在启动一个服务的时候，会为服务分配一个或多个端口。系统管理员可以通过查看端口的状态来判断服务的状态，也可以通过修改端口来改变服务的访问方式。

下面介绍查看服务的端口和修改服务端口的方法，其过程分为 4 个模块：

(1) 配置 SSH 服务器与客户端。

(2) 在服务器上启动/关闭 SSH 服务，并通过命令 netstat 观察 SSH 服务监听端口的变化。

(3) 在客户端上建立/断开到 SSH 服务器的连接，并通过命令 netstat 观察此连接的情况。

(4) 配置 SSH 服务，使其监听非标准端口，并通过命令 netstat 观察相应的端口与连接的情况。

1. 配置 SSH 服务器与客户端

为 RHEL9 虚拟机的桥接网卡配置了 IP 地址 192.168.X.11，关闭了防火墙和 SELinux。

配置完毕后，检查如下：

```
[root@localhost ~]# ip  a|  grep -w inet                          <== 检查 IP 地址
inet 127.0.0.1/8 scope host lo
inet 192.168.100.11/24 brd 192.168.100.255 scope global noprefixroute ens160
[root@localhost ~]#
[root@localhost ~]# systemctl   status   firewalld  |grep   Active    <== 检查防火墙的状态
        Active: inactive (dead) since Thu 2023-08-17 18:42:47 CST; 31min ago
[root@localhost ~]#
[root@localhost ~]# getenforce                                   <== 检查 SELinux 的状态
Disabled
[root@localhost ~]#
```

安装软件 openssh-server，修改 SSH 服务配置文件，并启动 SSH 服务。配置完毕后，检查如下：

```
[root@localhost ~]# systemctl   status   sshd  |grep   Active       <== 检查服务 SSH 的状态
        Active: active (running) since Thu 2023-08-17 18:42:06 CST; 32min ago
[root@localhost ~]#
```

为宿主机增加 IP 地址 192.168.X.101，使其可以正常访问 SSH 服务(能正常登录/退出)，执行命令与结果如下：

```
C:\Users\sziit>ssh     root@192.168.100.11                       <== 访问 SSH 服务
root@192.168.100.11's password:
⋮
Last login: Thu Aug 17 18:52:45 2023 from 192.168.100.101
[root@localhost ~]#                                             <== 登录成功
[root@localhost ~]# exit                                         <== 退出
注销
Connection to 192.168.0.11 closed.


C:\Users\sziit>
```

2. 查看 SSH 服务的监听端口

命令 netstat 可以列出当前的网络连接，并且可以从中获取服务监听的"IP-端口"信息。它的常用格式如下：

netstat   -antup

命令的输出以表格形式显示当前活动的网络连接。表头如下：

Proto	**Recv-Q**	**Send-Q**	**Local Address**	**Foreign Address**	**State**	**PID/Program name**
协议	接收请求	发送请求	本地地址	外地地址	状态	进程号/程序名

执行命令"netstat   -antup"与结果如下：

```
[root@localhost ~]# netstat   -antup
Active Internet connections (servers and established)
```

Proto	Recv-Q	Send-Q	Local Address	Foreign Address	State	PID/Program name
tcp	0	0	0.0.0.0:22	0.0.0.0:*	LISTEN	904/sshd: /usr/sbin
tcp	0	0	127.0.0.1:631	0.0.0.0:*	LISTEN	902/cupsd

⋮

[root@localhost~]#

命令"netstat -antup"输出的连接信息很多，可以通过服务的监听端口或启动程序，将它对应的连接信息过滤出来。SSH 服务的默认监听端口是 22，启动程序是 sshd，执行过滤命令与结果如下：

```
[root@localhost ~]# netstat  -antup  |  grep  22          <== 通过监听端口 22 进行过滤
tcp    0     0     0.0.0.0:22       0.0.0.0:*       LISTEN       904/sshd: /usr/sbin
tcp6   0     0     :::22            :::*            LISTEN       904/sshd: /usr/sbin
[root@localhost ~]#

[root@localhost ~]# netstat  -antup  |  grep  sshd        <== 通过启动程序 sshd 进行过滤
tcp    0     0     0.0.0.0:22       0.0.0.0:*       LISTEN       904/sshd: /usr/sbin
tcp6   0     0     :::22            :::*            LISTEN       904/sshd: /usr/sbin
[root@localhost ~]#
```

命令输出的第一行为"tcp0 0 0.0.0.0:22 0.0.0.0:* LISTEN 904/sshd: /usr/sbin"，其中相关列的含义如下：

(1) 第一列"Proto"的值为"tcp"，表示端口协议为 tcp。

(2) 第四列"Local Address"为"0.0.0.0:22"，其中"0.0.0.0"表示本机，":"后的"22"表示 22 号端口。

(3) 第六列"State"列的值为"LISTEN"，表示端口状态为监听，即对应服务在等待客户端的请求。

(4) 第七列"PID/Program name"的值为"904/sshd: /usr/sbin"，其中"904"是某个进程的进程号，该进程的启动程序为"/usr/sbin/sshd"。

将以上信息汇总就是发往本机 22 号端口的 tcp 请求，将交由 904 号进程(sshd 的主进程)处理。

第一行输出与第二行输出的区别在于协议，"tcp"代表的是与 IPv4 对应的 tcp 协议，"tcp6"代表的是与 IPv6 对应的 tcp 协议。IPv4 用"0.0.0.0"代表本机，IPv6 用"::"代表本机。

关闭 SSH 服务，执行命令与结果如下：

```
[root@localhost ~]# systemctl  stop  sshd                 <== 关闭服务
[root@localhost ~]#
```

查看 SSH 服务端口，执行命令与结果如下：

```
[root@localhost ~]# netstat  -antup  |  grep  22
[root@localhost ~]#
[root@localhost ~]# netstat  -antup  |  grep  sshd
[root@localhost ~]#
```

netstat 命令没有回显，说明系统在关闭 SSH 服务的同时，停止了对 22 号端口的监听。

3. SSH 服务建立的连接

在 SSH 客户端(Windows)中登录 SSH 服务，执行命令与结果如下：

```
C:\Users\sziit>ssh    root@192.168.100.11                <== 访问 SSH 服务
root@192.168.100. 1 1 ' s   password:
⋮
Last login: Thu Aug 17 18:52:45 2023 from 192.168.100.101
[root@localhost ~]#                                      <== 登录成功
```

在 SSH 服务器中列出当前活动的网络连接，执行命令与结果如下：

```
[root@localhost ~]# netstat  -antp   |  grep  22
tcp    0    0    0.0.0.0:22            0.0.0.0:*                LISTEN        904/sshd: /usr/sbin
tcp    0    68   192.168.100.11:22    192.168.100.101:61682    ESTABLISHED   1568/sshd: root [priv]
tcp6   0    0    :::22                ::::*                    LISTEN        904/sshd: /usr/sbin
[root@localhost ~]#
```

此时，netstat 命令的输出多出一行："tcp   0   68   192.168.100.11:22   192.168.100.101:61682   ESTABLISHED   1568/sshd: root [priv]"，它表示服务建立了连接。"Local Address"和"Foreign Address"的值指出连接双方的 IP 与端口；"PID/Program name"为"1568/sshd: root [priv]"，表示将与此连接相关数据包交由 1568 号进程处理，该进程的启动程序为 sshd，连接的账号是 root。将以上信息汇总就是来自"192.168.100.101:61682"发往本机"192.168.100.11:22"tcp 连接数据，交由 1568 号进程(sshd 的子进程)处理。

在 SSH 客户端中执行命令"exit"，退出登录：

```
[root@localhost ~]# exit
注销
Connection to 192.168.0.11 closed.


C:\Users\sziit>
```

再查看连接信息，执行命令与结果如下：

```
[root@localhost ~]# netstat  -antp   |  grep sshd
tcp    0    0    0.0.0.0:22     0.0.0.0:*     LISTEN     904/sshd: /usr/sbin
tcp6   0    0    :::22          ::::*         LISTEN     904/sshd: /usr/sbin
[root@localhost ~]#
[root@localhost ~]# netstat  -antp   |  grep  22
tcp    0    0    0.0.0.0:22     0.0.0.0:*     LISTEN     904/sshd: /usr/sbin
tcp6   0    0    :::22          ::::*         LISTEN     904/sshd: /usr/sbin
[root@localhost ~]#
```

可以观察到"State"列的值为"ESTABLISHED"的行消失了，表示之前建立的连接关闭了。

4. 非标准端口 SSH 服务的配置与访问

SSH 服务配置文件 /etc/ssh/sshd_config 中的参数 Port 用于指定本服务器监听的端口，参数的默认值为 22。查看参数 Port 的值：

```
[root@localhost ~]# grep   Port   /etc/ssh/sshd_config
#Port   22                                              <== 参数 Port 的默认值为 22
#GatewayPorts   no
[root@localhost ~]#
```

端口 0~1023 对应一些常见公共服务，例如，22 端口对应 SSH 服务，80 端口对应 HTTP 服务，25 端口对邮件服务等。自定义的端口最好不要与它们冲突，一般选择 1024 到 49151 中的某个。

修改配置文件 /etc/ssh/sshd_config，将参数 Port 的值设置成 10022，修改的时候保留注释行，增加一行参数设置，内容如下：

```
⋮
#Port   22
Port   10022
⋮
```

修改完配置文件后，再次检查参数是否设置正确，最后重启服务，执行命令与结果如下：

```
[root@localhost ~]# vi   /etc/ssh/sshd_config                <== 修改配置文件
[root@localhost ~]#
[root@localhost ~]# grep   Port   /etc/ssh/sshd_config       <== 查看 Port 参数
#Port 22                                                     <== 保留"#"的一行是注释
Port   10022                                                 <== 去掉"#"的一行生效
[root@localhost ~]#
[root@localhost ~]# systemctl   restart   sshd               <== 重启服务
[root@localhost ~]#
```

查看 SSH 服务监听的"IP-端口"，执行命令与结果如下：

```
[root@localhost ~]# netstat  -antup  |  grep  ssh
tcp      0    0 0.0.0.0:10022          0.0.0.0:*              LISTEN      135115/sshd: /usr/s
tcp6     0    0 :::10022               :::*                   LISTEN      135115/sshd: /usr/s
[root@localhost ~]#
```

State 列的值为"LISTEN"，Local Address 的值变成为"0.0.0.0:10022"和" :::10022"，SSH 服务监听的端口由原来的 22 变成了 10022。

SSH 服务的标准端口为 22，在宿主机的命令行中，输入命令"ssh   root@192.168.100.11"，执行命令与结果如下：

```
C:\Users\sziit>ssh   root@192.168.100.11
ssh: connect to host 192.168.100.11 port 22: Connection refused    <== 访问被拒绝

C:\Users\sziit>
```

默认情况下，ssh 命令访问的是服务器的 22 号端口，而根据 netstat 命令的结果可知，服务器已经不在 22 号端口提供服务了。

因此，正确的客户端命令为"ssh　root@192.168.100.11　-p　10022"，执行命令与结果如下：

```
C:\Users\sziit>ssh   root@192.168.100.11   -p 10022
The authenticity of host '[192.168.100.11]:10022 ([192.168.100.11]:10022)' can't be established.
ECDSA key fingerprint is SHA256:JI2gsciS3xQ475Ol5fR6ZcpIFYDREBY8rjXpf1ct27A.
Are you sure you want to continue connecting (yes/no/[fingerprint])? yes       <== 确认访问
Warning: Permanently added '[192.168.100.11]:10022' (ECDSA) to the list of known hosts.
root@192.168.100.11's password:                                                <== 输入密码
Activate the web console with: systemctl enable --now cockpit.socket


Register this system with Red Hat Insights: insights-client --register
Create an account or view all your systems at https://red.ht/insights-dashboard
Last login: Thu Aug 17 18:44:03 2023 from 192.168.100.101
[root@localhost ~]#                                                            <== 登录成功
```

在 SSH 服务器上查看服务监听的"IP-端口"，执行命令与结果如下：

```
[root@localhost ~]# netstat  -antup  |  grep  ssh
tcp   0   0    0.0.0.0:10022            0.0.0.0:*              LISTEN       135115/sshd: /usr/s
tcp   0   68   192.168.100.11:10022     192.168.100.101:51417  ESTABLISHED 135129/sshd: root [
tcp6  0   0    :::10022                 :::*                   LISTEN       135115/sshd: /usr/s
[root@localhost ~]#
```

任务 12-6　查看与修改监听的 IP

任务描述

通过查看、修改 SSH 服务监听的 IP 以及 SSH 客户端的访问来进一步理解监听的概念。

服务与 IP

任务实施

1. 查看 SSH 服务的监听 IP，并访问 SSH 客户端

在 RHEL9 虚拟机中，配置桥接网卡的 IP 地址为 192.168.X.11，关闭防火墙和 SELinux，启动端口为 10022 的 SSH 服务。

为宿主机增加 IP 地址 192.168.X.101，配置后通过命令行访问 SSH 服务，执行命令与结果如下：

```
C:\Users\sziit>ssh   root@192.168.100.11    -p   10022              <== 访问 SSH 服务
```

```
root@192.168.100.11's password:
Activate the web console with: systemctl enable --now cockpit.socket

Register this system with Red Hat Insights: insights-client --register
Create an account or view all your systems at https://red.ht/insights-dashboard
Last login: Thu Aug 17 18:52:45 2023 from 192.168.100.101
[root@localhost ~]#                                          <== 登录成功
```

为 SSH 服务器的桥接网卡增加一个 IP 地址 192.168.100+X.22，执行命令与结果如下：

```
[root@localhost ~]# nmcli connection  modify  ens160  +ipv4.addresses  192.168.200.22/24
[root@localhost ~]# nmcli connection  up  160
连接已成功激活(D-Bus 活动路径：/org/freedesktop/NetworkManager/ActiveConnection/8)
[root@localhost ~]#
[root@localhost ~]# ip  a  |  grep  global
    inet 127.0.0.1/8 scope host lo
    inet 192.168.100.11/24 brd 192.168.100.255 scope global noprefixroute ens160      <== 原 IP
    inet 192.168.200.22/24 brd 192.168.100.255 scope global noprefixroute ens160      <== 新 IP
[root@localhost ~]#
```

为宿主机增加一个 IP 地址 192.168.200.202，并 ping 一下服务器的两个 IP，确保连接正常，执行命令与结果如下：

```
C:\Users\sziit>ping 192.168.100.11
正在 Ping 192.168.100.11 具有 32 字节的数据:
来自 192.168.100.11 的回复: 字节=32 时间=1ms TTL=64          <== 能 ping 通
⋮
C:\Users\sziit>ping 192.168.200.22
正在 Ping 192.168.200.22 具有 32 字节的数据:
来自 192.168.200.22 的回复: 字节=32 时间=1ms TTL=64          <== 能 ping 通
⋮
C:\Users\sziit>
```

在宿主机通过两个 IP 地址都可以访问 SSH 服务，执行命令与结果如下：

```
C:\Users\sziit>ssh -p 10022  root@192.168.100.11          <== 通过服务器旧 IP 访问
⋮
[root@localhost ~]#                                       <== 登录成功
[root@localhost ~]# exit                                  <== 退出

C:\Users\sziit>ssh  -p 10022  root@192.168.200.22         <== 通过服务器新 IP 访问
⋮
[root@localhost ~]#                                       <== 登录成功
[root@localhost ~]# exit                                  <== 退出
```

```
C:\Users\sziit>
```

2. 修改 SSH 服务的监听 IP，并访问 SSH 客户端

SSH 服务监听的 IP 由配置文件/etc/ssh/sshd_config 中的参数 ListenAddress 指定，默认值为 0.0.0.0 和 22。查看参数 ListenAddress 的值：

```
[root@localhost ~]# grep   ListenAddress    /etc/ssh/sshd_config
#ListenAddress   0.0.0.0                                      <== IPv4 默认值
#ListenAddress   ::                                           <== IPv6 默认值
[root@localhost ~]#
```

"0.0.0.0"代表本机所有 IPv4 地址，"::"代表本机所有 IPv6 地址。

修改配置文件 /etc/ssh/sshd_config，将参数 ListenAddress 的值设置成 192.168.200.22，修改的时候保留注释行，增加一行参数设置，内容如下：

```
 :
#ListenAddress   0.0.0.0
#ListenAddress   ::
ListenAddress   192.168.200.22
 :
```

修改完配置文件后，再次检查参数是否设置正确，最后重启服务，执行命令与结果如下：

```
[root@localhost ~]# vi   /etc/ssh/sshd_config                 <== 修改配置文件
[root@localhost ~]#
[root@localhost ~]# grep   ListenAddress     /etc/ssh/sshd_config   <== 查看 ListenAddress 参数
#ListenAddress   0.0.0.0                                      <== 保留 "#" 的一行是注释
#ListenAddress   ::                                           <== 保留 "#"
ListenAddress   192.168.200.22                                <== 去掉 "#" 的是参数行
[root@localhost ~]#
[root@localhost ~]# systemctl   restart   sshd                <== 重启服务
[root@localhost ~]#
```

查看 SSH 服务监听的 "IP-端口"，执行命令与结果如下：

```
[root@localhost ~]# netstat  -antup  |  grep  ssh
tcp     0    0 192.168.200.22:10022          0.0.0.0:*              LISTEN        135115/sshd: /usr/s
[root@localhost ~]#
```

Local Address 变成了 "192.168.200.22:10022"，SSH 服务监听的 IP 由原来的 "0.0.0.0"变成了 "192.168.200.22"。

在宿主机通过两个 IP 地址访问 SSH 服务，执行命令与结果如下：

```
C:\Users\sziit>ssh   -p 10022   root@192.168.100.11          <== 通过服务器旧 IP 访问
ssh: connect to host 192.168.100.11 port 10022: Connection refused   <== 访问被拒绝
C:\Users\sziit>


C:\Users\sziit>ssh   -p 10022   root@192.168.200.22          <== 通过服务器新 IP 访问
```

```
⋮
[root@localhost ~]#                                              <== 登录成功
[root@localhost ~]# exit                                         <== 退出

C:\Users\sziit>
```

任务 12-7 故障处理：无法启动 SSH 服务

任务描述

重启 SSH 服务失败，系统报错如下：

```
[root@localhost ~]# systemctl   restart   sshd
Job for sshd.service failed because the control process exited with error code.
See "systemctl status sshd.service" and "journalctl -xeu sshd.service" for details.
[root@localhost ~]#
```

任务实施

造成 SSH 服务无法正常启动的原因有很多，最常见的有：

(1) SELinux 工作在强制模式，阻止了服务的重启。

(2) 配置文件监听不存在的 IP。

(3) 配置文件监听已经被占用的端口。

(4) 服务配置文件出现语法错误(如参数拼写错误、符号书写错误等)。

(5) 服务配置文件出现其他逻辑错误(如 IP 地址设置与服务器本身的 IP 地址冲突等)。

下面按照从简单到复杂的顺序检查故障原因。

1. 检查 SELinux 的状态是否为强制模式

查看 SELinux 的状态，执行命令与结果如下：

```
[root@localhost ~]# getenforce
Enforcing
[root@localhost ~]#
```

如果 SELinux 的状态为 enforcing，则先执行"setenforce   0"将状态切换成宽容模式，再通过修改配置文件 /etc/selinux/config 来彻底关闭 SELinux。

2. 检查配置文件中设定的 IP 地址是否合理

查看配置文件中监听的地址，执行命令与结果如下：

```
[root@localhost ~]# grep   ListenAddress   /etc/ssh/sshd_config
#ListenAddress 0.0.0.0
#ListenAddress ::
```

```
ListenAddress 192.168.0.200                                    <== 监听的 IP
[root@localhost ~]#
```

查看当前 IP 地址，发现不包含"192.168.0.200"：

```
[root@localhost ~]# ip   a | grep-winet
    inet 127.0.0.1/8 scope host lo
    inet 192.168.1.1/24 brd 192.168.1.255 scope global noprefixroute ens160
    inet 192.168.0.251/24 brd 192.168.0.255 scope global noprefixroute ens224
[root@localhost ~]#
```

有以下两种方法可以解决这个故障：

(1) 修改配置文件/etc/httpd/conf/httpd.conf 中的参数 Listen 的值。

(2) 为服务器增加一个 IP 地址。

3. 检查配置文件中设定的端口是否合理

查看配置文件中监听的端口，执行命令与结果如下：

```
[root@localhost html]# grep   Port   /etc/ssh/sshd_config
#Port 22
Port   10022                                                  <== 监听的端口
#GatewayPorts no
[root@localhost html]#
```

查看当前系统是否在监听 10022 号端口，发现它已经被 httpd 占用：

```
[root@localhost ~]# netstat   -antup   | grep   10022
tcp6  0   0   :::10022              :::*              LISTEN        1395091/httpd
[root@localhost ~]#
```

有以下两种方法可以解决这个故障：

(1) 修改 sshd 服务的参数 Port 的值，让 sshd 服务监听其他端口。

(2) 修改 httpd 服务的参数 Listen 的值，让 httpd 服务监听其他端口。

4. 利用日志信息检查错误

先为日志文件 /var/log/messages 保存一个备份，命令如下：

```
[root@localhost ~]# mkdir   /backup
[root@localhost ~]# cp   /var/log/messages     /backup/messages.20230301_1925
[root@localhost ~]#
```

备份文件名字加上时间信息可以避免混乱。

日志文件保存的信息非常多，查看起来相当困难。因此，可以先清空日志文件，去掉无关的信息，然后重启服务。这时候，日志文件中的错误信息基本就是本次重启的信息了。执行过程如下：

```
[root@localhost ~]# echo   >   /var/log/messages              <== 利用重定向清空日志文件
[root@localhost ~]#
[root@localhost ~]# systemctl   restart   sshd
```

⋮

[root@localhost ~]#

注：不要用"删除重建文件"的方法让 /var/log/messages 内容为空，会造成文件无法写入。

检查配置文件是否出现语法错误，命令如下：

grep -A 2 配置文件名 /var/log/messages

注：

① SSH 服务的配置文件是 sshd_config。

② "-A 2"表示除了输出匹配行，还要输出匹配行的后两行，可能包含更具体的信息。

③ 要特别注意数字、加单引号的参数、line、error、fail 等关键信息。

例如，出现以下错误：

[root@localhost ~]# grep sshd_config /var/log/messages

Mar 1 13:04:33 localhost sshd[240710]: /etc/ssh/sshd_config: **line 113: Bad configuration option: ClientAliveInter**

Mar 1 13:04:33 localhost sshd[240710]: /etc/ssh/sshd_config: terminating, 1 bad configuration options

[root@localhost ~]#

其中"line 113: Bad configuration option: ClientAliveInter"翻译成中文就是"113 行：错误的配置参数：ClientAliveInter"。

利用配置文件中保留的注释行、配置文件的备份或互联网，查出参数的正确写法，并修改。修改错误后，再重复以下步骤直至 grep 命令的输出为空：

(1) 清空日志文件，命令为"echo > /var/log/messages"。

(2) 重启服务，命令为"systemctl restart sshd"。

(3) 检查配置文件是否出现语法错误，命令为"grep -A 2 配置文件名 /var/log/messages"。

(4) 修改配置文件中的语法错误，命令为"vi 配置文件名"。

如果报错信息中不再包含配置文件名字而仍然无法启动服务，则查看报错信息中包含服务名的行，命令如下：

grep -i sshd /var/log/messages

注：

① "-i"表示忽略大小写。

② 要特别注意数字、加单引号的参数、line、error、fail 等关键信息。

③ 重复操作清空日志、重启服务、查看日志文件和修改错误，直至服务能正常启动。

任务 12-8 故障处理：客户端无法连接 SSH 服务

任务描述

客户端无法访问服务器上的 SSH 服务。

任务实施

造成客户端无法访问 SSH 服务的原因有很多，最常见的有：

(1) 客户端与服务器端不能通信(ping 不通)。

(2) 服务器端未启动服务。

(3) 防火墙处于开启状态，但配置错误。

(4) 客户端命令错误，或客户端软件设置错误。

下面按照从简单到复杂的顺序查找故障原因，并修正。

1. 查看所有已经打开的虚拟机的网卡属性

参考任务 5-1，打开 VMware Workstation 的虚拟网络编辑器，检查各网络模式的属性是否设置正确。

参考任务 6-2，检查所有虚拟机网卡的网络模式是否设置正确。

查看并记录所有已经打开的虚拟机网卡的 IP 地址，检查 IP 地址是否设置正确，是否存在冲突。

2. 查看 SSH 服务对外提供服务的 IP 并检查客户端是否能联通该 IP

在服务器端查看 SSH 服务监听的 IP，命令为"netstat -antup | grep sshd"。

在客户端用 ping 命令测试客户端是否能联通 SSH 服务对外提供服务的 IP。

如果客户端与 SSH 服务不能联通，则重新检查所有已经打开的虚拟机的网卡是否正常。

3. 检查客户端使用的命令或软件的参数是否正确

在服务器端用 ssh 命令进行自测，注意 ssh 命令中必须使用正确的服务器 IP 和端口。

若服务器端自测失败，则先重启 SSH 服务，再检查 SSH 服务监听的 IP 与端口，命令为"netstat -antup | grep sshd"。

若 SSH 服务监听参数不正确，则修改配置文件后再重启服务，直至监听参数正确，服务器端自测成功。

若服务器端自测成功，则在客户端使用同样的命令进行测试。

4. 检查服务器的防火墙

若服务器端自测成功，而客户端测试失败，则可能的原因是服务器端防火墙的阻隔。解决方法如下：

方法一：关闭服务器端防火墙，参考任务 12-3。

方法二：修改防火墙的设置，参考任务 14-2。

5. 检查/etc/ssh/sshd_config 的参数"ClientAliveInterval"

检查参数"ClientAliveInterval"的值，确保它被设置为一个非 0 值。修改配置参数后，重启 SSH 服务。

练 习 题

一、填空题

1. 根据表 12-1 所示的命令要求，填写命令。

表 12-1   sshd 服务相关操作的命令

命 令 要 求	命　　令
查看 sshd 服务状态	
重启 sshd 服务	
启动 sshd 服务	
停止 sshd 服务	
自启动 sshd 服务	
不自启动 sshd 服务	

2. 根据表 12-2 所示的命令要求，填写命令。

表 12-2   防火墙相关操作的命令

命 令 要 求	命　　令
查看防火墙状态	
重启防火墙	
启动防火墙	
停止防火墙	
自启动防火墙	
不自启动防火墙	

3. 根据表 12-3 所示的命令要求，填写命令。

表 12-3   SELinux 相关操作的命令

命 令 要 求	命　　令
查看 SELinux 状态	
将 SELinux 切换成宽容模式	
将 SELinux 切换成强制模式	

二、简答题

1. 简述配置 SSH 服务器的主要步骤。
2. 简述客户端访问 SSH 服务器的主要步骤。

三、操作题

1. 在 sshd_config 配置文件中查找表 12-4 中的重要参数，并记录它们在文件中的写法。

表 12-4　sshd_config 文件中的重要参数

参　数	含　义	在文件中的参数与值
	默认端口	#Port 22
	监听地址	
	ssh 协议的版本	
	是否允许空密码登录	
	是否允许密码验证	
	是否允许公钥认证	
	是否允许 root 远程登录	
	拒绝远程登录的用户	
	允许远程登录的用户	
	拒绝远程登录的组	
	允许远程登录的组	

与"用户 root 登录"相关的三个参数为＿＿＿＿＿＿＿＿、＿＿＿＿＿＿＿＿、＿＿＿＿＿＿＿＿。

根据表 12-4，SSH 服务默认允许 root 用户远程登录吗？

2. 在一台 RHEL9 虚拟机中配置 SSH 服务器(监听端口为 2222)，用户 root 可以登录。在一台 RHEL9 虚拟机中配置 SSH 客户端。在客户端中执行以下操作：

(1) 登录 SSH 服务器。

(2) 将本地目录 /test/a 复制到 SSH 服务器的 /download 目录。

(3) 将 SSH 服务器的 /download/b 目录复制到本地目录 /test/a。

3. 文件 /etc/services 中保存了常见的公共服务的默认端口信息。请在文件中找出与以下服务相对应的默认端口：

(1) HTTP、HTTPS：＿＿＿＿＿＿＿＿＿。

(2) DNS：＿＿＿＿＿＿＿＿。

(3) DHCP：＿＿＿＿＿＿＿＿。

(4) SMTP：＿＿＿＿＿＿＿。

(5) POP3：＿＿＿＿＿＿＿＿。

项目 13　网站的配置

网站是通过 HTTP 服务为客户提供文本、图像、声音、视频等信息的服务器。本项目主要介绍 HTTP 服务的配置流程和与服务相关的一些概念。

知识目标

- 了解 HTTP 服务的应用场景。
- 了解 HTTP 服务的配置流程。
- 了解 Linux 的安全机制：SELinux 和防火墙。
- 了解监听与端口的概念。

技能目标

- 掌握配置 HTTP 服务的方法。
- 掌握访问 HTTP 服务的方法。
- 掌握 SSH 服务配置文件中的重要参数。
- 掌握关闭防火墙的方法。
- 掌握关闭 SELinux 的方法。
- 掌握查看服务监听状况的命令。

任务 13-1　配置 HTTP 服务

任务描述

了解网站的作用，并将一台 RHEL9 计算机配置成网站。

任务实施

配置 HTTP 服务

万维网(WWW，World Wide Web)技术使 Internet 成为现今规模最大的信息系统。WWW 技术中最重要的一个协议是 HTTP(超文本传输协议)。我们常说的网站便是通过 HTTP 服务为客户提供文本、图像、声音、视频等信息的服务器。

图 13-1-1 是一个 HTTP 服务的应用示意图。在普通 PC 和手机上安装 Web 浏览器，如

Firefox、Internet Explorer 等，然后在浏览器地址栏输入网址(如 http://www.sziit.edu.cn)，浏览器将通过网址找到对应的 HTTP 服务并获取网页。

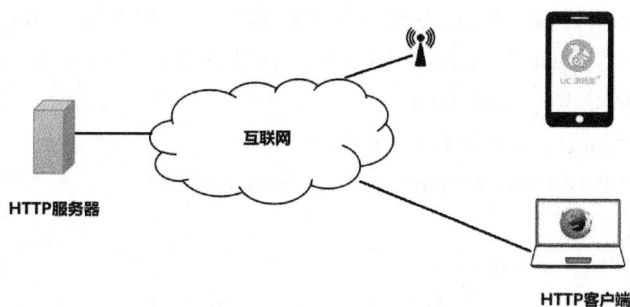

图 13-1-1　HTTP 服务的应用示意图

以一个安装了 RHEL9 的虚拟机为母机，创建克隆机，调整克隆机的网卡连接模式为桥接模式，修改克隆机的名字为"HTTP 服务器"。下面在这台 HTTP 服务器上配置并启动 HTTP 服务。

配置 HTTP 服务的流程与配置 SSH 服务的流程类似，大概分为以下 6 个步骤：

(1) 配置 IP 地址。

(2) 安装服务器端软件包。

(3) 备份并修改配置文件。

(4) 关闭服务器的安全机制，包括 SELinux 和防火墙。

(5) 启动服务，并检查"IP-端口"是否正常。

(6) 自测。

1. 配置 IP 地址

将 HTTP 服务器的 IP 地址/掩码设置成 192.168.X.11/24。配置 IP 地址/掩码如下：

```
[root@localhost /]# nmcli connection  modify  ens160  \
>ipv4.addresses  192.168.100.11/24                          <== 设置 IP/掩码
>ipv4.method  manual                                        <== 静态 IP
[root@localhost /]#
[root@localhost /]# nmcli connection  up  ens160
[root@localhost /]#
[root@localhost ~]# ip  a  | grep  -w  inet
    inet 192.168.100.11/24 brd 192.168.1.255 scope global noprefixroute ens160
[root@localhost ~]#
```

2. 安装服务器端软件包

Apache Httpd 是一个开源的 Web 服务器软件，安装包名为 httpd，检查当前系统是否已经安装，执行命令与结果如下：

```
[root@localhost ~]# dnf list installed httpd
⋮
```

错误：没有匹配的软件包可以列出　　　　　　　　　　　　　　<== 未安装

[root@localhost ~]#

系统的错误信息为"没有匹配的软件包可以列出"，说明软件 httpd 未安装。

将 RHEL9 安装光盘(iso 文件)装入虚拟机，挂载光盘，执行命令与结果如下：

[root@localhost ~]# mkdir　/mnt/cdrom　　　　　　　　　　　<== 创建挂载目录

[root@localhost ~]# mount　/dev/cdrom　/mnt/cdrom

mount: /test: WARNING: source write-protected, mounted read-only.　<== 挂载成功

[root@localhost ~]#

[root@localhost ~]# ls　/mnt/cdromt　　　　　　　　　　　　<== 检查挂载目录

AppStream　　EULA　　　　　　　images　　　　RPM-GPG-KEY-redhat-beta

BaseOS　　　extra_files.json　　isolinux　　　RPM-GPG-KEY-redhat-release

EFI　　　　　GPL　　　　　　　media.repo

[root@localhost ~]#

若挂载目录中包含的文件及子目录正确，则可以利用光盘仓库安装软件 httpd。

备份并修改软件管理器 DNF 的配置文件 /etc/dnf/dnf.conf。修改的参数和增加的软件仓库信息如下：

[main]

　gpgcheck=0　　　　　　　　　　　　　　　　　　　　　# 取消 GPG 检查

　⋮

[cd_AppStream]　　　　　　　　　　　　　　　　　　　　# 新增仓库

baseurl=file:///mnt/cdrom/AppStream/

[cd_BaseOS]　　　　　　　　　　　　　　　　　　　　　# 新增仓库

baseurl=file:///mnt/cdrom/BaseOS/

安装软件包 httpd，执行命令与结果如下：

[root@localhost ~]# dnf clean all　　　　　　　　　　　　　<== 清除缓存

　⋮

12 文件已删除

[root@localhost ~]#

[root@localhost ~]# dnf -y install　httpd　　　　　　　　　　<== 安装 httpd

　⋮

完毕！

[root@localhost ~]#

[root@localhost ~]# dnf list installed httpd　　　　　　　　　<== 检查安装结果

　⋮

已安装的软件包

httpd.x86_64　　　2.4.51-7.el9_0　　　@cd_AppStream　　　<== 已经安装成功

[root@localhost ~]#

3. 备份并修改配置文件

httpd 服务的配置文件是 /etc/httpd/conf/httpd.conf，在进行修改之前先备份：

```
[root@localhost ~]# mkdir   /backup
[root@localhost ~]# cp   -a   /etc/httpd/conf/httpd.conf   /backup/
[root@localhost ~]#
```

管理员可以通过修改 httpd 的配置文件配置 HTTP 服务的属性，但先暂时不改，使用默认配置。

4. 关闭服务器的安全机制，包括 SELinux 和防火墙

为了避免 Linux 安全机制带来的问题，关闭服务器的 SELinux 和防火墙：

```
[root@localhost ~]# setenforce   0
[root@localhost ~]# vi   /etc/selinux/conf          <== 修改参数 SELINUX 的值
[root@localhost ~]# getenforce
Permissive                                          <== 或 Disabled
[root@localhost ~]#
[root@localhost ~]# systemctl   stop   firewalld    <== 关闭防火墙
[root@localhost ~]# systemctl   disable   firewalld <== 关闭防火墙的自启动
Removed /etc/systemd/system/multi-user.target.wants/firewalld.service.
Removed /etc/systemd/system/dbus-org.fedoraproject.FirewallD1.service.
[root@localhost ~]#
[root@localhost ~]# systemctl   status   firewalld  <== 确认防火墙已关闭
○ firewalld.service - firewalld - dynamic firewall daemon
    Loaded: loaded (/usr/lib/systemd/system/firewalld.service;disabled; vendor preset: enabled)
    Active:inactive (dead)
⋮
[root@localhost ~]#
```

注：

① 用命令"getenforce"检查 SELinux 的状态，其结果为"Permissive"或"Disabled"都是可以的。

② 用命令"systemctl   status   firewalld"检查防火墙的状态，第一个波浪线标注处的"disabled"表示已经关闭防火墙的自启动，第二个波浪线标注处的"inactive (dead)"表示防火墙当前状态为关闭。

5. 启动服务，并检查"IP-端口"是否正常

启动 httpd 服务，执行命令与结果如下：

```
[root@localhost ~]# systemctl   restart   httpd     <== 启动 httpd 服务
[root@localhost ~]#                                 <== 没有回显，说明启动正常
```

若启动 httpd 服务失败，则系统报错如下：

```
[root@localhost ~]# systemctl   restart   httpd
```

Job for httpd.service failed because the control process exited with error code.

See "systemctl status httpd.service" and "journalctl -xeu httpd.service" for details.

[root@localhost ~]#

请参考"任务 13-6"进行故障排除。

成功启动 httpd 服务后，检查"IP-端口"是否正常，执行命令与结果如下：

[root@localhost ~]# netstat -antup | grep httpd

tcp6   0   0 :::**80**   :::*   LISTEN   **845441/httpd**

[root@localhost ~]#

845441 号进程(httpd)正在监听 80 端口，服务启动正常。

6. 自测

命令 curl 的主要作用是通过 URL(Universal Resource Locator，网页地址)获取网络资源。此命令可以用来测试网站，其格式如下：

curl   URL

注：URL 的一般格式为"协议://服务器的 IP 或名字/文件路径"，如"http://192.168.0.21/index.html"或"https://cdn.kernel.org"等。

执行命令与结果如下：

[root@localhost ~]# curl   http://192.168.100.11

⋮

      `<a href="https://nginx.com">NGINX&trade;</a> is a registered trademark of <a href="https://www.f5.com">F5 Networks, Inc.</a>.`

      `</div>`

      `</div>`

      `</body>`

`</html>`[root@localhost ~]#

软件 httpd 自带了测试页文件，以上显示的就是测试页文件的内容。若服务器配置不正常，则 curl 命令将无法获取测试页：

[root@localhost ~]# curl   http://192.168.0.21

curl: (7) Failed to connect to 192.168.0.41 port 80: 拒绝连接

[root@localhost ~]#

出现以上报错信息，请参考"任务 13-7"进行故障排除。

如果网站服务器启动了图形界面，打开 Firefox 浏览器，在地址栏中输入"http://192.168.X.11"，就可以看到软件 httpd 自带的测试页，如图 13-1-2 所示。

若浏览器无法连接网站，则将提示"连接失败"，如图 13-1-3 所示，请参考"任务 13-7"进行故障排除。

如果服务器自测正常，就可以将 HTTP 服务设置成开机自启动：

[root@localhost ~]# systemctl   enable   httpd

Created symlink /etc/systemd/system/multi-user.target.wants/httpd.service → /usr/lib/systemd/system/httpd.service.

```
[root@localhost ~]#
[root@localhost ~]# systemctl    status    httpd
● httpd.service - The Apache HTTP Server
     Loaded: loaded (/usr/lib/systemd/system/httpd.service; enabled; vendor preset: disabled)
⋮
[root@localhost ~]#
```

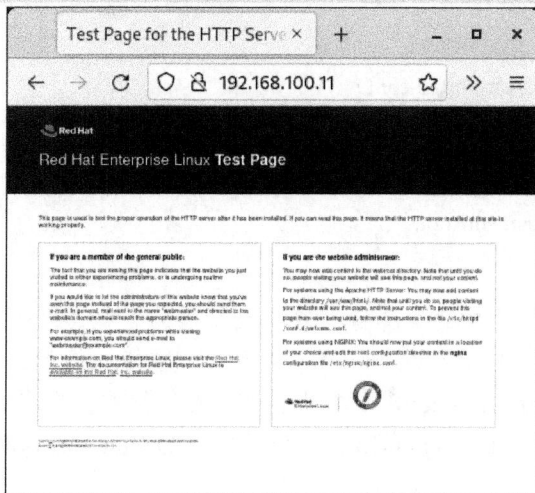

图 13-1-2　显示测试页

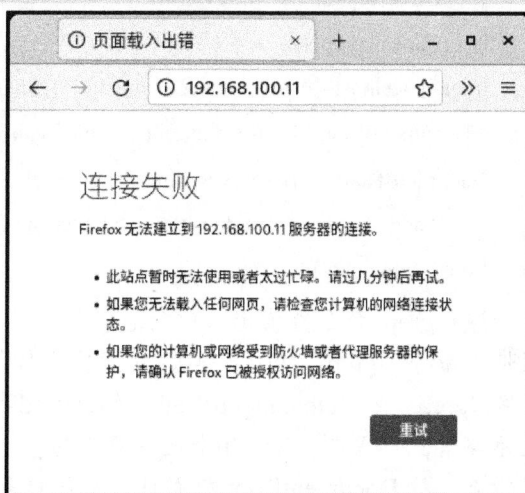

图 13-1-3　连接失败

任务 13-2　指定网站的主目录与首页

任务描述

为 httpd 服务设置自定义的网页。

任务实施

网站的主目录与首页

完成任务 13-1 之后，HTTP 服务器只能提供 Apache 软件自带的测试页。在下面的操作中，继续对服务器进行配置，使它可以将自定义的网页返回给客户端。其过程可分为以下 3 个步骤：

(1) 了解参数 DirectoryIndex 和 DocumentRoot 的含义。

(2) 测试 URL 与网页路径的关系。

(3) 修改参数 DirectoryIndex 并测试。

(4) 修改参数 DocumentRoot 并测试。

(5) 主目录的访问控制。

1. 了解参数 DirectoryIndex 和 DocumentRoot 的含义

HTTP 服务器需要向客户端提供网页文件，保存网页的目录被称为主目录，默认发送的网页被称为首页文件，简称首页。HTTP 服务的配置文件为/etc/httpd/httpd.conf，其中，参数 DirectoryIndex 指定网站的首页；参数 DocumentRoot 指定网站的主目录。用 grep 命令将参数从配置文件中过滤出来，执行命令与结果如下：

```
[root@localhost~]# grep   DirectoryIndex   /etc/httpd/conf/httpd.conf
# DirectoryIndex: sets the file that Apache will serve if a directory
    DirectoryIndex   index.html              <== 参数 DirectoryIndex 指定网站的首页
[root@localhost~]#
[root@localhost~]# grep   DocumentRoot   /etc/httpd/conf/httpd.conf
# DocumentRoot: The directory out of which you will serve your
DocumentRoot   "/var/www/html"              <== 参数 DocumentRoot 指定网站的主目录
    # access content that does not live under the DocumentRoot.
[root@localhost~]#
```

注：grep 命令查找出来的行包括了以"#"开始的注释行，若要更精确的查找，则可以使用命令"grep "^\ *参数" 配置文件"，其中"\"与"*"间为一个空格。例如，命令"grep "^\ *DocumentRoot" /etc/httpd/conf/httpd.conf"，其中，"^"表示行首，"\ "表示空格，"^\ *"表示 0 个或多个空格，"^\ *DocumentRoot"表示"以 DocumentRoot 为行首，且 DocumentRoot 前面可以有任意多个空格"。

根据以上 grep 命令的结果可知，网站的首页为 index.html，网站的主目录为 /var/www/html。一般情况下，Apache Httpd 在被安装时会创建主目录 /var/www/html，但不会创建首页 index.html，这里先用 ls 命令进行确认(若目录不存在，则创建)，执行命令与结果如下：

```
[root@localhost~]# ls   -ld   /var/www/html
drwxr-xr-x. 3 root root62   2 月 26 13:47 /var/www/html              <== 主目录存在
[root@localhost~]#
[root@localhost~]# ls   -ld   /var/www/html/index.html
ls: 无法访问 '/var/www/html/index.html': 没有那个文件或目录   <== 首页不存在
[root@localhost~]#
```

注：首页位于主目录中，因此它的完整路径是 /var/www/html/index.html。

通过重定向向文件 /var/www/html/index.html 中写入"Hello world!"，执行命令与结果如下：

```
[root@localhost ~]# echo  "Hello   world!"          >  /var/www/html/index.html
[root@localhost ~]#
[root@localhost ~]# cat   /var/www/html/index.html
Hello   world!
[root@localhost ~]#
```

注：可以用"vi   /var/www/html/index.html"向文件中写入更复杂的内容。

创建网页或修改网页内容并没有改变 HTTP 服务的参数，因此无需重启 HTTP 服务。执行命令"curl　http://192.168.100.11"进行自测，执行命令与结果如下：

```
[root@localhost ~]# curl   http://192.168.100.11
Hello   world!                              <== 获取到的内容
[root@localhost ~]#
```

curl 命令获取到的内容就是首页文件 /var/www/html/index.html 的内容。

2. 测试 URL 与网页路径的关系

在主目录 /var/www/html 中创建其他用于测试的子目录和文件：

```
[root@localhost ~]# echo    "This is a.html!"      >   /var/www/html/a.html
[root@localhost ~]# echo    "This is b.html!"      >   /var/www/html/b.html
[root@localhost ~]#
[root@localhost ~]#mkdir    /var/www/html/pk
[root@localhost ~]# echo    "This is pk/pka.html!"  >   /var/www/html/pk/pka.html
[root@localhost ~]# echo    "This is pk/pkb.html!"  >   /var/www/html/pk/pkb.html
[root@localhost ~]#
[root@localhost ~]# tree   /var/www/html
/var/www/html
├── a.html
├── b.html
├── index.html
└── pk
    ├── pka.html
    └── pkb.html

1 directory, 5 files
[root@localhost ~]#
```

URL 的一般格式为"协议://服务器的 IP 或名字 /文件路径"，这里的文件路径是网页文件相对于网站主目录的相对路径。例如，文件 /var/www/html/a.html 相对于主目录 /var/www/html 的相对路径是 a.html，因此它对应的 URL 为"http://192.168.X.11/a.html"，通过 curl 命令访问如下：

```
[root@localhost ~]# curl   http://192.168.100.11/a.html
This is a.html!                             <== 文件/var/www/html/a.html 的内容
[root@localhost ~]#
```

同理，URL 为 http://192.168.X.11/b.html，它对应主目录的相对路径是 b.html，URL 为 http://192.168.X.11/pk/pka.html，它对应主目录的相对路径是 pk/pka.html，因此这两个文件的绝对路径分别为 /var/www/html/b.html、/var/www/html/pk/pka.html。验证如下：

```
[root@localhost ~]# curl   http://192.168.100.11/b.html
```

```
This is b.html!                                          <== 文件/var/www/html/b.html 的内容
[root@localhost ~]# curl    http://192.168.100.11/pk/pka.html
This is pk/pka.html!                                     <== 文件/var/www/html/pk/pka.html 的内容
[root@localhost ~]#
```

若"curl   http://服务器 IP"命令没有指定访问的文件，则 HTTP 服务会返回参数 DirectoryIndex 指定的首页。默认情况下，参数 DirectoryIndex 的值是 index.html，命令"curl http://192.168.X.11"相当于命令"curl   http://192.168.X.11/index.html"，验证如下：

```
[root@localhost ~]# curl    http://192.168.100.11/index.html
Hello    world!                                          <== 文件/var/www/html/index.html 的内容
[root@localhost ~]#
[root@localhost ~]# curl    http://192.168.100.11
Hello    world!
[root@localhost ~]#
```

3. 修改参数 DirectoryIndex 并测试

用 vi 编辑器打开 /etc/httpd/conf/httpd.conf，找到首页参数 DirectoryIndex。保留原来的参数设置，在前面添加"#"表示注释，新增一行参数设置"DirectoryIndex   a.html"，修改如下：

```
⋮
#                                                        # 对参数 DirectoryIndex 的说明
# DirectoryIndex: sets the file that Apache will serve if a directory
# is requested.
#
<IfModuledir_module>
#DirectoryIndex    index.html                            # 用 "#" 注释掉参数的默认值
DirectoryIndex    a.html                                 # 新增一行
</IfModule>

⋮
```

检查配置参数后，重启 httpd 服务，执行命令与结果如下：

```
[root@localhost ~]# vi    /etc/httpd/conf/httpd.conf                       <== 修改配置文件
[root@localhost ~]#
[root@localhost ~]# grep    DirectoryIndex    /etc/httpd/conf/httpd.conf   <== 检查修改的参数
# DirectoryIndex: sets the file that Apache will serve if a directory
    #DirectoryIndex    index.html                                          <== 被注释掉的原参数设置
    DirectoryIndex    a.html                                               <== 新增的参数设置
[root@localhost ~]#
```

```
[root@localhost ~]# systemctl   restart   httpd              <== 重启服务
[root@localhost ~]#
```

访问网站首页的命令为"curl　http://192.168.100.11"，执行命令与结果如下：

```
[root@localhost ~]# curl   192.168.100.11
This is a.html!                                    <== 文件/var/www/html/a.html 的内容
[root@localhost ~]#
```

将参数 DirectoryIndex 的值设置成 a.html 后，首页文件变成了"/var/www/html/a.html"。

4. 修改参数 DocumentRoot 并测试

用同样的方法修改主目录参数 DocumentRoot，将它的值设置为 /var/www/html/pk 并检查，执行命令与结果如下：

```
[root@localhost ~]# vi   /etc/httpd/conf/httpd.conf              <== 修改配置文件
[root@localhost ~]#
[root@localhost ~]# grep   DocumentRoot   /etc/httpd/conf/httpd.conf    <== 检查修改的参数
# DocumentRoot: The directory out of which you will serve your
#DocumentRoot   "/var/www/html"                              <== 被注释掉的原参数设置
DocumentRoot    "/var/www/html/pk"                           <== 新增的参数设置
    # access content that does not live under the DocumentRoot.
[root@localhost ~]#
```

修改配置文件后，重启服务，使修改生效：

```
[root@localhost ~]# systemctl   restart   httpd              <== 重启服务
[root@localhost ~]#
```

访问网站首页的命令为"curl　http://192.168.100.11"，执行命令与结果如下：

```
[root@localhost ~]# curl   http://192.168.100.11
    ⋮
<a href="https://nginx.com">NGINX&trade;</a> is a registered trademark of <a href="https://www.
f5.com">F5 Networks, Inc.</a>.
</div>
</div>
</body>                                              <== 测试页的内容
</html>[root@localhost ~]#
```

当前配置文件中，参数 DocumentRoot 的值为 /var/www/html/pk，参数 DirectoryIndex 的值为 a.html。当 curl 命令不指定访问的文件时，HTTP 服务会从主目录 /var/www/html/pk 中获取文件 a.html 并返回。但由于目录 /var/www/html/pk 中不存在文件 a.html，HTTP 服务器只能返回测试页。因此，最后 curl 命令得到的是测试页。

修改首页参数 DirectoryIndex 的值为 pka.html 并检查，执行命令与结果如下：

```
[root@localhost ~]# vi   /etc/httpd/conf/httpd.conf              <== 修改配置文件
[root@localhost ~]#
```

```
[root@localhost ~]# grep   DirectoryIndex   /etc/httpd/conf/httpd.conf      <== 检查修改的参数
# DirectoryIndex: sets the file that Apache will serve if a directory
    #DirectoryIndex   index.html
    DirectoryIndex   pka.html                                               <== 修改的参数设置
[root@localhost ~]#
```

重启服务，使修改生效，命令如下：

```
[root@localhost ~]# systemctl   restart   httpd                  <== 重启服务
[root@localhost ~]#
```

再次自测，执行命令与结果如下：

```
[root@localhost ~]# curl   http://192.168.100.11
This is pk/pka.html!                                  <== /var/www/html/pk/pka.html 的内容
[root@localhost ~]#
```

由以上结果可知，在 DocumentRoot 的值被设置成 /var/www/html/pk，DirectoryIndex 的值被设置成 pka.html 的情况下，执行命令"curl   http://192.168.100.11"得到了首页文件 /var/www/html/pk/pka.html。

此时，URL 为 http://192.168.X.11/pka.html 和 URL 为 http://192.168.X.11/pkb.html 分别对应主目录 /var/www/html/pk 中的 pka.html、pkb.html，验证如下：

```
[root@localhost ~]# curl   http://192.168.100.11/pka.html
This is pk/pka.html!                                  <== 文件/var/www/html/pk/pka.html 的内容
[root@localhost ~]#
[root@localhost ~]# curl   http://192.168.100.11/pkb.html
This is pk/pkb.html!                                  <== 文件/var/www/html/pk/pkb.html 的内容
[root@localhost ~]#
```

在当前情况下，无法访问文件 /var/www/html/index.html、/var/www/html/a.html、/var/www/html/b.html。

5. 主目录的访问控制

创建目录 /apache/html，并将网站原主目录 /var/www/html 中的所有网页移动到目录 /apache/html 中，执行命令与结果如下：

```
[root@localhost ~]#mkdir   -p   /apache/html
[root@localhost ~]# mv   /var/www/html/*   /apache/html
[root@localhost ~]#
[root@localhost ~]# tree   /apache/html
/apache/html
├── a.html
├── b.html
├── index.html
```

```
└── pk
    ├── pka.html
    └── pkb.html

1 directory, 5 files
[root@localhost ~]#
```

将主目录参数设置为 /apache/html，将首页参数设置成 index.html，检查配置参数后，重启 httpd 服务，执行命令与结果如下：

```
[root@localhost ~]# vi    /etc/httpd/conf/httpd.conf
[root@localhost ~]#
[root@localhost ~]# grep "^\ *DocumentRoot"    /etc/httpd/conf/httpd.conf
DocumentRoot "/apache/html"                    <== 主目录参数
[root@localhost ~]# grep "^\ *DirectoryIndex"    /etc/httpd/conf/httpd.conf
    DirectoryIndex index.html                  <== 首页参数
[root@localhost ~]#
```

用命令"curl   http://192.168.100.11"访问 HTTP 服务首页，执行命令与结果如下：

```
[root@localhost~]# curl    http://192.168.100.11
⋮
    </div>
    </body>                                    <== 得到测试页
</html>
```

用命令"curl   http://192.168.100.11/index.html"访问服务器主目录中的 index.html，执行命令与结果如下：

```
[root@localhost ~]# curl    http://192.168.100.11/index.html
<!DOCTYPE HTML PUBLIC "-//IETF//DTD HTML 2.0//EN">
<html><head>
<title>403 Forbidden</title>                   <== 访问被拒绝，错误号为 403
</head><body>
<h1>Forbidden</h1>
<p>You don't have permission to access this resource.</p>
</body></html>
[root@localhost ~]#
```

按照前面的分析，执行命令"curl   http://192.168.100.11"和"curl   http://192.168.100.11/index.html"都应该能获取到 /apache/html/index.html，但第一条命令得到测试页，第二条命令的访问被拒绝了。如果用浏览器访问"http://192.168.100.11"和"http://192.168.100.11/index.htm"，显示结果如图 13-2-1、图 13-2-2 所示。

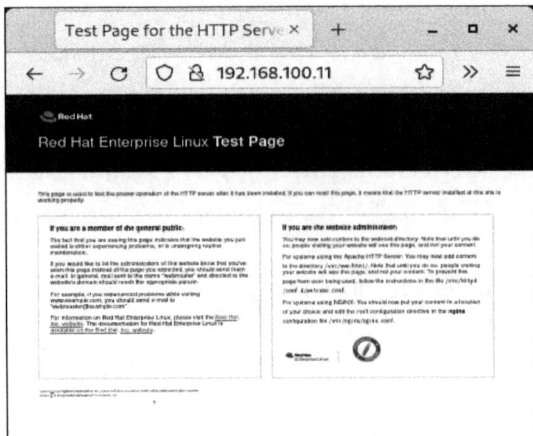

图 13-2-1　显示测试页

图 13-2-2　访问被拒绝

"403 Forbidden(访问被拒绝)"型故障是由权限控制造成的。与网页相关的权限控制有两处：

(1) 文件系统对主目录和网页文件的权限控制。

(2) HTTP 服务对主目录的访问控制。

检查文件系统对主目录和网页文件的权限控制，执行命令与结果如下：

```
[root@localhost ~]# ls  -ld  /apache/html/
drwxr-xr-x 3 root root 62  8 月 18 13:25 /apache/html/
[root@localhost ~]# ls  -l  /apache/html/
总用量 12
-rw-r--r-- 1 root root 16  8 月 18 10:53 a.html
-rw-r--r-- 1 root root 16  8 月 18 10:53 b.html
-rw-r--r-- 1 root root 14  8 月 18 10:53 index.html
drwxr-xr-x 2 root root 38  8 月 18 10:54 pk
[root@localhost ~]#
```

根据 ls 命令的结果可知，所有用户对文件和目录均有读取权限，不需要修改。

默认情况下，HTTP 的配置文件只提供了对目录 /var/www 和/var/www/html 的访问控制，不提供对其他目录的访问。为主目录 /apache/html/增加访问的方法是将以下<Directory>块添加到参数 DocumentRoot 下面：

```
⋮
DocumentRoot  "/apache/html"                    # 主目录参数

<Directory  "/apache/html">                     # 访问控制起始标签
    Options  Indexes                            # 无首页时，以目录结构形式显示
    Require  all  granted                       # 允许所有主机访问
    AllowOverride  None                         # 不允许其他文件覆盖此处的访问控制
```

```
</Directory>                                    # 访问控制结束标签
    :
```

重启 HTTP 服务，并测试，执行命令与结果如下：

```
[root@localhost ~]# systemctl  restart  httpd         <== 重启服务
[root@localhost ~]#
[root@localhost ~]# curl  http://192.168.100.11        <== 测试首页
Hello  world!
[root@localhost ~]#
[root@localhost ~]# curl  192.168.100.11/pk/pka.html   <== 测试其他 URL
This is pk/pka.html!
[root@localhost ~]#
```

根据以上结果可知，网站的访问正常。

用浏览器访问"http://192.168.100.11"，显示首页内容，如图 13-2-3 所示。用浏览器访问"http://192.168.100.11/a.html"，显示 a.html 的内容，如图 13-2-4 所示。

图 13-2-3　显示首页

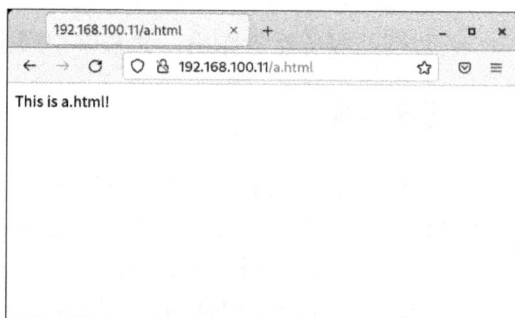

图 13-2-4　显示文件 a.html

网站主目录中包含一个子目录 pk，用"curl http://192.168.100.11/pk"命令进行访问，结果如下：

```
[root@localhost ~]# curl  http://192.168.100.11/pk
<!DOCTYPE HTML PUBLIC "-//IETF//DTD HTML 2.0//EN">
<html><head>
<title>301 Moved Permanently</title>
</head><body>
<h1>Moved Permanently</h1>
<p>The document has moved <a href="http://192.168.100.11/pk/">here</a>.</p>
</body></html>
[root@localhost ~]#
```

pk 目录中包含文件 pka.html 和 pkb.html，执行 curl 命令得不到相关信息。若用浏览器访问"http://192.168.100.11/pk"，则可以看到目录中包含的两个文件，如图 13-2-5 所示。单击链接"pka.html"，可以打开对应网页，如图 13-2-6 所示，请注意观察地址栏中显示的 URL。

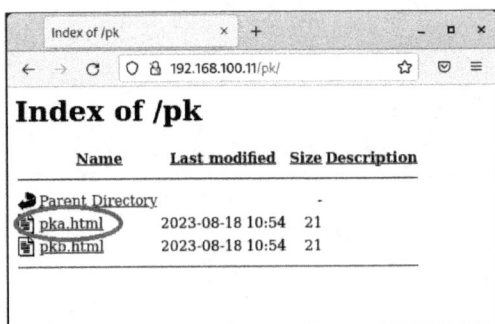

图 13-2-5　目录结构形式显示 pk 目录

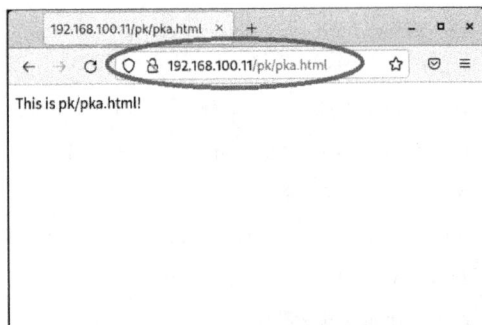

图 13-2-6　显示文件

任务 13-3　在客户端访问网站

任务描述

了解网站服务器的作用，并在客户端上访问 httpd 服务。

在客户端访问网站

任务实施

通过任务 13-1、13-2 完成了 HTTP 服务器的配置与自测，下面测试其他计算机(客户端)访问 HTTP 服务是否正常，图 13-3-1 是服务器测试示意图。其过程分为以下 3 个步骤：

(1) 为客户端计算机配置 IP 地址，并确保客户端与服务器可以正常通信。

(2) 通过 curl 命令测试 HTTP 服务是否正常。

(3) 通过浏览器测试 HTTP 服务是否正常。

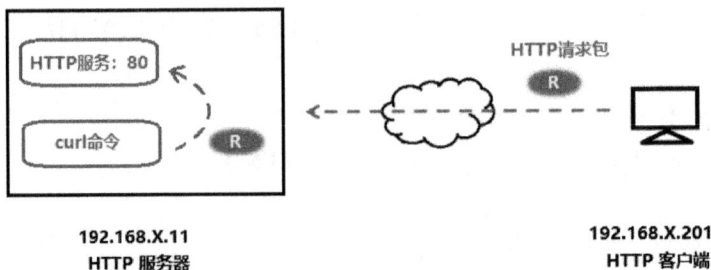

图 13-3-1　服务器测试示意图

下面详细介绍各步骤的操作方法。

1. 配置客户端

客户端可以由另外一台 RHEL9 虚拟机充当，也可以由 Windows 宿主机充当。这里以 Windows 宿主机充当客户端为例。为宿主机增加一个 IP 地址(192.168.X.201)后，打开命令行工具，执行 ipconfig 命令进行检查：

C:\Users\sziit>ipconfig

⋮

　　IPv4 地址 . . . . : 192.168.100.201　　　　　　　　　<== 确保存在可以与服务器通信的 IP

子网掩码 . . . . : 255.255.255.0

⋮

C:\Users\sziit>

执行 ping 命令检查客户端与服务器端是否可以联通：

C:\Users\sziit> ping　192.168.100.11　　　　　　　　　　　　　<==　ping 服务器 IP

正在 Ping 192.168.100.11 具有 32 字节的数据：

来自 192.168.100.11 的回复: 字节=32 时间=1ms TTL=64　<==　能 ping 通

⋮

C:\Users\sziit>

若宿主机与虚拟机不能联通，则请检查虚拟机的网卡是否设置成了桥接模式和虚拟机的 IP 地址掩码是否正确。

2. 通过 curl 命令测试 HTTP 服务是否正常

Windows 的命令行也支持 curl 命令，测试如下：

C:\>curl　192.168.100.11

Hello world!

C:\>curl　curl 192.168.100.11/pk/pka.html

This is pk/pka.html!

C:\>

3. 通过浏览器测试 HTTP 服务是否正常

在 Windows 中打开浏览器，在地址栏输入"http://192.168.100.11"，可访问到网站首页，如图 13-3-2 所示。若浏览器显示"无法访问此页面"，如图 13-3-3 所示，则可能是 HTTP 服务器端防火墙的干扰，请关闭服务器上的防火墙和 SELinux 之后，再进行测试。

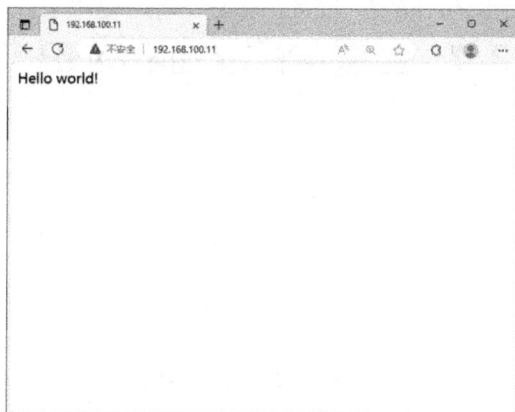

图 13-3-2　网站首页

图 13-3-3　客户端无法访问

在地址栏输入"http://192.168.100.11/pk"可以访问网站主目录中的子目录 pk，如图 13-3-4 所示。单击链接"pkb.html"，可打开"http://192.168.100.11/pk/pkb.html"，如图 13-3-5 所示，注意观察地址栏里的 URL。

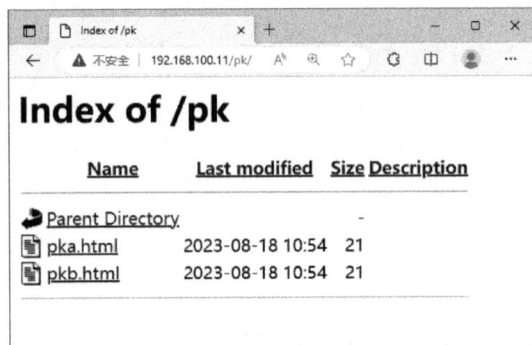

图 13-3-4　目录结构形式显示 pk 目录

图 13-3-5　显示文件

任务 13-4　查看与修改监听的 IP 与端口

任务描述

查看和修改 HTTP 服务监听的 IP 与端口，理解端口的概念。

服务监听的 IP 与端口

任务实施

完成任务 13-2 之后，HTTP 服务器可以在 80 端口提供基本的 HTTP 服务了。在下面的操作中，继续对服务器进行配置，使它可以将自定义网页返回给客户端。其过程可分为以下 4 个步骤：

(1) 准备实验环境。

(2) 设置 HTTP 服务器监听特定 IP。

(3) 设置 HTTP 服务器监听特定端口。

(4) 设置 HTTP 服务器监听特定"IP-端口"。

下面介绍各步骤的操作方法。

1. 准备实验环境

修改 HTTP 服务器的网卡属性，IP 地址为 192.168.X.11 和 192.168.100+X.22，24 位掩码，获取 IP 地址方式为 manual，执行命令与结果如下：

```
[root@localhost ~]#nmcli connection modify ens160 ipv4.addresses 192.168.100.11/24 \
> +ipv4.addresses 192.168.200.22/24 \
> ipv4.method manual
[root@localhost ~]#nmcli connection up 160
连接已成功激活(D-Bus 活动路径：/org/freedesktop/NetworkManager/ActiveConnection/8)
[root@localhost ~]#
[root@localhost ~]#ip a | grep inet
inet 127.0.0.1/8 scope host lo
inet 192.168.100.11/24 brd 192.168.100.255 scope global noprefixroute ens160    <== 第一个静态 IP
inet 192.168.200.22/24 brd 192.168.100.255 scope global noprefixroute ens160    <== 第二个静态 IP
[root@localhost ~]#
```

在该 HTTP 服务器上启动服务，检查服务监听的"IP-端口"，执行命令与结果如下：

```
[root@localhost ~]# systemctl restart httpd                          <== 启动 httpd 服务
[root@localhost ~]#
[root@localhost ~]# netstat -antup | grep httpd
tcp6   0   0 :::80            :::*            LISTEN     845441/httpd      <== 监听 80 端口
[root@localhost ~]#
```

845441 号进程(httpd)正在监听 80 端口，服务启动正常。

为客户端设置 IP 地址 192.168.X.201 和 192.168.X+100.201，24 位掩码。客户端可以通过两个 IP 访问服务器，得到相同的首页，执行命令与结果如下：

```
C:\>curl 192.168.100.11
Hello world!

C:\>curl 192.168.200.22
Hello world!
C:\>
```

2. 设置 HTTP 服务器监听特定 IP 地址

配置文件/etc/httpd/httpd.conf 中的参数 Listen 规定了 httpd 服务监听的 IP 地址和端口。

查看如下：

```
[root@localhost ~]# grep    Listen    /etc/httpd/conf/httpd.conf
# Listen: Allows you to bind Apache to specific IP addresses and/or
# Change this to Listen on a specific IP address, but note that if
#Listen    12.34.56.78:80          <== 注释行给出 Listen 参数的例子
Listen    80                        <== 生效的 Listen 参数
[root@localhost ~]#
```

Listen 参数的格式为"Listen   [监听的 IP:]端口"，默认情况下，Listen 参数的值为 80，并没有明确指定监听服务器的 IP。相对应的客户端可以通过服务器的任何一个 IP 地址访问 HTTP 服务。

将 Listen 参数的值改成"192.168.100+X.22:80"，并重启 httpd 服务，然后再次查看 httpd 服务监听的"IP-端口"，执行命令与结果如下：

```
[root@localhost ~]# netstat  -antup   | grep   httpd
tcp   0  0   192.168.200.22:80           0.0.0.0:*          LISTEN          2244808/httpd
[root@localhost ~]#
```

此时，客户端只可以通过 192.168.100+X.22 访问 HTTP 服务，执行命令与结果如下：

```
C:\>curl 192.168.100.11
curl: (7) Failed to connect to 192.168.100.11    port 80 after 2015 ms: Connection refused

C:\>curl    192.168.200.22
Hello world!
C:\>
```

3. 设置 HTTP 服务器监听特定端口

将 Listen 参数的值改成"8080"，并重启 HTTP 服务，然后再次检查 HTTP 服务监听的"IP-端口"，执行命令与结果如下：

```
[root@localhost ~]# netstat  -antup   | grep   httpd
tcp   0  0   0.0.0.0:8080               0.0.0.0:*          LISTEN          2244808/httpd
[root@localhost ~]#
```

此时，客户端只能通过 8080 端口访问 HTTP 服务，执行命令与结果如下：

```
C:\>curl 192.168.100.11
curl: (7) Failed to connect to 192.168.100.11 port 80 after 2015 ms: Connection refused

C:\>curl 192.168.100.11:8080
Hello world!

C:\>curl 192.168200.22
curl: (7) Failed to connect to 192.168.200.22 port 80 after 2045 ms: Connection refused
```

```
C:\>curl 192.168.200.22:8080

Hello world!


C:\>
```

在配置文件中增加 Listen 参数，使 HTTP 服务可监听 80 端口和 8080 端口，并重启服务，执行命令与结果如下：

```
[root@localhost ~]# vi    /etc/httpd/conf/httpd.conf                    <== 修改配置文件
[root@localhost ~]# grep   "^Listen" /etc/httpd/conf/httpd.conf
Listen   8080                                                          <== 原 Listen 参数
Listen   80                                                            <== 新 Listen 参数
[root@localhost ~]#
[root@localhost ~]# systemctl   restart   httpd
[root@localhost ~]#
[root@localhost ~]# netstat   -antup   | grep   http
tcp6   0    0    :::8080              :::*              LISTEN      2380668/httpd
tcp6   0    0    :::80                :::*              LISTEN      2380668/httpd
[root@localhost ~]#
```

以不同的“IP-端口”组合访问 HTTP 服务，执行命令与结果如下：

```
C:\>curl 192.168.0.21

Hello world!


C:\>curl 192.168.0.22

Hello world!


C:\>curl 192.168.0.21:8080

Hello world!


C:\>curl 192.168.0.22:8080

Hello world!


C:\>
```

4. 设置 HTTP 服务器监听特定“IP-端口”

修改 Listen 参数，使 HTTP 服务器监听 192.168.X.11:80 和 192.168.100+X.22:8080，执行命令与结果如下：

```
[root@localhost ~]# vi    /etc/httpd/conf/httpd.conf                    <== 修改配置文件
[root@localhost ~]# grep   "^Listen" /etc/httpd/conf/httpd.conf
Listen    192.168.100.11:80                                            <== 第一个 Listen 参数
Listen    192.168.200.22:8080                                          <== 第二个 Listen 参数
[root@localhost ~]#
```

```
[root@localhost ~]# systemctl   restart   httpd
[root@localhost ~]#
[root@localhost ~]# netstat  -antup   | grep http
tcp  0  0   192.168.100.11:80       0.0.0.0:*        LISTEN      2380668/httpd
tcp  0  0   192.168.200.22:8080     0.0.0.0:*        LISTEN      2380668/httpd
[root@localhost ~]#
```

以不同的"IP-端口"组合访问 HTTP 服务，执行命令与结果如下：

```
C:\>curl 192.168.100.11
Hello world!


C:\>curl 192.168.100.11:8080
curl: (7) Failed to connect to 192.168.100.11 port 8080 after 2015 ms: Connection refused


C:\>curl 192.168.200.22
curl: (7) Failed to connect to 192.168.200.22 port 80 after 2045 ms: Connection refused


C:\>curl 192.168.0.22:8080
Hello world!


C:\>
```

任务 13-5　配置网络软件仓库

任务描述

配置一个软件镜像站，并在客户端上利用软件镜像站安装软件。

配置网络软件仓库

任务实施

在前面的任务中，将一台 RHEL9 虚拟机配置成了网站。下面将它配置成一个软件镜像站，其过程可分为以下 4 个步骤：

(1) 下载用来测试的软件包。

(2) 配置 HTTP 服务器。

(3) 创建软件仓库。

(4) 网络软件仓库的测试。

下面具体介绍各步骤的操作方法。

1. 下载用来测试的软件包

参考任务 6-1，修改 RHEL9 虚拟机网卡的网络模式为 NAT 模式，将网卡设置成自动获取 IP，使虚拟机可以连接互联网。下载测试用的软件安装包，命令如下：

```
[root@localhost ~]# mkdir   /download
[root@localhost ~]# cd   /download
[root@localhost download]# wget   https://mirrors.ustc.edu.cn/epel/9/Everything/x86_64/Packages/n/
ntfs-3g-2022. 10.3-1.el9.x86_64.rpm
[root@localhost download]# wget   https://mirrors.ustc.edu.cn/epel/9/Everything/x86_64/Packages/n/
ntfs-3g-lib-2022.10.3-1.el9.x86_64.rpm
[root@localhost download]#
```

注：若以上两个下载链接失效，则请在互联网中自行搜索并下载 ntfs-3g 和 ntfs-3g-devel 的 rpm 安装文件。

2. 配置 HTTP 服务器

将 RHEL9 虚拟机的 IP 地址/掩码设置成 192.168.X.11/24，获取 IP 地址的方式成 manual。配置完毕后，检查如下：

```
[root@localhost ~]# ip   a  | grep  -w  inet
    inet   192.168.100.11/24   brd 192.168.1.255 scope global noprefixroute ens160  <== 确保此行无
                                                                                "dynamic" 标志
[root@localhost ~]#
```

创建网站主目录为 /apache/html 及首页为 index.html。创建完毕检查如下：

```
[root@localhost ~]# ls   /apache/html
index.html                                          <== 主目录/apache/html 包含首页 index.html
[root@localhost ~]# cat   /apache/html/index.html   <== 查看首页 index.html 内容
Hello   world!
[root@localhost ~]#
```

修改 HTTP 服务的配置文件/etc/httpd/httpd.conf，并设置网站主目录为/apache/html，首页为 index.html，监听端口为 80。修改完毕后，检查参数如下：

```
[root@localhost ~]# grep   DirectoryIndex   /etc/httpd/conf/httpd.conf
   DirectoryIndex   index.html                      <== 参数 DirectoryIndex 指定网站的首页
⋮
[root@localhost ~]#
[root@localhost ~]# grep   DocumentRoot   /etc/httpd/conf/httpd.conf
DocumentRoot   "/apache/html"                       <== 参数 DocumentRoot 指定网站的主目录
⋮
[root@localhost ~]#
[root@localhost ~]# grep   Listen   /etc/httpd/conf/httpd.conf
Listen   80                                         <== 参数 Listen 指定网站的监听参数
⋮
[root@localhost ~]#
```

启动服务，检查服务监听的"IP-端口"，并自测，执行命令与结果如下：

```
[root@localhost ~]# systemctl   restart   httpd                                    <== 启动 httpd 服务
[root@localhost ~]# netstat  -antup  | grep  httpd
tcp6   0   0 :::80              :::*           LISTEN      845441/httpd           <== 监听 80 端口
[root@localhost ~]# curl   192.168.100.11
Hello world！                                                                      <== 显示首页
[root@localhost ~]#
```

3. 创建软件仓库

在网站主目录中创建仓库目录 epel，再在仓库目录 epel 中创建 Packages 目录，执行命令如下：

```
[root@localhost ~]# mkdir   /apache/html/epel                                    <== 仓库目录
[root@localhost ~]# mkdir   /apache/html/epel/Packages   <== 仓库目录中的 Packages 子目录
[root@localhost ~]#
```

将软件的 rpm 安装文件全部复制至 Packages 子目录，执行命令如下：

```
[root@localhost ~]# cp   /download/ntfs*   /apache/html/epel/Packages      <== 仓库目录
[root@localhost ~]#
```

利用在任务 8-4 中学过的 createrepo 命令，对仓库目录 /apache/html/epel 创建仓库，执行命令与结果如下：

```
[root@localhost ~]# createrepo   /apache/html/epel/
Directory walk started
Directory walk done - 2 packages
Temporary output repo path: /apache/html/epel/.repodata/
Preparing sqlite DBs
Pool started (with 5 workers)
Pool finished                              <== 仓库创建成功
[root@localhost ~]#
```

执行 createrepo 命令后，仓库目录 /apache/html/epel/ 包含两个子目录，一个是用于保存 rpm 文件的目录 Packages，一个是命令 createrepo 生成的元数据目录 repodata，检查如下：

```
[root@localhost ~]# tree   /apache/html/epel/           <== 查看仓库目录
/apache/html/epel/
├── Packages                                            <== 保存 rpm 文件的目录
│       ├── ntfs-3g-2022.10.3-1.el9.x86_64.rpm
│       └── ntfs-3g-libs-2022.10.3-1.el9.x86_64.rpm
└──repodata                                             <== 命令 createrepo 生成的元数据目录
        ├── 45d2d5……94731de3da454-other.xml.gz
        ⋮
        └── repomd.xml
2 directories, 9 files
[root@localhost ~]#
```

在首页文件 index.html 中添加一个目标为仓库目录的超链接，修改后的首页文件如下：

```
Hello world!<br>
<br>
<a href="http://192.168.100.11/epel"> go to epel</a><br>
```

在浏览器中输入"http://192.168.100.11"，获得修改后的首页，如图 13-5-1 所示。单击超链接"go to epel"能访问到仓库目录，如图 13-5-2 所示，该仓库目录包含 Packages 和 repodata 两个子目录。

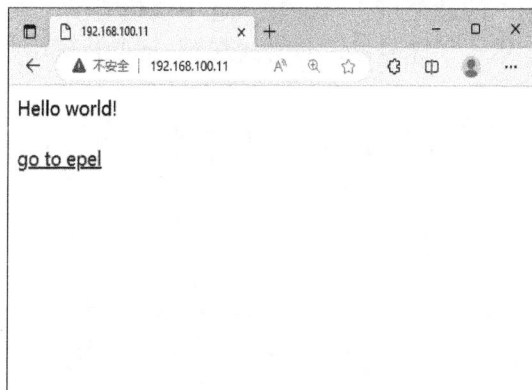

图 13-5-1 网站首页

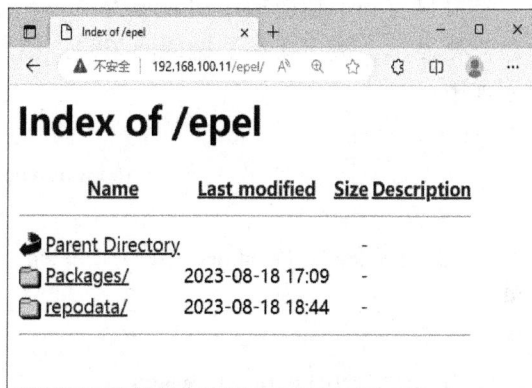

图 13-5-2 仓库目录

4. 网络软件仓库的测试

打开另外一台 RHEL9 虚拟机，将其网卡的连接模式修改为与网站虚拟机一致，并修改主机名为 client，IP 地址设置为 192.168.100.202。设置完毕后，可以访问网站，执行命令与结果如下：

```
[root@client ~]# curl   192.168.100.11
Hello world!<br>
<br>
<a href="http://192.168.100.11/rhel9"> go to epel</a><br>
[root@client ~]#
```

如果客户端启动了图形界面，则可以用浏览器检查仓库目录是否正常。如果客户端没有安装图形界面，则可以先安装文本形式的网页浏览器 lynx，然后用 lynx 访问服务器，过程如下：

```
[root@client ~]# dnf   -y   install   lynx
  ⋮
[root@client ~]# lynx   192.168.100.11
```

注：lynx 是一个文本界面的浏览器，只能通过键盘控制。界面的底部是一个简单的使用说明。

终端执行 lynx 命令，进入 lynx 操作界面，显示如下：

```
Hello world!
```

go to epel   <== 选中的超链接以黄色高亮显示

命令：移动用方向键，求助用'?'，退出用'q'，返回用'<-'。

方向键：移动用上下键；选中链接用向右键；返回用向左键。

 H)elp O)ptions P)rint G)o M)ain screen Q)uit /=search [delete]=history list

首页只有一个超链接，即显示为"go to epel"的超链接，lynx 默认选中该超链接，以黄色高亮显示。按下【→】键或回车键，相当于单击了超链接，将会跳转到 epel 目录中，显示如下：

←←←←→→→   Index of /epel

                            Index of /epel

[ICO] **Name** Last modified Size Description

_____

[PARENTDIR] **Parent Directory**   -

[DIR]   **repodata/**   2023-03-04 21:42   -

[DIR]   **Packages/**   2023-03-04 21:28   -

_____

命令：移动用方向键，求助用'?'，退出用'q'，返回用'<-'。

方向键：移动用上下键；选中链接用向右键；返回用向左键。

 H)elp O)ptions P)rint G)o M)ain screen Q)uit /=search [delete]=history list

这个页面有两个超链接，即通往子目录 repodata 的超链接和通往子目录 Packages 的超链接。重复按【↑】键或【↓】键，可以看到黄色的高亮显示在不同的选项间轮转。当停留在 Packages 目录上时，按下【→】键或回车键，将会跳转到该目录中。

客户端通过浏览器查看软件仓库后，就可以利用它来安装 ntfs-3g 了。在 DNF 配置文件 /etc/dnf/dnf.conf 中添加新仓库，新仓库信息如下：

```
[my_server]                                    # 仓库 ID
baseurl=http://192.168.100.11/epel             # 仓库位置
```

利用网络仓库安装 ntfs-3g 软件包，执行命令与结果如下：

```
[root@localhost download]# dnf   clean   all
⋮
[root@localhost download]# dnf  -y   install   ntfs-3g
⋮
完毕！                                          <== 安装正常
[root@localhost download]#
```

任务 13-6　故障处理：无法启动或重启 httpd 服务

任务描述

重启 httpd 服务失败，系统报错如下：

```
[root@localhost ~]# systemctl    restart    httpd
Job for httpd.service failed because the control process exited with error code.
See "systemctl status httpd.service" and "journalctl -xeu httpd.service" for details.
[root@localhost ~]#
```

任务实施

无法启动 HTTP 服务的原因与无法启动 SSH 服务的原因类似，最常见的有：

(1) SELinux 工作在强制模式，阻止了服务的重启。

(2) 配置文件监听不存在的 IP 或已经被占用的端口。

(3) 服务配置文件出现语法错误，如参数拼写错误、符号书写错误等。

(4) 服务配置文件出现其他逻辑错误，如 IP 地址设置与服务器本身的 IP 地址冲突等。

下面按照从简单到复杂的顺序来检查故障原因。

1. 检查 SELinux 的状态是否为强制模式

查看 SELinux 的状态：

```
[root@localhost ~]# getenforce
Enforcing
[root@localhost ~]#
```

如果 SELinux 的状态为 Enforcing，则先执行"setenforce   0"将状态切换成宽容模式，再通过修改配置文件 /etc/selinux/config 来彻底关闭 SELinux。

2. 检查配置文件中设定的 IP 地址和端口是否合理

查看配置文件中监听的地址，执行命令与结果如下：

```
[root@localhost ~]# grep    Listen    /etc/http/conf/httpd.conf
⋮
Listen 192.168.0.200:8080                          <== 监听的 IP 与端口
[root@localhost ~]#
```

查看当前 IP 地址是否包含 192.168.0.200，执行命令与结果如下：

```
[root@localhost ~]# ip    a | grep -w inet
    inet 127.0.0.1/8 scope host lo
    inet 192.168.1.1/24 brd 192.168.1.255 scope global noprefixroute ens160
```

inet 192.168.0.251/24 brd 192.168.0.255 scope global noprefixroute ens224

[root@localhost ~]#

若当前 IP 地址不包含 HTTP 服务需要的 IP，有以下两种解决方法：

(1) 修改配置文件 /etc/httpd/conf/httpd.conf 中的参数 Listen 的值。

(2) 为服务器增加一个 IP 地址。

查看当前系统是否在监听的 80802 号端口，发现它已经被 httpd 服务占用：

```
[root@localhost ~]# netstat  -antup  | grep  8080
tcp6  0  0  :::8080              :::*                    LISTEN        1395091/sshd
[root@localhost ~]#
```

解决此故障的方法是修改参数 Listen 的值，让 httpd 服务监听其他端口。

3. 利用日志信息检查错误

先为日志文件 /var/log/messages 保存一个备份，再清空日志文件，去掉无关的信息，最后重启服务。执行命令与结果如下：

```
[root@localhost ~]# mkdir   /backup
[root@localhost ~]# cp   /var/log/messages    /backup/messages.20230301_1925
[root@localhost ~]#
[root@localhost ~]# echo  >  /var/log/messages              <== 利用重定向清空日志文件
[root@localhost ~]#
[root@localhost ~]# systemctl  restart   httpd
⋮
[root@localhost ~]#
```

注：不要用"删除重建文件"的方法使 /var/log/messages 内容为空，此方法会造成文件无法写入。

检查配置文件是否出现语法错误，命令格式如下：

grep -A 2 配置文件名   /var/log/messages

注：

① HTTP 服务的配置文件是 httpd.conf。

② "-A 2"表示除了输出匹配行，还要输出匹配行的后两行，可能包含更具体的信息。

③ 要特别注意数字、用单引号括起来的参数、line、error、fail 等关键信息。

下面通过两个示例介绍配置文件出现语法错误的情况。

【例 1】

```
[root@localhost ~]# grep  -A  2  httpd.conf   /var/log/messages
Aug 18 19:44:38 localhost httpd[2071934]: AH00526: Syntax error on line 125 of /etc/httpd/conf/httpd.conf:
Aug 18 19:44:38 localhost httpd[2071934]: Invalid command 'DocumentRoo', perhaps misspelled or defined
by a module not included in the server configuration
Aug 18 19:44:38 localhost systemd[1]: httpd.service: Main process exited, code=exited, status=1/FAILURE
[root@localhost ~]#
```

第一行中的"Syntax error on **line 125** of /etc/httpd/conf/httpd.conf",表示第 125 行有语法错误。

第二行中的"Invalid command　**'DocumentRoo'**",表示"DocumentRoo"是不合法的。

第三行没有具体信息。

综上,很有可能是配置文件中第 125 行的参数错写成"DocumentRoo"了。

【例 2】

```
[root@localhost ~]# grep   -A   2   httpd.conf   /var/log/messages
Mar   3 07:39:22 localhost httpd[940412]: AH00526: Syntax error on line 14 of /etc/httpd/conf/httpd.conf
Mar   3 08:05:57 localhost httpd[1056180]: Invalid command 'html#', perhaps misspelled or defined by a
module not included in the server configuration
Mar   3 08:05:57 localhost systemd[1]: httpd.service: Main process exited, code=exited, status=1/FAILURE
[root@localhost ~]#
```

第一行中"Syntax error on **line 14** of /etc/httpd/conf/**httpd.conf**",表示第 14 行有语法错误。

第二行中单引号引起来的文字是"html#",系统提示可能是这个字符串有问题。

第三行没有具体信息。

综上,很有可能是配置文件中第 14 行"html#"带来的错误。

利用配置文件中保留的注释行、配置文件的备份或互联网,查出参数的正确写法,并修改。修改错误后,再重复以下步骤直至 grep 命令的输出为空:

(1) 清空日志文件的命令为"echo > /var/log/messages"。

(2) 重启服务的命令为"systemctl restart sshd"。

(3) 检查配置文件是否出现语法错误的命令为"grep -A 2 配置文件名 /var/log/messages"。

(4) 修改配置文件中的语法错误的命令为"vi 配置文件名"。

如果报错信息中不再包含配置文件名字而仍然无法启动服务,则查看报错信息中包含服务名的行,命令如下:

```
grep  -i  httpd  /var/log/messages
```

注:

① "-i"表示忽略大小写。

② 要特别注意数字、用单引号括起来的参数、line、error、fail 等关键信息。

③ 重复清空日志、重启服务、查看日志文件和修改错误这几个步骤,直至服务能正常启动。

任务 13-7　故障处理:客户端无法正常访问 HTTP 服务

任务描述

客户端无法正常访问 HTTP 服务。

任务实施

造成客户端无法正常访问 HTTP 服务的原因有很多，常见的有：

(1) 客户端与服务器端不能通信(ping 不通)。

(2) 服务器端未启动服务。

(3) 防火墙处于开启状态，但配置错误。

(4) 客户端命令错误或客户端软件设置错误。

下面按照从简单到复杂的顺序查找故障原因，并修复。

1. 查看所有已经打开的虚拟机的网卡属性

参考任务 5-1，打开 VMware Workstation 的虚拟网络编辑器，检查各网络模式的属性是否设置正确。

参考任务 6-2，检查所有虚拟机的网卡的网络模式是否设置正确。

查看并记录所有已经打开的虚拟机的网卡的 IP 地址，检查 IP 地址是否设置正确，是否存在冲突。

2. 查看 HTTP 服务对外提供服务的 IP 并检查客户端是否能联通该 IP

在服务器端查看 HTTP 服务监听的 IP，命令为"netstat -antup ｜grep httpd"。

在客户端用 ping 命令测试客户端是否能联通 HTTP 服务对外提供服务的 IP。

如果不能联通，则重复步骤 1，仔细检查所有已经打开的虚拟机的网卡是否正常。

3. 检查客户端使用的命令或软件的参数是否正确

在服务器端用 curl 命令进行自测，注意 curl 命令中必须使用正确的服务器 IP 和端口。

若服务器端自测失败，则先重启 httpd 服务，再检查 HTTP 服务监听的 IP 与端口，命令为"netstat -antup ｜grep httpd"。

若 HTTP 服务监听参数不正确，则修改配置文件后再重启服务，直至监听参数正确，服务器端自测成功。

若服务器端自测成功，则在客户端使用同样的命令进行测试。

4. 检查服务器的防火墙

若服务器端自测成功，而客户端测试失败，则可能的原因是服务器端防火墙的阻隔。解决方法如下：

方法一：关闭防火墙，参考任务 12-3。

方法二：修改防火墙的设置，参考任务 14-2。

练 习 题

一、填空题

1. 根据表 13-1 所示的命令要求，填写命令。

表 13-1　httpd 服务相关操作的命令

命 令 要 求	命　　令
查看 httpd 服务状态	
重启 httpd 服务	
启动 httpd 服务	
停止 httpd 服务	
自启动 httpd 服务	
不自启动 httpd 服务	

2. 正常情况下，软件仓库目录包含两个子目录：＿＿＿＿＿＿＿＿＿、＿＿＿＿＿＿＿＿＿。其中子目录＿＿＿＿＿＿＿＿保存软件包安装文件，子目录＿＿＿＿＿＿＿＿保存仓库元数据文件。

生成仓库元数据文件的命令为＿＿＿＿＿＿＿＿＿＿＿＿＿＿＿。

二、简答题

1. 简述配置 HTTP 服务器的主要步骤。

2. 若 HTTP 服务中的主目录为/var/apache，请写出对该主目录进行权限控制的<Directory>块。

三、操作题

1. 在 sshd_config 配置文件中查找表 13-2 中的重要参数，并记录它们在文件中的写法。

表 13-2　sshd_config 配置文件的重要参数

参　数	含　义	在文件中的参数与值
	监听地址	Listen 80
	主目录	
	首页	

2. 在一台 RHEL9 虚拟机中配置 HTTP 服务器，要求如下：
- 监听的 IP 地址为 10.10.X.10，端口为 8080。
- 主目录为/var/apache，首页为 default。

以另外一台 RHEL9 虚拟机为客户端，在客户端中访问服务器，并用 wget 命令、curl 命令下载网页文件至/download 目录。

3. 在 HTTP 服务器中启动 SSH 服务，要求如下：
- 监听的 IP 地址为 192.168.X.10，端口为 2222。
- root 用户可登录。

从客户端登录 SSH 服务，修改 HTTP 服务的配置，要求如下：
- 监听的 IP 地址为 10.10.X.10，端口为 80。
- 主目录为 /apache/html，首页为 index。

在客户端中通过新参数访问服务器，并用 wget 和 curl 命令下载网页文件至/download 目录。

项目 14　简单的防火墙设置

　　Linux 以 firewalld 服务的形式提供防火墙安全保护，firewalld 接收到网络数据包后会通过规则决定如何处理数据包。本项目主要介绍防火墙服务的启停方法和一些简单的防火墙规则。

知识目标

- 了解防火墙的功能。
- 了解 firewalld 服务的启动与停止。
- 了解 firewalld 服务的工作原理。
- 理解服务、端口与防火墙的关系。

技能目标

- 掌握查看 firewalld 规则的方法。
- 掌握设置 firewalld 规则的方法。

任务 14-1　配置防火墙开放特定服务

任务描述

　　配置防火墙，使它允许客户端访问 HTTP 服务。

配置防火墙
开放特定服务

任务实施

　　Linux 中的防火墙是一种包过滤型防火墙，其基本工作原理如图 14-1-1 所示。它会从接收到的数据包中提取出数据包的目标 IP、目标端口、源 IP、源端口等一系列参数，并根据事先制定的访问控制列表，对网络数据包进行接收、抛弃或地址转换。

　　当用户在客户端执行命令"curl　服务器 IP 地址"时，客户端会生成一个 HTTP 请求数据包，并将数据包通过网络发送给服务器。数据包的目标 IP 是 curl 命令中的 IP 地址，目标端口是 HTTP 服务的默认端口 80，源 IP 是客户端的 IP 地址，源端口是客户端为此连

接分配的临时端口。服务器接收到 HTTP 请求数据包后，防火墙软件会根据这些参数对数据包进行处理。

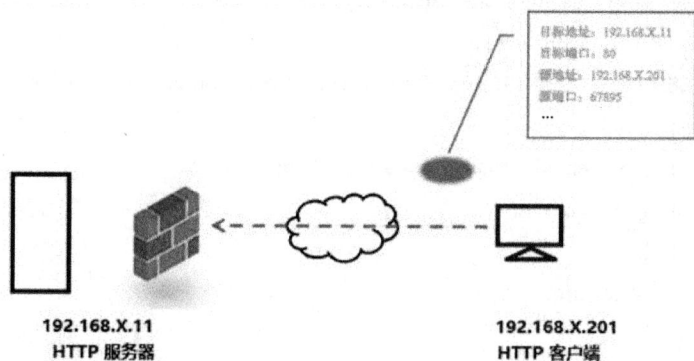

图 14-1-1　包过滤型防火墙基本原理图

RHEL9 内置的防火墙以服务的形式运行，默认状态是启动。管理员通过 systemctl 命令控制防火墙的启动与停止，通过 firewall-cmd 命令查看或设置防火墙的规则。firewall-cmd 命令最常用的格式如下：

firewall-cmd	- -list-all	<== 查看规则
firewall-cmd	- -get-services	<== 查看防火墙支持的服务
firewall-cmd	[- -permanent]　　 - -add-service=服务名	<== 允许访问某服务
firewall-cmd	[- -permanent]　　 - -remove-service=服务名	<== 禁止访问某服务
firewall-cmd	- -reload	<== 重新载入已保存的规则
firewall-cmd	- -runtime-to-permanent	<== 保存所有实时规则

注：

① 启动防火墙之后，才能使用 firewall-cmd 命令。

② 命令中不加选项"--permanent"时，新加入的规则立刻生效，但只是临时规则，重启防火墙后将失效。

③ 命令中加入选项"--permanent"时，新加入的规则不会立刻生效，重启防火墙后将永久生效。

下面介绍在 RHEL9 中设置防火墙，其过程分为以下 6 个步骤：

(1) 准备实验环境。

(2) 设置服务器端防火墙与服务访问之间的关系。

(3) 设置客户端防火墙与服务访问之间的关系。

(4) 查看防火墙规则。

(5) 在防火墙中开放或禁止某个服务访问。

(6) 规则的保存。

下面具体介绍各步骤的操作方法。

1. 准备实验环境

准备两台 Linux 虚拟机。其中，一台充当 HTTP 服务器，一台充当 HTTP 客户端。

将 HTTP 服务器的 IP 地址设置为 192.168.X.11，关闭防火墙和 SELinux。配置完毕后，检查如下：

```
[root@localhost ~]# ip   a | grep   -w   inet
    inet   127.0.0.1/8   scope host lo
    inet192.168.100.11/24brd 192.168.100.255 scope global noprefixroute ens160   <== 服务器 IP 地址
[root@localhost ~]#
[root@localhost ~]# systemctl   status   firewalld   | grep   Active
    Active: inactive (dead)                          <== 防火墙处于关闭状态
[root@localhost ~]#
[root@localhost ~]# getenforce
Disabled                                             <== SELinux 处于关闭状态
[root@localhost ~]#
```

在 HTTP 服务器上配置并启动 HTTP 服务。配置完毕后进行自测，执行命令与结果如下：

```
[root@localhost ~]# netstat   -antup   | grep   httpd
tcp6   0   0       :::80           :::*        LISTEN      2072090/httpd  <== 正在监听 80 端口
[root@localhost ~]#
[root@localhost ~]# curl   192.168.100.11                  <== 测试本机的 HTTP 服务
Hello world!                                               <== 访问正常
[root@localhost ~]#
```

将 HTTP 客户端的 IP 地址设置为 192.168.X.201，关闭防火墙和 SELinux。配置完毕后，检查如下：

```
[root@localhost ~]# ip   a | grep   -w   inet
    inet   127.0.0.1/8   scope host lo
    inet192.168.100.201/24brd 192.168.100.255 scope global noprefixroute ens160   <== 客户端IP地址
[root@localhost ~]#
[root@localhost ~]# systemctl   status   firewalld   | grep   Active
    Active: inactive (dead)                          <== 防火墙处于关闭状态
[root@localhost ~]#
[root@localhost ~]# getenforce
Disabled                                             <== SELinux 处于关闭状态
[root@localhost ~]#
[root@localhost ~]# netstat   -antup   | grep   httpd
[root@localhost ~]#                                  <==客户端不监听 80 端口
```

在 HTTP 客户端上访问服务器提供的 HTTP 服务，执行命令与结果如下：

```
[root@localhost ~]# curl   192.168.100.11          <== 访问 HTTP 服务器
Hello world!                                        <== 访问正常
[root@localhost ~]#
```

2. 设置服务器端防火墙与服务访问的关系

服务器端防火墙与服务访问的关系如图 14-1-2 所示。

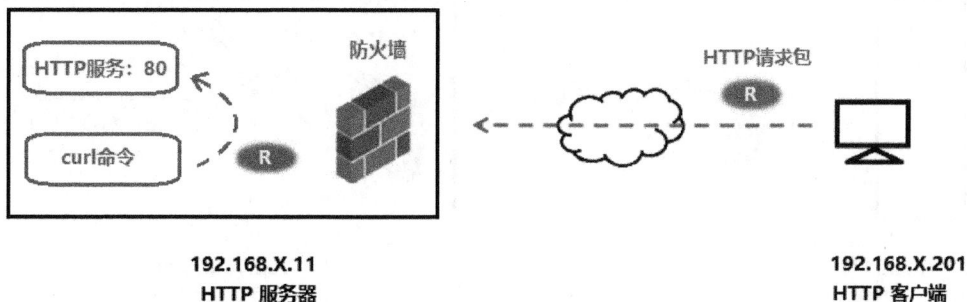

图 14-1-2　服务器端防火墙与服务访问关系示意图

当 HTTP 客户端输入命令"curl　HTTP 服务器 IP"后，客户端的操作系统会生成一个 HTTP 请求包，并通过网络将其发送给 HTTP 服务器。HTTP 服务器收到请求包后，如果服务器防火墙处于关闭状态，数据包会直接交给 HTTP 服务进程处理，但是如果服务器防火墙处于开启状态，防火墙会根据自身规则决定是否将数据包转交给 HTTP 服务进程。

在 RHEL9 中，防火墙默认丢弃所有收到的 HTTP 请求包。因此，若服务器的防火墙处于启动状态，客户端就不能正常访问 HTTP 服务。当然，此时服务器访问自身的 HTTP 服务，不需要经过网络，也就不受防火墙限制。

在 HTTP 服务器上启动防火墙，命令如下：

```
[root@localhost ~]# systemctl   restart   firewalld          <== 启动 firewalld 服务
[root@localhost ~]#
```

此时，服务器仍然可以访问自身的服务，执行命令与结果如下：

```
[root@localhost ~]# curl 192.168.100.11
Hello world!          <== 能正常访问自身的 HTTP 服务
[root@localhost ~]#
```

客户端却不能访问 HTTP 服务了，执行命令与结果如下：

```
[root@localhost ~]# curl 192.168.100.11
curl: (7) Failed to connect to 192.168.100.11 port 80:No Route to host     <== 不能正常访问 HTTP 服务
[root@localhost ~]#
```

在 HTTP 服务器上关闭防火墙，命令如下：

```
[root@localhost ~]# systemctl   stop   firewalld          <== 关闭 firewalld 服务
[root@localhost ~]#
```

客户端可以访问 HTTP 服务，执行命令与结果如下：

```
[root@localhost ~]# curl 192.168.100.11
Hello world!                                          <== 能正常访问 HTTP 服务
[root@localhost ~]#
```

3. 设置客户端防火墙与服务访问的关系

客户端防火墙与服务访问的关系如图 14-1-3 所示。

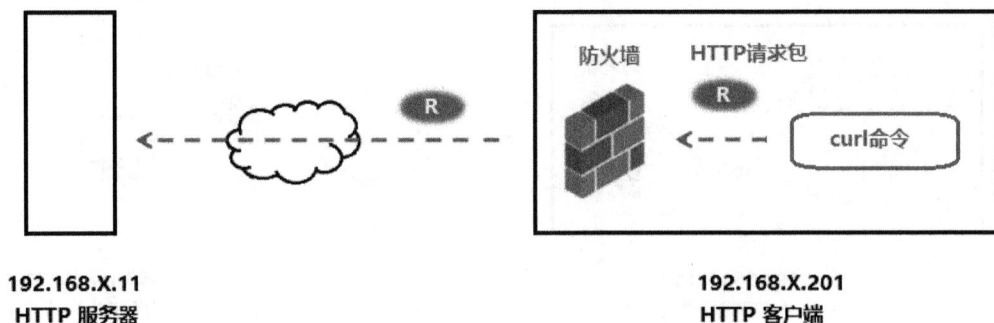

图 14-1-3　客户端防火墙与服务访问关系示意图

同样的，在客户端也可以启动防火墙，但一般情况下，防火墙默认不会阻止本机主动发送的向外的服务请求包，因此，无论客户端的防火墙是否关闭，都不影响客户端对外的HTTP 访问。

当在 HTTP 服务器上关闭防火墙时，在 HTTP 客户端上启动或停止防火墙，客户端都可以正常访问 HTTP 服务，执行命令与结果如下：

```
[root@localhost ~]# systemctl  restart  firewalld            <== 启动防火墙
[root@localhost ~]#
[root@localhost ~]# curl 192.168.100.11
Hello world!                                                  <== 能正常访问 HTTP 服务
[root@localhost ~]#
[root@localhost ~]# systemctl   stop  firewalld              <== 关闭防火墙
[root@localhost ~]#
[root@localhost ~]# curl 192.168.100.11
Hello world!                                                  <== 能正常访问 HTTP 服务
[root@localhost ~]#
```

当在 HTTP 服务器上启动防火墙时，在 HTTP 客户端上启动或停止防火墙，客户端都不能正常访问 HTTP 服务，执行命令与结果如下：

```
[root@localhost ~]# systemctl   restart  firewalld           <== 启动防火墙
[root@localhost ~]#
[root@localhost ~]# curl 192.168.100.11
curl: (7) Failed to connect to 192.168.100.11 port 80:No Route to host   <== 不能正常访问 HTTP 服务
[root@localhost ~]#
[root@localhost ~]# systemctl   stop   firewalld             <== 关闭防火墙
[root@localhost ~]#
[root@localhost ~]# curl 192.168.100.11
curl: (7) Failed to connect to 192.168.100.11 port 80:No Route to host   <== 不能正常访问 HTTP 服务
```

```
[root@localhost ~]#
```

4. 查看防火墙规则

在 HTTP 服务器上查看当前防火墙的规则，命令为"firewall-cmd　--list-all"，执行命令与结果如下：

```
[root@localhost ~]# firewall-cmd   --list-all
public (active)                                        <== 工作在"public"区域
  target: default
  icmp-block-inversion: no
  interfaces: ens160                                   <== 网卡设备
  sources:
  services: cockpit   dhcpv6-client   ssh              <== 开放的服务
  ports:
  protocols:
  forward: yes
  masquerade: no
  forward-ports:
  source-ports:
  icmp-blocks:
  rich rules:
[root@localhost ~]#
```

从以上结果中，可以看到网卡设备 ens160 工作在"public"区域。"public"区域只允许某些数据包通过，允许通过的数据包由结果中的各项决定，例如，"services"一行有"cockpit""dhcpv6-client""ssh"，意思是防火墙允许其他计算机访问自己的 Cockpit、DHCPv6-client、SSH 服务。

若只想查看防火墙当前开放的服务，则可以用关键字"service"来进行过滤，执行命令与结果如下：

```
[root@localhost ~]# firewall-cmd   --list-all   | grep   service      <== 查看防火墙开放的服务
  services: cockpit   dhcpv6-client   ssh
[root@localhost ~]#
```

防火墙能管理的服务有很多，可以用选项"---get-services"来进行查看，执行命令与结果如下：

```
[root@localhost ~]# firewall-cmd   --get-services
RH-Satellite-6 RH-Satellite-6-capsule amanda-client amanda-k5-client amqp amqps apcupsd audit bacula bacula-client bb bgp bitcoin bitcoin-rpc bitcoin-testnet bitcoin-testnet-rpc bittorrent-lsd ceph ceph-mon cfengine cockpit collectd condor-collector ctdb dhcp dhcpv6 dhcpv6-client distcc dns dns-over-tls docker-registry docker-swarm dropbox-lansync elasticsearch etcd-client etcd-server finger foreman foreman-proxy freeipa-4 freeipa-ldap freeipa-ldaps freeipa-replication freeipa-trust ftp galera ganglia-client ganglia-master git grafana gre high-availability http https imap imaps ipp ipp-client ipsec irc ircs iscsi-target isns jenkins kadmin kdeconnect
```

kerberos kibana klogin kpasswd kprop kshell kube-api kube-apiserver kube-control-plane kube-controller-manager kube-scheduler kubelet-worker ldap ldaps libvirt libvirt-tls lightning-network llmnr managesieve matrix mdns memcache minidlna mongodb mosh mountd mqtt mqtt-tls ms-wbt mssql murmur mysql nbd netbios-ns nfs nfs3 nmea-0183 nrpe ntp nut openvpn ovirt-imageio ovirt-storageconsole ovirt-vmconsole plex pmcd pmproxy pmwebapi pmwebapis pop3 pop3s postgresql pri voxy prometheus proxy-dhcp ptp pulseaudio puppetmaster quassel radius rdp redis redis-sentinel rpc-bind rquotad rsh rsyncd rtsp salt-master samba samba-client samba-dc sane sip sips slp smtp smtp-submission smtps snmp snmptrap spideroak-lansync spotify-sync squid ssdp ssh steam-streaming svdrp svn syncthing syncthing-gui synergy syslog syslog-tls telnet tentacle tftp tile38 tinc tor-socks transmission-client upnp-client vdsm vnc-server wbem-http wbem-https wireguard wsman wsmans xdmcp xmpp-bosh xmpp-client xmpp-local xmpp-server zabbix-agent zabbix-server

[root@localhost ~]#

5. 在防火墙中开放或禁止访问某个服务

设置防火墙开放访问 HTTP 服务，命令为"firewall-cmd --add-service=http"，执行命令与结果如下：

```
[root@localhost ~]# firewall-cmd --add-service=http          <== 开放 HTTP 服务访问
success
[root@localhost ~]#
[root@localhost ~]# firewall-cmd --list-all | grep services  <== 查看与服务相关的防火墙规则
  services: cockpit dhcpv6-client http ssh                    <== 新增了对 HTTP 的开放
[root@localhost ~]#
```

在服务器端防火墙开放访问 HTTP 服务后，客户端就可以访问 HTTP 服务了，执行命令与结果如下：

```
[root@localhost ~]# curl 192.168.100.11
Hello world!                                                  <== 能正常访问 HTTP 服务
[root@localhost ~]#
```

设置防火墙禁止访问 HTTP 服务，命令为"firewall-cmd --remove-service=http"，执行命令与结果如下：

```
[root@localhost ~]# firewall-cmd --remove-service=http        <== 禁止访问 HTTP 服务
success
[root@localhost ~]#
[root@localhost ~]# firewall-cmd --list-all | grep service    <== 查看与服务相关的规则
  services: cockpit dhcpv6-client ssh                         <== 对 HTTP 的开放消失了
[root@localhost ~]#
```

在服务器端防火墙禁止服务访问后，客户端就不可以访问 HTTP 服务了，执行命令与结果如下：

```
[root@localhost ~]# curl 192.168.100.11
curl: (7) Failed to connect to 192.168.100.11 port 80:No Route to host  <== 不能正常访问 HTTP 服务
[root@localhost ~]#
```

6. 规则的保存

在 firewall-cmd 命令中不加选项"--permanent"时，设置会立刻生效，但也会在规则重载后失效。验证如下：

```
[root@localhost ~]# firewall-cmd   --list-all   | grep service
  services: cockpit  dhcpv6-client  ssh                        <== 无 HTTP 服务
[root@localhost ~]#
[root@localhost ~]# firewall-cmd   --add-service=http          <== 设置规则
[root@localhost ~]#
[root@localhost ~]# firewall-cmd   --list-all   | grep service
  services: cockpit  dhcpv6-client  http  ssh                  <== 设置立刻生效
[root@localhost ~]#
[root@localhost ~]# firewall-cmd   --reload                    <== 重新载入已保存的规则
success
[root@localhost ~]#
[root@localhost ~]# firewall-cmd   --list-all | grep services
  services: cockpit dhcpv6-client ssh                          <== 设置失效
[root@localhost ~]#
```

在重启防火墙或重启 RHEL9 的过程中都会使防火墙重新载入规则，因此，不加选项"--permanent"设置的规则都会失效，验证如下：

```
[root@localhost ~]# firewall-cmd   --list-all   | grep service
  services: cockpit  dhcpv6-client  ssh                        <== 无 HTTP 服务
[root@localhost ~]#
[root@localhost ~]# firewall-cmd   --add-service=http          <== 设置规则
[root@localhost ~]#
[root@localhost ~]# firewall-cmd   --list-all   | grep service
  services: cockpit  dhcpv6-client  http  ssh                  <== 设置立刻生效
[root@localhost ~]#
[root@localhost ~]# systemctl   restart   firewalld.service    <== 重启防火墙
[root@localhost ~]#
[root@localhost ~]# firewall-cmd   --list-all   | grep service
  services: cockpit  dhcpv6-client  ssh                        <== 设置失效
[root@localhost ~]#
```

在命令 firewall-cmd 中加入选项"--permanent"后，设置不会立刻生效，但在重启防火墙后永久生效。验证如下：

```
[root@localhost ~]# firewall-cmd   --list-all   | grep service
  services: cockpit  dhcpv6-client  ssh                        <== 无 HTTP 服务
[root@localhost ~]#
[root@localhost ~]# firewall-cmd   --add-service=http   --permannet  <== 设置规则
success
```

```
[root@localhost ~]#
[root@localhost ~]# firewall-cmd  --list-all  | grep  service
   services: cockpit  dhcpv6-client  ssh                    <== 设置没有立刻生效
[root@localhost ~]#
[root@localhost ~]# systemctl  --reload                     <== 重新载入已保存的规则
[root@localhost ~]#
[root@localhost ~]# firewall-cmd  --list-all  | grep service
   services: cockpit  dhcpv6-client  http  ssh              <== 设置生效了
[root@localhost ~]#
```

在很多时候，系统管理员会设置一系列的规则，若使用"--permanent"选项一条一条保存这些规则，工作量会非常大，而且很容易出错，最好的做法是使用"--runtime-to-permanent"选项直接保存所有的当前规则。下面先使用不加"--permanent"选项的命令 firewall-cmd设置几条规则，然后使用"--runtime-to-permanent"选项保存规则，最后再重载规则进行验证。执行命令与结果如下：

```
[root@localhost ~]# firewall-cmd  --add-service=samba      <== 设置规则：开放 samba 服务的访问
success
[root@localhost ~]# firewall-cmd  --add-service=ntp        <== 设置规则：开放 ntp 服务的访问
success
[root@localhost ~]# firewall-cmd  --add-service=dhcp       <== 设置规则：开放 dhcp 服务的访问
success
[root@localhost ~]# firewall-cmd  --list-all | grep services
   services: cockpit dhcp dhcpv6-client http ntp samba ssh   <== 规则已经生效
[root@localhost ~]#
[root@localhost ~]# firewall-cmd  --runtime-to-permanent   <== 保存规则
success
[root@localhost ~]#
[root@localhost ~]# firewall-cmd  --reload                 <== 重新载入已保存的规则
success
[root@localhost ~]# firewall-cmd  --list-all | grep services
   services: cockpit dhcp dhcpv6-client http ntp samba ssh   <== 新规则没有消失，它们已被保存
[root@localhost ~]#
```

任务 14-2　配置防火墙开放特定端口

任务描述

配置防火墙，使它允许客户端访问特殊的端口。

配置防火墙开放特定端口

任务实施

默认情况下，服务会与一个或多个标准端口绑定。例如，SSH 服务的标准端口为 22，HTTP 服务的标准端口为 80，FTP 服务的标准端口为 20 和 21。出于安全考虑或其他原因，系统管理员可能会设置服务监听非标准端口，例如，让 HTTP 服务监听 8080 端口(任务 13-4)。在另外一些场景中，系统管理员可能会启动一些 RHEL9 防火墙不支持的服务，例如，mysql-proxy 监听 1234/tcp 端口。

对于以上两种情况，系统管理员有两种设置防火墙的方法。

方法一：设置防火墙规则，使防火墙为服务绑定新的端口。例如，为防火墙中的 HTTP 绑定新的 tcp 端口 8080。

方法二：设置防火墙规则，使防火墙允许客户端向 1234/tcp 端口发送请求。

以上两种方法都需要设置防火墙的端口规则，对应的防火墙命令如下：

```
firewall-cmd   --permanent    --service=服务名  --get-ports        <== 查看与某服务关联的端口
firewall-cmd   --permanent    --service=服务名  --add-port=端口号/协议   <== 为某服务添加
                                                                          特定端口
firewall-cmd   --permanent    --service=服务名  --removeport=端口号/协议  <== 为某服务移除
                                                                          特定端口
firewall-cmd   [ --permanent ]  --add-port=端口号/协议                <== 允许访问某端口
firewall-cmd   [ --permanent ]  --remove-port=端口号/协议              <== 禁止访问某端口
```

注：前三条命令中的"--permanent"选项是必选项，后两条命令的"--permanent"选项是可选项。"--permanent"选项的含义与任务 14-1 中说明的一致。

下面通过完成本任务来掌握以上命令的使用，其过程分为以下 3 个步骤：

(1) 准备实验环境。

(2) 在服务器防火墙中调整与服务绑定的端口。

(3) 在服务器防火墙中直接管理特定端口。

下面具体介绍各步骤的操作方法。

1．准备实验环境

准备两台 Linux 虚拟机。其中，一台充当 HTTP 服务器，一台充当 HTTP 客户端。

将 HTTP 服务器的 IP 地址设置为 192.168.X.11，关闭防火墙和 SELinux。配置完毕后，检查如下：

```
[root@localhost ~]# ip  a | grep  -w  inet
   inet   127.0.0.1/8   scope host lo
   inet 192.168.100.11/24 brd 192.168.100.255 scope global noprefixroute ens160   <== 服务器 IP 地址
[root@localhost ~]#
[root@localhost ~]# systemctl   status   firewalld  | grep  Active
      Active: inactive (dead)                                    <== 防火墙处于关闭状态
[root@localhost ~]#
```

```
[root@localhost ~]# getenforce
Disabled                                                    <== SELinux 处于关闭状态
[root@localhost ~]#
```

在 HTTP 服务器上配置并启动 HTTP 服务。配置完毕后进行自测，执行命令与结果如下：

```
[root@localhost ~]# netstat  -antup | grep  httpd
tcp6   0   0        :::8080        :::*       LISTEN     2072090/httpd   <== 正在监听 8080 端口
[root@localhost ~]#
[root@localhost ~]# curl   192.168.100.11:8080                <== 测试本机的 HTTP 服务
Hello world!                                                <== 访问正常
[root@localhost ~]#
```

将 HTTP 客户端的 IP 地址设置为 192.168.X.201，关闭防火墙和 SELinux。配置完毕后，检查如下：

```
[root@localhost ~]#ip  a | grep  -w   inet
    inet  127.0.0.1/8   scope host lo
    inet192.168.100.201/24brd 192.168.100.255 scope global noprefixroute ens160   <== 客户端 IP 地址
[root@localhost ~]#
[root@localhost ~]#systemctl    status   firewalld | grep   Active
        Active: inactive (dead)                            <== 防火墙处于关闭状态
[root@localhost ~]#
[root@localhost ~]# getenforce
Disabled                                                    <== SELinux 处于关闭状态
[root@localhost ~]#
```

在 HTTP 客户端上访问服务器提供的 HTTP 服务，执行命令与结果如下：

```
[root@localhost ~]# curl   192.168.100.11:8080                <== 访问 HTTP 服务
Hello world!                                                <== 访问正常
[root@localhost ~]#
```

在 HTTP 服务器上启动防火墙，开放对 HTTP 服务的访问，执行命令与结果如下：

```
[root@localhost ~]# systemctl   restart   firewalld          <== 启动 firewalld 服务
[root@localhost ~]#
[root@localhost ~]# firewall-cmd   --add-service=http         <== 开放 HTTP 服务
success
[root@localhost ~]# firewall-cmd   --add-service=http      --permannet   <== 永久开放 HTTP 服务
success
[root@localhost ~]# firewall-cmd   --list-all  | grep service
  services: cockpit  dhcpv6-client  http  ssh                <== 允许访问 HTTP 服务
[root@localhost ~]#
```

此时，客户端仍不能访问 HTTP 服务，执行命令与结果如下：

```
[root@localhost ~]# curl 192.168.100.11:8080
curl: (7) Failed to connect to 192.168.100.11 port 8080:No Route to host   <== 不能正常访问 HTTP 服务
```

```
[root@localhost ~]#
```

2. 在服务器防火墙中调整与服务绑定的端口

查看防火墙中与服务 HTTP 关联的端口，命令为 "firewall-cmd　--permanent　--service= http　--get-ports"，执行命令与结果如下：

```
[root@localhost ~]# firewall-cmd　--permanent　--service=http　--get-ports
80/tcp                                                    <== 防火墙中与 HTTP 关联的端口
[root@localhost ~]#
```

防火墙中与服务 HTTP 关联的端口为 "80/tcp"，即防火墙允许客户端访问自身的 80 端口。而此时，HTTP 服务器是在 8080 端口提供服务，客户端使用命令 "curl 192.168.100. 11:8080" 是向服务器的 8080 端口发送 HTTP 请求。因此，客户端的请求包被服务器的防火墙屏蔽了。

解决方法是将防火墙中与服务 HTTP 关联的端口设置为 8080/tcp，即为服务 HTTP 删除原关联端口 80/tcp，添加新关联端口 8080/tcp，执行命令与结果如下：

```
[root@localhost ~]# firewall-cmd　--permanent　--service=http　--remove-port=80/tcp   <== 删除原关
                                                                             联端口
success
[root@localhost ~]# firewall-cmd　--permanent　--service=http　--add-port=8080/tcp    <== 添加新关
                                                                             联端口
success
[root@localhost ~]#
[root@localhost ~]# firewall-cmd　--permanent　--service=http　--get-ports
8080/tcp                                                   <== 关联端口改变了
[root@localhost ~]#
```

注意，此时客户端仍不能访问 HTTP 服务：

```
[root@localhost ~]# curl 192.168.100.11:8080
curl: (7) Failed to connect to 192.168.100.11 port 8080:No Route to host
[root@localhost ~]#
```

原因在于使用 "--permanent" 选项设置的所有防火墙规则不会立刻生效，必须重新加载。在服务器端重新加载规则，命令如下：

```
[root@localhost ~]# firewall-cmd　--reload
[root@localhost ~]#
```

此时，客户端可以访问 HTTP 服务了：

```
[root@localhost ~]# curl 192.168.100.11:8080
Hello world!
[root@localhost ~]#
```

3. 在服务器防火墙中直接管理特定端口

将服务器的防火墙恢复成初始设置，执行命令与结果如下：

```
[root@localhost ~]# firewall-cmd    --permanent    --service=http    --remove-port=8080/tcp
                                                                      <== 移除新关联端口
success
[root@localhost ~]# firewall-cmd    --permanent    --service=http    --add-port=80/tcp
                                                                      <== 恢复默认关联端口
success
[root@localhost ~]#
[root@localhost ~]# firewall-cmd    --permanent    --service=http    --get-ports
80/tcp                                                                <== 关联端口恢复了
[root@localhost ~]#
[root@localhost ~]# firewall-cmd    --remove-service=http            <== 禁止对 HTTP 的访问
success
[root@localhost ~]# firewall-cmd    --runtime-to-permanent          <== 保存当前规则
[root@localhost ~]#
[root@localhost ~]# firewall-cmd    --reload                        <== 重载已保存的规则
success
[root@localhost ~]# firewall-cmd    --list-all                      <== 检查已保存的规则
public (active)
    target: default
    icmp-block-inversion: no
    interfaces: ens160
    sources:
    services: cockpit dhcpv6-client ssh
    ports:
    protocols:
    forward: yes
    masquerade: no
    forward-ports:
    source-ports:
    icmp-blocks:
    rich rules:
[root@localhost ~]#
```

此时，客户端不能访问 HTTP 服务：

```
[root@localhost ~]# curl 192.168.100.11:8080
curl: (7) Failed to connect to 192.168.100.11 port 8080:No Route to host
[root@localhost ~]#
```

执行命令"firewall-cmd   --add-port=8080/tcp"，使防火墙开放端口 8080/tcp，执行命令与结果如下：

```
[root@localhost ~]# firewall-cmd    --add-port=8080/tcp
```

```
success
[root@localhost ~]#
```

查看当前生效的规则，执行命令与结果如下：

```
[root@localhost ~]# firewall-cmd   --list-all
public (active)
   target: default
   icmp-block-inversion: no
   interfaces: ens160
   sources:
   services: cockpit dhcpv6-client http ssh          <== 未开放 HTTP 服务
   ports: 8080/tcp                                    <== 允许访问端口 8080/tcp
   protocols:
   forward: yes
   masquerade: no
   forward-ports:
   source-ports:
   icmp-blocks:
   rich rules:
[root@localhost ~]#
```

若只想查看防火墙开放的端口，则可以用关键字"^ports"来进行过滤，执行命令与结果如下：

```
[root@localhost ~]# firewall-cmd   --list-all   | grep   ^ports    <== 查看防火墙开放的端口
  ports: 8080/tcp                                                  <== 允许访问 8080/tcp
[root@localhost ~]#
```

客户端可以访问 HTTP 服务了：

```
[root@localhost ~]# curl   192.168.100.11:8080          <== 访问 HTTP 服务
Hello world!                                            <== 访问正常
[root@localhost ~]#
```

相对应的，使用命令"firewall-cmd   --remove-port=8080/tcp"禁止客户端对 tcp 端口 8080 的访问，执行命令与结果如下：

```
[root@localhost ~]# firewall-cmd   --remove-port=8080/tcp
success
[root@localhost ~]#
[root@localhost ~]# firewall-cmd   --list-all   | grep   ^ports   <== 查看防火墙开放的端口
  ports:                                                          <== 不允许任何特殊端口
[root@localhost ~]#
```

此时，客户端不能访问 HTTP 服务：

```
[root@localhost ~]# curl 192.168.100.11:8080
curl: (7) Failed to connect to 192.168.100.11 port 8080:No Route to host
[root@localhost ~]#
```

练 习 题

一、填空题

1. 根据表 14-1 所示的命令要求，填写命令。

表 14-1　防火墙相关操作与命令

命 令 要 求	命 令
查看防火墙状态	
重启防火墙	
启动防火墙	
停止防火墙	
自启动防火墙	
不自启动防火墙	

2. 根据表 14-2 所示的命令要求，填写命令。

表 14-2　配置防火墙及相关命令

命 令 要 求	命 令
查看防火墙的所有规则	
允许访问本机的 HTTP 服务	
不允许访问本机的 SSH 服务	
允许访问本机的 22/tcp 端口	
不允许访问本机的 53/udp 端口	

二、操作题

1. 在一台 RHEL9 虚拟机中配置 SSH 服务，要求如下：

(1) 监听的 IP 地址为 192.168.X.10，端口为 2222。

(2) root 用户可登录。

(3) 防火墙处于启动状态。

2. 在客户端中执行以下操作：

(1) 登录 SSH 服务器。

(2) 将本地目录 /test/a 复制到 SSH 服务器的 /download 目录。

(3) 将 SSH 服务器的 /download/b 目录复制到本地目录 /test/a。

项目 15 程序与进程

Linux 通过进程管理程序的运行。系统管理员遇到的大部分问题都与进程相关，必须理解进程才能真正理解系统。本项目主要介绍如何创建程序，如何观察进程以及与进程相关的一些概念。

知识目标

- 了解程序是如何创建的。
- 了解程序与进程的关系。
- 了解程序、进程与服务的关系。
- 了解程序路径与环境变量 PATH 的关系。
- 了解程序的权限属性与进程的权限之间的关系。
- 了解简单的 shell 脚本。
- 了解系统任务的设置。

技能目标

- 掌握 C 语言源代码的简单编译。
- 掌握查看进程属性的方法。
- 掌握服务启停脚本的编写方法及应用。
- 掌握设置进程权限的方法。
- 掌握设置系统任务的方法。

任务 15-1 编译、链接与运行程序

任务描述

编写一个文件，保存简单的 C 语言代码，然后利用 gcc 将源代码编译与链接成可执行文件(程序)，并运行可执行文件。

程序的编译、
链接与运行

任务实施

可以通过 gcc 命令对 C 语言源代码进行编译与安装，其常用命令格式如下：

gcc	**-c**	**源代码文件**	<== 编译 C 语言源代码，生成目标文件
gcc	**-o**	**可执行文件目标文件**	<== 链接目标文件，生成可执行文件

注：在开始实验前，先利用 RHEL9 安装光盘安装 gcc 软件包。

要完成程序的编译、链接与运行，可以分为以下 5 个步骤：

(1) 编写 C 语言源代码。

(2) 对源代码进行编译，生成目标文件。

(3) 链接目标文件，生成可执行文件。

(4) 运行可执行文件。

(5) 在前台与后台运行程序。

下面具体介绍各步骤的操作方法。

1. 编写 C 语言源代码

用 vi 编辑器编辑 C 语言源代码文件/myc/hello.c，命令如下：

```
[root@localhost ~]# mkdir   /myc
[root@localhost ~]# vi   /myc/hello.c
[root@localhost ~]#
```

文件/myc/hello.c 的内容如下：

```
#include   <stdlib.h>
#include   <stdio.h>


int   main(){
  printf("Hello world!\n");
  exit(0);
}
```

注：

①　"#include <stdlib.h>"和"#include <stdio.h>"是 C 语言的编译预处理命令，将库文件 stdlib.h 和 stdio.h 包含进来。

②　"printf("Hello world!\n");"是 C 语言的输出语句，该语句输出字符串"Hello world!"。

③　"exit(0);"是 C 语言的退出语句，该语句结束本程序，返回数值"0"。

④　编译预处理命令的结尾无符号，语句的结尾是";"号。

2. 编译源代码，生成目标文件

编译源代码文件/myc/hello.c，执行命令与结果如下：

```
[root@localhost ~]# cd   /myc
[root@localhost myc]# ls
hello.c                              <== 源代码文件 hello.c
[root@localhost myc]# gcc   -c   hello.c      <== 编译 hello.c
[root@localhost myc]#                <== 没有回显说明编译正常
```

```
[root@localhost myc]# ls
hello.c   hello.o                              <== 多出目标文件 hello.o
[root@localhost myc]#
```

3. 链接目标文件，生成可执行文件

链接目标文件 hello.o，生成可执行文件 hello，执行命令与结果如下：

```
[root@localhost myc]# gcc  -o  hello  hello.o
[root@localhost myc]#                          <== 没有回显说明链接正常
[root@localhost myc]# ls
hello   hello.c   hello.o                       <== 多出可执行文件 hello
[root@localhost myc]#
```

4. 运行可执行文件

检查可执行文件的权限，执行命令与结果如下：

```
[root@localhost myc]# ls   -l   /myc/hello
-rwxr-xr-x 1 root root 25960   8 月 20 16:13 /myc/hello  <== 权限足够
[root@localhost myc]#
```

注：若文件 /myc/hello 无 "x" 权限，则通过 chmod 命令进行设置。

通过可执行文件的绝对路径运行文件，执行命令与结果如下：

```
[root@localhost myc]# /myc/hello                <== 可执行文件的绝对路径
Hello world!                                    <== 运行
[root@localhost myc]#
```

若当前路径为 /myc，则 /myc/hello 的相对路径就是文件名，但该路径(文件名)无法运行该文件，因为系统会试图去执行命令 hello，正确的方法是通过 "./" 来指明执行的是当前目录中的文件而非命令。执行命令与结果如下：

```
[root@localhost ~]# cd   /myc
[root@localhost myc]#
[root@localhost myc]# hello                     <== 使用文件名,系统会理解为执行命令hello
bash: hello: command not found...               <== 系统报错：hello 命令不存在
[root@localhost myc]#
[root@localhost myc]# ./hello                   <== "./" 指明是当前目录的 hello
Hello world!
[root@localhost myc]#
```

注："." 代表当前目录，".." 代表父目录。

5. 在前台与后台运行程序

编写 C 语言代码文件 /myc/slt.c，内容如下：

```
#include <unistd.h>
#include <stdlib.h>
```

```
#include <stdio.h>

int main(){

    printf("\nSTART......\n\n");
    sleep(60);
    printf("\nEND.\n\n");
    exit(0);
}
```

注：语句"sleep(60);"调用标准库中的函数 sleep()睡眠 60 秒。

对源代码进行编译链接，生成可执行文件 slt，执行命令与结果如下：

```
[root@localhost myc]# gcc  -c  slt.c
[root@localhost myc]# gcc  -o  slt  slt.o
```

运行程序/myc/slt：

```
[root@localhost myc]# /myc/slt


START......
▮
```

程序运行到语句"sleep(60);"将睡眠 60 秒,此时输入命令,如"ip a | grep - w inet"，终端不响应：

```
ip a |  grep -w inet                        <= 输入命令，终端不执行命令
▮                                           <= 光标闪烁
END.                                        <= 程序执行输出语句后结束
[root@localhost myc]# ip a | grep  -w  inet  <= 程序运行结束后，终端执行之前输入的命令
    inet 127.0.0.1/8 scope host lo
    inet 192.168.100.11/24 brd 192.168.100.255 scope global noprefixroute ens160
[root@localhost myc]#
```

60 秒后，语句"sleep(60);"执行完毕，程序会执行下一个语句，即输出"END."。程序运行结束后返回命令行，终端再执行之前输入的命令"ip a | grep - w inet"。

输入程序路径启动程序时，程序会工作在前台，占用当前终端。在程序运行期间，用户无法通过当前终端与系统交互。启动程序时，若在路径之后加入"&"符号，则程序可以工作在后台而不占用终端：

```
[root@localhost myc]# /myc/slt  &
[1] 2474186


START......
[root@localhost myc]#
```

程序开始运行，输出"START..."，但它并未占用终端。若输入命令，则终端会执行：

```
[root@localhost myc]# ip a | grep   -w   inet
    inet 127.0.0.1/8 scope host lo
    inet 192.168.100.11/24 brd 192.168.100.255 scope global noprefixroute ens160
[root@localhost myc]#
```

经过一段时间，程序 /myc/slt 执行完"sleep(60);"语句，会输出"END."。终端会输出"[1]+　已完成 /myc/slt"，提示用户程序运行结束：

```
[root@localhost myc]#
END.


[1]+   已完成                    /myc/slt
[root@localhost myc]#
```

任务 15-2　通过进程管理命令控制程序的运行

任务描述

理解程序与进程的概念，并通过进程管理命令控制程序的运行。

任务实施

程序与进程

程序是可执行文件，如任务 15-1 生成的 /myc/slt。当程序被启动时，Linux 会创建一个新的进程，将计算机资源(如内存、文件、设备等)分配给进程。当程序运行结束时，系统将分配给进程的计算机资源回收，然后关闭进程。

程序是一系列语句、命令的集合，是静态的，以文件的形式保存在硬盘中。进程是程序运行的过程，是动态的，具有自己的生命周期和不同的状态。程序可以被多次启动，每次启动对应一个进程，不同的进程以不同的 ID 区分。用户可以通过进程管理命令控制程序的运行。

与进程管理相关的常用命令如下：

ps　-aux	<==	列出所有进程的信息
kill　[-信号]　进程号	<==	终止一个进程

注：

① ps 命令显示的进程信息有很多，其中的重要信息如下：

- "USER"：启动进程的用户。
- "PID"：进程的 ID。
- "TTY"：启动进程的终端。
- "STAT"：进程的状态。
- "COMMAND"：启动进程的程序及选项参数。

② kill 命令中的信号指示系统以何种方式终止进程，其中常用的信号如下：

- "1"：挂起进程(对某些特殊的进程可以起到重启的作用)。
- "2"：中断进程，与组合键【Ctrl+c】的作用相同。
- "9"：杀死进程，即强制结束进程(会直接回收内存，强制剥离 CPU，尽量少用)。
- "15"：终止进程，默认信号。

可以将本任务分为以下 4 个步骤：

(1) 创建用于测试的 C 语言程序和用户。

(2) 前台进程与后台进程的启动。

(3) 用 ps 命令观察进程。

(4) 前台进程与后台进程的终止。

下面具体介绍各步骤的操作方法。

1. 实验准备

为了方便观察程序的运行，修改程序代码文件 /myc/slt.c，内容如下：

```c
#include   <unistd.h>
#include   <stdlib.h>
#include   <stdio.h>

int   main(){
  printf("\nSTART......\n\n");

  int i=0;
  while(1) {
    printf("slt running: i=%d.\n",i);
    sleep(10);
    i++;
  }

  printf("\nEND.\n\n");
  exit(0);
}
```

注：语句"while(1) { …… }"表示重复执行大括号中的语句。大括号"{}"中包含两条语句，print 语句进行输出，sleep 语句表示睡眠 10 秒。程序会重复输出、睡眠、输出、睡眠……。

对源代码重新编译链接，生成可执行文件 slt，执行命令如下：

```
[root@localhost myc]# gcc   -c   slt.c
[root@localhost myc]# gcc   -o   slt   slt.o
```

创建用于测试的用户 stu05、stu06，并设置密码：

```
[root@localhost ~]# useradd   stu05
```

```
[root@localhost ~]# useradd    stu06
[root@localhost ~]# chpasswd
stu05:123456
stu06:123456
[root@localhost ~]#
```

2. 前台进程与后台进程的启动

按下组合键【Ctrl+Alt + F5】切换至终端 tty5，以 stu05 登录，并以前台运行方式启动 /myc/slt：

```
localhost login: stu05
Password:
[stu05@localhost ~]$ /myc/slt                      <== 前台运行方式


START......


slt running:i=0.
slt running:i=1.
slt running:i=2.
slt running:i=3.
  ⋮
```

按下组合键【Ctrl+Alt + F6】切换至终端 tty6，以 stu06 登录，并以后台运行方式运行 /myc/slt：

```
localhost login: stu06
Password:
[stu06@localhost ~]$ /myc/slt &                    <== 后台运行方式


START......


slt running:i=0.
```

此时按下【Enter】键可返回终端：

```
[stu06@localhost ~]$                               <== 可以执行命令
[stu06@localhost myc]$ ip a | grep   -w   inet
    inet 127.0.0.1/8 scope host lo
    inet 192.168.100.11/24 brd 192.168.100.255 scope global noprefixroute ens160
[stu06@localhost myc]$
```

由于 /myc/slt 仍在运行，它会继续输出：

```
[stu06@localhost myc]$ slt running:i=1.
```

slt running:i=2.

slt running:i=3.

⋮

∎

随时按下【Enter】键都可以返回终端。

3. 用 PS 命令观察进程

按下组合键【Ctrl+Alt + F2】切换回 root 用户界面。列出系统运行的所有进程：

```
[root@smb myc]# ps  -aux
```

USER	PID	%CPU	%MEM	VSZ	RSS	TTY	STAT	START	TIME	COMMAND
root	1	0.0	1.3	⋯	⋯	?	Ss	04:33	0:00	/usr/lib/systemd/system
⋮										
stu05	2855461	0.0	0.0	2632	916	tty5	S+	10:38	0:00	/myc/slt
stu06	2914344	0.0	0.0	2632	948	tty6	S	10:38	0:00	/myc/slt
root	2865791	0.0	0.0	0	0	?	I	10:43	0:00	[kworker/0:0-events]
root	2920235	0.0	0.3	233400	6488	pts/0	R+	10:43	0:00	ps -aux

```
[root@localhost myc]#
```

用 grep 过滤出与 /myc/slt 相关的进程，执行命令与结果如下：

```
[root@localhost myc]# ps  -aux | grep   slt
stu05    2855461   ⋯tty5      S+    10:38      0:00 /myc/slt
stu06    2914344   ⋯tty6      S     10:38      0:00 /myc/slt
root     2920235   ⋯pts/0     S+    21:44      0:00 grep --color=auto slt
[root@localhost myc]#
```

用户 stu05 在 tty5 上启动 /myc/slt，打开的是 PID 为 2855461 的进程。进程 2855461 状态是 S+，"S"代表的是休眠中(sleeping)，而"+"表示以前台方式运行。

用户 stu06 在 tty6 上启动 /myc/slt，打开的是 PID 为 2914344 的进程。进程 2914344 状态是 S，"S"代表的是休眠中(sleeping)，无"+"表示以后台方式运行。

用户 root 在图形界面虚拟终端 pts/0 上执行"grep   slt"，打开的是 PID 为 2920235 的进程。进程 2920235 状态是 S+，"S"代表的是休眠中(sleeping)，"+"表示以前台方式运行，"--color=auto"是 grep 的默认选项。

4. 前台进程与后台进程的终止

按下组合键【Ctrl+Alt + F5】切换至终端 tty5(用户为 stu05)，/myc/slt 正以前台方式运行：

⋮

slt running:i=47.

slt running:i=48.

slt running:i=49.

∎

按下组合键【Ctrl+c】可强制中止程序运行：

⋮

slt running:i=49.

^C

[stu05@localhost ~]$

按下组合键【Ctrl＋Alt＋F6】切换至终端 tty6(用户为 stu06)，/myc/slt 正以后台方式运行：

⋮

slt running:i=47.

slt running:i=48.

slt running:i=49.

█

此时，按下组合键【Ctrl＋c】无法中止程序的运行：

^C

[stu06@localhost ~]# slt running:i=50.

slt running:i=51.

slt running:i=52.

⋮

█

按下组合键【Ctrl＋Alt＋F2】切换回 root 用户界面。再次查看用户启动程序/myc/slt 时系统创建的进程：

```
[root@localhost myc]# ps   -aux | grep   slt
stu06      2914344  …  tty6       S     10:38      0:00 /myc/slt
root       3138450  …  pts/0      S+    21:44      0:00 grep --color=auto slt
[root@localhost myc]#
```

用户 stu05 在 tty5 上以程序 /myc/slt 打开的 2855461 进程已经消失，说明此进程已经被关闭了。

用户 stu06 在 tty6 上以程序 /myc/slt 打开的 2914344 进程仍在，说明此进程仍在继续。

执行命令“kill　2914344”：

```
[root@localhost myc]# kill   2914344                          <== 向进程 2914344 发送终止信号
[root@localhost myc]#
[root@localhost myc]# ps -aux | grep slt
root       3138450  …  pts/0      S+    21:44      0:00 grep --color=auto slt
[root@localhost myc]#
```

用户 stu06 在 tty6 上以程序 /myc/slt 打开的 2914344 进程已经消失，说明此进程已经被关闭了。

按下组合键【Ctrl＋Alt＋F6】切换至终端 tty6(用户为 stu06)，按下【Enter】键，终端显示如下：

⋮

slt running:i=67.

slt running:i=68.

slt running:i=69.

[1]+   Terminated   /myc/slt

"Terminated" 是终止的意思。

任务 15-3　理解程序、进程与服务之间的关系

任务描述

理解服务、进程与程序之间的关系。

任务实施

程序、进程与服务

对于计算机系统管理员而言，服务是一类特殊的程序，它们通常以后台方式运行。RHEL9 通过 systemd 机制管理服务，常用的服务管理命令如下：

systemctl	start	服务名
systemctl	stop	服务名
systemctl	restart	服务名
systemctl	enable	服务名
systemctl	disable	服务名

下面创建一个服务，并进行测试，其过程可以分为以下 3 个步骤：

(1) 创建一个用于测试的服务器端程序。

(2) 创建服务启停脚本。

(3) 测试服务的管理。

1. 创建一个用于测试的服务器端程序

编写 C 语言代码文件 /myc/myserver.c，内容如下：

```
#include    <unistd.h>
#include    <stdio.h>
#include    <stdlib.h>
#include    <string.h>
#include    <errno.h>
#include    <sys/types.h>
#include    <sys/socket.h>
#include    <netinet/in.h>

#define  _MAXLINE   4096
#define  _PORT    6666
```

```
int   main(int argc, char** argv){
        int     listenfd, connfd;
        struct  sockaddr_in      servaddr;
        char    buff[_MAXLINE];
        int     n;

        if ((listenfd = socket(AF_INET, SOCK_STREAM, 0)) == -1){
                printf("create socket error: %s(errno: %d)\n", strerror(errno), errno);
                exit(0);
        }

        memset(&servaddr, 0, sizeof(servaddr));
        servaddr.sin_family = AF_INET;
        servaddr.sin_addr.s_addr = htonl(INADDR_ANY);     // INADDR_ANY=0.0.0.0
        servaddr.sin_port = htons(_PORT);

        if (bind(listenfd, (struct sockaddr*)&servaddr, sizeof(servaddr)) == -1) {
                printf("bind socket error: %s(errno: %d)\n", strerror(errno), errno);
                exit(0);
        }

        if (listen(listenfd, 10) == -1) {
                printf("listen socket error: %s(errno: %d)\n", strerror(errno), errno);
                exit(0);
        }

        while (1) {                                         //等待客户请求
        }

        close(listenfd);
}
```

注： 这是一个服务器端程序，它监听 6666 端口。一般的服务器端程序在 while 循环中处理客户端请求，此程序用于测试，因此去掉了这部分代码。

对源代码进行编译链接，生成可执行文件 myserver，执行命令如下：

```
[root@localhost myc]# gcc  -c  myserver.c
[root@localhost myc]# gcc  -o  myserver  myserver.o
```

运行/myc/myserver，并查看相关的进程与端口信息，执行命令与结果如下：

```
[root@localhost myc]# /myc/myserver &                      <== 以后台方式运行程序
```

```
[1] 604764                                              <== 程序打开的进程号
[root@localhost myc]#
[root@localhost myc]#
[root@localhost myc]# ps   -aux   | grep myserver        <== 查看端口信息
root      60476487.0 0.0   2500    964 pts/0    R      19:08   0:11 /myc/myserver
root       605218 0.0  0.1 221816  2316 pts/0    S+     19:08   0:00 grep --color=auto myserver
[root@localhost myc]#
[root@localhost myc]# netstat -antup  | grep   myserver    <== 查看进程信息
tcp   0   0 0.0.0.0:6666          0.0.0.0:*          LISTEN       604764/myserver
[root@localhost myc]#
```

可以用 kill 命令结束 604764 号进程，终止 myserver 程序的运行，执行命令与结果如下：

```
[root@localhost myc]# kill   604764                    <== 结束进程
[root@localhost myc]#
[1]+   已终止                /myc/myserver
[root@localhost myc]#
[root@localhost myc]# ps   -aux   | grep myserver
root       614782 0.0  0.1 221684  2456 pts/0    S+    19:13   0:00 grep --color=auto myserver
[root@localhost myc]#
[root@localhost myc]# netstat -antup  | grep   myserver
[root@localhost myc]#
```

进程被关闭，端口被释放了。

2. 创建服务启停脚本

上面创建了一个程序 myserver，以"/myc/myserver&"的方式使它在后台执行。如果想进一步以服务的方式管理它，那么还需要为它编写启动脚本。

对于 RHEL9 系统，服务的启停脚本都保存在目录 /usr/lib/systemd/system 中，启停脚本的名称为"服务名.service"。因此，为程序 myserver 创建对应的启停脚本为 /usr/lib/systemd/system/myserver.serivce，内容如下：

```
[Unit]
Description=My Server
After=syslog.target
After=network.target

[Service]
Type=simple
User=root
Group=root

ExecStart=/myc/myserver                               <== 启动命令
```

```
ExecStop=/bin/kill  -s  QUIT  $MAINPID                        <== 停止命令


TimeoutSec=300
PrivateTmp=true


[Install]
WantedBy=multi-user.target
```

3. 测试服务的管理

通知系统加载 myserver 服务：

```
[root@localhost myc]# systemctl    daemon-reload
[root@localhost myc]#
```

通过命令 systemctl 启动 myserver 服务，执行命令与结果如下：

```
[root@localhost myc]# systemctl    start    myserver
[root@localhost myc]#
[root@localhost myc]# ps   -aux | grep   myserver
root       653436 81.5  0.0    2500     948 ?        Rs     19:30    0:09 /myc/myserver
root       653866  0.0  0.1 221816    2380 pts/0     S+     19:30    0:00 grep --color=auto myserver
[root@localhost myc]#
[root@localhost myc]# netstat -antup   | grep   myserver
tcp       0      0 0.0.0.0:6666              0.0.0.0:*              LISTEN       653436/myserver
[root@localhost myc]#
```

通过命令 systemctl 查看 myserver 服务状态，执行命令与结果如下：

```
[root@localhost myc]# systemctl    status    myserver
● myserver.service - My Server
   Loaded: loaded (/usr/lib/systemd/system/myserver.service; disabled; vendor preset: disabled)
   Active: active (running) since Mon 2023-08-21 19:33:48 CST; 3s ago
 Main PID: 660785 (myserver)
    Tasks: 1 (limit: 10804)
   Memory: 168.0K
      CPU: 2.719s
   CGroup: /system.slice/myserver.service
           └─660785 /myc/myserver
8 月 21 19:33:48 localhost systemd[1]: Started My Server.
[root@localhost myc]#
```

通过命令 systemctl 关闭 myserver 服务，执行命令与结果如下：

```
[root@localhost myc]# systemctl    stop    myserver
[root@localhost myc]#
[root@localhost myc]# ps   -aux | grep   myserver
root       659446  0.0  0.1 221684    2484 pts/0     S+     19:33    0:00 grep --color=auto myserver
```

```
[root@localhost myc]#
[root@localhost myc]# netstat -antup  | grep   myserver
[root@localhost myc]#
```

通过命令 systemctl 设置 myserver 自启动，执行命令与结果如下：

```
[root@localhost myc]# systemctl   enable   myserver
Created  symlink /etc/systemd/system/multi-user.target.wants/myserver.service → /usr/lib/systemd/system/
myserver.service.
[root@localhost myc]#
```

任务 15-4　通过环境变量 PATH 设置命令搜索路径

任务描述

理解命令搜索路径的含义，并练习通过环境变量 PATH 设置命令搜索路径。

程序路径与环境变量 PATH

任务实施

在任务 15-1 中，创建了可执行文件 /myc/hello 和 /myc/slt，启动它们时必须写出完整的文件路径，这样操作非常不方便。如果想要让它们能像普通命令(如"hello")一样被执行，就需要借助系统的环境变量 PATH。

与系统变量相关的命令如下：

```
echo     $变量名                                        <== 查看系统变量的值
export   变量名=值                                      <== 设置系统变量的值
```

查看当前用户(root)的系统环境变量 PATH：

```
[root@localhost /]# echo   $PATH
/root/.local/bin:/root/bin:/usr/local/sbin:/usr/local/bin:/usr/sbin:/usr/bin   <== 系统环境变量 PATH 的值
[root@localhost /]#
```

当前 PATH 变量保存着六个目录的路径："/root/.local/bin""/root/bin""/usr/local/sbin""/usr/local/bin""/usr/sbin""/usr/bin"，路径之间以"："隔开。

PATH 环境变量告诉系统在哪些目录中搜索可执行文件。例如，用户输入命令"date"时，系统会在以上六个目录中查找名为"date"的可执行文件。若系统能找到，则执行；若系统不能找到，则提示"-bash:command not found"。

首先修改环境变量 PATH 的值，增加字段"/myc:"，执行命令与结果如下：

```
[root@localhost ~]# export   PATH="/myc:$PATH"                        <== 设置 PATH 的值
[root@localhost ~]#
[root@localhost ~]# echo $PATH
/myc:/root/.local/bin:/root/bin:/usr/local/sbin:/usr/local/bin:/usr/sbin:/usr/bin   <== PATH 的值已经改变
[root@localhost ~]#
```

环境变量 PATH 的值增加了字段"/myc:"，系统会增加一个搜索目录"/myc"。

然后在终端中输入"hello"，系统能在搜索"/myc"目录时找到它，执行命令与结果如下：

```
[root@localhost ~]# hello
Hello world!
[root@localhost myc]#
```

注：命令"export 变量=值"只能临时改变系统变量的值，一旦系统重新启动，或用户重新登录，系统变量的值就会恢复原值。这也就意味着，只要重新登录，"/myc"就又不会被搜索了。

系统在启动时，会执行/etc/profile 中的命令。而用户登录时，系统会执行~/.bash_profile 中的命令。如果将设置系统变量的语句加入到文件/etc/profile 或特定用户的~/.bash_profile 文件中，就可以实现系统变量的自动设置了。下面验证这个方法，基本思路是：

(1) 创建用户 stu05 和 stu06。

(2) 创建目录/cmd/all，用以保存所有用户都可以执行的命令，以"hello"为代表，并创建目录 /cmd/stu05，用以保存用户 stu05 可以执行的命令，以"slt"为代表。

(3) 设置 hello 和 slt 的权限，确保它们对所有用户开放了可执行权限。用户 stu05 和 stu06 都可以运行"/cmd/all/hello"和"/cmd/stu05/slt"。

(4) 将"export　PATH=/cmd/all:$PATH"写入文件 /etc/profile，将"export　PATH=/cmd/stu05:$PATH"写入文件 /home/stu05/.bash_profile，并重启系统。

(5) 用户 stu05 可以运行"hello"和"slt"。用户 stu06 可以运行"hello"，但不可运行"slt"。

具体实现步骤如下：

(1) 创建用户 stu05 和 stu06：

```
[root@localhost ~]# useradd    stu05
[root@localhost ~]# useradd    stu06
[root@localhost ~]# chpasswd
stu05:123456
stu06:123456
[root@localhost ~]#
```

(2) 创建目录 /cmd/all 和/cmd/stu05，将 /myc/hello 和 /myc/slt 分别复制到两个目录，为目录/cmd 中的所有文件对所有用户开放可执行权限：

```
[root@localhost myc]# mkdir    /cmd
[root@localhost myc]# mkdir    /cmd/all
[root@localhost myc]# mkdir    /cmd/stu05
[root@localhost myc]#
[root@localhost myc]# cp /myc/hello    /cmd/all
[root@localhost myc]# cp /myc/slt    /cmd/stu05
[root@localhost myc]#
```

```
[root@localhost myc]# chmod   -R   a+r   /cmd
[root@localhost myc]#
```

（3）按下组合键【Ctrl+Alt + F5】切换到 tty5，以用户 stu05 身份登录。用户 stu05 可以运行"/cmd/all/hello"和"/cmd/stu05/slt"：

```
[stu05@localhost ~]$ /cmd/all/hello                <== 可以运行/cmd/all/hello
Hello world!
[stu05@localhost ~]$ /cmd/stu05/slt                <== 可以运行/cmd/stu05/slt
START......

slt running:i=0.
```

按下组合键【Ctrl+Alt + F6】切换到 tty6，以用户 stu06 身份登录。用户 stu06 可以运行"/cmd/all/hello"和"/cmd/stu05/slt"：

```
[stu06@localhost ~]$ /cmd/all/hello                <== 可以运行/cmd/all/hello
Hello world!
[stu06@localhost ~]$ /cmd/stu05/slt                <== 可以运行/cmd/stu05/slt
START...

slt running:i=0.
```

（4）按下组合键【Ctrl+Alt + F2】切换回 root 用户界面。将"export PATH=/cmd/all:$PATH"写入文件/etc/profile 末尾，将"export PATH=/cmd/stu05:$PATH"写入文件/home/stu05/.bash_profile 末尾，并重启系统。

（5）按下组合键【Ctrl+Alt + F5】切换到 tty5，以用户 stu05 身份登录。用户 stu05 可以运行"hello"和"slt"：

```
[stu05@localhost ~]$ hello                         <== 系统可以搜索到 hello
Hello world!
[stu05@localhost ~]$ slt              •             <== 系统可以搜索到 slt
START...

slt running:i=0.
^C
[stu05@localhost ~]$
```

按下组合键【Ctrl+Alt + F6】切换到 tty6，以用户 stu06 身份登录。用户 stu06 可以运行"hello"，但不可运行"slt"：

```
[stu06@localhost ~]$ hello                         <== 系统可以搜索到 hello
Hello world!
[stu06@localhost ~]$ slt                           <== 系统不可以搜索到 slt
bash: slt: command not found...
Failed to search for file: /mnt/cdrom/AppStream was not found
[stu06@localhost ~]$
```

任务 15-5 理解程序的 SUID 位与进程的权限之间的关系

任务描述

理解程序的 SUID 位与进程的权限之间的关系。

程序的 SUID 位与
进程的权限

任务实施

在一个单机游戏的场景下,用户运行游戏程序,通过操作获得一个成绩,游戏程序会将用户的成绩记录在成绩文件中,并在游戏结束后显示一个成绩排行榜。在这个场景里,游戏程序会读写成绩文件。为了更好地理解用户、程序、文件权限之间的关系,下面将此示例分为以下 5 个步骤进行操作:

(1) 创建一个需要对其他文件进行读写的程序。

(2) 以超级用户身份执行该程序。

(3) 以普通用户身份执行该程序。

(4) 设置程序的 SUID 位。

(5) 验证。

下面具体介绍各步骤的操作方法。

1. 创建一个需要对其他文件进行读写的程序

编写 C 语言源代码文件 /myc/mygame.c,内容如下:

```c
#include  <unistd.h>
#include  <stdlib.h>
#include  <stdio.h>

int   main(){

char nameUser[256],scoreUser[256];

printf("Please input your NAME:");
scanf("%s",nameUser);
printf("Please input your SCORE:");
scanf("%s",scoreUser);
printf("userName: %s \t\t userScore: %s\n",nameUser,scoreUser);

char scoreFileName[256]= "/myc/mygame.score";
FILE *f = fopen(scoreFileName, "a");
fprintf(f, nameUser);
```

```
fprintf(f, ":");
fprintf(f, scoreUser);
fprintf(f, "\n");
fclose(f);

sleep(5);
exit(0);
}
```

注：这段代码是游戏的极简化模拟，要求用户直接输入用户名和成绩，主要用来测试游戏程序对成绩文件的读写。

对源代码进行编译链接，生成可执行文件 mygame，执行命令如下：

```
[root@localhost myc]# gcc  -c  mygame.c
[root@localhost myc]# gcc  -o  mygamemygame.o
[root@localhost myc]#
```

创建成绩文件，执行命令如下：

```
[root@localhost myc]# echo  >mygame.score
[root@localhost myc]# cat   mygame.score

[root@localhost myc]#
```

检查目录中的文件及权限，执行命令与结果如下：

```
[root@localhost ~]# ls  -l  /myc/mygame*
-rwxr-xr-x 1  root root  26088   8 月 21 15:41  /myc/mygame        <== 模拟游戏的可执行文件
-rw-r--r-- 1  root root   571    8 月 21 15:41  /myc/mygame.c
-rw-r--r-- 1  root root  2848    8 月 21 15:41  /myc/mygame.o
-rw-r--r-- 1  root root    0     8 月 21 15:53  /myc/mygame.score  <== 模拟游戏的成绩文件
[root@localhost ~]#
```

2. 以超级用户身份执行程序

按下组合键【Ctrl+Alt + F4】切换至终端 tty4，以 root 用户登录，运行/myc/mygame，执行命令与结果如下：

```
[root@localhost ~]# /myc/mygame
Please input your NAME:                                           <== 等待用户输入用户名
```

按下组合键【Ctrl+Alt + F2】切换至图形终端(root 用户登录)，查看进程信息，执行命令与结果如下：

```
[root@localhost myc]# ps   -aux  | grep mygame
root    455822  …  tty4     S+   18:01    0:00 /myc/mygame     <== 进程身份为 root
root    456689  …  pts/0    S+   18:02    0:00 grep --color=auto mygame
[root@localhost myc]#
```

超级用户 root 执行 /myc/mygame 时，系统为此创建了一个进程号为 455822 的进程，该进程具有超级用户 root 的身份及权限,可以对成绩文件 /myc/mygame.score 进行写操作。

按下组合键【Ctrl+Alt + F4】切换至终端 tty4,继续运行 /myc/mygame,执行命令与结果如下:

```
Please input your NAME:root                                    <== 输入用户名
Please input your SCORE:45                                      <== 输入成绩
userName: root              userScore: 45
[root@localhost ~]#                                            <== 程序结束,返回终端
[root@localhost ~]# cat /myc/mygame.score


root:45                                                        <== 成绩文件被修改了
[root@localhost ~]#
```

超级用户 root 执行/myc/mygame,修改了成绩文件/myc/mygame.score。

3. 以普通用户身份执行程序

按下组合键【Ctrl+Alt + F5】切换至终端 tty5,以 stu05 登录,运行/myc/mygame,执行命令与结果如下:

```
[stu05@localhost ~]$ /myc/mygame
Please input your NAME:                                        <== 等待用户输入用户名
```

按下组合键【Ctrl+Alt + F2】切换至图形终端(root 用户登录),查看进程信息,执行命令与结果如下:

```
[root@localhost myc]# ps   -aux  | grep mygame
stu05    582234   …   tty5      S+    18:01    0:00 /myc/mygame   <== 进程身份为 stu05
root     586689   …   pts/0     S+    18:02    0:00 grep --color=auto mygame
[root@localhost myc]#
```

普通用户 stu05 执行 /myc/mygame 时,系统为此创建了一个进程号为 582234 的进程,该进程具有普通用户 stu05 的身份及权限,不能对成绩文件 /myc/mygame.score 进行写操作。

按下组合键【Ctrl+Alt + F5】切换至终端 tty5,以 stu05 登录,继续运行/myc/mygame,执行命令与结果如下:

```
Please input your NAME:stu05                                   <== 输入用户名
Please input your SCORE:45                                     <== 输入成绩
userName: stu05             userScore: 45
Segmentation fault (core dumped)                               <== 报错
[stu05@localhost ~]$ cat /myc/mygame.score


root:45                                                        <== 成绩文件没被修改
[stu05@localhost ~]$
```

普通用户 stu05 执行 /myc/mygame,不能修改成绩文件 /myc/mygame.score。

为了使普通用户执行 /myc/mygame 也能修改成绩文件 /myc/mygame.score,最简单的解决办法是修改成绩文件 /myc/mygame.score 的权限,为所有用户增加写权限,执行命令

与结果如下：

```
[root@localhost ~]# chmoda+w   /myc/mygame.score
[root@localhost ~]# ls   -l   /myc/mygame.score
-rw-r--r-- 1 root root      0  8月 21 15:53 /myc/mygame.score
[root@localhost ~]#
```

按下组合键【Ctrl+Alt＋F5】切换至终端 tty5，以 stu05 登录，运行 /myc/mygame，执行命令与结果如下：

```
[stu05@localhost ~]$ /myc/mygame
Please input your NAME:stu05
Please input your SCORE:45
userName: stu05              userScore: 45
[stu05@localhost ~]$                                  <== 正常结束，返回终端
[stu05@localhost ~]$ cat   /myc/mygame.score


root:45
stu05:45                                              <== 成绩文件被修改了
[stu05@localhost ~]$
```

此时，由于普通用户 stu05 对成绩文件拥有写权限，系统为 stu05 创建的进程也可以对成绩文件进行写操作了。

4. 设置程序的 SUID 位

简单地开放成绩文件的写权限会带来新的问题。此时，任何普通用户(如 stu05)都可以直接修改成绩文件中的成绩了。验证如下：

```
[stu05@localhost ~]$ vi   /myc/mygame.score
[stu05@localhost ~]$ cat   /myc/mygame.score


root:45
stu05:100                                             <== 成绩文件被修改了
[stu05@localhost ~]$
```

这就使得"游戏榜单"毫无可信度。为了达到"不同用户只能通过游戏程序将分数写入成绩文件，而无法直接修改成绩文件"这个要求，需要设置程序的拥有者和 SUID 来修改成绩文件的拥有者和权限位。具体步骤如下：

(1) 为程序 mygame 创建一个新的系统用户 gamer，该用户无家目录无登录权限，命令如下：

```
[root@localhost myc]# userad   gamer  -M  -s  /sbin/nologin
[root@localhost myc]#
```

系统用户的名字可以自定义，但必须是一个未被使用的名字。

(2) 修改程序 /myc/mygame 的权限，将拥有者设置成系统用户 gamer，并设置 SUID。为程序设置 SUID 后，普通用户执行该程序时，其对应进程将具有程序拥有者的身份及权

限。若用户 stu05 执行 /myc/mygame，其对应进程将具备系统用户 gamer 的身份及权限，执行命令与结果如下：

```
[root@localhost myc]# chown   gamer:gamer   /myc/mygame        <== 设置程序的拥有者及拥有组
[root@localhost myc]# chmod   u+s   /myc/mygame                <== 设置程序的 SUID 位
[root@localhost myc]#
[root@localhost myc]# ls   -l   /myc/mygame
-rwsr-xr-x 1 gamer gamer 26088   8 月 21 16:39 /myc/mygame     <== 所属者权限位变为"rws"
[root@localhost myc]#
```

注：为程序设置 SUID 的命令格式为"chmod　u+s 程序"。为程序设置 SUID 位后，程序所属者的权限位变为"rws"，"s"替代了原来的"x"。

(3) 修改成绩文件 /myc/mygame.score 的权限，将拥有者设置成系统用户 gamer，并设置权限位为 644。修改后，系统用户 gamer 可以读写成绩文件，其他普通用户不可以修改成绩文件。命令如下：

```
[root@localhost myc]# chown   gamer:gamer   /myc/mygame.score
[root@localhost myc]# chmod   644   /myc/mygame.score
[root@localhost myc]#
[root@localhost myc]# ls   -l   /myc/mygame.score
-rw-r--r--.  1  gamer  gamer  29  8 月 15 15:40  /myc/mygame.score
[root@localhost myc]#
```

5. 验证

按下组合键【Ctrl+Alt＋F5】切换至终端 tty5，以 stu05 登录，运行 /myc/mygame：

```
[stu05@localhost ~]$ /myc/mygame
Please input your NAME:                                        <== 等待用户输入用户名
```

按下组合键【Ctrl+Alt＋F2】切换至图形终端(root 用户登录)，查看进程信息：

```
[root@localhost myc]# ps   -aux   | grep mygame
gamer    601934   …   tty5    S+    18:01    0:00 /myc/mygame  <== 进程身份为 gamer
root     606289   …   pts/0   S+    18:02    0:00 grep --color=auto mygame
[root@localhost myc]#
```

普通用户 stu05 执行/myc/mygame，系统为此创建了一个进程号为 601934 的进程，该进程具有用户 gamer 的身份及权限。

按下【Ctrl+Alt＋F5】切换至终端 tty5，继续运行/myc/mygame：

```
Please input your NAME:new05                                   <== 输入用户名
Please input your SCORE:56                                     <== 输入成绩
userName: new05            userScore: 56
[stu05@localhost ~]$                                           <== 正常结束，返回终端
[stu05@localhost ~]$ cat   /myc/mygame.score

root:45
```

```
stu05:45
new05:56                                                    <== 成绩文件被修改了
[stu05@localhost ~]$
```

用户 stu05 可以通过程序 /myc/mygame 修改成绩文件 /myc/mygame.score，但无法直接修改成绩文件：

```
[stu05@localhost ~]$ echo  >  /myc/mygame.score
-bash:/myc/mygame.score: 权限不够                          <== 不可直接修改成绩文件
[stu05@localhost ~]$
```

系统用户 gamer 不可登录系统，自然无法修改成绩文件，而其他普通用户对成绩文件无修改权限。因此，任何用户(root 除外)都只能通过执行程序 /myc/mygame 来修改成绩文件。这就维护了成绩文件的权威性。

任务 15-6   编写并运行 shell 脚本

任务描述

理解 shell 脚本的作用，了解 shell 脚本的基本语法及运行。

任务实施

编写并运行
shell 脚本

通过对任务 15-1 至 15-5 的学习，了解了程序与进程的相关概念。可是对于系统管理员而言，更常用的是 shell 脚本，它与程序相似。可以将 shell 脚本视为 Linux 命令的集合，执行一个 shell 脚本，实质上是要求 Linux 系统按照一定的顺序执行这些命令。

下面通过几个示例来介绍 shell 脚本的作用和 shell 脚本的基本语法及运行。

【例 1】 顺序结构的 shell 脚本。假设系统管理员需要在 50 台 Linux 计算机上创建以下目录结构：

```
[root@localhost ~]# tree  /AppStore
/AppStore
├──harmonyos
├──rhel
├── ubuntu
└── win

4 directories
[root@localhost~]#
```

可以有两种方法。第一种方法是可以在 50 台计算机上执行以下命令：

```
[root@localhost ~]# mkdir  /AppStore
[root@localhost ~]# mkdir  /AppStore/harmonyos
```

```
[root@localhost ~]# mkdir    /AppStore/rhel
[root@localhost ~]# mkdir    /AppStore/ubuntu
[root@localhost ~]# mkdir    /AppStore/win
[root@localhost ~]#
```

第二种方法是可以将这些命令写入 shell 脚本，然后在 50 台计算机上执行 shell 脚本。
首先用 vi 编辑器创建文件 /mys/test.sh，内容如下：

```
#! /bin/bash


mkdir    /AppStore
mkdir    /AppStore/harmonyos
mkdir    /AppStore/rhel
mkdir    /AppStore/ubuntu
mkdir    /AppStore/win
```

注：脚本第一行"#! /bin/bash"用以宣告下面的命令由 /bin/bash 解释执行。

执行脚本的方法与运行程序的方法相同(用户需要具备"rx"权限才能执行脚本)：

```
[root@localhost ~]# rm   -rf  /AppStore              <== 删除测试用的目录
[root@localhost ~]#
[root@localhost ~]# /mys/test.sh
-bash: /mys/test.sh: 权限不够
[root@localhost ~]#
[root@localhost ~]# chmod   a+rx   /mys/test.sh      <== 为所有用户添加"rx"权限
[root@localhost ~]#
[root@localhost ~]# /mys/hello.sh
[root@localhost ~]#
```

检查脚本运行结果：

```
[root@localhost~]# tree   /AppStore
/AppStore
├──harmonyos
├──rhel
├── ubuntu
└── win

4 directories
[root@localhost ~]#
```

【**例2**】 使用变量增加脚本的灵活性。假设管理员需要每天都将目录/etc 打包压缩成
一个文件，并保存到/backup 目录，压缩文件名为当日日期。可以用两种方法完成这个任务。

第一种方法是系统管理员可以每天都使用以下命令进行压缩：

```
[root@localhost ~]# date +%F
```

```
2023-03-31
[root@localhost ~]# tar   -zcf   /backup/2023-04-01.tar.gz   /etc
[root@localhost ~]#
```

第二种方法是系统管理员可以编写一个脚本进行压缩，并设置该脚本在每天的某一时刻运行。

"设置脚本在每天的某一时刻运行"是下个任务的内容，这里先学习脚本的编写，与其他计算机语言一样，shell 脚本可以使用变量保存一个中间结果。例如，在下面的脚本中，使用变量 YMD 保存当前日期，语句"YMD=`date   +%F`"执行命令"date   +%F"获取当日日期，并将结果保存在变量 YMD 中。语句"tar   -zcf   /backup/$YMD.tar.gz   /etc"为/etc生成压缩文件，其中文件名为"$YMD.tar.gz"，即"当前日期.tar.gz"。

```bash
#! /bin/bash

# 输出"************************"，表示脚本开始执行
echo
echo   "************************"


# 获取当日日期，并将结果保存在变量 YMD 中
# "date   +%F"外面为一对反括号
YMD=`date   +%F`

# 显示变量 YMD 的值
echo $YMD

# 为/etc 生成压缩文件
tar   -zcf   /backup/$YMD.tar.gz   /etc


# 输出"************************"，表示脚本开始结束
echo
echo   "************************"
```

验证脚本的运行：

```
[root@localhost ~]# mkdir   /backup
[root@localhost ~]#
[root@localhost ~]# ls /backup/                              <== 原/backup 目录是空的
[root@localhost ~]#
[root@localhost ~]# /mys/bk.sh                               <== 执行脚本

************************
2024-01-02
tar: Removing leading `/' from member names
```

```
***********************
```

```
[root@localhost ~]# ls   /backup/
2024-01-02.tar.gz                                          <== 脚本创建的压缩文件
[root@localhost ~]#
```

为系统重新设置时间，再次验证脚本的运行：

```
[root@localhost ~]# timedatectl   set-ntp   0              <== 关闭时间的自动更新
[root@localhost ~]# timedatectl set-time   2024-02-02      <== 设置新日期
[root@localhost ~]#
[root@localhost ~]# /mys/bk.sh                             <== 执行脚本

***********************
2024-02-02
tar: Removing leading `/' from member names
***********************

[root@localhost ~]#
[root@localhost ~]# ls   /backup/
2024-01-02.tar.gz      2024-02-02.tar.gz                   <== 脚本创建了新的压缩文件
[root@localhost ~]#
```

【例3】 使用判断语句控制命令的执行。与其他计算机语言一样，shell 脚本可以使用判断语句来控制命令的执行。

在例 2 的脚本的开始，可以增加判断语句，判断 /backup 是否为文件，如果是则删除，判断 /backup 是否存在，如果否则创建。创建脚本文件 /mys/pre.sh，内容如下：

```
#! /bin/bash

# 用变量 DIR 保存"/backup"，方便以后修改
DIR="/backup"

# 判断/backup 是否为文件，如果是则删除
if [ -f   "$DIR" ]; then
    echo   "/backup 是文件，删除该文件"
    rm   -rf   $DIR
else
    echo   "/backup 不是文件"
fi

# 判断目录/backup 是否存在，如果否则创建
if [ -d   "$DIR" ]; then
```

```
    echo    "目录/backup 存在"
else
    echo "目录/backup 不存在，创建目录"
mkdir    $DIR
fi
```

验证脚本的运行：

```
[root@localhost ~]# ls   -ld   /backup
drwxr-xr-x.  2   root root6 Feb   2 00:16 /backup        <== 原/backup 是目录
[root@localhost ~]#
[root@localhost ~]# /mys/pre.sh                          <== 执行脚本
/backup 不是文件
目录/backup 存在
[root@localhost ~]#
```

删除 /backup，再次运行脚本：

```
[root@localhost ~]# rm -rf /backup                       <== 删除/backup
[root@localhost ~]# ls -ld   /backup
ls: cannot access '/backup': No such file or directory
[root@localhost ~]#
[root@localhost ~]# /mys/pre.sh                          <== 执行脚本
/backup 不是文件
目录/backup 不存在，创建目录
[root@localhost ~]#
[root@localhost ~]# ls -ld   /backup
drwxr-xr-x. 2 root root 6 Feb   2 00:24 /backup          <== 创建了/backup 目录
[root@localhost ~]#
```

删除目录 /backup，创建文件 /backup，再次运行脚本：

```
[root@localhost ~]# rm   -rf   /backup                   <== 删除/backup
[root@localhost ~]# touch      /backup                   <== 创建文件/backup
[root@localhost ~]# ls -ld   /backup
-rw-r--r--. 1 root root 0 Feb   2 00:26 /backup
[root@localhost ~]#
[root@localhost ~]# /mys/pre.sh                          <== 执行脚本
/backup 是文件，删除该文件
目录/backup 不存在，创建目录
[root@localhost ~]#
[root@localhost ~]# ls   -ld   /backup
drwxr-xr-x. 2 root root 6 Feb   2 00:24 /backup          <== 创建了/backup 目录
[root@localhost ~]#
```

如果将脚本文件 /mys/pre.sh 中的判断语句复制到脚本 /mys/bk.sh 的合适位置，就可以扩充它的功能。

【**例 4**】　使用循环语句控制命令的多次执行。与其他计算机语言一样，shell 脚本可以使用循环语句来控制命令的多次运行。

编写脚本/mys/time01.sh 以便设置时间，内容如下：

```
#! /bin/bash


YMD="2023-09-21"                              # 年月日
HOUR="23"                                     # 时
MS=":59:57"                                   # 分秒


timedatectl   set-ntp   0                     # 关闭自动设置时间


date                                          # 输出原时间
timedatectl set-time   $YMD                   # 设置日期
timedatectl set-time   $HOUR$MS               # 设置时间
date                                          # 输出新时间
sleep 5                                       # 间隔 5 秒
date                                          # 输出 5 秒后的时间
```

运行脚本进行测试：

```
[root@localhost ~]# /mys/time01.sh
Fri Feb   2    12:42:05 AM CST 2024      <== 输出原时间
Thu Sep 21    11:59:57 PM CST 2023      <== 输出新时间
Fri Sep 22    12:00:02 AM CST 2023      <== 输出 5 秒后的时间
[root@localhost ~]#
```

注：12 小时制的"12:00:02 AM CST 2023"就是 24 小时制的"2023-09-22 00:00:02"。

在任务 15-7 中，需要脚本来将系统时间设置成"2024-01-02"这一天每一个整点时间的前三秒，即"2024-01-01 24:59:57""2024-01-02 01:59:57"……"2024-01-02 23:59:57"，以进行辅助测试。可以利用循环语句对脚本/mys/time01.sh 进行扩充。新脚本/mys/time02.sh 内容如下：

```
#! /bin/bash


timedatectl   set-ntp   0                     # 关闭自动设置时间


# 前一天的"23:59:57"
timedatectl   set-time   "2024-01-01 23:59:57"
date
sleep   5                                     # 这 5 秒会跨过"2024-01-02 00:00:00"时刻
date
```

```
# 第二天的"00:59:57""01:59:57"……"23:59:57"
YMD="2024-01-02"                        # 年月日
MS=":59:57"                             # 分秒

HOUR=0                                  # 变量 HOUR 表示小时数

while  [ $HOUR -lt 24 ]                 # 循环，当变量 HOUR 小于 24 时执行
do
   TIME=$HOUR$MS
timedatectl   set-time   $TIME
   date
sleep  5
   date
   ((HOUR++))                           # 变量 HOUR 自增，增量为 1
done
```

运行脚本进行测试：

```
[root@localhost ~]# /mys/time02.sh
Mon Jan   1   11:59:57 PM CST 2024      <== 2024-01-01 的"23:59:57"
Tue Jan   2   12:00:02 AM CST 2024      <== 跨过 2024-01-02 的"00:00:00"
Tue Jan   2   12:59:57 AM CST 2024      <== 2024-01-02 的"23:59:57"
Tue Jan   2   01:00:02 AM CST 2024
  ⋮
Tue Jan   2   11:59:57 PM CST 2024      <== 2024-01-02 的"23:59:57"
Wed Jan   3   12:00:02 AM CST 2024      <== 跨过 2024-01-03 的"00:00:00"
[root@localhost ~]#
```

任务 15-7　设置周期性任务

任务描述

练习为系统设置周期性任务。

任务实施

周期性任务

设置周期性任务，需要启动 crond 服务(对应软件包为 crond)，检查如下：

```
[root@localhost myc]# systemctl   status   crond   | grep   Active
```

　　Active: active (running) since Mon 2023-08-21 14:28:42 CST; 5h 13min ago

[root@localhost myc]#

系统管理员在启动了 crond 服务之后，可以通过 crontab 命令进行周期性任务设置。crontab 命令的常用格式如下：

crontab　-e

执行"crontab　-e"命令之后，系统会进入周期性任务的设置界面，该界面实际上就是 vi 编辑器的使用界面：

~
~
~

"/tmp/crontab.HxCXNl" 0L, 0B

每一行设置一个任务，包括 6 个字段，格式如下：

分钟　　小时　　日期　　月份　　星期几　　可执行文件的绝对路径

注：

① 5 个时间参数用来设置条件，系统会检查当前时间，若满足条件就执行命令。

② 时间参数可以写成数字，并可以结合","、"-"和"/"符号表达并列、范围、间隔等关系。

命令"/usr/bin/date>>/temp/a.txt"可以将当前时间写入/temp/a.txt，执行命令与结果如下：

[root@localhost mys]# mkdir　/temp

[root@localhost mys]# touch　/temp/a.txt

[root@localhost mys]#

[root@localhost mys]# /usr/bin/date >> /temp/a.txt

[root@localhost mys]# cat /temp/a.txt

2023 年 08 月 21 日 星期一 20:20:50 CST

[root@localhost mys]#

命令会在文件中记录执行的时间。

下面的示例以"/usr/bin/date>>/temp/a.txt"为命令，测试时间参数的写法。

1. 验证任务"0　0　*　*　*　命令"

执行"crontab　-e"设置任务：

0　0　*　*　*　/usr/bin/date>>/temp/a.txt

系统会在时间满足"分钟为 0，小时为 0"的时刻，也就是每一天的 0 时 0 分，执行命令。

编写脚本 /mys/st01.sh 来重复设置时间，内容如下：

```
#! /bin/bash


START=12                              # 开始日期为 12 日
END=14                                # 结束日期为 14 日，循环结束条件为$DAY<14


YM="2023-09-"                         # 年月
```

```
HMS="23:59:57"                                    # 时间

echo   -n   > /temp/a.txt                         # 清空测试文件/temp/a.txt
timedatectl   set-ntp   0                         # 关闭自动设置时间

echo "Set-Time beginning ... ..."

DAY=$(($START-1))                                 # 开始日期的前一天为 11 日

while   [ $DAY -lt $END ]                         # 结束日期为 14 日
do
        systemctl   stop   crond
        timedatectl set-time   $YM$DAY            # 设置日期
        timedatectl set-time   $HMS               # 设置时间为"23:59:57"
        systemctl   start   crond
        sleep 5
        date
        ((DAY++))
done

echo "Set-Time done."
```

变量 DAY 的初始值是 11，while 的执行条件是 DAY 小于 14，即 DAY 的取值为 11、12、13。

在三次循环中，系统时间被设置为"2023-09-11 23:59:57""2023-09-12 23:59:57""2023-09-13 23:59:57"。

在执行语句"sleep   5"的过程中，系统时间会经过"2023-09-12 00:00:01""2023-09-13 00:00:01""2023-09-14 00:00:01"这三个时刻，命令"/usr/bin/date>>/temp/a.txt"会被执行三次，因此系统会记录下三个时刻。

执行脚本 /mys/st01.sh，并检查 /temp/a.txt 文件：

```
[root@localhost mys]# chmod a+rx   /mys/st01.sh
[root@localhost mys]# /mys/st01.sh
Set-Time beginning ... ...
2023 年 09 月 12 日 星期二 00:00:01 CST
2023 年 09 月 13 日 星期三 00:00:01 CST
2023 年 09 月 14 日 星期四 00:00:01 CST
Set-Time done.
[root@localhost mys]# cat /temp/a.txt
2023 年 09 月 12 日 星期二 00:00:01 CST
2023 年 09 月 13 日 星期三 00:00:01 CST
```

2023 年 09 月 14 日 星期四 00:00:01 CST

[root@localhost mys]#

执行"crontab   -e"修改任务：

0 0 * * 3   /usr/bin/date>>/temp/a.txt

系统会在时间满足"分钟为 0，小时为 0，星期数为 3"的时刻，也就是每个星期三的 0 时 0 分，执行命令。

将脚本的结束日期改为"24"，运行结果如下：

[root@localhost mys]# /mys/st01.sh

Set-Time beginning ... ...

2023 年 09 月 12 日 星期二 00:00:02 CST

2023 年 09 月 13 日 星期三 00:00:02 CST   <== 星期三

2023 年 09 月 14 日 星期四 00:00:02 CST

2023 年 09 月 15 日 星期五 00:00:02 CST

2023 年 09 月 16 日 星期六 00:00:02 CST

2023 年 09 月 17 日 星期日 00:00:02 CST

2023 年 09 月 18 日 星期一 00:00:02 CST

2023 年 09 月 19 日 星期二 00:00:02 CST

2023 年 09 月 20 日 星期三 00:00:02 CST   <== 星期三

2023 年 09 月 21 日 星期四 00:00:02 CST

2023 年 09 月 22 日 星期五 00:00:02 CST

2023 年 09 月 23 日 星期六 00:00:02 CST

2023 年 09 月 24 日 星期日 00:00:02 CST

Set-Time done.

[root@localhost mys]#

[root@localhost mys]# cat /temp/a.txt

2023 年 09 月 13 日 星期三 00:00:01 CST   <== 星期三

2023 年 09 月 20 日 星期三 00:00:01 CST   <== 星期三

[root@localhost mys]#

/temp/a.txt 只记录了星期三 0 时 0 分的时间，这就证明了系统只在满足条件的时刻执行"/usr/bin/date>>/temp/a.txt"。

2. 验证任务"5 9-13 * * *   命令"

执行"crontab   -e"修改任务：

5 9-13 * * *   /usr/bin/date>>/temp/a.txt

系统会在时间满足"分钟为 5，小时为 9 到 13 之间"的时刻，也就是每天的 9 时 5 分、10 时 5 分……13 时 5 分，执行命令。

编写脚本 /mys/st02.sh 来重复设置时间，内容如下：

```
#! /bin/bash

START=0                                     # 开始时间为 0 时
END=24                                      # 结束时间为 23 时，循环结束条件为$HOUR<24

YMD="2023-09-21"                            # 年月日
MS=":4:57"                                  # 分秒

echo  -n  > /temp/a.txt                     # 清空测试文件/temp/a.txt
timedatectl  set-ntp  0                     # 关闭自动设置时间

echo "Set-Time beginning ... ..."

HOUR=$(($START))

while   [ $HOUR -lt $END ]
do
        systemctl   stop   crond
        timedatectl set-time   $YMD         # 设置日期
        timedatectl set-time   $HOUR$MS     # 设置时间为"23:59:57"
        systemctl   start   crond
        sleep 5
        date
        ((HOUR ++))
done

echo "Set-Time done."
```

执行脚本 /mys/st02.sh，并检查 /temp/a.txt 文件：

```
root@localhost mys]# /mys/st02.sh
Set-Time beginning ... ...
2023 年 09 月 21 日 星期四 00:05:02 CST
⋮
2023 年 09 月 21 日 星期四 23:05:02 CST
[root@localhost mys]#
[root@localhost mys]# cat /temp/a.txt
2023 年 09 月 21 日 星期四 09:05:01 CST
2023 年 09 月 21 日 星期四 10:05:01 CST
2023 年 09 月 21 日 星期四 11:05:01 CST
```

2023 年 09 月 21 日　星期四　12:05:01 CST

2023 年 09 月 21 日　星期四　13:05:01 CST

[root@localhost mys]#

/temp/a.txt 只在 9 时 5 分、10 时 5 分……13 时 5 分记录了时间，这就证明了系统只在满足条件的时刻执行"/usr/bin/date>>/temp/a.txt"。

3. 验证任务"5　　*/3　*　*　*　　命令"

执行"crontab　　-e"修改任务：

5　　*/3　*　*　*　　/usr/bin/date>>/temp/a.txt

系统会在时间满足"分钟为 5，小时能被 3 整除"的时刻，也就是每天的 0 时 5 分、3 时 5 分……21 时 5 分，执行命令。

重复使用上一个练习中编写的脚本 /mys/st02.sh 来设置时间，执行改脚本，并检查周期任务生成的 /temp/a.txt 文件：

root@localhost mys]# /mys/st02.sh

Set-Time beginning ... ...

2023 年 09 月 21 日　星期四　00:05:02 CST

⋮

2023 年 09 月 21 日　星期四　23:05:02 CST

[root@localhost mys]#

[root@localhost mys]# cat /temp/a.txt

2023 年 09 月 21 日　星期四　00:05:01 CST

2023 年 09 月 21 日　星期四　03:05:01 CST

2023 年 09 月 21 日　星期四　06:05:01 CST

2023 年 09 月 21 日　星期四　09:05:01 CST

2023 年 09 月 21 日　星期四　12:05:01 CST

2023 年 09 月 21 日　星期四　15:05:01 CST

2023 年 09 月 21 日　星期四　18:05:01 CST

2023 年 09 月 21 日　星期四　21:05:01 CST

[root@localhost mys]#

/temp/a.txt 只在 0 时 5 分、3 时 5 分……21 时 5 分记录了时间，这就证明了系统只在满足条件的时刻执行"/usr/bin/date>>/temp/a.txt"。

4. 验证任务"5　　2,5,9,19　*　*　*　　命令"

执行"crontab　　-e"修改任务：

5　2,5,9,19　*　*　*　　/usr/bin/date>>/temp/a.txt

系统会在时间满足"分钟为 5，小时为 2、9、9、19"的时刻，也就是每天的 2 时 5 分、5 时 5 分、9 时 5 分、19 时 5 分，执行命令。

重复使用上一个练习中编写的脚本 /mys/st02.sh 来设置时间，执行该脚本，并检查周期任务生成的 /temp/a.txt 文件：

```
root@localhost mys]# /mys/st02.sh
Set-Time beginning ... ...
2023 年 09 月 21 日 星期四 00:05:02 CST
⋮
2023 年 09 月 21 日 星期四 23:05:02 CST
[root@localhost mys]#
[root@localhost mys]# cat /temp/a.txt
2023 年 09 月 21 日 星期四 02:05:01 CST
2023 年 09 月 21 日 星期四 05:05:01 CST
2023 年 09 月 21 日 星期四 09:05:01 CST
2023 年 09 月 21 日 星期四 19:05:01 CST
[root@localhost mys]#
```

/temp/a.txt 只在 2 时 5 分、5 时 5 分、9 时 5 分、19 时 5 分记录了时间，这就证明了系统只在满足条件的时刻执行"/usr/bin/date>>/temp/a.txt"。

5. 验证"5 6-15/3 * * *   命令"

执行"crontab   -e"修改任务：

```
5  6-15/3  *  *  *    /usr/bin/date>>/temp/a.txt
```

系统会在时间满足"分钟为 5，小时能被 3 整除且在 6~15 间"的时刻，也就是每天的 6 时 5 分、9 时 5 分、12 时 5 分、15 时 5 分执行命令。

复用脚本 /mys/st02.sh 来设置时间，执行该脚本，并检查周期任务生成的 /temp/a.txt 文件：

```
root@localhost mys]# /mys/st02.sh
Set-Time beginning ... ...
2023 年 09 月 21 日 星期四 00:05:02 CST
⋮
2023 年 09 月 21 日 星期四 23:05:02 CST
[root@localhost mys]#
[root@localhost mys]# cat /temp/a.txt
2023 年 09 月 21 日 星期四 06:05:01 CST
2023 年 09 月 21 日 星期四 09:05:01 CST
2023 年 09 月 21 日 星期四 12:05:01 CST
2023 年 09 月 21 日 星期四 15:05:01 CST
[root@localhost mys]#
```

/temp/a.txt 只在 6 时 5 分、9 时 5 分、12 时 5 分、15 时 5 分记录了时间，这就证明了系统只在满足条件的时刻执行"/usr/bin/date>>/temp/a.txt"。

任务 15-8 设置一次性任务

任务描述

练习为系统设置一次性任务。

任务实施

设置一次性任务，需要启动 atd 服务(对应软件包为 at)，检查如下：

```
[root@localhost myc]# systemctl   status   atd   |grep   Active
        Active: active (running) since Mon 2023-08-21 14:28:42 CST; 5h 13min ago
[root@localhost myc]#
```

系统管理员在启动了 atd 服务之后，可以通过 at 命令进行一次性任务设置。at 命令的常用格式如下：

at   now + 数字 时间单位

at   时间

注：

(1) 第一种格式中的"now + 数字 时间单位"表示从现在开始的多长时间后执行任务，其中时间单位为 minutes、hours、days、weeks。

(2) 第二种格式中时间的写法可以为"小时:分钟""年-月-日""日.月.年"等形式。

下面通过两个示例介绍设置一次性任务的方法。

【例 1】设置一个一次性任务"在 5 分钟后关机"。输入命令"at   now + 5 minutes"后，终端会先输出警告信息"warning: commands will be executed using /bin/sh"，然后显示"at>"提示符，终端显示如下：

```
[root@localhost ~]# at   now   +   5   minutes
warning: commands will be executed using /bin/sh
at>
```

关机命令为"poweroff"，在提示符后输入此命令，按下回车键，终端显示如下：

```
at>poweroff
at>
```

"at>"提示符后可以继续输入其他任务，如果没有其他任务，则按下组合键【Ctrl+d】，终端显示如下：

```
at><EOT>                              <== 按下组合键【Ctrl+d】
job 3 at Wed Mar 29 11:00:00 2023     <== 该任务执行的确切时间
[root@localhost ~]#
```

等待 5 分钟，系统将自动关机。

【例 2】设置一个一次性任务"在 2050 年 4 月 1 日 17 时 30 分执行脚本/mys/hello.sh"。输入命令"at 17:30 2050-4-1"后，终端显示如下：

```
[root@localhost ~]# at 17:30 2050-4-1
warning: commands will be executed using /bin/sh
at>
```

在"at>"提示符后输入脚本路径"/mys/hello.sh"，并按下组合键【Ctrl+d】，终端显示如下：

```
at> /mys/hello.sh
at><EOT>
job 2 at Fri Apr   1 17:30:00 2050          <== 该任务执行的确切时间
[root@localhost~]#
```

练 习 题

一、填空题

1. 服务的启停脚本保存在目录_____中。

2. 执行周期性任务需要启动服务，执行临时性任务需要启动_____服务。

3. shell 脚本的第一行通常为_____。

4. 根据表 15-1 所示的命令要求，填写命令。

表 15-1　程序进程与相关命令

命 令 要 求	命 令
查看当前系统中网络连接状态	
查看当前系统中的进程状态	
结束某个进程	
查看环境变量 PATH	
设置环境变量 PATH	
设置可执行文件 /test/hello 的 SUID 位	
设置周期性任务	
设置临时性任务	

二、操作题

1. 查找 top 命令的使用方法，并用它显示当前系统的进程状态，要求每隔 3 秒更新一次。

2. 启动 httpd 服务，并用 kill 命令强制中止 httpd 服务。

3. 通过互联网查找不需要重启就能让 /etc/profile 文件生效的命令，并验证。

项目 16　硬　盘　管　理

硬盘直接关系到整个系统的性能，因此系统管理员必须掌握硬盘管理的知识与技巧。本项目主要介绍硬盘的分区、分区的文件系统创建与挂载。

知识目标

- 了解硬盘的命名规则。
- 了解分区的命名规则。
- 了解存储设备与设备文件的关系。
- 熟悉硬盘分区、文件系统创建和挂载的过程。

技能目标

- 掌握查看硬盘及分区属性的命令。
- 掌握硬盘分区命令的使用方法。
- 掌握文件系统创建命令的使用方法。
- 掌握文件系统挂载命令的使用方法。
- 掌握文件系统自动挂载的方法。

任务 16-1　了解 Linux 中的硬盘与分区

任务描述

了解 Linux 对硬盘与分区的命名。

任务实施

Linux 中的硬盘

打开"虚拟机设置"页面，如图 16-1-1 所示，可以看到虚拟机硬盘的类型和容量，单击"添加"按钮，打开"添加硬件向导"页面，如图 16-1-2 所示，可为新硬盘选择接口类型，硬盘接口类型有 IDE、SCSI、SATA 和 NVMe。IDE、SATA 和 NVMe 接口硬盘主要应用于个人计算机，SCSI 接口硬盘主要应用于中、高端服务器和高档工作站。

图 16-1-1　虚拟机设置

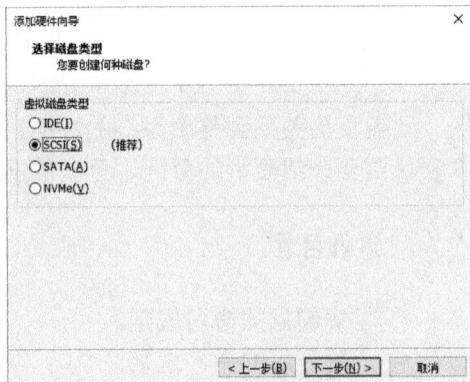

图 16-1-2　硬盘类型

由图 16-1-1 可知，当前硬盘的接口类型为 NVMe，容量为 20 GB，再添加四块硬盘：IDE 接口硬盘(30 GB)、SCSI 接口硬盘(40 GB)、SATA 接口硬盘(50 GB)和 NVMe 接口硬盘(60 GB)。

在 VMware Workstation 的电源控制菜单中，单击"打开电源时进入固件"，如图 16-1-3 所示。虚拟机启动后进入 BIOS 设置界面，如图 16-1-4 所示。顶端为主菜单栏，包括"Main""Advanced""Security""Boot"和"Exit"五个菜单项。界面底部为使用说明，根据说明按下【→】键，选择"Boot"，进入引导顺序设置页面，如图 16-1-5 所示。

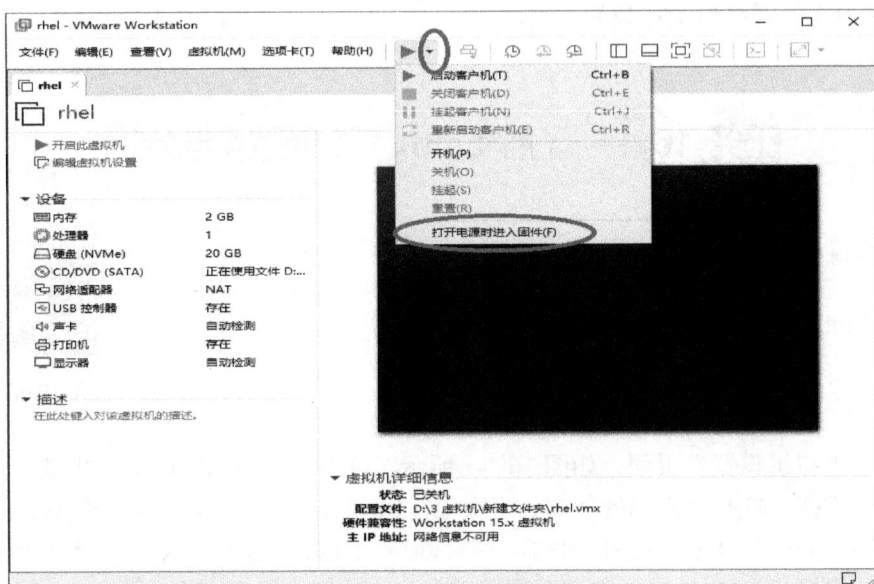

图 16-1-3　进入固件设置

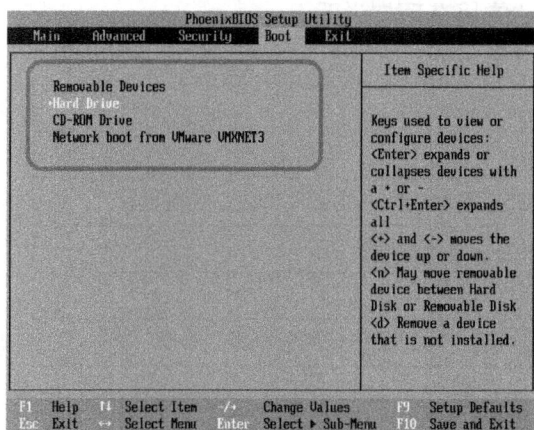

图 16-1-4　BIOS 设置界面　　　　　　　图 16-1-5　引导顺序设置页面

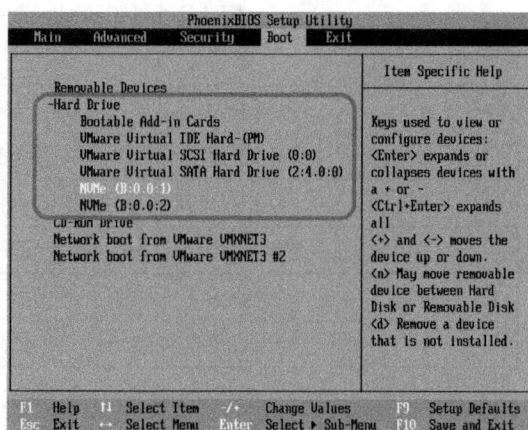

引导顺序设置页面左侧是一个存储设备列表，按下【↓】键选中"Hard Drive"(选项由蓝色变成白色)，再按下【Enter】键展开，展开项有"Bootable Add-in Cards"(可引导存储卡)、"VMware Virtual IDE Hard-(PM)""VMware Virtual SCSI Hard Drive (0:0)""VMware Virtual SATA Hard Drive (2:4.0:0)""NVMe(B:0.0:1)"和"NVMe(B:0.0:2)"。NVMe 硬盘有两块，安装了操作系统的原硬盘应该是第一块，即"NVMe(B:0.0:1)"。选中"NVMe(B:0.0:1)"将它移动置顶，如图 16-1-6 所示。

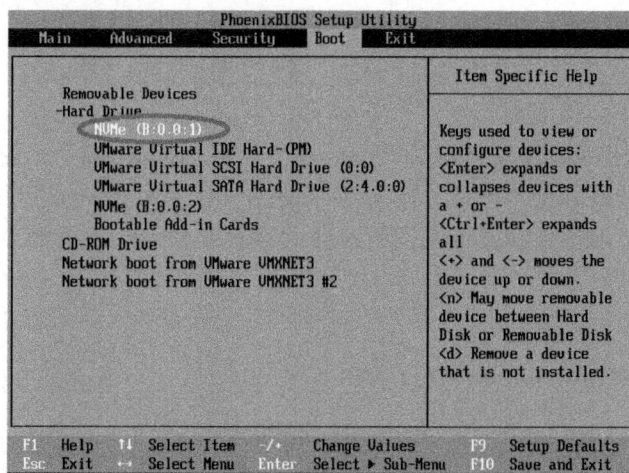

图 16-1-6　调整启动顺序

按下键盘顶部的功能键【F10】，BIOS 设置程序会在保存当前的设置后退出，并重启系统。

列出计算机系统中硬盘信息的命令如下：

lsblk　[选项]　　　[硬盘设备文件]

注：lsblk 是"list　block"的缩写，用于列出可用块设备的信息。块设备通常为存储设备，包含硬盘、U 盘、CD-ROM 等。

lsblk 命令的常用选项与说明如表 16-1-1 所示。

表 16-1-1　lsblk 命令的常用选项与说明

选　项	说　　明
-d	仅列出磁盘本身，不显示该磁盘的分区数据
-f	同时显示各分区内文件系统类型
-i	使用 ASCII 的线段输出，不要使用复杂的编码(在某些环境下很有用)
-m	同时输出该设备在/dev 下的权限数据(rwx 的数据)
-p	列出该设备的完整文件名而非简写
-t	列出设备的详细数据，包括磁盘队列机制、预读写的数据量大小等

下面通过几个示例介绍 lsblk 命令的用法。

【例 1】命令"lsblk　-d"可以列出计算机系统中所有块设备的信息，执行命令与结果如下：

```
[root@localhost ~]# lsblk -d
NAME       MAJ:MIN RM SIZE RO TYPE MOUNTPOINTS
sda        8:0     0   30G  0 disk        <== 30 GB 的 IDE 硬盘
sdb        8:16    0   50G  0 disk        <== 50 GB 的 SATA 硬盘
sdc        8:32    0   40G  0 disk        <== 40 GB 的 SCSI 硬盘
sr0        11:0    1   8G   0rom          <== 8 GB 的光盘
nvme0n1    259:0   0   20G  0 disk        <== 20 GB 的原 NVMe 硬盘
nvme0n2    259:3   0   60G  0 disk        <== 60 GB 的新 NVMe 硬盘
[root@localhost ~]#
```

RHEL9 将两块 NVMe 硬盘命名为"nvme0n1"和"nvme0n2"，将 IDE 硬盘、SATA 硬盘、SCSI 硬盘统一命名为"sd?"，其中"?"处按"a""b"……的顺序编码。

【例 2】选项"-p"可以显示块设备对应的设备文件名，执行命令"lsblk　-dp"与结果如下：

```
[root@localhost ~]# lsblk -dp
NAME          MAJ:MIN RM SIZE RO TYPE MOUNTPOINTS
/dev/sda      8:0     0   30G  0 disk   <== 30 GB 的 IDE 硬盘
/dev/sdb      8:16    0   50G  0 disk   <== 50 GB 的 SATA 硬盘
/dev/sdc      8:32    0   40G  0 disk   <== 40 GB 的 SCSI 硬盘
/dev/sr0      11:0    1   8G   0rom     <== 8 GB 的光盘
/dev/nvme0n1  259:0   0   20G  0 disk   <== 20 GB 的原 NVMe 硬盘
/dev/nvme0n2  259:3   0   60G  0 disk   <== 60 GB 的新 NVMe 硬盘
[root@localhost ~]#
```

对比例 1 和例 2 的输出，可以发现设备对应的设备文件为"/dev/设备名"。

【例 3】列出硬盘 nvme0n1 的信息，应使用命令"lsblk　/dev/nvme0n1"，执行命令与结果如下：

```
[root@localhost ~]# lsblk    /dev/nvme0n1
NAME              MAJ:MIN RM SIZE RO TYPEMOUNTPOINTS
nvme0n1            259:0    0   20G  0 disk
├─nvme0n1p1        259:1    0    1G  0 part/boot
└─nvme0n1p2        259:2    0   19G  0 part
  ├─rhel-root      253:0    0   17G  0lvm   /
  └─rhel-swap      253:1    0    2G  0 lvm  [SWAP]
[root@localhost ~]#
```

硬盘 nvme0n1 容量为 20 GB，分成了两个区：nvme0n1p1(1 GB)、nvme0n1p2(19 GB)。其中 nvme0n1p2 又被分成了两个逻辑卷：rhel-root(17 GB)、rhel-swap(2 GB)。

与光盘类似，分区要被挂载到目录中才能使用。分区 nvme0n1p1 的挂载目录是/boot，所有写入/boot 目录的数据实际上是保存到了分区 nvme0n1p1 中。而逻辑卷 rhel-root 的挂载目录是 /，目录树中除/boot 以外的数据实际上是保存到了逻辑卷 rhel-root 中。

【例 4】 列出硬盘 sda 的信息，应使用命令"lsblk   /dev/sda"，执行命令与结果如下：

```
[root@localhost ~]# lsblk    /dev/sda
NAME              MAJ:MIN RM SIZE RO TYPEMOUNTPOINTS
sda                8:0     0    30G  0 disk
[root@localhost ~]#
```

硬盘 sda 容量为 30 GB，没有分区。

任务 16-2　对硬盘进行分区

任务描述

使用 parted 命令对硬盘进行分区。

任务实施

硬盘分区

在使用一块新的硬盘前，必须先对其进行分区。常用的分区命令有 parted 和 fdisk。但是 fdisk 命令不支持 GPT 分区，无法管理超过 2 TB 的硬盘，且不适用于企业级的应用。因此，下面介绍 parted 命令的使用。

parted 支持多种表格式的分区，其基本格式如下：

parted　[选项]　硬盘设备文件　[子命令]

注：parted 将带有选项的子命令作用于硬盘，如果没有给出子命令，则以交互模式运行。

parted 命令的常用子命令与说明如表 16-2-1 所示。

表 16-2-1　parted 命令的常用子命与说明

选　项	说　明
help　[子命令]	输出通用帮助信息，或子命令的帮助信息
mklabel　卷标类型	创建新的磁盘卷标
mktable　分区表类型	创建新的磁盘分区表
mkpart	创建一个分区
name	为特定分区设置名称
print	显示分区表
quit	退出
rm	删除一个分区

注：

① 分区操作是一个比较危险的操作。请先移除所有移动存储设备(如 U 盘)，并为虚拟机增加硬盘，再在新增的硬盘上进行分区操作。

② 在使用 parted 命令对硬盘进行分区之前，一定要先检查硬盘上是否已有分区。

下面通过对硬盘 sda 进行分区并显示分区表来介绍 parted 命令的使用方法。

使用命令"lsblk　/dev/sda"列出硬盘 sda 的信息，执行命令与结果如下：

```
[root@localhost ~]# lsblk   /dev/sda
NAME          MAJ:MIN   RM   SIZE   RO   TYPE MOUNTPOINTS
sda           8:0       0    30G    0    disk
[root@localhost ~]#
```

硬盘 sda 容量为 30 GB，没有分区。

对硬盘 sda 进行分区操作，命令如下：

```
[root@localhost ~]# parted   /dev/sda
GNU Parted 3.4
使用 /dev/sda
欢迎使用 GNU Parted！输入 'help' 来查看命令列表。
(parted) ▌                                              <== 光标闪烁，等待用户输入子命令
```

执行子命令"mklabel　gpt"创建 gpt 型分区列表，结果如下：

```
(parted) mklabel   gpt
(parted)
```

执行子命令"print"显示分区表信息，结果如下：

```
(parted) print
型号：ATA VMware Virtual I (scsi)
磁盘 /dev/sda：32.2GB
扇区大小 (逻辑/物理)：512B/512B
分区表：gpt                                              <== 分布表类型为 gpt
```

磁盘标志:

```
编号　起始点　结束点　大小　文件系统　名称　标志     <== 创建了分布表，但未创建分区
(parted)
```

执行子命令"mkpart"创建分区，过程如下:

```
(parted) mkpart
分区名称？　[]? a01                      <== 分区名自定义
文件系统类型？　[ext2]? xfs              <== 常用文件系统类型为xfs
起始点？　2048s                          <== 2048 号扇区
结束点？　10G                            <== 用大小指定分区结束点
(parted)
```

分区表占据从 0 号扇区到 2047 号扇区，共 2048 块扇区，因此，第一分区应从 2048 号扇区开始。可以用分区大小来指定结束扇区。

执行子命令"print"显示分区表信息，结果如下:

```
(parted) print
：
编号　起始点　结束点　大小　　文件系统　名称　标志
 1    1049kB  10.0GB  9999MB   xfs       a01
(parted)
```

执行子命令"mkpart"创建第二个分区，并执行子命令"print"显示分区表信息，执行命令与结果如下:

```
(parted) mkpart
分区名称？　[]?                          <== 分区名为空
文件系统类型？　[ext2]?                  <== 使用默认设置 ext2
起始点？　10G                            <== 以上个分区的终点为本分区起点
结束点？　15G                            <== 终点 = 起点 + 分区大小
(parted)
(parted) print                          <== 显示分区表
：
编号　起始点　　结束点　　大小　　文件系统　名称　标志
 1    1049kB  10.0GB  9999MB            a01
 2    10.0GB  15.0GB  5000MB   ext2
(parted)
```

执行子命令"quit"，退出 parted 命令:

```
(parted) quit
信息: 你可能需要 /etc/fstab。

[root@localhost ~]#
```

任务 16-3　创建与挂载文件系统

任务描述

使用 mkfs 命令在分区上创建文件系统，并使用 mount 命令将分区挂载至目录树。

文件系统的
创建与挂载

任务实施

分区被创建出来后，还不能进行数据读写，必须经过文件系统的创建和挂载。

mkfs 命令支持多种文件系统的创建，常用格式如下：

mkfs　[-t　文件系统类型]　　分区

注：

① 常用的文件系统类型有 xfs、ext2、ext3、vfat 等，其中 vfat 就是 Windows 中的 FAT32。

② 创建文件系统是一个比较危险的操作。请先移除所有移动存储设备(如 U 盘)，并为虚拟机增加硬盘，再在新增硬盘的新分区上进行操作。

③ 在使用 mkfs 命令为分区创建文件系统之前，一定要先检查分区上是否已有文件系统分区。

下面通过在硬盘 sda 分区上创建文件系统并挂载来介绍 mkfs 命令的使用方法。

列出硬盘 sda 上各分区的文件系统类型信息，使用命令"lsblk　-f　　/dev/sda"，执行命令与结果如下：

```
[root@localhost ~]# lsblk  -f   /dev/sda
NAME   FSTYPE FSVER LABEL UUID FSAVAIL FSUSE% MOUNTPOINTS
sda
├─sda1
└─sda2
[root@localhost ~]#
```

硬盘 sda 有两个分区：sda1 和 sda2，这两个分区均未创建文件系统。

为分区 sda1 创建 xfs 类型的文件系统，命令为"mkfs　-t　xfs　　/dev/sda1"，执行命令与结果如下：

```
[root@localhost ~]# mkfs   -t   xfs    /dev/sda1
meta-data =/dev/sda1              isize=512      agcount=4, agsize=610304 blks
         =                        sectsz=512     attr=2, projid32bit=1
         =                        crc=1          finobt=1, sparse=1, rmapbt=0
         =                        reflink=1      bigtime=1 inobtcount=1
data     =                        bsize=4096     blocks=2441216, imaxpct=25
         =                        sunit=0        swidth=0 blks
```

naming	=version 2		bsize=4096	ascii-ci=0, ftype=1
log	=internal log		bsize=4096	blocks=2560, version=2
	=		sectsz=512	sunit=0 blks, lazy-count=1
realtime	=none		extsz=4096	blocks=0, rtextents=0

```
[root@localhost ~]#
```

查看硬盘 /dev/sda 中各分区的文件系统类型，执行命令与结果如下：

```
[root@localhost ~]# lsblk  -f  /dev/sda
NAME   FSTYPE FSVER LABEL  UUID     FSAVAIL  FSUSE%  MOUNTPOINTS
sda
├─sda1   xfs            d49bf994-5575-4586-90f2-1c5b71375df3
└─sda2
[root@localhost ~]#
```

为分区 sda2 创建 vfat 类型的文件系统，命令为"mkfs -t vfat /dev/sda2"，执行命令与结果如下：

```
[root@localhost ~]# mkfs  -t  vfat  /dev/sda2
mkfs.fat 4.2 (2021-01-31)
[root@localhost ~]#
[root@localhost ~]# lsblk  /dev/sda  -f
NAME   FSTYPE FSVER LABEL  UUID     FSAVAIL  FSUSE%  MOUNTPOINTS
sda
├─sda1    xfs            d49bf994-5575-4586-90f2-1c5b71375df3
└─sda2    vfat   FAT32   8697-D18A
[root@localhost ~]#
```

将分区 /dev/sda1 挂载到目录/test/music，执行命令与结果如下：

```
[root@localhost ~]# mkdir  /test/music  -p
[root@localhost ~]#
[root@localhost ~]# mount  /dev/sda1  /test/music
[root@localhost ~]#
[root@localhost ~]# lsblk  /dev/sda  -f
NAME   FSTYPE FSVER LABEL  UUID      FSAVAIL  FSUSE%  MOUNTPOINTS
sda
├─sda1    xfs              ··· 9.2G     1%   /test/music
└─sda2    vfat      FAT32 ···
[root@localhost ~]#
```

验证分区的挂载，过程如下：

```
[root@localhost ~]# date  +%H%M%S              <== 输出当前时间
094859                                         <== 9 时 48 分 59 秒
[root@localhost ~]#
[root@localhost ~]# touch  /test/music/`date  +%H%M%S`  <== 以当前时间为文件名，创建文件
```

```
[root@localhost ~]# ls   /test/music/
094859                                              <== 新建的文件
[root@localhost ~]# umount   /dev/sda1
[root@localhost ~]# umount   /dev/sda1
umount: /dev/sda1: 未挂载.
[root@localhost ~]# ls   /test/music/
[root@localhost ~]#                                 <== 卸载后/test/music 是空目录
[root@localhost ~]# mkdir   /test/game
[root@localhost ~]# mount   /dev/sda1   /test/game
[root@localhost ~]# ls   /test/game
094859                                              <== 分区/dev/sda1 中保留的文件
[root@localhost ~]#
```

为了实现系统启动时自动挂载分区，可以将分区信息写入配置文件 /etc/fstab，文件 /etc/fstab 的格式如下：

设备文件或 UUID	挂载点	文件系统类型	挂载参数	是否自动备份	是否自动查错

若想要让系统在启动时将 /dev/sda1 和 /dev/sda2 分别挂载到 /test/music 和 /test/game，则需要将以下内容添加到 /etc/fstab 中：

/dev/sda1	/test/music	xfs	defaults	0	0
/dev/sda2	/test/game	vfat	defaults	0	0

用命令 "mount -a" 测试：

```
[root@localhost ~]# umount   /dev/sda1
[root@localhost ~]# umount   /dev/sda1
umount: /dev/sda1: 未挂载.
[root@localhost ~]#
[root@localhost ~]# mount   -a
[root@localhost ~]#
[root@localhost ~]# lsblk   -f   /dev/sda
NAME    FSTYPE   FSVER   LABEL   UUID      FSAVAIL   FSUSE%   MOUNTPOINTS
sda
├─sda1      xfs          ···  9.2G    1%     /test/music
└─sda2 vfat    FAT32      ···  4.6G    0%     /test/game
[root@localhost ~]#
```

任务 16-4   挂载与卸载 U 盘

任务描述

在 Linux 中，对 U 盘进行挂载与卸载。

任务实施

RHEL9 虚拟机将 U 盘视为硬盘，对 U 盘进行读写的方法与硬盘相似，即先将 U 盘中的分区挂载到指定的挂载目录，然后对挂载目录进行读写操作。本任务可以分为以下 4 个步骤：

(1) 准备 U 盘。

(2) 虚拟机与 U 盘的连接。

(3) 确定 U 盘对应的设备文件名。

(4) 挂载与卸载 U 盘。

下面具体介绍各步骤的操作方法。

1. 准备 U 盘

准备一个空白 U 盘，在 Windows 的资源管理器中选中 U 盘，单击右键，在弹出的菜单中选择"属性"。在属性窗口，查看 U 盘的文件系统类型，如图 16-4-1 所示。

Windows 中的 FAT32 就是 Linux 中的 vfat。如果 U 盘的文件系统类型不是 FAT32，那么可以在资源管理器中选中 U 盘，单击右键，在弹出的菜单中选择"格式化"，打开格式化窗口，如图 16-4-2 所示。选择文件系统类型为"FAT32"，勾选"快速格式化"，并按下"开始"按钮。

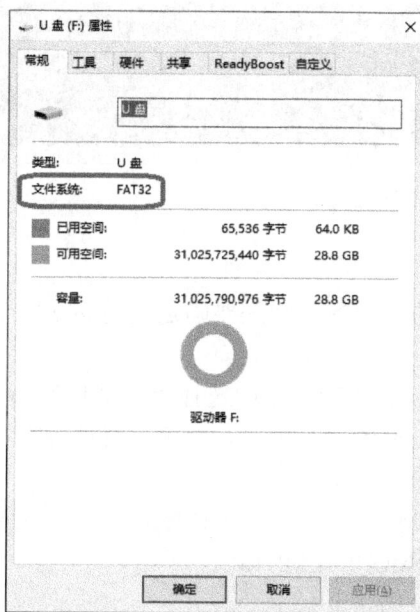

图 16-4-1　U 盘的属性窗口　　　　　图 16-4-2　格式化窗口

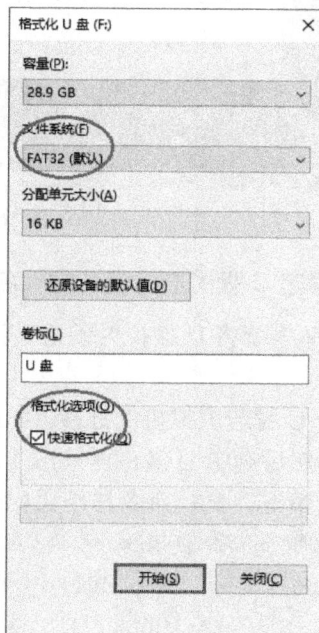

为了方便测试，在 U 盘中创建文件 test.txt。

2. 虚拟机与 U 盘的连接

在 VMwareWorkstations 中打开"虚拟机设置"，设置 USB 控制器属性，使其兼容 USB 3.0，如图 16-4-3 所示。插入 U 盘后，会弹出"检测到新的 USB 设备"窗口，如图 16-4-4

所示。选择"连接到虚拟机"，单击所要连接的虚拟机，再单击"确定"按钮。

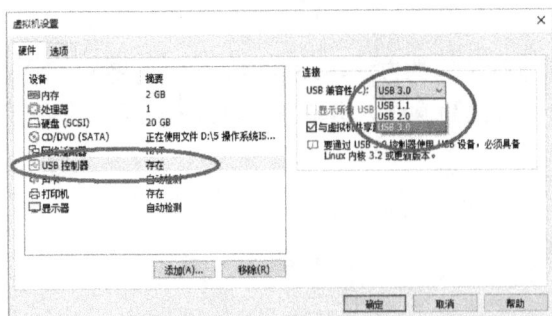

图 16-4-3　USB 控制器属性

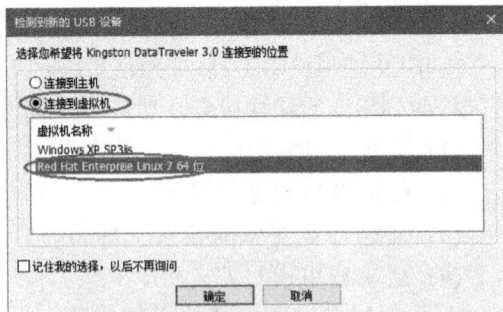

图 16-4-4　检测到 USB 设备

另外一种连接 U 盘的方法是在菜单栏中选择"虚拟机"→"可移动设备"，然后选中 U 盘名，再单击"连接"，如图 16-4-5 所示。

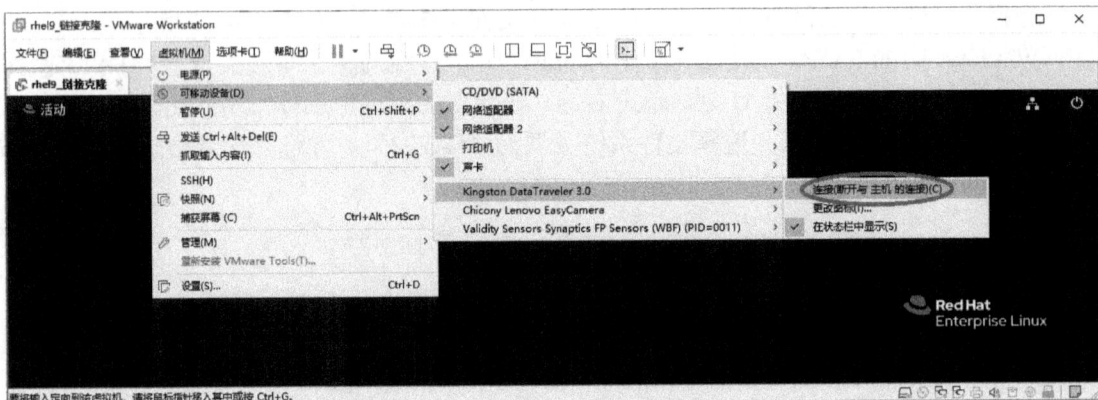

图 16-4-5　通过菜单项连接 U 盘

3. 确定 U 盘对应的设备文件名

Linux 系统将 U 盘视为硬盘，若要对 U 盘进行读写，则先要确定当前系统中 U 盘的设备文件名。

断开 U 盘与虚拟机的连接，如图 16-4-5 所示，在菜单栏中选择"虚拟机"→"可移动设备"，然后选中 U 盘，再单击"断开"。执行命令"lsblk　-d"可以查看没有插入 U 盘时的分区情况，执行命令与结果如下：

```
[root@localhost ~]# lsblk        -d                      <== 插入 U 盘前
NAME              MAJ:MIN RM    SIZE RO TYPE MOUNTPOINTS
sr0               11:0     1    8G     0   rom   /mnt/cdrom
nvme0n1           259:0    0    20G    0   disk
[root@localhost ~]#
```

连接 U 盘与虚拟机后，执行命令"lsblk　-d"可以查看插入 U 盘后的分区情况，执行命令与结果如下：

```
[root@localhost ~]# lsblk     -d                        <== 插入 U 盘后
NAME              MAJ:MIN RM    SIZE RO TYPE    MOUNTPOINTS
```

sda	8:0	1	28.9G	0 disk		<== U 盘
sr0	11:0	1	8G	0 rom	/mnt/cdrom	
nvme0n1	259:0	0	20G	0 disk		

[root@localhost ~]#

根据以上结果可知，U 盘的设备文件为/dev/sda。查看 U 盘分区情况，执行命令与结果如下：

[root@localhost ~]# lsblk　　-f　　/dev/sda
sda　　　　　　　　8:0　　1 28.9G　0　disk
└─sda1　　　　　　8:1　　1 28.9G　0　part　/run/media/root/U
[root@localhost ~]#

U 盘包含一个分区 sda1，这个分区被系统自动挂载到了/run/media/root/U。

4. 挂载与卸载 U 盘分区

一般情况下，U 盘只会被划分成一个分区，挂载 U 盘实际上是挂载 U 盘上的这个唯一分区，执行命令与结果如下：

```
[root@localhost ~]# mkdir /mnt/usb
[root@localhost ~]# ls   /mnt/usb
[root@localhost ~]#
[root@localhost ~]# mount   /dev/sda1   /mnt/usb                    <== 挂载 U 盘至目录/mnt/usb
[root@localhost ~]#
[root@localhost ~]# ls   /mnt/usb                                   <== 查看挂载目录
'System Volume Information'   test.txt                              <== 包含测试文件 test.txt
[root@localhost ~]#
```

相对应的，卸载 U 盘实际上是卸载 U 盘上的这个唯一分区，执行命令与结果如下：

```
[root@localhost ~]# mount   /dev/sda1
[root@localhost ~]# mount   /dev/sda1
umount: /dev/sda1: 未挂载.
[root@localhost ~]#
[root@localhost ~]# ls   /mnt/usb                                   <== 查看挂载目录
[root@localhost ~]#
```

练 习 题

一、填空题

1. NVMe 接口硬盘对应的设备文件是＿＿＿＿＿＿＿＿＿＿＿＿＿＿＿＿。
   IDE、SATA、SCSI 接口硬盘对应的设备文件是＿＿＿＿＿＿＿＿＿＿＿＿＿＿＿。
   光驱对应的设备文件是＿＿＿＿＿＿＿＿＿＿＿＿＿＿＿＿。
2. Windows 中的 FAT32 在 Linux 中被称为＿＿＿＿＿＿＿＿＿＿＿＿＿＿＿＿。

3. 文件系统自动挂载的配置文件被称为＿＿＿＿＿＿＿＿＿＿＿＿＿＿＿＿＿＿＿＿＿＿＿＿。

二、简答题

1. 如何确定 IDE、SATA、SCSI 接口硬盘的设备文件？

2. 如何确定 U 盘的设备文件？

三、操作题

1. 创建虚拟机时为虚拟机设置 3 个硬盘，1 个 NVMe 硬盘(100 GB)，2 个 SCSI 硬盘 (500 GB)。将 RHEL9 安装在 NVMe 硬盘中，安装过程中的分区规划如下：

- swap 分区大小为 16 GB。
- /boot 分区大小为 600 MB。
- /home 分区大小为 3 GB。
- /usr 分区大小为 8 GB。
- /分区大小为 10 GB。
- 其他空间预留。

2. 将 U 盘在 Windows 中格式化为 ntfs 类型。默认情况下，RHEL9 无法识别，请利用互联网下载 ntfs 文件系统软件包，安装并读写 U 盘。

参 考 文 献

[1]　安俊秀. Linux 操作系统基础教程[M]. 北京：人民邮电出版社，2017.

[2]　鸟哥. 鸟哥的 Linux 私房菜：基础学习篇[M]. 4 版. 北京：人民邮电出版社，2018.

[3]　鸟哥. 鸟哥的 Linux 私房菜：服务器架设篇[M]. 3 版. 北京：机械工业出版社，2012.

[4]　老男孩. 跟老男孩学 Linux 运维：Web 集群实战[M]. 北京：机械工业出版社，2016.

[5]　老男孩. 跟老男孩学 Linux 运维：核心基础篇(上)[M]. 北京：机械工业出版社，2018.